教育部高校国别和区域研究高水平建设单位　学术译丛

华南理工大学印度洋岛国研究中心

马达加斯加的环境保护与管理

［英］伊万·R. 斯凯尔斯（Ivan R. Scales）　主编

雷　霄　崔　岭　金苏扬　肖锦银　谢　洪　主译

史　芸　尹　婷　邓炜静　陈　耿　参译

Conservation and Environmental
Management in Madagascar

华南理工大学出版社

SOUTH CHINA UNIVERSITY OF TECHNOLOGY PRESS

·广州·

著作权合同登记号 图字：19 -2019 -034

图书在版编目（CIP）数据

马达加斯加的环境保护与管理/（英）伊万·R. 斯凯尔斯（Ivan R. Scales）主编；雷霄等
主译. —广州：华南理工大学出版社，2022. 12
书名原文：Conservation and Environmental Management in Madagascar
ISBN 978 - 7 - 5623 - 6995 - 0

I.①马… Ⅱ.①伊… ②雷… Ⅲ.①环境保护 - 研究 - 马达加斯加 ②环境管理 - 研究 - 马
达加斯加 Ⅳ.①X - 148. 2

中国版本图书馆 CIP 数据核字（2022）第 037566 号

马达加斯加的环境保护与管理

［英］伊万·R. 斯凯尔斯（Ivan R. Scales）主编；雷霄 崔岭 金苏扬 肖锦银 谢洪 主译

出 版 人：柯 宁
出版发行：华南理工大学出版社
　　　　　（广州五山华南理工大学 17 号楼，邮编 510640）
　　　　　http：//hg. cb. scut. edu. cn　　E-mail：scutc13@ scut. edu. cn
　　　　　营销部电话：020 - 87113487　87111048（传真）
责任编辑：陈 蓉
责任校对：王洪霞 李 桢
印 刷 者：佛山家联印刷有限公司
开　　本：787mm×1092mm　1/16　印张：21. 25　字数：450 千
版　　次：2022 年 12 月第 1 版　印次：2022 年 12 月第 1 次印刷
定　　价：89. 00 元

版权所有　盗版必究　印装差错　负责调换

译丛编译委员会

译者序

  《马达加斯加的环境保护与管理》是一部关于马达加斯加环境保护与管理的学术著作，主要从环境学、人类学、地理学、生态学、政治经济学等多学科角度探讨了马达加斯加生物多样性的形成，生物多样性资源利用中的森林砍伐和物种灭绝，政府在建立新的环境保护区与管理体系中的功能与角色，德班愿景，以及如何通过发展旅游业、生物勘探和有偿使用生态系统服务等替代方案实现经济发展与自然资源保护。多学科角度是本书的特色，有助于读者深度了解马达加斯加的生物多样性资源和环境政策的制定。

  马达加斯加是非洲最大的岛屿，风光旖旎，森林覆盖面广，矿产储量巨大，动植物物种丰富，珍稀种类繁多，一些品种为马达加斯加独有，因此受到国际自然保护组织的重视；但同时，马达加斯加贫穷落后，政府希望通过开发自然资源为马达加斯加社会和人民带来福利，但资源开发通常会破坏环境，如何在二者之间寻求可持续发展的、道德的本土解决方案是各方关注的焦点。本书多个章节都揭示了马达加斯加在实现集生物多样性保护、利润产出、当地认同于一体的环境解决方案方面的艰巨性，其中学科知识、专业对话、政治环境、利益冲突、国家意愿、社区管理等都是重要介入因素。学者们在评判马达加斯加环境保护与管理现状的同时，也对这个神秘国度寄予了美好祝愿——希望通过生物多样性资源利用，达到人、社会与自然的和谐共生。本书对于其他国家的环境保护与管理也具有一定借鉴价值。

  本书的翻译过程充满挑战。原著的学术语言晦涩难懂，而且涵盖了丰富的跨学科知识、深刻的批判思维、神秘的马达加斯加习俗，而国内关于马达加斯加的研究和译著还很稀缺，尤其是关于马达加斯加环境和自然保护方面的文献极其匮乏，译者们花费了巨大精力查找与马达加斯加经济、文化、政治、历史等方面相关的资料，在遵循"信、达、雅"的原则下尽力使用易懂、流畅的文字精准传达原著思想，以带给读者轻松、愉悦的阅读体验。

中马友谊源远流长，马达加斯加也是 21 世纪海上丝绸之路中国在非洲的重要合作对象，中马两国经济文化交往日益增加，马达加斯加的华侨也多来自广东，我们谨以此书致敬中马深厚友谊！

译 者

2022 年 9 月

前　言

　　我第一次前往马达加斯加是在 2002 年 10 月，当时我是热带生物学协会（Tropical Biology Association）的项目官员。该协会是设在英国的一个非政府组织，与非洲机构合作，是生物多样性保护和研究方面的专业机构。我在伦敦大学学院（University College London）完成了生物科学的本科学习，不久前我刚获得人类学和生态学发展的硕士学位。

　　我的工作是在马达加斯加西部的干燥落叶林中监管一个新的现场研究课题。我有幸与一群年轻的自然资源保护主义者一起工作，目睹了该岛非凡的生物多样性。我还见证了马达加斯加面临的一些环境和社会问题：草原火灾和森林砍伐情况严重、农村生计不稳定、极度贫困。2003 年，我回到马达加斯加西部，协助热带生物学协会开展另一项现场研究课题。尽管政府部门和国际环保相关的非政府组织作出了努力和干预，马达加斯加西部的森林仍以惊人的速度遭到砍伐。就在那时，我决定师从比尔·亚当斯攻读博士学位，以便更好地了解森林消失的原因以及影响森林边界地区家庭生计选择的因素。在实地工作过程中，我发现马达加斯加西部的森林砍伐不仅是贫困、人口增长的结果，而且是一系列政治、经济和文化因素之间复杂的相互作用的结果。

　　在研究过程中，我获得了许多重要的经验。首先，马达加斯加的保护和环境管理政策通常是基于对景观历史和影响土地使用决策的因素的设想，但这些设想是有问题的。其次，对人类与环境的互动的深入理解需要使用灵活的方法，结合来自不同学科的见解，不过这确实是知易行难。最后，要使这种跨学科的见解形成政策，还需要在研究人员和决策者之间、在"专家"和"门外汉"之间进行更多的对话。正如我在本书的最后一章中所讨论的，这种互动常常存在严重的障碍。

我很幸运，我的多学科培训，以及我在撒哈拉以南非洲地区的保护和环境管理的实践和理论方面的经验，让我得以广泛接触包括从森林前沿领域的研究人员、农民环保主义者到政府部长在内的个人、团体和组织。当地球瞭望（Earthscan）出版社的蒂姆·哈德威克（Tim Hardwick）问我对于编一本关于保护与发展的书有什么好主意时，同事们以及我自己在马达加斯加从事的环境问题方面的工作经历跃入我的脑海。

这本书汇集了马达加斯加环境保护、环境管理和扶贫等方面的内容。这个岛屿给政策制定者带来了一个经典的保护和环境管理难题：如何在保护生物多样性的同时让农村家庭摆脱贫困。为了应对这一挑战，马达加斯加的政策格局在过去30年间发生了巨大变化，人们越来越认识到，保护区的建立给生活在保护区周围的社区增加了巨大的成本。政策制定者试图超越强制性立法，更多地让农村家庭参与自然资源的管理。此外，在过去的15年里，对于影响保护政策成败的政治、经济和文化因素的研究越来越多，且提出了深刻的见解。因此，现在正是时候来回顾可以吸取哪些教训，并展望今后的关键问题和挑战。

像其他同类项目一样，本项目也得到了很多人的帮助。首先，我要感谢所有撰稿者的努力、洞见和耐心。我从他们的文章中学到了很多，希望能有机会和他们再度合作。感谢巴里·弗格森（Barry Ferguson）在项目的早期阶段帮助确定关键主题和问题。

我还要感谢我的妻子海伦·斯凯尔斯（Helen Scales）。我开始在马达加斯加工作时，才刚遇到海伦。我开始博士实习工作时，海伦已经成为我的妻子，而研究工作则是非常苛刻的"情人"。感谢斯凯尔斯家族（Micki、Richard、James、Johanna、Keith、Josh 和 Bella）多年来的支持。感谢热带生物学协会的罗西·特里维廉（Rosie Trevelyan）给了我在热带生态与保护领域的第一份工作，让我有机会亲自观察撒哈拉以南非洲地区的环境管理现实。我也要感谢比尔·亚当斯（Bill Adams）一直以来的指导和他对本书出版的鼓励。感谢圣凯瑟琳学院准许我延长休假，这为本书的写作与编辑提供了宝贵的时间。

我想把这本书献给罗伯特·德瓦尔（Robert Dewar），他在书稿即将付梓时永远离开了我们。我还要感谢艾利森·理查德（Alison Richard）协助我完成了罗伯特那一章的最后修改。读者可以从他编写的那一章以及其他章节的引用中看到，他对我们理解这个岛屿的考古史、早期人类定居情况以及更广泛的生物多样性和生物地理作出了巨大贡献。罗伯特总是不吝付出时间，十分支持其他研究人员，特别是年轻的学者。其中一位作者听到他与世长辞的消息时称，能和如此享有盛誉的作者一同出版著作是一种荣幸。我深以为然。

伊万·R. 斯凯尔斯

2013 年 8 月

英国剑桥大学圣凯瑟琳学院

内容简介

马达加斯加是地球上生物多样性最丰富的地方之一,这是 1.6 亿年以来与非洲大陆隔绝的结果。该岛上 80% 以上的物种在地球上其他任何地方都找不到。然而,这种高度多样化的动植物正受到栖息地丧失和破碎化的威胁,该岛已被列为世界上最优先保护的岛屿之一。

本书基于地理学、人类学、可持续发展、政治学和生态学对马达加斯加的环境保护和环境管理状况进行了全面介绍。本书描述了保护组织如何尝试新的保护区形式、基于社区的资源管理以及生态旅游和生态系统服务有偿使用,同时也指出该国必须应对紧迫的人类需求,因为贫穷、发展、环境正义、自然资源利用和生物多样性保护等问题之间的关系错综复杂。有鉴于此,作者们提出了一些关键问题:比如在保护生物多样性的努力中谁是赢家,谁是输家?新的保护形式对农村生计和环境正义有什么影响?

目录

目录

目录

目录

绪 论

伊万·R. 斯凯尔斯 （Ivan R. Scales）

2007 年，马达加斯加政府发布了《马达加斯加发展行动五年计划》。在制定经济增长和扶贫目标的同时，计划还对环境给予了高度重视：

> 我们将再次成为"绿岛"。我们致力于关心、珍惜和保护我们非同寻常的环境。世界正拭目以待，希望我们明智地、负责任地管理我们的生物多样性，我们也将致力于此。当地社区将在大胆的国家政策指导下积极参与环境保护工作。（MAP，2007，p97）

作为一份意向声明，它无疑做出了所有正确的选择，既强调了该岛生物多样性的全球意义，也强调了将当地社区纳入自然资源管理工作的必要性。然而，在熟悉马达加斯加环境政治的人看来，这并不是什么新鲜事。在过去的 30 年中，该岛一直是保护活动的温床，从来不乏雄心勃勃的计划和政策。

乍一看，行动似乎确实刻不容缓。马达加斯加是地球上生物多样性最强的地方之一，这是与非洲大陆隔绝 1.6 亿年的结果（Krause，2005）。它拥有 13 000 多种植物（Phillipson et al.，2006），700 种脊椎动物，80% 以上的物种为特有种[1]（Ganzhorn et al.，2001；Goodman & Benstead，2005）。动植物的高度多样性正受到栖息地丧失和碎片化的威胁，这主要是由于森林清除所导致。该岛被列为世界最热门的生物多样性"热点地区"[2]（Ganzhorn et al.，2001）以及世界最高优先级保护地之一（Myers et al.，2000）。正如威廉·J. 麦康奈尔（William J. McConnell）所写："地球上很少有地方能像马达加斯加一样既让人敬畏又让人惊愕：一个拥有独特生物财富的国家却一直停留在似乎不可改变的贫困道路上。"（2002，p10）

除了这些环境方面的挑战外，马达加斯加还必须应对人类的种种需求，而且相当紧迫。2010 年，该岛人口超过 2000 万，年增长率为 2.9%，人均国内生产总值（GDP）仅为 421 美元[3]。过去 30 余年，贫困加剧，各种社会经济指标下降，70% 的人口生活在世界银行贫困线以下（World Bank，1996）。马达加斯加 70% 以上的人口为农业人口，主要依赖自给自足的农业或畜牧业，并直接利用岛上的生态系统提供各种商品和服务（Rasambanarivo & Ranaivoarivelo，2006）。

让环境管理雪上加霜的是，马达加斯加还深受政局不稳之苦。最近一次政局不稳出现在 2002 年和 2009 年。2001 年举行了总统选举，时任塔那那利佛市长的马克·拉瓦卢马纳纳（Marc Ravalomanana）声称他在第一轮投票中获得了多数票，而且声称选举被操控。总统迪迪埃·拉齐拉卡（Didier Ratsiraka）拒绝下台，也宣布获胜。结果紧张局势、罢工、街头抗议持续了数月，两位政客的支持者之间也发生了暴力冲突。拉齐拉卡总统在东部港口城市图阿马西纳（Toamasina）建立了一个电力基地，切断了通往首都的重要供电线路。迫于国际社会的压力，形势最终缓解，美国在 2002 年 6 月承认拉瓦卢马纳纳为新总统，法国在 2002 年 7 月提出收留流亡巴黎的拉齐拉卡。然而，稳定是短暂的。2009 年，塔那那利佛新少校安德里·拉乔利纳（Andry Rajoelina）领导政治运动，违背宪法，将拉瓦卢马纳纳总统赶下了台。截至 2013 年 7 月，拉乔利纳仍负责"高级过渡权力机构"，新总统选举的时间表尚未确定。数十年的国家政局动荡导致了这些问题。

因此，马达加斯加提出了一个经典的保护和环境管理难题：如何在实现经济增长的同时保护生物多样性，并在艰难的政治常态下帮助人们摆脱贫困。挑战是相当大的，难怪人们写关于马达加斯加的文章时经常会用夸张的语言。马达加斯加的环境话语充满了戏剧性语言以及关于即将来临的危机的传说，如：

20 年前，英国的菲利普亲王说马达加斯加这个国家在保护环境方面正在自取灭亡。这个评价很恰当。该国似乎正着手将最后剩下的森林变成灰烬，并将肥沃但遭到侵蚀的土壤倒入印度洋中。（Norris，2006，p960）

然而，这种言辞的危险在于它掩盖了这样一个事实：贫困、环境正义、自然资源利用与生物多样性保护等问题之间存在着错综复杂的联系。诚如本书所述，政策常常难以处理如此复杂的问题。

马达加斯加的环境保护在过去 30 年里发生了巨大变化，环境政策正处于十字路口。越来越多的人认识到，由于无法利用自然资源，保护区的建立让农村社区付出了巨大代价（Ferraro，2002）。自然资源保护主义者试图从强制立法以及"堡垒式保护"模式转向社区更多地参与自然资源管理的做法（Pollini & Lassoie，2011）。保护组织和政府部门尝试一系列基于社区的计划，例如农用林业（Pollini，2009）、自然旅游，甚至颁发保护竞赛奖项（Sommerville et al.，2010）。为了努力减少农村贫困，增加收入来源，为保护活动买单，保护主义者已经开始实施基于激励的机制和生态系统服务的有偿使用。与此同时，作为"德班愿景"的一部分，政府最近将该岛的保护区范围扩大了两倍，创建了 125 个新的保护区和可持续森林管理点（见第 8 篇文章）。因此，政策继续反映出高压政治和地方参与之间以及保护主义和功利主义的自然观之间的紧张关系。数亿美元的资金花了出去，结果却喜忧参半（Kull，1996）。

因此，现在是时候回顾一下能从马达加斯加生物多样性保护和环境管理中吸取哪些经验教训了。不同的政策效果如何？在努力保护生物多样性的过程中，哪些人是赢家，哪些人是输家？新兴的保护形式对农村生计有何影响？本书汇集了各种各样的经验，借鉴不同学科（地理学、人类学、环境史、政治学、考古学、古生态学与生物学）的见解并弥合研究、政策与实践之间的鸿沟，以对这些问题进行探讨。

目前已有大量与马达加斯加保护相关问题的研究。《马达加斯加的自然变化与人类影响》（Goodman & Patterson，1997）和《马达加斯加自然史》（Goodman et al.，2004）等著作是学术研究深度的明证。然而，无论是学术文献还是我们的理解，都存在着很大的差距。也许迄今为止最大的一个限制是，大多数关于马达加斯加的学术文献可以划归为生物科学大类，再细分到从分类学到应用保护生物学的各类学科。诚然，对生态过程和生物多样性的深入了解很重要，但很明显，保护和环境管理与人们对生态系统或濒危物种的选择同样重要。因此，生物科学无法解决所有问题（Balmford & Cowling，2006；Mascia et al.，2003）。

过去的 15 年中，对影响马达加斯加保护政策成败的政治、经济和文化因素的研究越来越多。本书文章总结了这些丰富文献的主要观点以及存在的挑战与问题，其涉及的马达加斯加主要个案研究位置分布如图 0.1 所示。我希望这本书不仅能对主要保护区及环境管理问题作出概述和分析，并在此过程中消除一些误解，还能引发对话和辩论。读者将会发现，马达加斯加的保护在"实地"和学术期刊上都存在很大的争议。我认为，认识到这一点对马达加斯加保护的未来至关重要。

本书概述

本书分为四个部分。第一部分概述了马达加斯加的生物多样性、长期环境变化以及早期人类定居者对马达加斯加景观的影响。马达加斯加之所以受到国际自然保护组织的重视，主要原因之一是其显著的生物特有性。在第 1 篇文章中，乔格·U. 甘兹合恩（Jörg U. Ganzhorn）、卢西恩·威尔默（Lucienne Wilmé）和让－卢克·默西埃（Jean-Luc Mercier）介绍了该岛的生物多样性及其进化历史。要想了解马达加斯加令人叹为观止的动植物种群的起源，先要了解马达加斯加的地质历史。1.6 亿年的大陆漂移导致了该岛的隔绝，马达加斯加现有的种群大部分是迁移进化而来的，而不是从隔离时陆地上的已有种群进化而来的。除了地理隔绝之外，生物地理学和气候变化也为马达加斯加的生物多样性发挥了关键作用。马达加斯加常被称为"岛屿大陆"，因为它的环境范围广泛——从低地到高地，从干旱的多刺林到雨林，应有尽有。生物群落的多样性以及植被对温度和降雨量变化的应对，使其产生了高度地方化的微型特有种群。

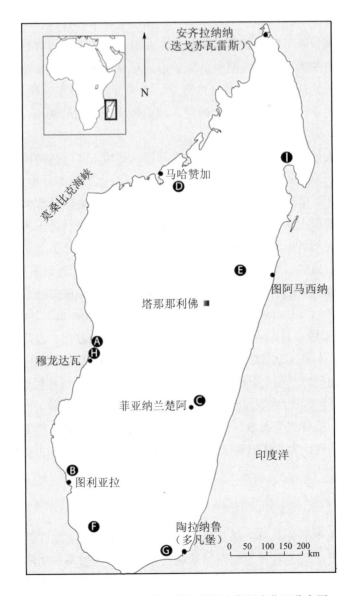

图 0.1 本书涉及的马达加斯加主要个案研究位置分布图

A：马达加斯加西部干燥落叶林（第 4 篇文章）；

B：马达加斯加西南部多刺林（第 4 篇文章），含拉诺贝 PK32 保护区（第 9 篇文章）；

C：东部雨林（含范德里安娜 – 沃德罗佐走廊及拉诺马法纳国家公园）（第 7 篇文章、第 8 篇文章）；

D：安卡拉法提卡附近社区（第 7 篇文章）；

E：东部雨林（含安卡尼黑尼 – 扎哈美纳走廊）（第 7 篇文章、第 8 篇文章），ICBG – 马达加斯加生物勘探项目（第 11 篇文章）、迪迪村庄保护协议及"刀耕火种的替代技术"（第 12 篇文章）；

F：马哈法利高原（第 9 篇文章、第 13 篇文章）；

G：安科迪达保护区（第 11 篇文章）；

H：猴面包树巷（第 10 篇文章）；

I：马基拉 REDD + 项目（第 12 篇文章）

在过去的 1 万年中，马达加斯加的动植物发生了巨大的变化。该岛经历了动植物的大量灭绝以及土地覆盖的巨大变化。这是包括气候变化和人类活动影响的一系列复杂因素共同作用的结果。在第 2 篇文章中，罗伯特·E. 德瓦尔（Robert E. Dewar）重点关注马达加斯加全新世古环境，特别注意早期人类定居者对岛上动植物影响的论据。他的文章涉及一些新的论据，这些论据可以将人类到达马达加斯加的日期至少往前推到公元前 2000 年。文中还消除了一些关于早期人类定居者对岛上动植物影响程度的误解，驳斥了过于简单化的故事，质疑了马达加斯加"原始"植被理念的问题本质，尤其是在我们现在和过去的证据都不完整的情况下。直到最近，人们还认为马达加斯加岛上的第一批人引入了火，结果引起了一场"巨火"，彻底破坏了有森林覆盖但很脆弱的地表。然而，古生态学研究表明，几万年来，周期性火灾一直是马达加斯加许多生态系统的重要组成部分。德瓦尔有力地论证了社会和环境的复杂性以及我们使用的工具在探索这些领域的局限性上有多么重要。我们需要进行更多的研究，以准确地将具体生态变化与人类影响的具体描述拼接在一起，但最主要的难题仍然存在。

遗憾的是，马达加斯加的保护规划往往基于公认的看法和未经验证的假设。本书第二部分探讨了一系列经常被误解、误传的生态和社会问题。第 3 篇文章，作者威廉·J. 麦康奈尔（William J. McConnell）和克里斯蒂安·A. 库尔（Christian A. Kull）探讨了围绕马达加斯加森林面积和森林损失率的争论。关于马达加斯加森林的大部分描述都是基于对该岛环境历史的错误理解（Kull，2000）。也许最好的例子就是"海岛森林"假说。一个多世纪以来，环境思想一直被一种观念所主导，即马达加斯加曾经完全被森林覆盖，而人类活动导致森林覆盖损失了"90% 以上"。这些夸大的数据经常被引用来证明保护行动的合理性。尽管越来越多的证据质疑这些数字的有效性，但所谓的"海岛森林"假说依然根深蒂固。麦康奈尔和库尔探讨了这一假说的起源，并通过学术文献追踪其发展路径。麦康奈尔和库尔指出，与 20 世纪对森林覆盖和森林损失的估算相比，我们对当代森林砍伐的理解也好不到哪里去。马达加斯加森林覆盖的测量方法已经有了很大的变化，尽管我们利用卫星图像监测森林覆盖的能力有了提高，森林评估却仍受到不规范操作的影响。文章指出，森林覆盖和森林损失的估算是如何与研究人员所做的一系列决定高度相关的。文章涉及有关保护科学如何实践及其对保护政策的影响等重要问题。它提供了一个有力的例子，说明公认的观点是如何构建和重建的，并且提醒人们，危机叙述一般是如何使重要问题变得模糊的。

如果说马达加斯加的土地覆盖变化导致了诸多误解，那么马达加斯加对农村土地的利用可能更容易被误解。森林砍伐一直是马达加斯加环境对话的核心，人们通常将森林退化归咎于农村贫困家庭，说他们陷入了人口增加和土地生产力下降的"马尔萨斯螺旋"中。贫困在制定土地利用政策中当然起着重要作用。然而，同样地，关于马达加斯加环境变化的公认常理很少能够反映事实，而是往往对事实加以掩盖并将之简化。第 4 篇文章关注了森林砍伐的驱动因素，重点探讨农村家庭的烧垦耕作。文章采用了一种历史研究法，考察了 20 世纪期间森林砍伐和森林退化的驱动因素，并表明森林覆盖的变化是由用途广泛的土地使用而不仅仅是家庭农业所引起的。此外，农村家庭的森林清除是由于一系列复杂的环境、文化和经济因素造成的。文章展示了更广泛的政治和经济因素是如何在森林损失中发挥关键作用的，如商品价格的变化会刺激经济作物的种植和相关的森林砍伐，而这些因素往往被保护政策忽视。

在探讨了马达加斯加保护的背景之后，本书第三部分对保护政策进行了回顾、分析和评论。第 5 篇文章概述了国家在环境管理中的作用，从殖民前到殖民期间再到独立于法国后，马达加斯加政府在管理岛上的森林和自然资源方面所作出的努力。国家在塑造人类 – 环境互动方面发挥了并继续发挥着重要作用。它不仅创造和控制了土地使用权和资源使用的法律框架，还拥有执行规则的权力。但随着时间的推移发生了一些重要的变化，主要是国家希望对某些做法加以规范，尤其在用火方面。了解国家政治经济发展的历史（图 0.2）很重要，不仅因为它为当代环境立法奠定了基础，而且因为它对国家与自然资源利用之间的关系提出了重要问题。

第 6 篇文章的作者克里斯蒂安·A. 库尔研究了马达加斯加现代政策的根源以及该岛如何成为全球生物多样性保护的典范。自 20 世纪 70 年代末以来，保护政策频繁出台，支出迅速增长。这种繁荣与一系列复杂的相互作用因素有关，包括环境变化（或真实存在的或凭空想象的）、国家政治、全球环保主义的萌发与地缘政治的现实。文章还概述了保护思想及其实际执行中发生的变化——从严格的保护区政策到以社区为基础的保护，再回到严格的保护区政策。

20 世纪 90 年代，马达加斯加朝着资源管理的非集中化和社区参与保护的方向发展，也反映了保护政策的全球趋势。第 7 篇文章的作者对马达加斯加基于社区的保护和自然资源管理进行了概述，重点阐述了《本地安全管理》——为了解决严格的"堡垒式保护"和早期在综合保护与发展实验方面的局限性。实施《本地安全管理》的初衷是对当地的自然资源管理进行雄心勃勃的规划，但在实践中却沿用了人们熟悉的"自上而下"的保护政策。马达加斯加的管理层试图让当地社区参与实现非本国的自然资源管理目标，将生物多样性保护凌驾于生计和扶贫之上。参与式进程必须做更多的工作来考虑新创建的资源管理机构可能的合法性和意义，以及承认现有的机构和权力结构。文章说明了社区参与自然资源管理的两个基本问题——**谁**参与以及**如何**参与？

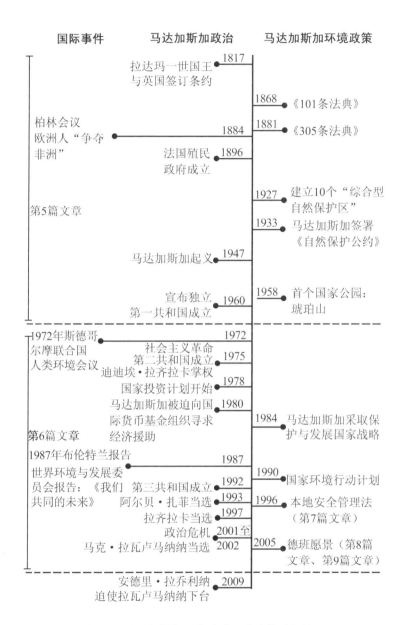

图 0.2　马达加斯加重大政治经济事件时间轴

虽然保护组织试图让社区参与自然资源的管理，但保护政策仍主要集中在马达加斯加的保护区。2003 年，时任马达加斯加总统的马克·拉瓦卢马纳纳在第五届国际自然保护联盟（IUCN）世界公园大会上宣布了马达加斯加的"德班愿景"，他宣布该国的保护区面积将增加两倍，达到 600 万公顷。在第 8 篇文章中，凯瑟琳·科尔森（Catherine Corson）对"德班愿景"的进程提出了批评。她提出了一些重要问题，即制定保护规划时应征求社区的意见。"德班愿景"并没有让马达加斯加农村人口一起参与环境决策，反而是给社区呈现了一种既成事实的局面。在"德班愿景"宣布之后的几年里，很明显，许多人并不知道自己生活在保护区以内和周边，这严重影响了自然资源的利用。科尔森的论证很有说服力，她认为，自然保护主义者不应试图扩大可能收效甚微的保护区，而应重点关注如何使现有的保护区系统有效地运行。

第9篇文章的作者对"德班愿景"提出了不同的观点，并对马达加斯加保护区的演变进行了阐述。他们通过一系列案例研究，以"合法性""包容性""公平性""问责制和透明度"以及"指导性和有效性"的视角，探索了"德班愿景"在实践中的运行方式，以及试图呈现地方参与式管理的优缺点。

本书第四部分，也是最后一部分，对当代保护生物多样性的尝试进行了一系列分析。过去30年中，保护政策面临着同样的核心问题——如何建立支付保护活动费用的机制，以及为高度依赖森林等生态系统提供自然资源的农村家庭提供真正可行的替代方案。为寻求可以替代自然资源收入的形式，马达加斯加已进行了多种形式的努力。第10篇文章讨论了利用基于自然旅游业来促进保护的可能性。由于马达加斯加独特而极具魅力的生物多样性，通过自然旅游整合保护和发展似乎是一个显而易见的解决方案。然而，到目前为止，实际情况与预期不符。该文章采用政治生态学的方法来论证旅游业迄今为止不甚成功的两个主要因素：①不同利益相关者的看法和优先顺序之间的冲突；②管理旅游雨林的成本和收益分配不均。因此，对旅游业将实现"双赢"解决方案的期望往往野心过大，不切实际。

从马达加斯加的生态系统中创造资金流，并提供保护野生动物的激励措施，还存在很多其他方式。对生物多样性进行保护的一个共同原因是，像雨林这样的生态系统为人类提供了丰富的可利用产品。马达加斯加不可思议的生物多样性为全球提供了众多的药物，如最广为人所知的用玫瑰色长春花（*Catharanthus roseus*）提取物治疗白血病。在第11篇文章中，本杰明·D. 尼马克（Benjamin D. Neimark）和劳拉·M. 蒂尔曼（Laura M. Tilghman）对生物勘探进行了概述和评论——生物多样性在寻找新药中的应用。生物勘探主要由西方制药公司推动、由政府资助。从马达加斯加生物多样性开发出来的产品已经筹集了数百万美元，但这些钱几乎没有用于回馈该岛。这提出了政治经济的经典问题——在资源利用方面谁是赢家谁是输家，成本和收益是什么，这些资源的分配方式又是由谁来控制？该文章涉及知识产权、土著权利和地方性知识的问题，并在这方面对生物勘探作为保护工具的潜力进行了批判性评估。

马达加斯加生物多样性商品化的最新尝试涉及基于激励的机制，如生态系统服务付费（PES）。PES借鉴了环境经济学的观点，认为环境退化是市场失灵的结果，强调生态系统的各种重要功能，包括碳封存和流域保护。因此，自然被认为是一种可以赋予经济价值的服务流，生态系统服务的受益者要向维护者支付费用。也因此，PES 计划建议直接向个人或团体付款，以便后者调整土地使用做法、保护生态环境功能。在第 12 篇文章中，劳拉·布里蒙特（Laura Brimont）和塞西尔·比多（Cécile Bidaud）探讨了马达加斯加自然资源保护主义者通过基于激励的机制从马达加斯加生物多样性中获取收入的最新尝试，重点关注了基于减少毁林及森林退化造成的碳排放计划（REDD +）。他们借鉴了近期案例研究证据，提出基于激励的机制所面临的巨大挑战。首先，为分配商品化生态系统服务带来的利益而创建的机构通常无法代表社区的共同利益。他们经常囿于腐败、权力垄断与管理不善，有些人利用自己的优势中饱私囊，而损害了最依赖自然资源的那些人的利益。其次，基于激励的机制无法产生足够的收入并改变农村家庭的本地生计。例如，碳补偿计划的收入不足以鼓励家庭从森林清除转向更加集约化的农业或转向非农业活动。最后，基于激励的机制（如 REDD +）为保护活动筹集资金的能力是由政治承诺以及碳价格等因素决定的，而碳价格本身又受制于复杂的政治和经济动态。布里蒙特和比多得出结论，基于激励的机制不太可能成为解决马达加斯加保护问题的灵丹妙药，必须考虑到它们的局限性，只将其视为一种选择。

除了公平和正义问题之外，在分析保护和环境管理时，另一个经常出现的主题是利益相关者之间的认知差异。由杰弗里·C. 考夫曼（Jeffrey C. Kaufmann）撰写的第 13 篇文章展示了西方的保护观点与地方的理念和做法在自然方面存在的巨大差异。保护政策倾向于对马达加斯加文化持工具主义观点，将其作为野生动物保护的首要目标加以利用和修改。自然资源保护主义者试图利用当地的规则和禁忌来促进期望的行为。考夫曼的文章提醒我们，这可能有问题，原因如下：首先，他们创建的新机构往往与现有的理念、机构和权力结构不太匹配。其次，这种保护干预引发了一个强烈的道德质疑：政策是否应以保护的名义凌驾于当地做法之上并破坏社会凝聚力？

在最后一篇文章中，笔者对马达加斯加生物多样性保护和环境管理的未来进行了思考。笔者总结了本书中不同撰稿人的主要见解和论点，勾画出我们从一个多世纪的政策中所能吸取的主要教训。笔者还强调了未来研究的主要领域，认为，研究和政策需要更多地关注研究不足的物种和生态系统。政策还必须承认不同利益相关者的不同看法和优先事项，并做好在各种环境和社会目标之间进行权衡的准备。人类与环境的互动总是错综复杂的，并取决于当地的实际情况。除了改变期望值以外，笔者建议在自然资源管理的权力动态方面作出调整，更多地让农村家庭和社区参与环境研究、规划和实践。上述所有问题的关键在于超越传统界限，即各学术学科之间、研究与政策之间以及"专家"与"外行"之间的界限。

注释

①"特有种"是指"某一特定地理区域所特有的"。生物学上，它指的是在一个特定地理位

置上独特的生物有机体种群。微观特有现象指的是高度地方化的种群——比如，巨跳鼠只在马达加斯加西部小面积（小于 200 平方千米）的干燥落叶林中被发现（Sommer et al.，2002）。

②生物多样性热点地区的定义为"特有物种异常集中、栖息地极度丧失的地区"（Myers et al.，2000）。国际保护组织规定，热点地区必须包含至少1500 种维管植物（占世界维管植物总量的 0.5%），并且必须是已失去了 70% 以上的原始栖息地（CI，1997）。值得注意的是，马达加斯加森林消失的程度尚存争议（参见第 3 篇文章）。有些人会质疑马达加斯加是否真的失去了 70% 的"原始栖息地"。

③2010 年贫困数据来自世界银行网站（http：//web. worldbank. org，访问日期：2012 – 08 – 09）

参考文献

Balmford, A. and Cowling, R. M. (2006) 'Fusion or failure? The future of conservation biology', *Conservation Biology*, vol 20, pp692 – 695.

CI (1997) *Global Biodiversity Hotspots*, Conservation International, Washington.

Ferraro, P. J. (2002) 'The local costs of establishing protected areas in low-income nations: Ranomafana National Park, Madagascar', *Ecological Economics*, vol 43, pp261 – 275.

Ganzhorn, J. U., Lowry Ⅱ, P. P., Shatz, G. E. and Sommer, S. (2001) 'The biodiversity of Madagascar: one of the world's hottest hotspots on its way out', *Oryx*, vol 35, pp346 – 348.

Goodman, S. M. and Benstead, J. P. (2005) 'Updated estimates of biotic diversity and endemism for Madagascar', *Oryx*, vol 39, pp73 – 77.

Goodman, S. M., Benstead, J. P. and Schutz, H. (2004) *The Natural History of Madagascar*, University of Chicago Press, Chicago.

Goodman, S. M. and Patterson, B. D. (1997) *Natural Change and Human Impact in Madagascar*, Smithsonian Institution Press, Washington.

Krause, D. W. (2005) 'Late cretaceous vertebrates of Madagascar: a window into Gondwanan biogeography at the end of the age of dinosaurs', in S. M. Goodman and J. P. Benstead (eds) *The Natural History of Madagascar*, University of Chicago Press, Chicago.

Kull, C. A. (1996) 'The evolution of conservation efforts in Madagascar', *International Environmental Affairs*, vol 8, pp50 – 86.

Kull, C. A. (2000) 'Deforestation, erosion, and fire: degradation myths in the environmental history of Madagascar', *Environment and History*, vol 6, pp423 – 450.

MAP (2007) *Madagascar Action Plan 2007 – 2012: A Bold and Exciting Plan for Rapid Development*, Antananarivo.

Mascia, M. B., Brosius, P. J., Dobson, T. A., Forbes, B. C., Horowitz, L., McKean, M. A. and Turner, N. J. (2003) 'Conservation and the social sciences', *Conservation Biology*, vol 17, pp649 – 650.

McConnell, W. J. (2002) 'Madagascar: Emerald isle or paradise lost?', *Environment*, vol 44, pp10 – 22.

Myers, N., Mittermeier, R. A., Mittermeier, C. G., da Fonseca, G. A. B. and Kent, J. (2000)

12

'Biodiversity hotspots for conservation priorities', *Nature*, vol 403, pp853 – 858.

Norris, S. (2006) 'Madagascar defiant', *BioScience*, vol 56, pp960 – 965.

Phillipson, P. B., Schatz, G. E., Lowry Ⅱ, P. P. and Labat, J. (2006) 'A catalogue of the vascular plants of Madagascar', in S. A. Ghazanfar and H. Beentje (eds) *Taxonomy and Ecology of African Plants, their Conservation and Sustainable Use*: *Proceedings of the 17th AETFAT Congress Addis Abbaba, Ethiopia*, Kew Publishing Ltd, London.

Pollini, J. (2009) 'Agroforestry and the search for alternatives to slash-and-burn cultivation: from technological optiism to a political economy of deforestation', *Agriculture, Ecosystems and Environment*, vol 33, pp48 – 60.

Pollini, J. and Lassoie, J. P. (2011) 'Trapping farmer communities within global environmental regimes: the case of the GELOSE legislation in Madagascar', *Society and Natural Resources*, vol 24, pp814 – 830.

Rasambainarivo, J. H. and Ranaivoarivelo, N. (2006) *Madagascar*: *Country Pasture/Forage Resource Profiles*, Food and Agriculture Organization of the United Nations, Rome.

Sommer, S., Toto Volahy, A. and Seal, U. S. (2002) 'A population and habitat viability assessment for the highly endangered giant jumping rat (*Hypogeomys antimena*), the largest extant endemic rodent of Madagascar', *Animal Conservation*, vol 5, pp263 – 273.

Sommerville, M., Milner-Gulland, E. J., Rahajaharison, M. and Jones, J. P. G. (2010) 'Impact of a community-based payment for environmental services intervention on forest use in Menabe, Madagascar', *Conservation Biology*, vol 24, pp1488 – 1498.

World Bank (1996) *Madagascar Poverty Assessment*, World Bank, Washington. DC.

第 1 部分

马达加斯加的生物多样性：
从远古时代到人类登场

马达加斯加的生物多样性之阐释

乔格·U. 甘兹合恩 (Jörg U. Ganzhorn)

卢西恩·威尔默 (Lucienne Wilmé)

让-卢克·默西埃 (Jean-Luc Mercier)

1.1 引言

马达加斯加对生物学家而言有特别的吸引力，其中原因也有助于解释为什么该岛受到国际保护组织的关注。最重要的是，马达加斯加的大多数动植物物种都是当地特有的，不存在于地球上其他任何地方[①]。岛上 13 000 多种植物 90% 以上（Phillipson et al.，2006）都是如此，动物种群也如此。当地特有鸟类比例占总数的 37%，而两栖动物和狐猴则 100% 为当地特有物种（Goodman & Benstead，2003，2005）。

马达加斯加不仅有高度的地方性，而且岛上的特有种群都很古老，由数百万年前的近亲进化而来，因此形成了在其他地方没有近亲的种群（Crottini et al.，2012；Holt et al.，2013）。与其他大岛不同的是，马达加斯加绝大多数的动植物被限制在一块陆地上。这对保护生态具有重要意义，因为一个物种在马达加斯加的灭绝通常意味着该物种在全球范围的灭绝。

马达加斯加是全球第四大岛屿，介于大陆和岛屿之间（de Wit，2003），因此被称为"岛屿大陆"。这在进化中起了重要作用——马达加斯加幅员辽阔，拥有许多截然不同的生物群落，使迁移物种得以在迥异的环境中向不同的物种辐射扩散。高度地方性、系统发育差异性[②]和大量物种濒临灭绝三种特征的结合，使马达加斯加成为全世界生物多样性保护的最重要地点之一（Myers et al.，2000）。

1.2 马达加斯加的生物多样性概述

虽然马达加斯加给人们的印象是世界上生物多样性（框 1.1）最丰富的"热点地区"之一（Myers et al.，2000），但其实岛上单位面积物种数量并不算特别丰富。如果将马达加斯加与其他岛屿相比，这一点尤为明显。根据岛屿生物地理学与物种形成的原理（框 1.2），在马达加斯加发现的物种丰富度或多或少是这个面积的岛屿所应有的。 *17*

框 1.1　生物多样性

"生物多样性"一词最初是由威尔逊和彼得斯（Wilson & Peters，1988）在保护生物学的背景下提出的。它建立在生物多样性或生物系统的多样性（包括生物体之间的相互作用）的概念上。这个术语可以用多种方式定义，包括从简单的物种数量描述（更好的定义是物种丰富度）到复杂的生物系统、其遗传基础和相互作用（Magurran & McGill，2010）。由于保护已经整合了经济、政治、文化甚至哲学方面的内容，因此"生物多样性"或只是"多样性"一词就已经在各种语境中使用，并赋予不同的意义（Naeem et al.，2009）。在本文中，"生物多样性"大致定义为"物种丰富度和生态系统的复杂性"。

框 1.2　岛屿生物地理学与物种形成

"岛屿生物地理学"的概念是由麦克阿瑟和威尔逊（1967）提出的，用来预测岛屿上物种的数量。这一数字与岛屿的大小和偏远程度有关，也与原位物种形成、迁移和灭绝有关。这个概念自从麦克阿瑟和威尔逊提出以来就被应用于扎根在各种栖息地矩阵的栖息地中，以及一般的物种－区域关系（Rosenzweig，1995）。不同物种的进化需要某种种群结构或细分来限制个体间的基因流动。基因流动的空间范围与物种的迁移和扩散潜力有关。因此，大的和可移动的物种比小的物种需要更大的区域来形成新的物种（Kisel & Barraclough，2010）。例如，在牙买加这样的小型岛屿上，两栖动物已经进化出不同的物种，但大型哺乳动物还没有在面积小于马达加斯加的岛屿上进化出特有的物种（Terborgh，1992）。

以蝙蝠为例（图 1.1），马达加斯加的物种丰富度与加勒比群岛和斯里兰卡的物种－面积（S）比例一致，但低于巴布亚新几内亚（476 000km^2）和婆罗洲（约 800 000km^2）的岛屿物种－面积之比，这两处有 90 多个不同的种类（Bonaccorso，1998；Struebig et al.，2010）。马达加斯加岛上陆生哺乳动物的物种丰富度是类似面积岛屿应有的水平（Goodman et al.，2008），两栖动物和爬行动物的物种相对丰富，而鸟类的数量却少得惊人（Langrand，1990）。

在过去 20 年中，马达加斯加的物种数量激增（图 1.2）。这在很大程度上得益于野外生物学家和分类学家的努力，他们在整个岛上进行了大量的编目工作（Goodman & Benstead，2003）。新的遗传技术和物种定义标准也起到了一定的作用，从而导致以前的单一物种现在被细分为不同物种（Tattersall，2007；Markolf et al.，2011）。无论最终被区分的物种数量有多少，马达加斯加的植物和脊椎动物物种的数量都低于其他生物多样性热点地区（表 1.1）。因此，可以说马达加斯加的独特性是基于更高级别类群（科和属）的系统特殊性，而非物种的总数，这说明很久以前与亲属物种变异的古老血统在这些种群内辐射扩散，从而导致了高度的物种特有性（Ceballos & Brown，1995；Barthlott et al.，1996；Kreft & Jetz，2007）。

总的来说，由于岛屿的地理隔绝，岛屿生物多样性热点地区比大陆生物多样性热点地区具有更高的地方性。这有助于异域物种形成，即同一物种的种群彼此分离（通常是由于物理屏障），并随着时间的推移在不同的地理区域发生遗传变异，从而使不同种群不再混合。大小相当的大陆生物多样性热点特有物种的比例较低，因为这些物种有很多也可能在热点的地理界限之外出现。因此，理解马达加斯加的隔绝状态是理解其动植物巨大差异性的关键。

20

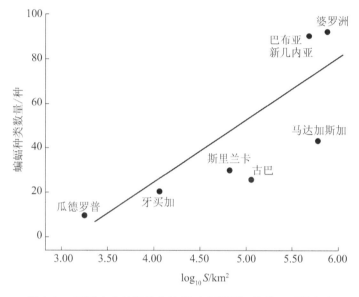

图 1.1　不同大小的岛屿上蝙蝠（含狐蝠）物种 – 面积之比

19

数据来源：Morgan & Woods, 1986；Bonaccorso, 1998；Stuebig et al., 2010；Goodman, 2011.

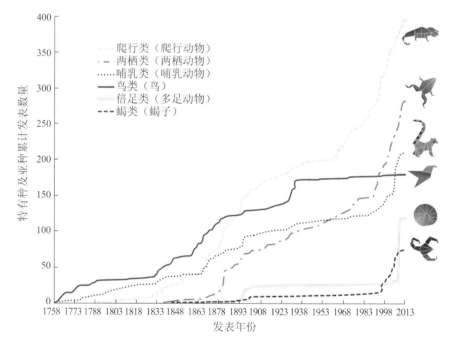

图 1.2　（林奈 1758 年以来）马达加斯加一系列脊椎动物和无脊椎动物分类学类目新种发表数量
来源：Wilmé（2012）.

表 1.1　热带及亚热带地区部分全球生物多样性热点地区特有的植物及脊椎动物科、属和种

区域	特有植物及脊椎动物科、属		物种总量及特有种百分比					
	特有科	特有属	植物	哺乳类	鸟类	爬行类	两栖类	淡水鱼类
岛屿情况								
马达加斯加及印度洋诸岛	8 + 16	310 + 168	13 000 89%	155 93%	313 58%	381 96%	228 99%	164 59%
加勒比诸岛	1 + 4	205 + 64	13 000 50%	89 46%	607 28%	499 94%	165 99%	161 40%
巽他古陆	3 + 1	117 + 82	25 000 60%	381 45%	771 79%	449 54%	242 71%	950 37%
大陆情况								
弗洛勒尔角	5 + 0	160 + 2	9000 69%	90 4%	324 2%	100 22%	51 31%	34 41%
中美洲	3 + 2	65 + 73	17 000 17%	440 15%	1124 19%	686 35%	575 61%	509 67%
西南澳大利亚	4 + 3	87 + 13	5571 53%	57 21%	285 4%	177 15%	33 19%	20 50%

注：种级别中，数字代表物种总量（上排）以及特有种百分比（下排）。
来源：Mittermeier et al.（2004，2010）。

1.3　马达加斯加宏观特有现象的地质史及其原因

　　根据传统的生物地理分类，马达加斯加是古热带域的一部分，古热带域是基于气候分带、系统发育关系和物种相似性的世界六个生物地理单元之一（Lomolin et al.，2010）。这些单元与我们今天所知的大陆相对应，在热带和温带之间有细分。古热带域包括非洲大陆的大部分地区以及印度、南亚和印度尼西亚。

　　最近，这种大型生物地理单元的分类法被修订了。新修订的分类法更明确地强调了系统发育关系、动植物各种谱系的分离年代及其进化的独特性（Holt et al.，2013）。根据修订后的新分类体系，马达加斯加成为世界上 20 个独特的动物地理学区域之一，其进化独特性仅次于整个澳大利亚，强调了其作为全球主要生物多样性热点地区之一的突出地位。

　　马达加斯加生物群的进化独特性源于中生代的板块构造（2.51 亿年前至

6500 万年前的地质时代，包括三叠纪、侏罗纪和白垩纪）。中生代初期，大陆块形成了一个单一的"大陆"，叫作泛大陆，到白垩纪末期分裂成了我们今天所知的大陆。大约 1.66 亿年前，马达加斯加与南美洲、非洲、南极洲、澳大利亚和印度一起，是冈瓦纳南部大陆的一部分（图 1.3）。在这个时候，冈瓦纳大陆开始分裂成不同的亚单元。大约 8800 万年前，马达加斯加和印度开始分离，马达加斯加成为一个孤立的陆块，与今天的位置相当，而印度继续向北漂移。因此，马达加斯加与其他任何一个陆块至少隔绝了 8800 万年。

在与冈瓦纳大陆分离的时候，马达加斯加现有的主要陆生类群要么还没有进化，要么还处于初期。大约 6500 万年前，一颗巨大的小行星撞击了地球。这标志着大规模物种灭绝、恐龙灭绝和白垩纪到第三纪的过渡时期的到来，这一时期被命名为"K-T 事件"（"白垩纪"在德语中为 *Kreide*）（O'leary et al., 2013；Yoder, 2013a）[③]。K-T 事件似乎消灭了当时生存于马达加斯加岛上的大多数动物，使这个岛国陷入困境（de Wit, 2003；Ali & Krause, 2011）。因此，马达加斯加现有的大多数动物物种是在 K-T 事件后迁移的物种进化而来的，而非进化自隔绝时期陆地上的任何已有种群。

我们对地质古史的理解依赖于化石的发现，而这些化石主要源自沉积盆地内的层状岩石中。马达加斯加的三个主要沉积盆地位于岛上的西部斜坡区，从最北部一直延伸到最南端。马达加斯加主要的古近纪和新近纪沉积矿床几乎全部来自海洋，再加上热带土壤的剧烈风化，在上层找到陆地化石的机会大大降低（Besairie & Collignon, 1972）。

根据克劳斯等（Krause et al., 1997, 1998, 1999）的研究，目前在岛上发现的主要特有的脊椎动物谱系中没有白垩纪时期的记录。因此，这些群体一定是在其他地方完成进化后再迁移到马达加斯加的。然而，由于随后的古近纪大部分时间的化石都无法找到，要重建造就了马达加斯加现有动植物种群的迁移事件必须依赖于对陆块的地理簇和其他地理特征、过程和事件的重建。这些地质重建可以利用分子钟数据来补充，以消除可能的分歧。分子钟是基于这样一种假设：随着时间的推移，DNA 中的突变以一种稳定且可预测的速度发生。例如，通过观察当前狐猴物种之间的遗传差异，并使用一段时间内的标准突变率，就可以估算出它们共同祖先出现的时间。这使我们能够将陆块的排列和关键地质事件与各种物种进化分裂的时间重建对应起来（Vences et al., 2001；Yoder et al., 2005；Crottini et al., 2012；Yoder, 2013b）。

虽然分子技术使研究进化史和种系发生史有了激动人心的见解，但也不能忘记，基因钟所基于的核苷酸的变化率会因生物体以及编码和非编码 DNA 序列而异，所以必须用其他已知的和可确定年代的标准（主要是化石）来校正。由于马达加斯加岛上缺乏现存谱系的化石，它们与大陆近亲分离的确切日期以及其后

22

23

的辐射扩散情况仍不确定。

物种进入马达加斯加的大致迁移

中生代	侏罗纪		20100万年	
	白垩纪		14500万年	龟类
				鬣蜥
				狐猴
新生代	古近纪	古新世	6600万年	
		始新世	5600万年	马岛猬
		渐新世	3400万年	
	新近纪	中新世	2300万年	啮齿动物 食蚁狸科
		上新世	500万年	鳄鱼
	第四纪	更新世	260万年	尼菲拉蜘蛛
		全新世	1万年	人类

距今1.55亿年
距今1亿年
马达加斯加的雨林进化
距今5600万年
猴面包树 雏菊树
现今

图1.3　大陆漂移以及部分脊椎动物种群迁移到马达加斯加的地质年代范围

注：鬣蜥和淡水龟与南美洲有亲缘关系；所有陆生哺乳动物群体都起源于利用有利洋流从非洲到马达加斯加的单一迁移事件；也有少数物种在不利洋流的情况下从非洲迁移到马达加斯加，鳄鱼便是其中之一。大多数两栖动物和爬行动物都是在古近纪从非洲迁移到马达加斯加的。有些物种可借助空气扩散，如尼菲拉属蜘蛛或雏菊树属植物（*Psiadia* spp.）可能不必借助洋流。

数据来源：修订自 Krause（2003）；Lomolino et al.（2010）；Kuntner & Agnarssen（2011）；Crottini et al.（2012）；samond et al.（2012）；Strijk et al.（2012）。

　　我们已经可以确定，马达加斯加物种高度的地方性主要源于其隔离状态，6500万年前的大灭绝使得岛上大部分的动植物遭遇灭顶之灾，那么从其他陆块上的迁移是如何进行的呢？关于陆生脊椎动物迁移到该岛目前形成了两种主要设想，有一种假说提出了"岛屿跳跃"，要么从非洲跨越较窄的莫桑比克海峡，要么是在白垩纪晚期冈瓦纳大陆和马达加斯加的南极遗迹之间通过，那时陆块之间的距离比现在小（Ali & Huber，2010）。先来看看跨越莫桑比克海峡的岛屿跳跃的可能路线。从白垩纪开始，莫桑比克东部和马达加斯加西部相距至少 230 千米，即使在与大陆冰川作用相关的更新世冰川 - 海面隆起期，海平面处于最低水平时，也是如此（Ali & Huber，2010）。因此，它在相当长一段时间内构成了实质性的障碍。

再来看看从冈瓦纳大陆的南极遗迹上岛屿跳跃的可能性。基于地球磁场方向的现代技术使我们能够重建地壳扩张的时间（Ali & Krause，2011；图 1.4）。这一重建表明，在白垩纪末期，马达加斯加与南极洲之间隔着约 2000 千米的深水　*24*区。此外，海平面比现在高出约 100 米。因此，几乎没有证据表明，马达加斯加与非洲或南极洲之间有大陆桥或一系列岛屿连接可供陆生动物迁移时作垫脚石之用。这样一来，生物"漂流"过莫桑比克海峡就成为了唯一的选择。

人们认为，缠结在一起的大团植物被冲进海洋时漂流就可能发生，例如在特殊的天气事件、海啸之后，更常见的情况是部分沿河长廊林断裂并进入海洋。这些漂浮的缠结植被可以达到相当大的面积。人类历史上，在非洲和马达加斯加之间形成运输动物的"筏"当然不是常见的现象，但在数千年或数百万年的时间尺度上，这种现象却足够频繁（de Queiroz，2005）。在 K-T 事件之后，洋流在大约 3000 万至 4000 万年的时间里有利于陆生种群经水路从非洲向马达加斯加扩散。因此，漂流的场景与马达加斯加脊椎动物谱系从其大陆亲戚中分离出来的时间相一致（Crottini et al.，2012）。这段旅程不会超过 30 天。大约 2000 万年前，当洋流从西南方向（即从坦桑尼亚到马达加斯加）转向莫桑比克海峡的南北方向时，漂流的最大机会窗口就关闭了。这将使马达加斯加的物种迁移变得困难（Ali & Huber，2010；Krause，2010；Samond et al.，2012）。

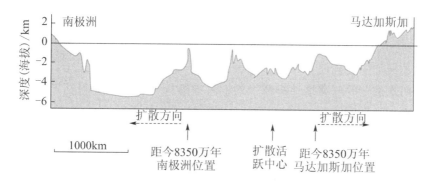

图 1.4　南极洲与马达加斯加之间的等深剖面图（水下剖面）
（海床及海床扩散的年代通过地球磁场的变化测得）

来源：改编自 Ali & Krause（2011）。　*25*

有证据表明，漂流是岛屿物种迁移的一种机制。例如，在加勒比海的安圭拉岛上，有人看到过几只绿色鬣蜥散布在一堆原木和被连根拔起的大树上（Censky et al.，1998）。已知一些现代马达加斯加脊椎动物类群，如狐猴和马岛猬，会进入迟钝状态或长时间处于低代谢率状态（Dausmann et al.，2009），这些种群的先天特点能增加他们漂流期间的生存机会（Kappeler，2000；不同观点见 Masters et al.，2006）。

体型较大的哺乳动物，如有蹄类动物，没有参与漂流，河马之类的半水生物种是例外（MacPhee，1994）。总的来说，漂流似乎有利于那些可以依附于植被上的类群，因为所有四种生活在马达加斯加的哺乳动物谱系（灵长类、马岛猬、啮齿动物和肉食性食蚁狸）都代表着只在树上生活或者部分时间在树上生活的动物。这也适用于爬行动物和两栖动物，陆生爬行动物经常在海水中游泳或在原木上活动（Censky et al.，1998；Gerlach et al.，2006；Rocha et al.，2006）。对于两栖动物而言，在海水中通过应该是有问题的，因为它们不太可能忍受盐对皮肤造成的渗透压力。尽管两栖动物通过海水扩散有一些难度，但仍认为它们通过漂流扩散的可能性更大，而不是通过一些迄今为止尚未证实的机制进行扩散，如两栖动物的卵沾在水鸟腿上或羽毛上（Vences et al.，2003，2004；Measey et al.，2007）。

据估计，马达加斯加大部分脊椎动物已存在 1900 万到 7900 万年之久，不过鳄鱼在 500 万年前才到达马达加斯加。这些动物能够忍受并游过海水。某些种类的青蛙和壁虎的迁入也很晚，估计是在不利洋流期间来到马达加斯加的。变色龙的路线则正好相反，从马达加斯加迁移到非洲和亚洲（Raxworthy et al.，2002；Crottini et al.，2012）。

不同种群的迁移，在其他方面也有重要区别。两栖动物和爬行动物分几次迁移到马达加斯加（Vences et al.，2003；Crottini et al.，2012），较高的哺乳动物目在马达加斯加的迁移仅有一次（Yoder et al.，2003；Krause，2010）。因此，来自非洲的四次成功的迁移事件解释了岛上特有陆生哺乳动物（包括狐猴、马岛猬、食肉动物和啮齿动物）的整个起源。飞行脊椎动物，如鸟类、飞狐和蝙蝠，也源自亚洲，不像马达加斯加的其他脊椎动物类群那样表现出同样级别的地方性（如 Warren et al.，2005；O'Brien et al.，2009；Goodman，2011；Raherilalao & Goodman，2011）。

尽管非洲大陆漂流说可以解释马达加斯加的大部分脊椎动物的来源，但有两种动物——淡水龟和一种鬣蜥的近亲——似乎是在南美洲和马达加斯加之间仍有扩散可能时的"遗留物"。岛上的淡水鱼也有冈瓦纳祖先，而不是从非洲迁移过来的（Sparks & Smith，2005）。马达加斯加西南部的盲穴鱼就是一个很好的例子，它们的近亲生活在澳大利亚的洞穴中（Chakrabarty et al.，2012）。

跨洋传播理论不仅可以解释马达加斯加大部分动物种群的缘起，也是植物向偏远岛屿迁移的主要原因（如 Nathan et al., 2008；Michalak et al., 2010）。马达加斯加著名的猴面包树属（*Adansonia* spp.）被认为是在大约 700 万到 1700 万年前从它们的非洲近亲中分化出来的（Baum et al., 1998；Pock Tsy et al., 2009），因此应该错过了从非洲到马达加斯加的有利洋流。其他植物，如雏菊树属（*Psiadia* spp.）的祖先在大约 1000 万年前从非洲来到马达加斯加，在马达加斯加内部广泛而快速地辐射扩散，并二次扩散和辐射扩散到马达加斯加周边岛屿（Strijk et al., 2012）。其他植物物种的种子可能是通过风、鸟类和飞狐携带传播的，可能附在它们的身体上，也可能借助它们的消化道传播。来自非洲的被动空中传播最近也发生在一些能飞的小型无脊椎动物身上，比如大约 250 万年前尼菲拉蜘蛛从非洲迁移至马达加斯加（Kuntner & Agnarsson, 2011）。

1.4　当代生物地理学、物种辐射扩散和微观特有现象

遗憾的是，我们对马达加斯加岛动植物迁移后如何多样化的理解受到了阻碍：在中生代，该岛与世隔绝；6500 万年前小行星撞击地球；洋流变化以及造就当今马达加斯加生物地理的诸多因素，目前尚未在化石记录中找到相应证据。基于花粉或碳定年亚化石的连续记录（参见第 2 篇文章）只适用于最近 4 万年（Gasse & Van Campo, 2001；Burney et al., 2004）。因此，对导致当代分布模式的驱动因素的解释，很大程度上要以近代地质时代的已知机制为基础。

该岛的主要地理特征之一是地形不对称，岛的东部有一条南北走向的山脉，延伸出东坡和西坡。这两个斜坡分别占该岛总面积的 27% 和 73%。在不到 100 千米的距离内东部斜坡就从海平面骤升至 1500 多米。从山脉顶端（海拔 1200 ～ 1600 米）开始，地势形成了一个中心高地，向西海岸平缓下降。马达加斯加的最高峰不到 3000 米，但整个岛屿多山，一半以上的陆地面积海拔超过 500 米。海拔 1000 ～ 1500 米的高地不仅广泛分布于中部地区，而且北部和南部也有分布。

马达加斯加的地形在形成其独特的气候带方面起着关键作用。东部山脉吸收了从东部吹来的潮湿信风。风吹到岛上以后，就会迅速上升、冷却，并沿着山脉的东侧释放湿气（称为"地形降雨"）。东部因此全年都有降雨。在南半球的冬季，风中水分不足，无法将雨水输送到岛的西部干旱地区（即有雨"影"或"焚风"效应）。然而，在南半球的夏季，风既够热又够湿，因此雨水能够到达岛的西部，从而形成季节性的季风气候（Jury, 2003）。这些非生物条件形成了三种截然不同的森林，即东部湿润森林、西部干燥落叶林和南部及西南部的多刺林，中间间隔着林地和草地（Lowry et al., 1997；Moat & Smith, 2007；Bond et al., 2008；图 1.5）。

马达加斯加不同的森林类型主要是全年总降雨量及其季节性分布的结果。再

者，动物也适应了不同季节中的非生物条件以及植物所提供的资源（Hemingway & Bynum，2005）。同时，动植物的适应行为产生了如图1.5中所示的独特的生态系统。由于该岛中央林地、草地和湿地混合带已大幅减少（土地覆盖变化的更多细节，参见第2篇及第3篇文章），跟历史上相比，现存森林结构在地理上显得更加突出，过渡区也不那么明显。

马达加斯加独特的气候和植被带在推动物种形成和形成生物多样性方面发挥了重要作用。在异质环境中，当亚种群遇到不同的非生物和生物条件时，物种的原地进化似乎是有利的。最终，它们适应了当地的条件，进化成为独特物种。然而，异质性是一个空间尺度和功能的问题。一棵树可能代表了一种定栖的蜥蜴的特定栖息地，但不代表一种生活范围很大的食肉动物的栖息地。因此，物种形成与生物的分散能力成反比（Kisel & Barraclough，2010），而扩散能力较差的类群在更小的空间（也可能是时间）尺度上辐射扩散成不同的物种，远小于那些家域大、分散能力强的类群。在全球分析中，爬行动物和两栖动物已在小如牙买加

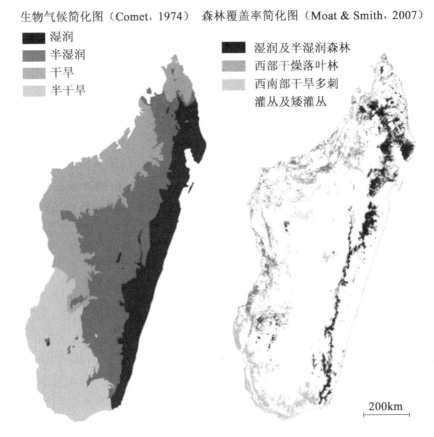

图1.5　植被构成与气候条件形成了马达加斯加鲜明的生态类型
来源：Cornet（1974）；Moat & Smith（2007）.

（面积仅为 1.2 万平方千米）的岛屿上辐射扩散成不同的物种。古巴（11.5 万平方千米）等岛屿上出现了小型哺乳动物的独特辐射扩散。而大型哺乳动物，如肉食动物，则需要更大的区域才能产生独特的物种，如新几内亚岛（786 000 平方千米）和马达加斯加岛（587 041 平方千米）（Terborgh，1992）。

与相关的动物物种对应，马达加斯加的植物地理可以粗略分为草地、湿润森林、干燥落叶林和多刺灌丛。由于这种分类描述的是目前的情况，而不是生态系统进化的条件，在过去几年里已经有所修正。例如，在东部连续雨林的北部和南部，从蝴蝶到狐猴的许多动物群落，在物种丰富度和物种构成上都表现出明显的差异（Lees et al.，1999）。马达加斯加西部也有类似的细分（Martin，1995；Ganzhorn et al.，2006；Thalmann，2007）。新的编目工作和分析显示，马达加斯加西部地区既有"东部"物种，也有"西部"物种，而湿润森林中的某些东部物种与西部干燥森林的物种亲缘关系更近，而不是跟同一大类内植物的同属种（即属于同一属）关系更近（Raxworthy & Nussbaum，1997；Yoder et al.，2000）。此外，许多物种在特定植被类型内的已知分布范围非常小，不能简单地用适应广泛的植被形成来解释（Wollenber et al.，2008；Vieites et al.，2009）。

人们已经提出了几个假说来解释导致目前物种分布模式和微观特有种（即出现区域非常小的特有种）的进化过程（Pearson & Raxworthy，2009；Vences et al.，2009）。"中域效应"假说起源于物种－面积关系。该假说认为，物种丰富度在中纬度地区应该是最高的，因为这些地区面积最大，因此最有可能形成和保持物种多样性。此外，低地和高地物种也都可能迁移（Lees et al.，1999）。在马达加斯加，这一模式已经被从蝴蝶到狐猴的多个种群所证明（Lees et al.，1999；Goodman & Ganzhorn，2004a；Soarimalala & Goodman，2011）。然而，目前仍缺乏可能导致这些模式的过程和机制的关键验证（Kerr et al.，2006；Vences et al.，2009）。

"河流假说"假设河流形成了地理屏障，阻止了扩散，导致了异地物种形成（Petter et al.，1977；Martin，1995；Goodman & Ganzhorn，2004b）。虽然河流可以用来划分一些地理亚单元，但假定马达加斯加的河流具备稳定的因素并且持续时间长得足以导致物种形成的观点似乎站不住脚。根据目前的水文系统和森林覆盖的碎片化状态，确定一条能划定森林物种已知分布的河流总是有可能的。这一点，在西坡和沿岛的东部沿海部分体现得最明显（Moat & Smith，2007）。然而，随着物种分布越来越为人所知，大多数被认为是分散障碍的河流可能并没有起到这样的作用（Jenkins et al.，2003；Craul et al.，2008；Mittermeier et al.，2010；Knopp et al.，2011）。

"气候假说"假设适应当地气候和相关植被特征是物种辐射扩散的驱动力（Dewar & Richard，2007）。这一假说超越了传统的适应大范围植被形成的观点，增加了经度和纬度的气候梯度，并假设在这些植被形成中有相当程度的异质性，

28

29

30 由不可预测的气候变化所驱动。马达加斯加的气候极其多变，年内和年际降雨量变化都相当大，与降雨量相当的其他地区相比尤为如此（Dewar & Richard，2007）。这可能在许多方面推动了物种形成。例如，有人提出，该岛的动物群受到无法预测的植物结果和开花模式的严重影响，而结果和开花模式又受到不可预测的气候的驱动（Dewar & Richard，2007）。这被认为是马达加斯加果食性鸟类和哺乳动物种类相对较少的可能原因。

气候，更具体地说，更新世的气候变化，可能在其他方面发挥了作用，其中温度和湿度的变化尤为重要。在气温较低的时期，地球上更多的水以冰的形式储存（高纬度地区尤其如此），海平面下降。在低纬度地区，气候变得干燥，森林退化。在气温较高的时期，冰融化，降雨量增加，海平面上升，森林扩张。剩余的森林地区因此成为气候变化时重要的避难所。纬度较高地区的避难所一般是不被冰覆盖的地区，而低纬度避难所是在干旱时期仍能保持湿润的地区（Stewart & Lister，2001；Bennett & Provan，2008）。

"分水岭生态假说"④假设这样的气候变化不会统一影响所有栖息地，但某些栖息地能够在气候振荡的干旱时期保持恒定的条件，并能保持湿度（Wilmé et al.，2006，2012；Wilmé，2012）。在这种情况下，高海拔地区的主要河谷接受地形降雨，起到了避难所的作用。相比之下，在古气候振荡的干旱期，低海拔地区被隔离的时间更长。当气候再次变得湿润时，水文系统在高海拔的大流域重新连接，而在低海拔的小流域保持隔离。因此，在干旱地区生存的动物或植物被隔离了更长的时间，需要进化适应新环境，导致物种形成，从而创造了特有物种的中心，而长廊森林和高山森林提供了扩散和撤退的路线（Wilmé et al.，2006，2012；Wilmé & Callmander，2006；Wilmé，2012）。在避难所，物种要么保留它们的特征，要么进化出新的适应性。事实上，这导致了不同的动植物群落不仅在植被结构内部交错分布，也在不同的植物结构中交错分布（图1.6）。

除了气候变化之外，旋风或火灾等随机事件也会引起扰动，增加一个地区的物种扩散性，并可能比高度扰动地区或长期稳定的植被形成区出现更多的物种共存。在高度扰动地区生活的可能是扩散潜力高但竞争潜力低的种群，而长期稳定区则是竞争潜力高的种群的栖息地。在中等干扰水平下，迁移物种和竞争物种共存处于不平衡状态，这时物种数量最高。这个"中间干扰假说"（Connell，1978；Fox，2013）很难在一般的群落水平上进行评估，因为很难对扰动进行量化，也很难定义对于整个群落来说，扰动的"低"水平和"高"水平是什么。

31 但是，马达加斯加的天气现象似乎比世界上其他类似地区更难预测（Wright，1999；Jolly et al.，2002；Dewar & Richard，2007），由于随机气旋似乎是马达加斯加环境的重要组成部分（Ganzhorn，1995；Birkinshaw & Randrianjanahary，2007），扰动对微局部化或特殊适应性的进化起着重要的作用（Wright，1999；Wright et al.，2012），从而持续出现多样性群落。

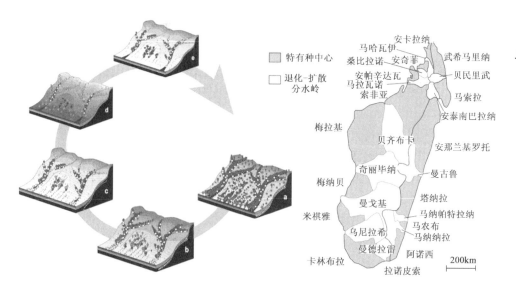

图1.6　左：干冷时期森林退化及暖湿时期森林扩张的顺序示意图（白色圆点代表适应潮湿环境的物种，深色圆点代表适应干燥环境的物种；a～e 表示湿（暖）干（冷）条件周期中的不同阶段）；右：相应的特有种中心及退化 – 扩散分水岭

来源：左图参见 Wilmé（2012），右图由 Wilmé et al.（2006，2012）提出。

综上所述，要解释马达加斯加物种在隔离和迁移之后的进化和分布，最好综合考虑以下几个因素：①适应具有相似景观的南北植被带（如湿润森林和干旱森林）；②气候和植被变化期间的扩散和退化；③岛内各种地理屏障造成的隔离。这些过程在过去几千年里可以部分重建（Burney et al.，2004），但是，如果今天应用的分子钟是正确的，那么物种的形成要比这古老得多。例如，狐猴属内的辐射扩散都比 2 万～4 万年前的最后一次冰川期早了两个数量级（Pastorini et al.，2003；Yoder et al.，2005；Johnson et al.，2008；Ramaromilanto et al.，2009；Weisrock et al.，2012）。

1.5　马达加斯加——生物进化的模型

到目前为止讨论的研究和材料表明，马达加斯加可以作为一个模型来测试各种进化过程和机制。这一点在趋同进化中表现得最为明显。在趋同进化中，占据相似生态位的不相关谱系进化出相似的生物特征。例如，经过进化，狐猴的体型范围已经与它们的大陆灵长类近亲相同，从世界上最小的灵长类动物（贝氏倭狐猴，重约 30 克），进化为体型与大猩猩相当的古狐猴（500 年前已灭绝）。一些狐猴物种也能在澳大利亚进化出类似适应性的有袋类动物中找到生态对应种（Smith & Ganzhorn，1996）。最明显的是，马达加斯加的叉状狐猴属和澳大利亚蜜袋鼯不仅在外表上看起来很像，而且这两种动物都以树分泌物为食，消化道也都有相似的特殊结构来适应这种特别的饮食。马达加斯加指猴的第三根手指专门用于挖取生活在树上的幼虫，它与来自新几内亚和澳大利亚北部的有袋哺乳动物（纹袋貂属）有相同的特征（不过它们的专用手指是第四根）。这两个种群都填补了啄木鸟的空缺，因为啄木鸟科的成员在马达加斯加、澳大利亚和新几内亚都不存在。

33　　趋同进化的证据可以在许多其他类群中找到。例如，多刺的马岛猬进化出了刺，看起来就像袖珍版欧洲刺猬，尽管它们来自不同的祖先。在鸟类中，不会飞且现已灭绝的象鸟属在所有大陆都有生态对应物种，包括新西兰已经灭绝的恐鸟。趋同进化的极好例子是马达加斯加的曼特蛙，它们不仅像南美箭毒蛙一样进化出了类似的警戒色和有毒物质，而且还食用蚂蚁来获取化合物并加以处理从而实现有毒防御，尽管它们与其美国同类是不同的物种（Clark et al., 2005）。

　　能说明世界各地的进化都是以类似的方式进行的最著名的例子是由达尔文本人提供的。达尔文兰花是马达加斯加特有的一种兰花，花的蜜距长 40 厘米。达尔文第一次见到这个物种时，其传粉者还不为人所知，似乎只有一种舌头长度相当的飞蛾才有可能传粉。达尔文假设了这种飞蛾的存在，大约 40 年后，这种飞蛾被发现，并被命名为非洲长喙天蛾（Arditti et al., 2012）。

1.6　马达加斯加生物多样性和进化史对保护工作的影响

　　全球环境保护优先级别是由威胁程度、物种丰富度和物种独特性决定的。最著名的确定方法是世界自然基金会提出的"全球 200 个生态区"（Olson & Dinerstein，1998）和 Myers 等提出的"生物多样性热点地区"鉴定（2000；Mittermeier et al. 更新，2004；Zachos & Habel，2011）。"全球 200"确定了能够最有效地保护全球生物多样性的地区，而"生物多样性热点地区"是指特有种程度很高且 70% 以上栖息地丧失的地区。马达加斯加符合这两个定义，尽管森林消失的确切程度尚有争议（参见第 2 篇及第 3 篇文章）。

　　马达加斯加大部分特有的动植物种类只存在于森林中。岛上大多数现存的森林高度碎片化，超过 45% 的森林分布在不足 500 平方千米的碎片中，超过 80% 的林区距离边缘不到 1 千米（Harper et al., 2007）。在世界上的许多地区，森林的"边缘"生态系统有别于森林内部，真正的森林物种无法长期在此存活（Laurance，2000）。因此，岛上森林的破坏是关乎马达加斯加森林物种长期生存的重大问题。

　　与世界上大多数地方一样，在马达加斯加，保护的优先次序是由主观决定的。在马达加斯加还是殖民地时，法国殖民政府采用了优秀博物学家的专业推
34　测，建立了数个国家公园和保护区，覆盖了岛上绝大多数的生态系统（关于殖民时期马达加斯加保护区历史，详见第 4 篇文章）。过去的几十年间，建立了新的

保护区，主要是由于个人倡议或发现了魅力物种（Goodman & Benstead，2003），而不是基于科学的普遍保护策略。今天，保护优先级主要由生物丰富度来定义（Hannah et al.，1998，2008；Andreone et al.，2008；Kremen et al.，2008），这在很大程度上与过去的"专业推测"和地方主义的假设中心相吻合（Wilmé et al.，2006，2012）。新的保护方法整合了物种丰富度、元群落、网络和廊道的概念，使动植物能够从孤立的保护区扩散到其他地点。考虑到气候变化过往对于马达加斯加动植物的影响，以及森林的聚集地和走廊对于物种存续和适应的重要性，目标是建成一个由合适的栖息地连接起来的保护区网络，并且允许个体移动。这应该可以缓解物种因种群规模过小以及遗传侵蚀而灭绝的情况，应该允许物种撤退到合适的栖息地或维持可存活的种群（Hannah et al.，2008；Kremen et al.，2008；Irwin et al.，2010）。

虽然可取的做法是从科学的角度确定保护的优先次序，但现实情况超过了一切学术研究。2003年，前总统马克·拉瓦卢马纳纳在"德班愿景"中宣布，马达加斯加的保护区面积将增加至原本的三倍。保护界最初很兴奋，过后发现几乎没有足够的土地来达成这个目标。因此，政府组织和非政府组织（NGO）仍在努力寻找适合保护的区域，更多的是从可行性和社会经济方面来考虑，而不是基于生物多样性的论点（关于德班愿景，详见第8篇和第9篇文章）。

1.7 结论

马达加斯加生物群的多样性很大程度上是由于地质隔离、迁移事件以及随后辐射扩散到非生物和生物异质性导致的生态位空缺的结果。马达加斯加的特有性产生的主要原因是它的地质历史，大陆漂移导致了隔绝，随后大多数主要的生物群，特别是高等植物和脊椎动物开始辐射扩散。隔绝后，马达加斯加的动植物在进化过程中没有受到反刍动物、大型食肉动物或人类的影响，也就是说，它们不仅在隔绝的环境下进化，而且进化的条件与非洲大陆大相径庭，因此产生了巨大的辐射扩散潜力，形成了今天所见的全球独特的生态系统。 *35*

注释

①地方性物种的形成，要么是由于某物种在其他区域灭绝并只在某个有限区域存活，要么是由于新物种在有限区域内发生本地进化。

②种系发生是指一个物种或更高的生物分类学分组的进化史，而种系发生学是研究生物群体之间进化关系的学科。

③根据新的命名法，"下第三纪"现在被称为"古第三纪"，小行星撞击地球的时间被称为"K-Pg事件"。

④生物分布学是研究物种空间分布及其原因的学科。

参考文献

Ali, J. R. and Huber, M. (2010) 'Mammalian biodiversity on Madagascar controlled by ocean currents', *Nature*, vol 463, pp653 – 656.

Ali, J. R. and Krause, D. W. (2011) 'Late Cretaceous bioconnections between Indo-Madagascar and Antarctica: refutation of the Gunnerus Ridge causeway hypothesis', *Journal of Biogeography*, vol 38, pp1855 – 1872.

Andreone, F., Carpenter, A. I., Cox, N., du Preez, L., Freeman, K., Furrer, S., Garcia, G., Glaw, F., Glos, J., Knox, D., Kohler, J., Mendelson, J. R., Mercurio, V., Mittermeier, R. A., Moore, R. D., Rabibisoa, N. H. C., Randriamahazo, H., Randrianasolo, H., Raminosoa, N. R., Ramilijaona, O. R., Raxworthy, C. J., Vallan, D., Vences, M., Vieites, D. R. and Weldon, C. (2008) 'The challenge of conserving amphibian megadiversity in Madagascar', *Plos Biology*, vol 6, pp943 – 946.

Arditti, J., Elliottt, J., Kitching, I. J. and Wasserthal, L. T. (2012) 'Good Heavens what insect can suck it-Charles Darwin, *Angraecum sesquipedale* and *Xanthopan morganii praedicta* ', *Botanical Journal of the Linnean Society*, vol 169, pp403 – 432.

Barthlott, W., Lauer, W. and Placke, A. (1996) 'Global distribution of species diversity in vascular plants: towards a world map of phytodiversity', *Erdkunde*, vol 50, pp317 – 327.

Baum, D. A., Small, R. I. and Wendel, J. F. (1998) 'Biogeography and floral evolution of baobabs (*Adansonia*, Bombacaceae) as inferred from multiple data sets', *Systematic Biology*, vol 47, pp181 – 207.

Bennett, K. D. and Provan, J. (2008) 'What do we mean by "refugia?" ', *Quaternary Science Reviews*, vol 27, pp2449 – 2455.

Besairie, H. and Collignon, M. (1972) 'Géologie de Madagascar. I. Les terrains sédimentaires. Nouvelle carte géologique au 1/500 000e', *Annales Géologiques de Madagascar, Tananarive*, vol 35, pp1 – 463.

Birkinshaw, C. and Randrianjanahary, M. (2007) 'The effects of cyclone Hudah on the forest of Masoala Peninsula, Madagascar', *Madagascar Conservation and Development*, vol 2, pp17 – 20.

Bonaccorso, F. J. (1998) *Bats of Papua New Guinea*, Conservation International, Washington, DC.

Bond, W. J., Silander Jr, J. A., Ranaivonasy, J. and Ratsirarson, J. (2008) 'The antiquity of Madagascar's grasslands and the rise of C4 grassy biomes', *Journal of Biogeography*, vol 35, pp1743 – 1758.

Burney, D. A., Pigott Burney, L., Godfrey, L. R., Jungers, W. L., Goodman, S. M., Wright, H. T. and Timothy Jull, A. J. (2004) 'A chronology for late prehistoric Madagascar', *Journal of Human Evolution*, vol 47, pp25 – 63.

Ceballos, G. and Brown, J. H. (1995) 'Global patterns of mammalian diversity, endemism, and endangerment', *Conservation Biology*, vol 9, pp559 – 568.

Censky, E. J., Hodge, K. and Dudley, J. (1998) 'Over-water dispersal of lizards due to hurricanes', *Nature*, vol 395, p556.

Chakrabarty, P., Davis, M. P. and Sparks, J. S. (2012) 'The first record of a transoceanic sister-

36

30

group relationship between obligate vertebrate troglobites', *PLoS ONE*, vol 7, e44083.

Clark, V. C., Raxworthy, C. J., Rakotomalala, V., Sierwald, P. and Fisher, B. L. (2005) 'Convergent evolution of chemical defense in poison frogs and arthropod prey between Madagascar and the Neotropics', *Proceedings of the National Academy of Sciences USA*, vol 102, pp11617 – 11622.

Connell, J. H. (1978) 'Diversity in tropical rain forests and coral reefs', *Science*, vol 199, pp1302 – 1309.

Cornet, A. (1974) 'Essai de cartographie bioclimatique à Madagascar', *Notice explicative no 55*, ORSTOM, Paris.

Craul, M., Radespiel, U., Rasolofoson, D. W., Rakotondratsimba, G., Rakotonirainy, O., Rasoloharijaona, S., Randrianambinina, B., Ratsimbazafy, J., Ratelolahy, F., Randrianamboavaonjy, T. and Rakotozafy, L. (2008) 'Large rivers do not always act as species barriers for *Lepilemur* sp', *Primates*, vol 49, pp211 – 218.

Crottini, A., Madsen, O., Poux, C., StrauB, A., Vieites, D. R. and Vences, M. (2012) 'Vertebrate time-tree elucidates the biogeographic pattern of a major biotic change around the K-T boundary in Madagascar', *Proceedings of the National Academy of Sciences USA*, vol 109, pp5358 – 5363.

Dausmann, K. H., Glos, J. and Heldmaier, G. (2009) 'Energetics of tropical hibernation', *Journal of Comparative Physiology B-Biochemical Systemic and Environmental Physiology*, vol 179, pp345 – 357.

de Queiroz, A. (2005) 'The resurrection of oceanic dispersal in historical biogeography', *Trends in Ecology and Evolution*, vol 20, pp68 – 73.

de Wit, M. J. (2003) 'Madagascar: heads it's a continent, tails it's an island', *Annual Review of Earth and Planetary Sciences*, vol 31, pp213 – 248.

Dewar, R. E. and Richard, A. F. (2007) 'Evolution in the hypervariable environment of Madagascar', *Proceedings of the National Academy of Sciences USA*, vol 104, pp13723 – 13727.

Fox, J. W. (2013) 'The intermediate disturbance hypothesis should be abandoned', *Trends in Ecology and Evolution*, vol 28, pp86 – 92.

Ganzhorn, J. U. (1995) 'Cyclones over Madagascar: fate or fortune?', *Ambio*, vol 24, pp124 – 125.

Ganzhorn, J. U., Goodman, S. M., Nash, S. and Thalmann, U. (2006) 'Lemur biogeography', in S. Lehman, and J. G. Fleagle (eds) *Primate Biogeography*, Plenum/Kluwer Press, New York.

Gasse, F. and Van Campo, E. (2001) 'Late quaternary environmental changes from a pollen and diatom record in the southern tropics (Lake Tritrivakely, Madagascar)', *Palaeogeography, Palaeoclimatology, Palaeoecology*, vol 167, pp287 – 308.

Gerlach, J., Muir, C. and Richmond, M. D. (2006) 'The first substantiated case of trans-oceanic tortoise dispersal', *Journal of Natural History*, vol 40, pp2403 – 2408.

Goodman, S. M. (2011) *Les chauves-souris de Madagascar*, Association Vahatra, Antananarivo.

Goodman, S. M. and Benstead, J. P. (2003) *The Natural History of Madagascar*, University of

37

31

Chicago Press, Chicago, IL.

Goodman, S. M. and Benstead, J. P. (2005) 'Updated estimates of biotic diversity and endemism for Madagascar', *Oryx*, vol 39, pp73 – 77.

Goodman, S. M. and Ganzhorn, J. U. (2004a) 'Elevational ranges of lemurs in the humid forests of Madagascar', *International Journal of Primatology*, vol 25, pp331 – 350.

Goodman, S. M. and Ganzhorn, J. U. (2004b) 'Biogeography of lemurs in the humid forests of Madagascar: the role of elevational distribution and rivers', *Journal of Biogeography*, vol 31, pp47 – 55.

Goodman, S. M., Ganzhorn, J. U. and Rakotondravony, D. (2008) 'Les mammifères', in S. M. Goodman (ed.) *Payses Naturels et Biodiversite de Madagascar*, Muséum national d'histoire naturelle, Paris.

Hannah, L., Rakotosamimanana, B., Ganzhorn, J., Mittermeier, R. A., Olivier, S., Iyer, L., Rajaobelina, S., Hough, J., Andriamialisoa, F., Bowles, I. and Tilkin, G. (1998) 'Participatory planning, scientific priorities, and landscape conservation in Madagascar', *Environmental Conservation*, vol 25, pp30 – 36.

Hannah, L., Dave, R., Lowry II, P. P., Andelman, S., Andrianarisata, M., Andriamaro, L., Cameron, A., Hijmans, R., Kremen, C., MacKinnon, J., Randrianasolo, H. H., Andriambololonera, S., Razafimpahanana, A., Randriamahazo, H., Randrianarisoa, J., Razafinjatovo, P., Raxworthy, C., Schatz, G. E., Tadross, M. and Wilmé, L. (2008) 'Climate change adaptation for conservation in Madagascar', *Biology Letters*, vol 4, pp590 – 594.

Harper, G. J., Steininger, M. K., Tucker, C. J., Juhn, D. and Hawkins, F. (2007) 'Fifty years of deforestation and forest fragmentation in Madagascar, *Environmental Conservation*, vol 34, pp1 – 9.

Hemingway, C. and Bynum, N. (2005) 'The influence of seasonality on primate diet and ranging', in C. van Schaik and D. Brockman (eds) *Seasonality in Primates: Studies of Living and Extinct Human and Non-human Primates*, Cambridge University Press, Cambridge.

Holt, B. G., Lessard, J. -P., Borregaard, M. K., Fritz, S. A., Araújo, M. B., Dimitrov, D., Fabre, P. -H., Graham, C. H., Graves, G. R., Jønsson, K. A., Nogées-Bravo, D., Wang, Z., Whittaker, R. J., Fjeldså, J. and Rahbek, C. (2013) 'An update of Wallace's zoogeographic regions of the world', *Science*, vol 338, pp74 – 78.

Irwin, M. T., Wright, P. C., Birkinshaw, C., Fisher, B. L., Gardner, C. J., Glos, J., Goodman, S. M., Loiselle, P., Rabeson, P., Raharison, J. -L., Raherilalao, M. -J., Rakotondravony, D., Raselimanana, A., Ratsimbazafy, J., Sparks, J. S., Wilmé, L. and Ganzhorn, J. U. (2010) 'Patterns of species change in anthropogenically disturbed forests of Madagascar', *Biological Conservation*, vol 143, pp2351 – 2362.

Jenkins, R. K. B., Brady, L. D., Bisoa, M., Rabearivony, J. and Griffiths, R. A. (2003) 'Forest disturbance and river proximity influence chameleon abundance in Madagascar', *Biological Conservation*, vol 109, pp407 – 415.

Johnson, S. E., Lei, R., Martin, S. K., Irwin, M. T. and Louis, E. E. (2008) 'Does Eulemur cinereiceps exist? Preliminary evidence from genetics and ground surveys in southeastern

38

Madagascar', *American Journal of Primatology*, vol 70, pp372 – 385.

Jolly, A., Dodson, A., Rasamimanana, H. M., Walker, J., O'Connor, S., Solberg, M. and Prel, V. (2002) 'Demography of *Lemur catta* at Berenty Reserve, Madagascar: effects of troop size, habitat and rainfall', *International Journal of Primatology*, vol 23, pp327 – 353.

Jury, M. R. (2003) 'The climate of Madagascar', in S. M. Goodman and J. P. Benstead (eds) *The Natural History of Madagascar*, University of Chicago Press, Chicago, IL.

Kappeler, P. M. (2000) 'Lemur origins: rafting by groups of hibernators?', *Folia Primatologica*, vol 71, pp422 – 425.

Kerr, J. T., Perring, M. and Currie, D. J. (2006) 'The missing Madagascan middomain effect', *Ecology Letters*, vol 9, pp149 – 159.

Kisel, Y. and Barraclough, T. G. (2010) 'Speciation has a spatial scale that depends on levels of gene flow', *American Naturalist*, vol 175, pp316 – 334.

Knopp, T., Rahagalala, P., Miinala, M. and Hanski, I. (2011) 'Current geographical ranges of Malagasy dung beetles are not delimited by large rivers', *Journal of Biogeography*, vol 38, pp1098 – 1108.

Krause, D. W. (2003) 'Late Cretaceous vertebrates of Madagascar: a window into Gondwanan biogeography at the end of the age of dinosaurs', in S. M. Goodman and J. Benstead (eds) *The Natural History of Madagascar*, University of Chicago Press, Chicago, IL.

Krause, D. W. (2010) 'Washed up in Madagascar', *Nature*, vol 463, pp613 – 614.

Krause, D. W., Asher, R. J., Buckley, G., Gottfried, M. and Laduke, T. C. (1998) 'Biogeographic origins of the non-dinosaurian vertebrate fauna of Madagascar: new evidence from the Late Cretaceous', *Journal of Vertebrate Paleontology*, vol 18, p57A.

Krause, D. W., Prasad, G. V. R., von Koenigswald, W., Sahni, A. and Grine, F. E. (1997) 'Cosmopolitanism among Gondwanan Late Cretaceous mammals', *Nature*, vol 390, pp504 – 507.

Krause, D. W., Rogers, R. R., Forster, C. A., Hartman, J. H., Buckley, G. A. and Sampson, S. D. (1999) 'The Late Cretaceous vertebrate fauna of Madagascar: implications for Gondwanan paleobiogeography', *Geological Society of America Today*, vol 9, pp1 – 7.

Kreft, H. and Jetz, W. (2007) 'Global patterns and determinants of vascular plant diversity', *Proceedings of the National Academy of Science USA*, vol 104, pp5925 – 5930.

Kremen, C., Cameron, A., Moilanen, A., Phillips, S. J., Thomas, C. D., Beentje, H., Dransfield, J., Fisher, B. L., Glaw, F., Good, T. C., Harper, G. J., Hijmans, R. J., Lees, D. C., Louis Jr. E., Nussbaum, R. A., Raxworthy, C. J., Razafimpahanana, A., Schatz, G. E., Vences, M., Vieites, D. R., Wright, P. C. and Zjhra, M. L. (2008) 'Aligning conservation priorities across taxa in Madagascar with high-resolution planning tools', *Science*, vol 320, pp222 – 226.

Kuntner, M. and Agnarsson, I. (2011) 'Phylogeography of a successful aerial disperser: the golden orb spider *Nephila* on Indian Ocean islands', *BMC Evolutionary Biology*, vol 11, p119.

Langrand, O. (1990) *Guide to the Birds of Madagascar*, Yale University Press, New Haven, CT. *39*

Laurance, W. F. (2000) 'Do edge effects occur over large spatial scales?', *Trends in Ecology and Evolution*, vol 15, pp134 – 135.

Lees, D. C., Kremen, C. and Andriamampianina, L. (1999) 'A null model for species richness gradients: bounded range overlap of butterflies and other rainforest endemics in Madagascar', *Biological Journal of the Linnean Society*, vol 67, pp529 – 584.

Lomolino, M. V. B. R., Riddle, R. J., Whittaker, R. and J. H. Brown. (2010) *Biogeography*, Sinauer Associates, Sunderland, MA.

Lowry Ⅱ, P. P., Schatz, G. E. and Phillipson, P. B. (1997) 'The classification of natural and anthropogenic vegetation in Madagascar', in S. M. Goodman and B. D. Patterson (eds) *Natural Change and Human Impact in Madagascar*, Smithsonian Institution Press, Washington, DC.

MacArthur, R. H. and Wilson, E. O. (1967) *The Theory of Island Biogeography*, Princeton University Press, Princeton, NJ.

MacPhee, R. D. E. (1994) 'Morphology, adaptations, and relationships of Plesiorycteropus, and a diagnosis of a new order of eutherian mammals', *Bulletin of the American Museum of Natural History*, vol 220, pp1 – 214.

Magurran, A. E. and McGill, B. J. (2010) *Biological Diversity: Frontiers in Measurement and Assessment*, Oxford University Press, Oxford.

Markolf, M., Brameier, M. and Kappeler, P. M. (2011) 'On species delimitation: yet another lemur species or just genetic variation?', *BMC Evolutionary Biology*, vol 11, p216.

Martin, R. D. (1995) 'Prosimians: from obscurity to extinction?', in L. Alterman, G. A. Doyle and M. K. Izard (eds) *Creatures of the Dark: The Nocturnal Prosimians*, Plenium Press, New York.

Masters, J. C., de Wit, M. J. and Asher, R. J. (2006) 'Reconciling the origins of Africa, India and Madagascar with vertebrate dispersal scenarios', *Folia Primatologica*, vol 77, pp399 – 418.

Measey, G. J., Vences, M., Drewes, R. C., Chiari, Y., Melo, M. and Bourles, B. (2007) 'Freshwater paths across the ocean: molecular phylogeny of the frog *Ptychadena newtoni* gives insights into amphibian colonization of oceanic islands', *Journal of* Biogeography, vol 34, pp7 – 20.

Michalak, I. L., Zhang, B. and Renner, S. S. (2010) 'Trans-Atlantic, trans-Pacific and trans-Indian Ocean dispersal in the small Gondwanan Laurales family Hernandiaceae', *Journal of Biogeography*, vol 37, pp1214 – 1226.

Mittermeier, R., Gil, P., Hoffmann, M., Pilgrim, J., Brooks, T., Goetsch Mittermeier, C., Lamoreux, J. and da Fonseca, G. (2004) *Hotspots Revisited*, CEMEX, Mexico City.

Mittermeier, R. A., Louis Jr. E. E., Richardson, M., Schwitzer, C., Langrand, O., Rylands, B., Hawkins, F., Rajaobelina, S., Ratsimbazafy, J., Rasoloarison, R., Roos, C., Kappeler, P. M. and Mackinnon, J. (2010) *Lemurs of Madagascar*, Conservation International, Arlington, VA.

Moat, J. and Smith, P. (2007) *Atlas of the Vegetation of Madagascar: Atlas de la vegetation de Madagascar*, Royal Botanic Gardens, Kew.

Morgan, G. S. and Woods, C. A. (1986) 'Extinction and the zoogeography of West-Indian land mammals', *Biological Journal of the Linnean Society*, vol 28, pp167 – 203.

Myers, N., Mittermeier, R. A., Mittermeier, C. G., da Fonseca, A. B. and Kent, J. (2000)

'Biodiversity hotspots for conservation priorities', *Nature*, vol 403, pp853 – 858.

Naeem, S., Bunker, D. E., Hector, A., Loreau, M. and Perrings, C. (2009) *Biodiversity, Ecosystem Functioning, and Human Welbeing*, Oxford University Press, Oxford.

Nathan, R., Schurr, F. M., Spiegel, O., Steinitz, O., Trakhtenbrot, A. and Tsoar, A. (2008) 'Mechanisms of long-distance seed dispersal', *Trends in Ecology and Evolution*, vol 23, pp638 – 647.

O'Brien, J., Mariani, C., Olson, L., Russell, A. L., Say, L., Yoder, A. D. and Hayden, T. J. (2009) 'Multiple colonisations of the western Indian Ocean by *Pteropus* fruit bats (Megachiroptera: Pteropodidae): the furthest islands were colonised first', *Molecular Phylogenetics and Evolution*, vol 51, pp294 – 303.

O'Leary, M. A., Bloch, J. I., Flynn, J. J., Gaudin, T. J., Giallombardo, A., Giannini, N. P., Goldberg, S. L., Kraatz, B. P., Luo, Z. -X., Meng, J., Ni, X., Novacek, M. J., Perini, F. A., Randall, Z. S., Rougier, G. W., Sargis, E. J., Mary, T., Silcox, M. T., Simmons, N. B., Spaulding, M., Velazco, P. M., Weksler, M., Wible, J. R. and Cirranello, A. L. (2013) 'The placental mammal ancestor and the Post-K-Pg radiation of placentals', *Science*, vol 339, pp662 – 667.

Olson, D. M. and Dinerstein, E. (1998) 'The global 200: a representation approach to conserving the earth's most biologically valuable ecoregions', *Conservation Biology*, vol 12, pp502 – 515.

Pastorini, J., Thalmann, U. and Martin, R. D. (2003) 'A molecular approach to comparative phylogeography of extant Malagasy lemurs', *Proceedings of the National Academy of Sciences USA*, vol 100, pp5879 – 5884.

Pearson, R. G. and Raxworthy, C. J. (2009) 'The evolution of local endemism in Madagascar: watershed vs. climatic gradient hypotheses evaluated by null biogeographic models', *Evolution*, vol 63, pp959 – 967.

Petter, J. -J., Albignac, R. and Rumpler, Y. (1977) *Faune de Madagascar: Mammifères Lémuriens*, ORSTOM, Paris.

Phillipson, P. B., Schatz, G. E., Lowry II, P. P. and Labat, J. -N. (2006) 'A catalogue of the vascular plants of Madagascar', in S. A. Ghazanfar and H. J. Beentje (eds) *Taxonomy and Ecology of African Plants: Their Conservation and Sustainable Use*, Proceedings XVIIth AETFAT Congress, Royal Botanic Gardens, Kew.

Pock Tsy, J. -M. L., Lumaret, R., Mayne, D., Vall, A. O. M., Abutaba, Y. I. M., Sagna, M., Rakotondralambo Raoseta, S. O. and Danthu, P. (2009) 'Chloroplast DNA phylogeography suggests a West African centre of origin for the baobab, *Adansonia digitata* L. (Bombacoideae, Malvaceae)', *Molecular Ecology*, vol 18, pp1707 – 1715.

Raherilalao, M. J. and Goodman, S. M. (2011) *Histoire naturelle des familles et sous-familes endémiques d'oiseaux de Madagascar*, Association Vahatra, Antananarivo.

Ramaromilanto, B., Lei, L., Engberg, S. E., Johnson, S. E., Sitzmann, B. D. and Louis Jr., E. E. (2009) 'Sportive lemur diversity at Mananara-Nord Biosphere Reserve, Madagascar', *Occasional Papers, Museum of Texas Tech University*, vol 286, pp1 – 22.

Raxworthy, C. J. and Nussbaum, R. A. (1997) 'Biogeographic patterns of reptiles in Eastern

40

Madagascar', in S. M. Goodman and B. D. Patterson（eds）*Natural Change and Human Impact in Madagascar*, Smithsonian Institution Press, Washington, DC.

Raxworthy, C. J., Forstner, M. R. J. and Nussbaum, R. A. （2002）'Chameleon radiation by oceanic dispersal', *Nature*, vol 415, pp784 – 787.

Rocha, S., Carretero, M. A., Vences, M., Glaw, F. and Harris, D. J. （2006）'Deciphering patterns of transoceanic dispersal: the evolutionary origin and biogeography of coastal lizards（*Cryptoblepharus*）in *41* the Western Indian Ocean region', *Journal of Biogeography*, vol 33, pp13 – 22.

Rosenzweig M. L. （1995）*Species Diversity in Space and Time*, Cambridge University Press, Cambridge.

Samonds, K. E., Godfrey, L. R., Ali, J. R., Goodmand, S. M., Vences, M., Sutherland, M. R., Irwing, M. T. and Krause, D. W. （2012）'Spatial and temporal arrival patterns of Madagascar's vertebrate fauna explained by distance, ocean currents, and ancestor type', *Proceeding's of the National Academy of Sciences USA*, vol 109, pp5352 – 5357.

Smith, A. P. and Ganzhorn, J. U. （1996）'Convergence in community structure and dietary adaptation in Australian possums and gliders and Malagasy lemurs', *Austral Journal of Ecology*, vol 21, pp31 – 46.

Soarimalala, V. and Goodman, S. M. （2011）*Les petits mammifères de Madagascar*, Association Vahatra, Antananarivo.

Sparks, J. S. and Smith, W. L. （2005）'Freshwater fishes, dispersal ability, and nonevidence: "Gondwana life rafts" to the rescue', *Systematic Biology*, vol 54, pp158 – 165.

Stewart, J. R. and Lister, A. M. （2001）'Cryptic northern refugia and the origins of modern biota', *Trends in Ecology and Evolution*, vol 16, pp608 – 613.

Strijk, J. S., Noyes, R. D., Strasberg, D., Cruaud, C., Gavory, F., Chase, M. W., Abbott, R. J. and Thébaud, C. （2012）'In and out of Madagascar: dispersal to peripheral islands, insular speciation and diversification of Indian Ocean Daisy trees（*Psiadia*, Asteraceae）', *PLoS ONE*, vol 7, e42932.

Struebig, M. J., Christy, L., Pio, D. and Meijaard, E. （2010）'Bats of Borneo: diversity, distributions and representation in protected areas', *Biodiversity and Conservation*, vol 19, pp449 – 469.

Tattersall, I. （2007）'Madagascar's lemurs: cryptic diversity or taxonomic inflation?', *Evolutionary Anthropology*, vol 16, pp12 – 23.

Terborgh, J. （1992）*Diversity and the Tropical Rain Forest*, Scientific American Library, W. H. Freeman, New York.

Thalmann, U. （2007）'Biodiversity, phylogeography, biogeography, and conservation: lemurs as an example', *Folia Primatologica*, vol 78, pp420 – 443.

Vences, M., Freyhof, J., Sonnenberg, R., Kosuch, J. and Veith, M. （2001）'Reconciling fossils and molecules: cenozoic divergence of cichlid fishes and the biogeography of Madagascar', *Journal of Biogeography*, vol 28, pp1091 – 1099.

Vences, M., Kosuch, J., Rodel, M. O., Lotters, S., Channing, A., Glaw, F. and Bohme, W. （2004）'Phylogeography of *Ptychadena mascareniensis* suggests transoceanic dispersal in a widespread African-Malagasy frog lineage', *Journal of Biogeography*, vol 31, pp593 – 601.

Vences, M., Vieites, D. R., Glaw, F., Brinkmann, H., Kosuch, J., Veith, M. and Meyer, A. (2003) 'Multiple overseas dispersal in amphibians', *Proceedings of the Royal Society B*, vol 270, pp 2435 – 2442.

Vences, M., Wollenberg, K. C., Vieites, D. R. and Lees, D. C. (2009) 'Madagascar as a model region of species diversification', *Trends in Ecology and Evolution*, vol 24, pp456 – 465.

Vieites, D. R., Wollenberg, K. C., Andreone, F., Kohler, J., Glaw, F. and Vences, M. (2009) 'Vast underestimation of Madagascar's biodiversity evidenced by an integrative amphibian inventory', *Proceedings of the National Academy of Sciences USA*, vol 106, pp8267 – 8272.

Warren, B. H., Bermingham, E., Prys-Jones, R. P. and Thebaud, C. (2005) 'Tracking island colonization history and phenotypic shifts in Indian Ocean bulbuls (*Hypsipetes*: Pycnonotidae)', *42 Biological Journal of the Linnean Society*, vol 85, pp271 – 287.

Weisrock, D. W., Smith, S. D., Chan, L. M., Biebouw, K., Kappler, P. M. and Yoder, A. D. (2012) 'Concatenation and concordance in the reconstruction of Mouse lemur phylogeny: an empirical demonstration of the effect of allele sampling in phylogenetics', *Molecular Biology and Evolution*, vol 29, pp1615 – 1630.

Wilmé, L. (2012) *Biogeographic Evolution of Madagascar's Microendemic Biota*: *Analyse et Déconstruction*, *Thèse de doctorat*, Université de Strasbourg.

Wilmé, L. and Callmander, M. W. (2006) 'Les populations reliques de primates: les Propithèques', *Lemur News*, vol 11, pp24 – 31.

Wilmé, L., Goodman, S. M. and Ganzhorn, J. U. (2006) 'Biogeographic evolution of Madagascar's microendemic biota', *Science*, vol 312, pp1063 – 1065.

Wilmé, L., Ravokatra, M., Dolch, R., Schuurman, D., Mathieu, E., Schuetz, H. and Waeber, P. O. (2012) 'Toponyms for centers of endemism in Madagascar', *Madagascar Conservation and Development*, vol 7, pp30 – 40.

Wilson, E. O. and Peters, F. M. (eds) (1988) *Biodiversity*, National Academy Press, Washington, DC.

Wollenberg, K C., Vieites, D. R., van der Meijden, A., Glaw, F., Cannatella, D. C. and Vences, M. (2008) 'Patterns of endemism and species richness in Malagasy cophyline frogs support a key role of mountainous areas for speciation', *Evolution*, vol 62, pp1890 – 1907.

Wright, P. C. (1999) 'Lemur traits and Madagascar ecology: coping with an island environment', *Americn Journal of Physical Anthropology*, vol 110 (S29), pp31 – 72.

Wright, P. C., Erhart, E. M., Tecot, S., Baden, A. L., Arrigo-Nelson, S. J., Herrera, J., Morelli, T. L., Blanco, M. B., Deppe, A., Atsalis, S., Johnson, S., Ratelolahy, F., Tan, C. and Zohdy, S. (2012) 'Long-term lemur research at Centre Valbio, Ranomafana National Park, Madagascar', in P. M. Kappeler and D. P. Watts (eds) *Long-Term Field Studies of Primates*, Springer, Heidelberg.

Yoder, A. D. (2013a) 'Fossils versus clocks', *Science*, vol 339, pp656 – 658.

Yoder, A. D. (2013b) 'The lemur revolution starts now: the genomic coming of age for a non-model organism', *Molecular Phylogenetics and Evolution*, vol 66, pp442 – 452.

Yoder, A. D., Burns, M. M., Zehr, S., Delefosse, T., Veron, G., Goodman, S. M. and Flynn, J. J. (2003) 'Single origin of Malagasy Carnivora from an African ancestor', *Nature*, vol 421, pp734 – 737.

Yoder, A. D., Rasoloarison, R. M., Goodman, S. M., Irwin, J. A., Atsalis, S., Ravosa, M. J. and Ganzhorn, J. U. (2000) 'Remarkable species diversity in Malagasy mouse lemurs (primates, *Microcebus*), *Proceedings of the National Academy of Sciences USA*, vol 97, pp11325 – 11330.

Yoder, A. D., Olson, L. E., Hanley, C., Heckman, K. L., Rasoloarison, R., Russell, A. M., Ranivo, J., Soarimalala, V., Karanth, K. P., Raselimanana, A. P. and Goodman, S. M. (2005) 'A multidimensional approach for detecting species patterns in Malagasy vertebrates', *Proceedings of the National Academy of Sciences USA*, vol 102, suppl. 1, pp6587 – 6594.

43 Zachos, F. E. and Habel, J. C. (2011) *Biodiversity Hotspots*, Springer, Heidelberg.

早期定居者及其对马达加斯加景观的影响

罗伯特·E. 德瓦尔（Robert E. Dewar）

2.1 引言

　　马达加斯加的环境多变性及其变化源远流长，为评估现状和设计未来的管理干预措施提供了一个基准（Willis et al., 2007）。随着对该岛古生态的认识越来越深入，过去几千年人类在变化中所起的作用也越来越大，人们不得不放弃广为流传但过于简单化的说法：马达加斯加人民摧毁了一个失落的伊甸园。近期的论著正在逐渐取代这种叙述，代之以气候的动态和复杂的相互作用、人类的到来和活动，以及他们所遇到和塑造的景观的性质。本文简要介绍了支持这些新解释的研究，这些研究为今后的环境政策提供了有价值的见解。笔者在叙述和同事在马达加斯加的一些工作时，试图让大家感受到实地考古学的有趣、刺激且不可预测。

2.2 序幕：最后一个冰河时代及其后果

　　在整个更新世或冰河时代（约 250 万至 1.2 万年前），全球温带和热带的气温都有升降变化。气候变化导致了动植物物种以及生物群落分布的变化。温带动植物的分布往往在气温较高时期向两极移动，在气温较低时期离开两极，而热带物种的主要变化是在气温较高时期向高海拔区域移动，在气温较低时期向低海拔区域移动。马达加斯加也不例外。伯尼（Burney, 1997）估计，在最后一次冰川作用极盛期（1.8 万年前），马达加斯加海拔 1000 米以上的地方都有大片欧石楠丛生，类似于马达加斯加最高山脉 2000 米以上的现代植被。马达加斯加各种类型的森林显然都在向海平面附近温度最高的地带撤退。值得注意的是，马达加斯加现代最知名、保存得最完好的热带森林都在海拔 1000 米以上，如拉努马法纳（Ranomafana）、安达西贝/曼塔迪亚（Andasibe/Mantadia）和扎哈美纳（Zahamena）；跟 1.5 万年前相比这些地方已经面目全非，几乎可以肯定没有任何现代动物群。 *44*

　　冰河时代末期植物群落变化的最完整记录来自对湖泊和沼泽沉积物柱的古生态学研究。在马达加斯加，最久远的记录来自特里特里瓦克利湖（Lake

Tritrivakely）——位于现代安特西拉贝（Antsirabe）西北 15 千米处（Gasse & Van Campo，2001；该湖和其他古生物学和考古遗址的位置见图 2.1）。通过取心法提取的 40 米沉积物跨度约 15 万年。在这段时间里，有 6 个冷暖周期，随着温度的上升，从荒地到草地再到草林混合地直到演变为森林，然后在气温最低的时期演变回欧石楠丛。在最近一次寒冷期（约 1.8 万年前）达到顶峰后，约 1.5 万年前起地球开始逐渐变暖，草地随后开始扩散，接着是现代中高海拔森林中常见的树木的扩散。

全新世（约 1.2 万年前至今）见证了该岛自然群落的进一步变迁，其中一些是对全球气温变化的反应，另一些是对降雨模式变化的反应，沿海地区则是相对海平面的变化。对于中部高地，伯尼（Burney，1987a）在另一个来自特里特里瓦克利湖的花粉柱中找到了一种大约 5000 年前的欧石楠物种和草的不稳定混合物，当时稀树草原上出现了草和一些适应干旱的树，树的数量越来越多，直到后来人类引进的物种花粉的出现。对于东南沿海平原，维拉–索米等（Virah-Sawmy et al.，2009，2010）根据 4 个沉积序列描述了过去 6000 年的植被历史。他们发现了沿海森林、林地和草地的复杂多变的模式，并确定干旱和海平面上升是植被变化最明显的原因。在这个沿海地带，温度变化的影响并不明显。有观点认为，全新世的干旱可能导致了马达加斯加北部金冠狐猴种群数量在人类到达该岛之前大幅下降（Quemere et al.，2012）。下文将讨论如何区分自然和人为的变化驱动因素。

现代马达加斯加在气候和自然条件上有着惊人的多样性，从西南部干燥的灌木丛到湿润的东海岸，前者一年的降水量通常不到 0.5 米，后者每年的降水量可能超过 4 米。与非洲降雨量相似的地区相比，这个岛屿的气候也在逐年变化（Dewar & Richard，2007）。这种变化一般以两种形式出现：在南部和西部的干旱地区，降雨只发生在短暂的雨季，年降雨量差别很大——有些年份非常干旱，有些年份则比正常年份降雨更多。在东部湿润地区，年降水量变化不大，但降雨的时间或季节性无法预测。这种变化的原因很复杂，但显然与几百万年前在印度洋和太平洋出现的大规模地球物理过程有关。

气候变化的第二个原因是马达加斯加几乎处在印度洋旋风路径的正中心（Mavume et al.，2009），这些旋风带来了强风和暴雨。在马达加斯加的一些地方，每年大约有两次旋风袭击，旋风引发大规模的洪水和山体滑坡，刮走树叶和果实，毁掉田地里的庄稼。

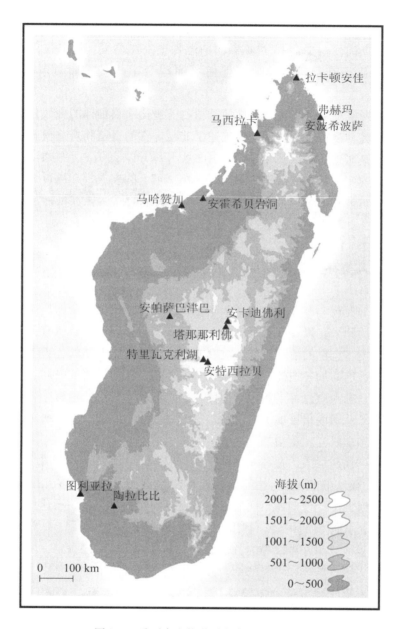

图 2.1　重要古生物学及考古遗址分布图

　　简而言之，除了人类的到来，马达加斯加的动植物还必须适应冰河时代的气候剧变以及其后温暖却不稳定的条件，并不得不应对岛上特有的极端不可预测性。它们对气候波动的主要反应似乎是在最冷的时期撤退到沿海附近的低海拔避难所，在较暖的时期向内陆的高海拔地区扩散（Wilmé et al.，2006）。在气候条件允许的情况下，这种"向内向上"的扩散模式是对在中部高地伊塔西湖（Lac Itasy）附近著名的安帕萨巴津巴（Ampasambazimba）遗址发现的狐猴亚化石的最

41

佳解释。1.5 万年前狐猴不太可能生活在海拔 1100 米的地方，现代也没有发现，但在全新世期间，至少有 15 块狐猴属的骸骨聚集在那里。从采集自现场的花粉来看，它们生活在丛林、林地和稀树草原混合出现的地带（MacPhee et al.，1985）。

马达加斯加环境的不可预测性使动植物的进化面临别样的挑战。研究马达加斯加特有哺乳动物的生物学家已经描述了非同寻常的繁殖和寿命模式，这些生活史特征可能是对这一挑战的回应（Dewar & Richard，2007）。例如，一些狐猴应对年复一年的变化的方式似乎是限制每年在繁殖上的投入，并通过延长寿命来弥补。这种模式被称为"两面下注"，一些现已灭绝的巨型狐猴可能也具备这个特征（Catlett et al.，2010）。

2.3 人类在马达加斯加的定居

全新世的变暖为许多马达加斯加本土物种提供了机会。全新世也见证了不同背景的人类的到来，以及人类有意或无意带来的一系列动物。所有新来物种都必须适应新环境，它们的活动已经影响并继续影响马达加斯加的各种生态系统和本地物种。马达加斯加各地的气候和景观千差万别，人类迁移的时间、当地人口历史和经济体系的性质也各不相同。因此，在塑造环境历史的过程中，人们所扮演的角色在全岛范围内很可能大有差别。在过去的 30 年里，旨在阐明这些问题的考古和古生态学研究大量增加。

关于马达加斯加人，最常问的第一个问题是"他们从哪里来？"第二个是"他们什么时候来的？"对这些问题的简单回答是，人类至少在几千年前就已经来到马达加斯加了，他们在不同的时期来自不同的地方。有关马达加斯加人海外家园的线索，从他们的语言、基因、工具、作物和家畜以及口头文学中可见一斑。这些线索指向印度洋世界的各个地方。不过，几乎可以肯定，所有这一切的联系、各种文化、传统和经济的结合都发生在马达加斯加。正是在这里，马达加斯加人的真正祖先得以确立。拉科托利索亚（Rakotoarisoa，1986，p89）指出，马达加斯加人从某种意义上是矛盾体，他们毋庸置疑的统一性似乎正根源于其毋庸置疑的多样性。奥蒂诺（Ottino，1974，p12）解释说马达加斯加文化是历史综合体，在不同时期，不同来源的移民的文化互动以及对全新生态环境作出的必要调整，因此各自的文化也会相应改变。

2.3.1 马达加斯加起源：生物学和语言学证据

现代学术界一致认为，马达加斯加人的祖先至少包含了亚洲人和非洲人（Allibert，2008），岛上许多地方的土著历史都强调他们源自海外，特别是中东

（Beaujard，1991 - 1992；Rakotoarisoa，1998）。在最近的遗传研究中抽样的所有马达加斯加群体都有亚洲和非洲祖先，遗传数据表明，亚洲和非洲移民中的男性和女性数量大致相等（Hurles et al.，2005；Forster et al.，2008；Ricaut et al.，2009；Tofanelli et al.，2009；Razafindrazaka et al.，2010）。现代马达加斯加人的外貌差别很大，有些个体和群体与东南亚人极为相似，而另一些则更像东非人。这种对比在基因研究中也有反映，亚洲和非洲祖先的相对比例各不相同。

现今，虽然存在明显的方言差异，但马达加斯加人绝大多数讲马达加斯加语。马达加斯加语是南岛语族语言，与婆罗洲巴里托河谷语言关系最为密切（Adelaar，2009）。然而，在 17 世纪早期，马达加斯加西海岸的人们说某种非洲语言，而岛上其他地方的人说一种南岛语（Grandidier et al.，1903 - 1920，pp21 - 22）。前者是与斯瓦希里语有关的班图族语言，后者是马达加斯加语的早期形式。布伦奇（Blench，2007）曾提醒人们注意 20 世纪早期有关西南地区使用语言的报道，这些语言的起源显然既不是南岛语，也不是班图语，他认为这些语言可能与非班图人的非洲语言有关。现今，源于非洲的语言基本上已消亡，尽管在西海岸有一些小型社区仍然使用马科亚语（莫桑比克的一种语言），诺西贝岛上有一个村庄，至少在 20 世纪 80 年代以前，斯瓦希里语是那里的第二语言（Gueunier，nd，p5）。

马达加斯加语的外来词汇有多个来源。最明显的也是最近的借词来自法语和英语，较早的借词来自阿拉伯语、斯瓦希里语、马来语、爪哇语和南苏拉威西岛的语言（Adelaar，1995；Beaujard，2003）。马达加斯加语的语音、词法和句法变化表明它与斯瓦希里语曾经有过很深的相互影响（Dahl，1988；Adelaar，2009）。这些变化证明说早期马达加斯加语的人和说斯瓦希里语的人之间有很长一段时间的密切接触。虽然一些学者提出，这一接触可能发生在东非，但另一些人更倾向于认为它发生在马达加斯加。至少从 16 世纪开始，马达加斯加就已经在该岛东南部用阿拉伯文字书写（Beaujard，1998），这几乎可以肯定与阿拉伯商人到该岛进行贸易的悠久历史有关。

2.3.2 马达加斯加最早人类的考古证据

直到最近，对马达加斯加史前文明的综合研究，其中包括笔者的研究，都很清楚地表明：①马达加斯加距今 2000 年前（也许更晚些）无人定居；②定居者日常使用铁制工具，因为没有发现石器时代的痕迹。然而，笔者与尚塔尔·拉迪米拉希（Chantal Radimilahy）、亨利·赖特（Henry Wright）以及其他同事合作得出的最新发现是：关于马达加斯加史前情况的这些"事实"都是错误的（Dewar et al.，2013）。本节旨在对这些新发现做一个小结，以及说明偶然性和机缘在探索历史中所扮演的角色。

我们发现的第一个有石器的地方是一个非常小的石窟，位于弗赫玛（Vohémar）以东一座小山上。这座小山名为安波希波萨（Ambohiposa），山名意为 fossa hill，fossa 即最大的本地食肉类动物马岛獴（Dewar et al., 2013）。这是运气与考古直觉珠联璧合的时刻，那时亨利·赖特上山寻找洞穴，而其他团队成员则在等待我们的采访对象回来。只有几分钟的时间，他采集了一小块土壤样本。回到塔那那利佛的博物馆后，尚塔尔·拉迪米拉希开始进行细致的筛选和检查，结果显示样本中含有小石片。后来的挖掘发现了一个浅层的沉积物，里面有少量的石器和石片，各种类型的石头，肯定是人类带到这个洞穴的，因为它们不是自然形成的。这些石制品都很小，运用精心细致的筛选技术才得以恢复：所有挖掘出的沉积物都经过纱窗筛选，残余物经过仔细清洗，然后在放大镜下进行分选。经过校正，发现这些含有工具的沉积物的两个放射性碳定年分别是在 10 世纪和 13 世纪。它们与弗赫玛地区两个最古老的村庄遗址是同时代的。我们试图在弗赫玛地区寻找其他的石窟和洞穴，希望能找到更多的石器，但没有找到。

2011 年，我们重新考察了拉卡顿安佳（Lakaton'i Anja）遗址，它位于法兰西山（Montagne des Français），在安特西拉纳纳湾［Bay of Antsiranana，前称迪戈 - 苏亚雷斯（Diego-Suarez）］的东南部。拉卡顿安佳的首次挖掘是在 1986 年（Dewar & Rakotovololona, 1992）。这次我们清楚地看到，至少有两个时期是有人居住的：上层是来自近东和东亚的大量进口陶瓷，一致的放射性碳定年法可以确定它大约属于 12—13 世纪。在这层下面有一层骸骨，几乎没有任何陶瓷，用放射性碳定年法可以大致追溯到 4—6 世纪。这是迄今为止马达加斯加最古老的考古遗址。拉卡顿安佳是一个宽敞的石窟，有平坦的沙质地面，附近有一条永久溪流，有很深的沉积物。我们于 2011 年重返此地，因为我们怀疑，20 世纪 80 年代使用的复原技术可能无法找到我们在安波希波萨发现的那些石器。

2011 年的挖掘使用了集约技术，从上层和深层的沉积物中都发现了石器（Dewar et al., 2013）。这些器具与在安波希波萨发现的类似，不过使用了不同类型的岩石，可能反映了当地可用性的差异。挖掘出的地层是用释光测年技术确定年代的，释光测年技术确定了数百颗沙粒最后一次暴露在阳光下的时间。在可以追溯到公元前 2000 年左右的地层发现了器具。2012 年，我们回到现场进行进一步挖掘，但分析还没有完成。

安波希波萨和拉卡顿安佳的石器在技术上非常相似。制作这些器具的方法有两种，一种是对事先从准备好的岩心上分离下来的微叶片进行再加工，另一种是非常迅速地"粉碎和抓取"岩心，得到边缘锋利的不规则薄片，以便随用随弃。这些组合物与东非晚期石器时代（早至中全新世）的组合物有一定的相似性，但与已知的东南亚出土石器都截然不同。

目前，我们可以说，至少从公元前 2000 年开始，觅食者就开始到达马达加斯加北部的石窟。这些觅食者很可能来自东非，但这个结论仅仅是基于两个发现

石器的地点得出的。为了确定人类什么时候开始来到这个岛、在特定地点居住了 *50*
多长时间，以及这些早期的迁移有多普遍，还需要发现和挖掘更多的遗址。在仔
细检查其他地区的遗址之前，得出马达加斯加北部是最早有人类居住的地区的结
论是错误的。还需要更多的数据来呈现更多关于抵达者的活动。现在考古学家们
已经意识到可能会发现石器，更多的遗址有望很快被发现。

2.3.3　其他关于人类早期到达马达加斯加的线索

其他三种类型的证据可能与人类最早到达马达加斯加的时间有关：古生物
学、口述传统和语言学。陶拉比比（Taolambiby）古生物遗址位于干旱的西南地
区的乌尼拉希河（Onilahy River）附近，佩雷斯等（Perez et al.，2003）从一块已
灭绝狐猴的有"切割痕迹"的骸骨上，用放射性碳定年法，校正到公元前402—
公元前204年。戈美利等（Gommery et al.，2011）在马哈赞加（Mahajanga）北
部西北海岸的安霍希贝岩洞（Anjohibe Cave）中发现了与公元前2288—公元前
2035年校准日期相关的有切割痕迹的河马骨头。陶拉比比的骸骨是在20世纪早
期发现的，没有地层背景，其破坏程度尚未被记录，已知一种未知的防腐剂污染
了骸骨（Perez et al.，2005）。安霍希贝的骸骨来自先前描述的一群灾难性死亡的
河马（Burney et al.，1997）。在这两种情况下，都没有发现有屠宰工具或其他人
类在场的证据，对这些古生物学发现的解释尚无定论。

同样引人入胜的是来自马达加斯加许多地区的口述历史，这些历史涉及一群
通常被称为"瓦赞巴"（*vazimba*）的原始居民。尽管对"瓦赞巴"的学术研究
已有一个世纪之长，但我们仍然无法从所报道和讨论的形形色色且有时明显带有
神话色彩的传统说法中得出明确的结论。语言是将我们拉回到遥远过去的第三条
潜在的线索，但它只提供了一个线索：布伦奇（Blench，2007）认为，他从西南
地区的记录中发现的非班图族非洲语言可能是早期到达该地区的遗迹。

2.3.4　早期的农业、游牧和史前贸易

考古学提供了一个关于村庄的详细记录，这些村庄在公元700年左右开始在
岛上以各种形式扩张，公元1500年左右，第一批欧洲人开始对这个岛屿进行记
载。在公元700—公元1500年期间，人类带来了大量已驯化的动植物以及老鼠等
共生动物；铁制工具被广泛使用和制造；在马达加斯加建立了港口，作为印度洋
贸易网络的一部分；第一座城市建立；岛上各处出现了人类定居点。从一位生态
历史学家的角度来看，在这几个世纪里，人类引入了与环境变化有关的所有因 *51*
素，其中牛、山羊、老鼠、火耕和人口密集是最明显的特点。在文化历史学家看
来，这几个世纪的变化见证了马达加斯加语的广泛传播，这意味着一次或多次来

自东南亚的移民，以及在地理上更有限的讲班图语的人口，他们的祖先在莫桑比克运河对面。这些活动也标志着与东非斯瓦希里海岸的贸易发展，与来自中世纪中东、可能还有东南亚的商人进行交易。从经济角度看，这是马达加斯加发展特色区域经济的时期。

这些变化的发生并不像在近东或中国那样是原地文化进化或发展缓慢的结果；相反，它们是已经习惯了捕鱼、农耕、放牧、锻铁和城市生活的人们的舶来品。目前的考古数据并不能准确地确定所有这些新移民的年代以及他们对当地环境的适应，但至少大体轮廓是清晰的（Dewar & Wright，1993）。

目前发现的最古老的村庄大约在公元700年，位于马纳纳拉（Mananara）附近的东北海岸和诺西贝（Wright & Fanony，1992）。那里的居民很可能是贫穷的农民，他们也善于利用当地的植物和动物。在接下来的500年间，在马达加斯加沿海和内陆地区，每个接受过考古调查的区域都有村庄的记录：在最北端、沿东海岸、在东南部多凡堡附近、在干旱的南方腹地的多刺灌丛以及西海岸沿岸。这些村庄的经济基础是农业。种植的作物大多不为人知，但肯定是从旧大陆的热带文化中提取的，如大米、小米、芋头、香蕉、椰子和大山药（Beaujard，2010）。在南方，沿海的渔民也会猎杀本地物种，可能包括现已灭绝的象鸟。比这些沿海遗址更引人注目的是南部内陆的原始城市曼达（manda）村庄，这些村庄出现在10—13世纪，面积巨大（20～30公顷），建有城墙，居民拥有成群的牛和绵羊或山羊，并猎杀马岛猬（Parker Pearson，2010）。与此同时，占地60公顷的马西拉卡（Mahilaka）城在11—12世纪在西北海岸蓬勃发展（Radimilahy，1998）。

有明显的迹象表明，在人们建立适合当地情况的经济体系的同时，马达加斯加与印度洋世界保持着密切的联系。11—13世纪从近东和中国进口的陶瓷在沿海的许多地方都被发现。这些陶瓷在北方最为常见，尤其是在马西拉卡，那里无疑是一个重要的运输港口。事实上，在东非斯瓦希里海岸，没有哪一个当代遗址的面积能超过马西拉卡。黑鼠和家鼠的首先出现从另一个角度证明了其与世界其他国家的联系：在马西拉卡发现了这些无处不在的共栖者的遗骸，表明它们在11—14世纪之间甚至更早就来到了马达加斯加（Aplin et al.，2011）。马达加斯加家鼠与阿曼家鼠关系密切——很可能是海员在马达加斯加和近东之间航行时，无意中将家鼠带到了阿曼。

在这个时期的末期，也就是13世纪，在马达加斯加的中部高地上建立了村庄。已知最古老的村庄是位于塔那那利佛东北部的安卡迪佛利（Ankadivory），这是一个小型的农业社区，村民们养牛，可能还在附近的沼泽中种植水稻（Rakotovololona，1993）。

2.3.5　公元1500年后

在生态转型方面，公元1500年以后的这段时期有两个重要的发展。首先，在中部高地有大量的、持续时间颇久的人口增长，在塔那那利佛东北地区表现得最为明显（Wright，2007）。大面积高产灌溉稻田的开垦支持了这种增长。现在这里是马达加斯加人口最密集的地区，在过去的几百年里也一直如此。公元1500年后，沿海地区几乎没有人口持续增长的迹象。特别是在东海岸，随着人们撤退到内陆，往往是为防御而建的村庄，许多定居点被遗弃。从16世纪开始，马达加斯加成为了南非马斯克林群岛和开普敦殖民地奴隶的来源地，很可能当时的奴隶掠夺比较普遍。这场灾难导致农民放弃他们已经开垦的土地，转移到更安全的内陆和高地（往往在更陡峭的山坡上）开辟新田地。由于人口的迅速转移，人类的生态足迹很可能蔓延到了内陆地区。

公元1500年之后出现了欧洲人到过马达加斯加海岸的记录，而且通常集中在西北海岸的港口。这些记录清楚地表明，大米、牛和奴隶一直在最重要的出口产品之列，这种情况持续到19世纪。分开来看，西北沿海的各个港口的繁荣期都不长久：每个世纪都有不同的港口占据主导地位，一个世纪的重要港口在下一个世纪经常被废弃（Verin，1986）。港口之间的竞争无疑是激烈的，因为来自控制贸易的收入是当时所有重要政治的基础，但这些港口城市周边腹地的环境恶化可能也发挥了作用。马西拉卡港口在14世纪后基本上被遗弃了，当地的环境退化被认为是原因之一（Wright et al.，2005）。

贸易港口在东海岸也很重要。弗赫玛（Vohémar）是马达加斯加发现的第一个考古遗址，因其15世纪和16世纪的坟墓而闻名，墓中埋藏有许多进口物品，东亚陶瓷最多（Verin，1986）。弗拉古（Flacourt）在1650年左右描述他在马达加斯加的经历时，提到弗赫玛是黄金贸易中心（1661［1995，p134］），但他并未亲自到访该地。17世纪60年代，法国人在费内里弗（Fenérive）建立了一个贸易中心，希望获得牛和大米，为他们位于多凡堡处于困境之中的殖民地提供补给，并确实达到了预期目标（Martin，1990）。海外商人在东海岸的塔马塔夫（Tamatave）、弗勒潘（Foulepoint）和费内里弗寻找牛、牛肉、皮革、大米和奴隶，这样的交易一直延续到19世纪。想方设法控制贸易是这一时期政治和军事联盟及冲突的最重要驱动力之一。*53*

商人们带来了一系列的新大陆作物——玉米、甘薯、木薯和烟草，这只是其中最重要的几种。作为交换，也有证据表明，北卡罗来纳州的水稻种植始于从马达加斯加进口的种子。

在这一重要的、在某些方面是灾难性的增长时期，岛上的人口分布明显不均衡。虽然在公元1400年以前的考古遗址中，就算是定居点，面积也很少超过5公顷，但也有极端的例外情况。从10世纪到13世纪，干旱的南方有20～30公顷建有护墙的村庄，而面积60公顷的港口城市马西拉卡的人口估计有5000～10 000人。人口分布至今仍不均衡，岛上许多地区的人口仍然稀少。

2.4 人类对环境的影响

马达加斯加景观人为变化的事实显而易见：森林被砍伐变成了耕地；成堆的硬木原木等待出口；沿路有成袋的木炭出售；火烧过草原；侵蚀沟撕裂了高地的山坡；田野种着进口作物，林地里生长着墨西哥松树和澳大利亚桉树；牛和山羊似乎到处都是。植被大都呈现出迅速而剧烈的变化，这在过去的40年里很容易通过卫星图像观察到（Harper et al.，2007）。

然而，现代的观察和处理过程并不一定能指导大家准确地理解过去的人为影响，因为很难通过现状去理解过去。三个很容易观察到的现象说明了这一点：首先，人为纵火是马达加斯加许多现代景观的一大祸害，然而在岛上的某些地方，火有着悠久的历史，早在人类出现之前就存在了（Gasse & Van Campo，2001）。其次，通常认为马达加斯加所有的草原都是"非自然"的景观，是人们为了牧场和田地而焚烧和砍伐森林造成的。然而，对草原动植物的仔细分析表明，笼统地说这些社区生物贫乏、人工制品充斥有些言过其实。花粉记录确实表明，在岛上的一些地方，草原有着悠久的历史，作为全球范围内草木生物群落扩张的一部分，它们很可能在数百万年前就入侵了马达加斯加（Bond et al.，2008；Willis et al.，2008）。最后，虽然有些侵蚀沟与最近的人类活动有直接联系，但至少在1000年前，中部高地就广泛分布着侵蚀沟（Cox et al.，2009），还有些侵蚀沟的历史长达几千年，远远早于人类的到来（Wells & Andriamihaja，1993）。

对过去的错误理解和认知的重新构建可能与基于现在的推断一样具有误导性。许多流行的讨论在叙述中将现代景观与马达加斯加的"原始植被"进行对比，以说明人们来到岛上后开始破坏森林，从而引发了大灭绝。提出这种讨论方式是有问题的，因为有越来越多的古生态学证据表明，景观在不断变化（尽管通常很缓慢）。"原始植被"一词通常用来指在马达加斯加人类活动刚开始时的植被，但这意味着我们对马达加斯加史前早期的理解需要比现在所达到的程度更深入。该词另一个相关的用法是根据古生态学证据将"原始植被"与重要的人为变化开始发生时的植被联系起来。这需要有个明确的标准，将人为影响和气候变化造成的影响加以区分，而古生态学家在这些方面存在分歧（可对比 Burney，1999；Virah-Sawmy et al.，2010）。我的结论是，"原始植被"这个概念用处不大（关于最近森林覆盖变化的争论，以及使用"原始森林覆盖"概念估计森林损失所存在的问题，也可参见第3篇文章）。

在过去的几十年里，古生态和考古研究提出了新的见解，并影响了关于人类对马达加斯加景观影响的辩论。这项研究的重点是植被覆盖的变化、人类所起的作用，以及栖息地的破坏和碎片化及狩猎是如何导致如此多的动物物种灭绝的。越来越多的共识认为，这些影响以复杂的方式相互作用，受到当地和区域的复杂环境的作用，他们也会对动物物种产生不同性质的影响（Dewar，1997；Burney，

1999；Crowley，2010；Virah-Sawmy et al.，2010）。我将用一系列的典型研究来说明这一点，与前面几节中概述的早期人类定居有关，考虑了植被的变化和灭绝。

2.4.1　植被变化

在过去，人们最常提出的植被变化的人为原因是：①火灾频率和模式的变化，要么是由于砍伐森林开垦农田、经营牧场，要么是食草动物群落变化的直接结果；②将自然群落转化为农田；③马达加斯加食草动物群落的变化：本地物种（平胸鸟、河马、巨龟、陆生狐猴）被消灭，取而代之的是牛、羊和山羊；④外来植物的引进。在此，我们主要关注前两个原因，因为我们所掌握的与之相关的信息最多。

直到最近，人们还认为马达加斯加岛的第一批人类将火引到了岛上，结果引发了一场巨大的火灾，彻底摧毁了这片由森林覆盖但却非常脆弱的土地（如Morat，1973，p192）。这种观点现在看来是错误的，至少有两个原因。首先，过去25年的古生态学研究清楚地表明，数万年来，周期性的火灾一直是许多马达加斯加生态系统的重要组成部分。伯尼（Burney，1987b）的研究表明，在过去的1万年里，特里特里瓦克利（Tritrivakely）的火灾频繁发生，大约3.5万年前北部的琥珀山（Montagne d'Ambre）火灾也时有发生，而在1.8万至2万年前，那里的火灾变化很大。有趣的是，在特里特里瓦克利，木炭浓度最高的时期是4000～10 000年前的全新世，接下来的3000年里有所下降，然后在过去的1000年里有所回升。花粉芯中木炭沉积速率的变化是人类活动开始最常用的指标（Burney，1999；Burney et al.，2003，2004），这种复苏被归因于人类活动。在我看来，这种联系是相当合理的，尽管很难在岩心之间或与考古记录之间建立紧密的年代关联，因此很难明确地确定气候和人为因素所起的作用。还要注意的是，最近几个世纪木炭的浓度从未达到全新世早期的普遍浓度。

否定"巨大火灾"理论的第二个原因是，马达加斯加的植物结构并非都易受火灾的影响。维拉－索米等（2009）提到的遗址全部位于大约50千米的范围内，其中一个在过去6000年里火灾发生时间有规律可循；另一个几乎没有任何着火的迹象；第三个显示火灾发生在15世纪前后几个世纪内，这几乎可以肯定是人类活动的结果。

取代"巨大火灾"的证据表明，过去2000年间特定的植被变化有许多原因，有些涉及游牧，有些涉及作物和农田的引入，有些涉及林业及伐木，还有些涉及因附近人口密集而引起的重大环境退化，比如在马西拉卡。当然，关于植被变化的原因还需要许多研究才能拼凑出适合特定地区的准确叙述，现在依然存在很多未解之谜。例如，法国奴隶贩子、商人尼古拉·马约尔（Nicolas Mayeur）在殖民时期（1785［1913］）一个多世纪前就描述了马达加斯加内陆的生活。他在18

世纪八九十年代所描述的高地景观与公元 1900 年前后所观察到的并无二致。如果那里的景观很大程度上是人为造成的，那么人为造成的原因还不可知，至今没有考古证据表明人类的人口水平或活动能在面积巨大的地区造成如此全面的变化。

2.4.2 动物灭绝

全新世时期，马达加斯加有 40 多种哺乳动物、爬行动物和鸟类遭遇灭绝（Goodman & Benstead，2003）。所有这些物种都是在古生物学遗址中被发现的，它们通常被称为亚化石，因为其骨骼非常年轻，尚未矿化。其中最广为人知的是：16 种已经灭绝的亚化石狐猴（其体型和现存的狐猴相似，但通常比现存的狐猴大得多）；侏儒河马的 3 个种群；6 种左右的象鸟，分别属于隆鸟属和 Mullerornis 属；2 只巨龟。这些动物被描述为马达加斯加灭绝的巨型动物并不为过。这些物种中有许多在白天活动，与幸存的本土物种相比，它们更多地生活在陆地上，绝大多数以草为食。马达加斯加本土食草动物在这次大灭绝中基本消失了。亚化石狐猴更多地生活在树上，而不是陆地上，因此树栖草食动物群落也大大减少了。

大多数已经灭绝的物种的骸骨都用放射性碳定年法测定了年代（Crowley，2010），其中许多在公元 0 年之后才灭绝，有些更是坚持到了 14 或 15 世纪左右。弗拉古描述他 17 世纪中期在多凡堡的经历时，展示了一份本土动物的列表，其中有些明显是现代物种，有些物种显然是想象出来的，有几种现在可能只存在于古生物学研究中：*tretretre* 可能是一个巨大的狐猴，而 *vouronpatra* 可能是一种跟鸵鸟类似的鸟 [Flacourt 1661（1995，pp219 – 229）]。20 世纪农村人口对大型动物的描述也可能涉及灭绝的物种，包括侏儒河马（Godfrey，1986；Burney & Ramilisonina，1998）。对这些记录，我们不应草率否定，但理解和诠释起来却很困难。事实上，确定任何物种最终灭绝的日期都是困难的，因为必须确保已经检查过所有可能的栖息地。在骸骨上使用放射性年代测定法并不能消除这一困难，因为任何物种中，被埋在保存骸骨的地方的个体都相对较少，实际找到的更少，能确定年代的更是少之甚少，而且不太可能包括最后幸存个体的骸骨。

发现亚化石的地点并没有均衡分布在岛上的不同地区。除了一个有河马的沿海遗址，在东海岸的潮湿森林中没有古生物学或考古遗址有亚化石的遗迹（见图 2.1）。因此，我们对岛上重要区域中自然群落的物种构成知之甚少，甚至一无所知，更不用说灭绝的时间和原因了。取样最好的地区是中部高地 [特别是在安特西拉贝和伊塔西湖附近]、干旱的南部和西南部 [特别是沿海岸从穆龙达瓦（Morondava）到多凡堡] 以及最北部和西北部 [安霍希贝、安卡拉纳（Ankarana）和法兰西山]。所有关于亚化石灭绝的时间和生态影响的讨论只能局限于这些地区，而未取样地区的生物历史可能是不同的。同样，也不能假定所有

已灭绝的物种在同一阶段（如"浪潮"一般），或由于同样的原因消失。表2.1
给出了亚化石哺乳动物、爬行动物和鸟类的最新放射性碳定年数据。

表2.1 马达加斯加灭绝物种最新放射性碳定年

		物种	最后校正年份	测定物种数
哺乳类	狐猴	*Archaeoindris fontoynanti*	公元前402—公元前167	2
		Archaeolemur edwardsi	988—1177	12
		Archaeolemur majori	711—892	24
		Babakotia radofilai	公元前3327—公元前2874	1
		Hadropithecus stenognathus	544—874	8
		Megaladapis edwardsi	1296—1487	12
		Megaladapis grandidieri	980—1177	1
		Megaladapis madagascariensis	423—561	14
		Mesopropithecus globiceps	437—643	4
		Mesopropithecus pithecoides	607—771	1
		Pachylemur insignis	715—988	17
		Pachylemur jullyi	682—874	8
		Palaeopropithecus ingens	1316—1628	31
		Palaeopropithecus maximus	公元前2462—公元前2201	2
	食肉动物	*Cryptoprocta spelea*	552—647	9
	偶蹄动物	*Hippopotamus lemerlei*	778—969	22
	啮齿动物	*Hypogeomys australis*	442—651	3
	Bibymalagasy	*Plesiorychteropus* sp.	公元前350—公元4	1
鸟类		*Alpochen sirabensis*	550—895	4
		Centrornis majori	公元前15603—公元前15243	1
		Coua primavea	公元前52—公元240	1
爬行类		*Dipsochelys abrupta*	654—1952	1
		Dipsochelys grandidieri	688—970	1
		Dipsochelys sp.	435—652	13

注：所有年份均使用 OxCal 4.1 版本（Ramsey et al., 2010）和南半球大气曲线（McCormac et al., 2004）校准到 2σ 处；年份数据参考 Crowley（2010）；粗体列出的物种至少有 8 个年代。

生活在马达加斯加岛的平胸鸟是一种巨型象鸟，体型像鸵鸟，被归为体型不同的有争议的两个属：隆鸟属（可能重达 400 ~ 500 千克）和较小的 *Mullerornis* 属（美洲鸵或鸸鹋大小）。它们的骸骨在一些亚化石遗址中很常见，尤其是在中部高地的古沼泽中；而蛋的碎片（很少是整只的）在西南海岸的海滩上非常常见。在平胸鸟骨上只有 3 个放射性碳年代，最年轻的是 661—961 年，来自贝罗－瑟尔－默（Belo-sur-Mer）附近的一个地点（Crowley，2010 年）。相比之下，平胸鸟蛋壳上的放射性碳年代有 24 个以上（Crowley，2010；Parker Pearson，2010），包括一些在南方人类定居点发现的。破译平胸鸟蛋壳年代是困难的，原因有二：第一，蛋壳碎片极其不易腐烂或溶解，作为自然沉积物中独特的（且可单独测定年代的）组成部分，它们可能在数万年的时间里一直保持不变；第二，南非鸵鸟蛋壳"年代"可能会比现代碳年代早 180 ± 120 年（Vogal et al.，2001），而马达加斯加南部的隆鸟属蛋壳确定的年代可能早于实际年代 740 ± 125 年（Parker Pearson，2010，p88）。帕克·皮尔森（Parker Pearson）提出，南方人在 10—14 世纪期间收集过平胸鸟的蛋，公元 1400 年后，可能已经很少有平胸鸟存活了（2010，p98）。

总的来说，考虑到使用放射性碳定年法估算灭绝日期具有不确定性，而且困难重重，很有可能在公元 500—公元 1500 年期间，南部、西南、西北、北部和中部高地（我们掌握了有关这些区域的一些数据）原生动物种类的数量大量减少，平均体型也变小了很多。

2.5 结论

笔者批驳了关于马达加斯加历史过于简单化的故事，这可能会让一些人失望，但对许多人——当然也包括笔者——来说，最近几十年的研究开辟了更有趣、更令人兴奋的前景。要不是相信研究历史本身是有价值的，笔者也不会成为一名考古学家。此外，从马达加斯加漫长而充满活力的环境史以及人类如何在岛屿上定居、与岛屿景观互动的复杂历史中获得的见解，对其未来有着真实的影响（Dewar & Richard，2012）。追踪这些复杂动态的努力肯定会继续下去，因为这很有必要。我们既要了解过去 1000 年来对环境造成的巨大破坏，同时也必须承认，过去 150 年来社会创伤造成了持续性影响（Graeber，2007；Randriamamonjy，2009）。马达加斯加自然和社会的历史变动原因迥异，结果也千差万别，造成了目前的挑战，并影响了社会的应对能力。笔者在本文中试图强调，重要的是怀着适当的谦卑之心进行这些研究，认识到社会体制和环境系统是很复杂的，我们对现在和过去所掌握的证据都不充分，我们用于探索的工具是有局限性的，机遇与运气在这一切中持续起作用。如果不懈地进行严谨的研究，我们将会从马达加斯加的历史中获益。

参考文献

Adelaar, A. (1995) 'Malay and Javanese loanwords in Malagasy, Tagalog and Siraya

（Formosa）', *Bijdragen tot de Taal-*, *Land en Volkenkunde*, vol 150, pp50 – 65.

Adelaar, A. (2009) 'Towards an integrated theory about the Indonesian migrations to Madagascar', in P. Peregrine, I. Peiros and M. Feldman (eds) *Ancient Human Migrations*, University of Utah Press, Salt Lake City.

Allibert, C. (2008) 'Austronesian migration and the establishment of the Malagasy civilization: contrasted readings in linguistics, archaeology, genetics and cultural anthropology', *Diogenes*, vol 218, pp7 – 16.

Aplin, K P., Suzuki, H., Chinen, A. A., Chesser, R. T., ten Have, J., Donnellan, S. C., Austin, J., Frost, A., Gonzalez, J. P., Herbreteau, V., Catzeflis, F., Soubrier, J., Fang, Y. P., Robins, J., Matisoo-Smith, E., Bastos, A. D. S., Maryanto, I., Sinaga, M. H., Denys, C., Van Den Bussche, R. A., Conroy, C., Rowe, K. and Cooper, A. (2011) 'Multiple geographic origins of commensalism and complex dispersal history of black rats', *PLoS One*, vol 6, no 11, pp26257 – 26357.

Beaujard, P. (1991 – 1992) 'Islamés et systèmes royaux dans le sud-est de Madagascar: les exemples Antemoro et Tanala', *Omaly sy Anio*, vols 33 – 36, pp235 – 286.

Beaujard, P. (1998) *Le Parler Secret Arabico-Malgache du Sud-est de Madagascar: Recherches Etymologique*, L'Harmattan, Paris.

Beaujard, P. (2003) 'Les arrivées austronésiennes à Madagascar: vagues ou continuum? (partie 1)', *Etudes Océan Indien*, vols 35 – 36, pp59 – 128.

Beaujard, P. (2010) 'Océan Indien, le grand carrefour', *L'Histoire*, vol 355, pp30 – 35.

Blench, R. M. (2007) 'New palaeozoogeographical evidence for the settlement of Madagascar', *Azania*, vol 42, pp69 – 82.

Bond, W. J., Silander, J. A. Jr., Ranaivonasy, J. and Ratsirarson, J. (2008) 'The antiquity of Madagascar's grasslands and the rise of C4 grassy biomes', *Journal of Biogeography*, vol 35, pp1743 – 1758.

Burney, D. A. (1987a) 'Late Holocene vegetational change in central Madagascar', *Quaternary Research*, vol 28, pp130 – 143.

Burney, D. A. (1987b) 'Late Quaternary stratigraphic charcoal records from Madagascar', *Quaternary Research*, vol 28, pp274 – 280.

Burney, D. A. (1997) 'Theories and facts regarding Holocene environmental change before and after human colonization', in S. M. Goodman and D. B. Patterson (eds) *Natural Change and Human Impact in Madagascar*, Smithsonian Press, Washington DC.

Burney, D. A. (1999) 'Rates, patterns, and processes of landscape transformation and extinction in Madagascar', in R. D. E. MacPhee (ed.) *Extinction in Near Time*, Kluwer/Plenum, New York.

Burney, D. A., Burney, L. P., Godfrey, L. R., Jungers, W. L., Goodman, S. M., Wright, H. T. and Jull. A. J. T. (2004) 'A chronology for late prehistoric Madagascar', *Journal of Human Evolution*, vol 47, pp25 – 63.

Burney, D. A., James, H., Grady, F., Rafamantanantsoa, J. -G., Ramilisonina, Wright, H. T. and Cowart, J. B. (1997) 'Environmental change, extinction and human activity: evidence from caves in NW Madagascar', *Journal of Biogeography*, vol 24, pp755 – 767.

Burney, D. A. and Ramilisonina (1998) 'The Kilopilopitsofy, Kidoky, and Bokyboky: accounts of strange animals from Belo-Sur-Mer, Madagascar, and the megafaunal "extinction window"', *American Anthropologist*, vol 100, no 4, pp957 – 966.

Burney, D. A., Robinson, G. S. and Burney, L. P. (2003) 'Sporormiella and the late Holocene extinctions in Madagascar', *Proceedings of the National Academy of Sciences*, vol 100, no 19, pp10800 – 10805.

Catlett, K. K., Schwartz, G. T., Godfrey, L. R. and Jungers, W. L. (2010) ' "Life history space": a multivariate analysis of life history variation in extant and extinct Malagasy lemurs', *Amerericn Journal of Physical Anthropology*, vol 142, pp391 – 404.

Cox, R., Bierman, P., Jungers, M. C. and Rakotondrazafy, A. F. M. (2009) 'Erosion rates and sediment sources in Madagascar inferred from 10 be analysis of lavaka, slope, and river sediment', *Journal of Geology*, vol 117, no 4, pp363 – 376.

Crowley, B. E. (2010) 'A refined chronology of prehistoric Madagascar and the demise of the megafauna', *Qvatemary Science Reviews*, vol 29, pp2591 – 2603.

Dahl, O. C. (1988) 'Bantu substratum in Malagasy', *Etudes Océan Indien*, vol 9, pp91 – 132.

Dewar, R. E. (1997) 'Were people responsible for the extinction of Madagascar's subfossils, and how will we ever know?', in S. M. Goodman and B. D. Patterson (eds) *Natural Change and Human Impact in Madagascar*, Smithsonian Institution Press, Washington, DC.

Dewar, R. E. and Rakotovololona, H. F. S. (1992) 'La chasse aux subfossiles: les preuves du XIeme siècle au XIIIeme siècle, *Taloha*, vol 11, pp4 – 15.

Dewar, R. E. and Richard, A. F. (2007) 'Evolution in the hypervariable environment of Madagascar', *Proceedings of the National Academy of Sciences*, vol 104, no 34, pp13723 – 13727.

Dewar, R. E. and Richard, A. F. (2012) 'Madagascar: a history of arrivals, what happened, and will happen next', *Annual Review of Anthropology*, vol 41, pp495 – 517.

Dewar, R. E. and Wright, H. T. (1993) 'The culture history of Madagascar', *Journal of World Prehistory*, vol 7, pp417 – 466.

Dewar, R. E., Radimilahy, C., Wright, H. T., Jacobs, Z., Kelly, G. O. and Berna, F. (2013) 'Stone tools and foraging in northern Madagascar challenge Holocene extinction models', *Proceedings of the National Academy of Sciences*, Vol 110, 12583 – 12588.

Duplantier, J. M., Orth, A., Catalan, J. and Bonhomme, F. (2002) 'Evidence for a mitochondrial lineage originating from the Arabian peninsula in the Madagascar house mouse (*Mus musculus*)', *Heredity*, vol 89, pp154 – 158.

Flacourt, É. de (1661 [1995]) *Hitoire de la Grande Ile de Madagascar*, C. Allibert (ed.), INALCO/Karthala, Paris.

Forster, P., Matsumara, S., Vizuette-Forster, M., Blumbach, P. B. and Dewar, R. E. (2008) 'The genetic prehistory of Madagascar's female Asian lineages', in P. Forster, S. Matsumara and C. Renfrew (eds) *Simulations, Genetics and Human Prehistory*, MacDonald Institute, Cambridge.

61

Gasse, F. and Van Campo, E. (2001) 'Late Quaternary environmental changes from a pollen and diatom record in the southern tropics (Lake Tritrivakely, Madagascar)', *Palaeogeoaphy, Palaeoclimatology, Palaeoecology*, vol 167, pp287 – 308.

Godfrey, L. R. (1986) 'What were the subfossil indriids of Madagascar up to', *American Journal of Physical Anthropology*, vol 69, no 2, pp205 – 206.

Gommery, D., Ramanivosoa, B., Faure, M., Guérin, C., Kerloch, P., Sénégas, F. and Randrianantenaina, H. (2011) 'Oldest evidence of human activities in Madagascar on subfossil hippopotamus bones from Anjohibe (Mahajunga Province)', *Complies Rendus Palevol*, no 10, pp271 – 278.

Goodman, S. M. and Benstead, J. P. (2003) *The Natural History of Madagascar*, University of Chicago Press, Chicago, IL.

Graeber, D. (2007) *The Lost People: Magic and the Legacy of Slavery in Madagascar*, Indiana University Press, Bloomington, IN.

Grandidier, A., Charles-Roux, J., Delhorbe, C., Froidevaux, H. and Grandidier, G. (1903 – 1920) *Collection des Ouvrages Anciens Concernant Madagascar*, vols i – ix, Comité de Madagascar, Paris.

Gueunier, N. J. (nd) *Contes de la Côte Ouest de Madagascar*, Karthala, Ambozontany/ Antananarivo/Paris.

Harper, G. J., Steininger, M. K., Tucker, C. J., Juhn, D. and Hawkins, F. (2007) 'Fifty years of deforestation and forest fragmentation in Madagascar', *Environmental Conservation*, vol 34, pp325 – 333.

Hurles, M. E., Sykes, B. C., Jobling, M. A. and Forster, P. F. (2005) 'The dual origin of the Malagasy in Island Southeast Asia and East Africa: evidence from maternal and paternal lineages', *American Journal of Human Genetics*, vol 76, no 5, pp894 – 901.

MacPhee, R. D. E., Burney, D. A. and Wells, N. A. (1985) 'Early Holocene chronology and environment of Ampasambazimba, a Malagasy subfossil lemur site', *International Journal of Primatology*, vol 6, no 5, pp463 – 489.

Martin, J. (1990) *L'Empire Triomphant: L'Aventure Cobniale de la France. Maghreb, Indochine, Madagascar, Iles et Comptoirs*, Denoël, Paris.

Mavume, A. F., Rydberg, L., Rouault, M. and Lutjeharms, J. R. E. (2009) 'Climatology and landfall of tropical cyclones in the South-West Indian Ocean', *Western Indian Ocean Journal of Marine Science*, vol 8, no 1, pp15 – 36.

Mayeur, N. (1785 [1913]) 'Voyage au pays d'Ancove', in Dumaine (ed.) *Bulletin de l'Académie Malgache*, vol xii, 2ᵉ partie, pp13 – 42.

McCormac, F. G., Hogg, A. G., Blackwell, P. G., Buck, C. E., Higham, T. F. G. and Reimer, P. J. (2004) 'SHCal04 Southern Hemisphere calibration 0-11. 0 calkyr BP', *Radiocarbon*, vol 46, pp1087 – 1092.

Morat, P. (1973) *Les Savanes du Sud-ouest de Madagascar*, Office de la Recherche Scientifique et Technique Outre-Mer, Paris.

Ottino, P. (1974) *Madagascar: Les Comores et le Sud-Ouest de l'Océan Indien*, Université de

Madagascar, Antananarivo, Madagascar.

Parker Pearson, M. (2010) *Pastoralists, Warriors and Colonists: The Archaeology of Southern Madagascar*, Archaeo Press, Oxford.

Perez, V. R., Burney, D. A., Godfrey, L. R. and Nowak-Kemp, M. (2003) 'Box 4: butchered sloth lemurs', *Evolutionary Anthropology*, vol 12, p260.

Perez, V. R., Godfrey, L. R., Nowak-Kemp, M., Burney, D. A., Ratsimbazafy, J. and Vassey, N. (2005) 'Evidence of early butchery of giant lemurs in Madagascar', *Journal of Human Evolution*, vol 49, no 6, pp722 – 742.

Quéméré, E., Amelot, X., Pierson, J., Crouau-Roy, B. and Chikhi, L. (2012) 'Genetic data suggest a natural prehuman origin of open habitats in northern Madagascar and question the deforestation narrative in this region', *Proceedings of the National Academy Sciences*, vol 109, no 32, pp13028 – 13033.

Radimihhy, C. (1998) *Mahilaka: An Archaeological Investigation of an Early Town in Northwestern Madagascar*, Department of Archaeology and Ancient History, Uppsala.

Rakotoarisoa, J. A. (1986) 'Principaux aspects des formes d'adaptation de la société traditionelle Malgache', in C. P. Kottak, J. A. Rakotoarisoa, A. Southall and P. Vérin (eds) *Madagascar: Society and History*, Carolina Academic Press, Durham, NC.

Rakotoarisoa, J. A. (1998) *Mille Ans d'Occupation Humaine dans le Sud-Est de Madagascar*, L'Harmattan, Paris.

Rakotovololona, H. F. S. (1993) 'Ankadivory et la période Fiekena: début d'urbanisation à Madagascar', *Données archéologiques sur l'origine des villas à Madagascar-Mombassa*, Musée d'Art et d'Archéologie, Antananarivo, Madagascar.

Ramsey, C. B., Dee, M., Lee, S., Nakagawa, T. and Staff, R. A. (2010) 'Developments in the calibration and modeling of radiocarbon dates', *Radiocarbon*, vol 52, no 3, pp953 – 961.

Randriamamonjy, F. (2009) *Histoire de Madagascar*, 1895 – 2002, Trano Printy Fiangonana Loterana Malagasy, Antananarivo, Madagascar.

Razafindrazaka, H., Ricaut, F. X., Cox, M. P., Mormina, M., Dugoujon, J. M., Randriamarolaza, P., Guitard, E., Tonasso, L., Ludes, B. and Crubézy, E. (2010) 'Complete mitochondrial DNA sequences provide new insights into the Polynesian motif and the peopling of Madagascar', *European Journal of Human Genetics*, vol 18, no 5, pp575 – 581.

Ricaut, F. X., Razafindrazaka, H., Cox, M. P., Dugoujon, J. M., Guitard, E., Sambo, C., Mormina, M., Mirazon-Lahr, M., Ludes, B. and Crubézy, E. (2009) 'A new deep branch of eurasian mtDNA macrohaplogroup M reveals additional complexity regarding the settlement of Madagascar', *BMC Genomics*, vol 10, p605.

Tofanelli, S., Bertoncini, S., Castri, L., Luiselli, D., Calafell, F., Donati, G. and Paoli, G. (2009) 'On the origins and admixture of Malagasy: new evidence from high-resolution analyses of paternal and maternal lineages', *Molecular Biology and Evolution*, vol 26, no 9, pp2109 – 2124.

Vérin, P. (1986) *The History of Civilization in North Madagascar*, A. A. Balkema, Rotterdam/Boston, MA.

Virah-Sawmy, M., Gillson, L. and Willis, K. J. (2009) 'How does spatial heterogeneity influence resilience to climatic changes? Ecological dynamics in southeast Madagascar', *Ecological Monographs*, vol 79, no 4, pp557 – 574.

Virah-Sawmy, M., Willis, K. J. and Gillson, L. (2010) 'Evidence for drought and forest declines during the recent megafaunal extinctions in Madagascar', *Biogeography*, vol 37, no 3, pp506 – 519. *63*

Vogel, J. C., Visser, E. and Fuls, A. (2001) 'Suitability of ostrich eggshell for radiocarbon dating', *Radiocarbon*, vol 43, no 1, pp133 – 137.

Wells, N. A. and Andriamihaja, B. (1993) 'The initiation and growth of gullies in Madagascar: are humans to blame?', *Geomorphology*, vol 8, no 1, pp1 – 46.

Willis, K. J., Gillson, L. and Virah-Sawmy, V. (2008) 'Nature or nurture: the ambiguity of C4 grasslands in Madagascar', *Journal of Biogeography*, vol 35, pp1741 – 1742.

Willis, K. J., Araújo, M. B., Bennett, K. D., Figueroa-Rangel, B., Froyd, C. A. and Myers, N. (2007) 'How can a knowledge of the past help to conserve the future? Biodiversity conservation and the relevance of long-term ecological studies', *Philosophical Transactions of the Royal Society B: Biological Sciences*, vol 362, no 1478, pp175 – 187.

Wilmé, L., Goodman, S. M. and Ganzhorn, J. U. (2006) 'Biogeographic evolution of Madagascar's microendemic biota', *Science*, vol 312, no 5776, pp1063 – 1065.

Wright, H. T. (ed.) (2007) *Early State Formation in Central Madagascar: An Archaeological Survey of Western Avaradrano*, no 43, Museum of Anthropology, University of Michigan, Ann Arbor, MI.

Wright, H. T. and Fanony, F., trans. Alibert, C. (1992) 'L'évolution des systémes d'occupation des sols dans la vallée de la riviére Mananara au nord-est de Madagascar', *Taloha*, vol 11, pp16 – 64.

Wright, H. T., Radimilahy, C. and Allibert, C. (2005) 'L'évolution des systémes d'installation dans la baie d'Ampasindava et a Nosy-Be', *Taloha*, vols 14 – 15, p29. *64*

第 2 部分

保护研究和保护政策中的
错误观点、叙述和"常识"

森林覆盖面积及测量其变化的挑战

威廉·J. 麦康奈尔 （William J. McConnell）
克里斯蒂安·A. 库尔 （Christian A. Kull）

3.1 引言

森林及其缺失是马达加斯加生物丰富性、人类造成的森林退化和森林保护行动之间的关键，而保护活动的合理性就存在于对先前砍伐和焚毁的大片森林的描述中、现存的小片森林所面临的威胁的记录中，以及成功减缓甚至阻止森林砍伐的成功案例中。森林覆盖变化是该岛自有人类定居以来人类与环境的各种相互作用的高度标志性结果（图3.1和3.2；另见第2篇和第4篇文章）。本文研究了岛上森林覆盖面积及其变化，并重点关注该项科学工作所面临的技术挑战和社会背景。

在某些地方和一定时间内，原生木本植被遭到砍伐的证据是有力的：1000多年前，早期定居者用火减少了岛内的森林覆盖（Burney et al., 2004）；近几个世纪，砍伐森林的边界逐渐从东海岸向内陆移动（Brand, 1998）；近几十年，西南地区为了种植玉米而大面积地砍伐森林（Harper et al., 2007）。然而，凭借史料记载、航拍照片和卫星图像来测量不同时期的森林面积及其变化的科学研究却出乎意料地混乱和困难。变化评估在分类、规模和其他方面都存在困难。就马达加斯加而言，人们对其环境变化有一个主流的认识：一个恬静宜人的、自然富饶的岛屿被人口迅速增长的人类掠夺，陷入了螺旋式增长的贫穷和退化（Kull, 2000）。我们认为，这导致了人们对某些来源可疑、如今已过时的统计数据的难以理解的坚持，这些数据相对确定地宣称岛上原始森林的80%或90%已经消失。正如我们之前所回顾的那样，岛上某些地区的森林损失非常严重，完全没必要夸大其词。这些夸大甚至有潜在的危害，因为它们会破坏科学的权威性，造成人们对所提问题的类型视而不见，对关于强硬保护政策给农村人造成的影响之重要辩论置之不理。

对马达加斯加的森林砍伐的评估需要对不同时间点的森林覆盖进行分析。我们回顾了历史上和现在的森林覆盖的数据和讨论。这包括回顾人类定居前森林覆盖的理论和证据，以及近期发表的相关预估，还包括植物学家在殖民时期就开始的研究。然后，我们转向后续的分析，使用越来越先进的技术来观察地面，先是从空中，然后是从太空上。我们探讨了所得估计结果之间的差异程度，然后重点讨论了估计森林变化所遇到的挑战。在整个过程中，我们的故事必然与科学的历史性和社会性交织在一起。不同作者主张或反对的观点以及所采用的方法反映了他们的世界观和他们所处的政治环境。这导致我们在倒数第二部分中研究了一个特定观点（80%或90%的森林遭到砍伐的假说）持续存在的社会背景。我们提出了一系列建议，促进对循证政策制度的理解。

图 3.1　高地景观中的小块森林

这些图像是砍伐森林还是重新造林？左上角：在塔那那利佛北部，山脊上的树木显然是桉树和人们在草原上种植的其他物种。然而，在同样有被耕种的山坡凹陷处，是残余的"本地"树木或种植的果树，或两者兼而有之？右上角：伊拉特萨拉（Ialatsara）森林站（南部高地）朝东面视图，大片的原生森林（被稻田分割开），远处有大型松树种植园。左下角：安若佐罗贝（Anjozorobe）北部的一个正在移植和造林中的景观（主要是用桉树）。右下角：阿劳特拉（Alaotra）盆地东端原生草原和森林的交错带。

来源：Kull（1996—2010）。

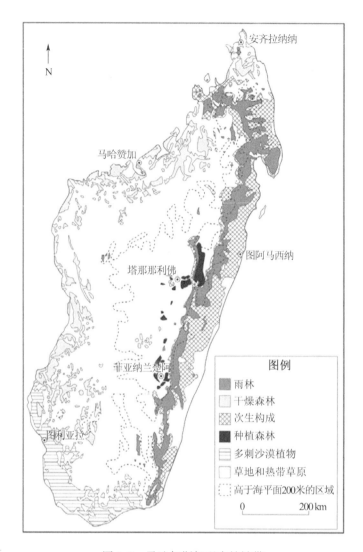

图 3.2 马达加斯加现有植被带

来源：Kull（2000）。

3.2 "原始"的森林有多少？

"马达加斯加的'原始'风景是什么样子的？"这个问题没有定论（见第 2 篇文章）。在不同的地区，答案可能会有很大的不同。"原始"是指有殖民地记录前，是指有大量人类定居证据之前，还是指人类在上一个冰河世纪末或其他某个时间点最初的造访之前呢？在过去的 150 年里，已发表的关于该岛"原始"植被的说法千差万别。一些评论员认为全岛是茂密的森林，而另一些认为，尤其是在高地，人类到来之前存在着草丛生物群落。前一种主张往往植根于意识形态：从

63

基于演替顶级的生态理论到"火为扰"的温带气候观，或者对资源管理的殖民态度。这些不同主张的证据来自对森林岛屿的草原地区随意的经验性观察、不再存在的森林地名、关于"大火"的口述历史，或是生物地理分布、植物功能类型、土壤学、化石层、湖泊或沼泽沉积物中的花粉和木炭的严格分析[1]。

殖民地自然学家佩里耶·德·拉·巴耶（Perrier de la Bathie，1921，1936）和亨伯特（Humbert，1927，1949，1955）的看法与本文特别相关。他们认为，在人类定居之前，森林植被几乎覆盖了马达加斯加的所有地区[2]。他们的结论在很大程度上被信以为真，并在许多出版物和报告中被重复使用，从而形成下文所示的森林变化统计的报告。随着新形式的证据的出现，关于有人类之前的植被状况的科学争论仍在继续（Burney et al.，2003，2004；Wilmé et al.，2006；Bond et al.，2008；Virah-Sawmy，2009；Quéméré et al.，2012）。从这样的研究中，似乎可以得出以下几个结论：第一，佩里耶–亨伯特全岛森林假说的强假设是错误的。因为在人类到来之前，闪电、较干燥气候以及现已灭绝的巨型食草动物就导致岛上出现了荒地、草原以及非森林区域；第二，人类上岛后，确实改变了岛上的植被覆盖，很可能以牺牲木本植被为代价增加草原覆盖；第三，在人类上岛之前，由于气候变化，植被覆盖面积是不定的，有扩大也有缩小；第四，在不同的地理区域，情况是完全不同的；第五，对史前森林覆盖的任何估计都应被视为推测而非事实。

3.3 历史上有多少森林？

对书面记录出现之前的"原始"森林覆盖的范围和性质存在争议不足为奇，但对殖民前晚期和殖民地时期（19 世纪后期至 1960 年）的森林覆盖也存在争议。传教士、殖民地科学家和森林管理员的估计（最初是根据实地评估，在 1949 年之后是从航拍照片中得到数据）有时会得出截然不同的数字，反映出方法和材料的差异。但这些估计经常被不加鉴别地利用到新近的评估中。

早期的测绘工作可以归功于传教士科学家，如詹姆斯·西伯里（James Sibree），他于 1879 年绘制的地图显示了密林的分布（图 3.3）。像这些地图一样，最初发布的对马达加斯加植被覆盖的定量评估的可靠性也受到岛屿面积和许多地区不可进入的限制。估计值差异很大，并且没有显示出明显的趋势（表 3.1）。

吉琼（Guichon，1960）是尝试使用遥感数据来全面评估岛上的森林覆盖的第一人。第二次世界大战中航拍技术的发展也使法国人能够获得 1949—1957 年的图像，这些图像是该国 1∶100 000 地形图系列和更系统地量化马达加斯加土地覆盖的基础。吉琼的论文发表时，制图还没有完成，但他确信他的"第一个近似值"为 12 472 923 公顷的轻度退化和非退化森林与吉罗–热内（Girod-Genet）

及后来的拉沃登（Lavauden）的估计值一致，吉琼估计的总森林面积（包括退化的部分）为 16 731 722 公顷，与最近佩里耶·德·拉·巴耶（1936）的估计非常吻合。包括热带草原乔木或木本热带草原时，吉琼的估计值增加到 19 380 722 公顷[③]。

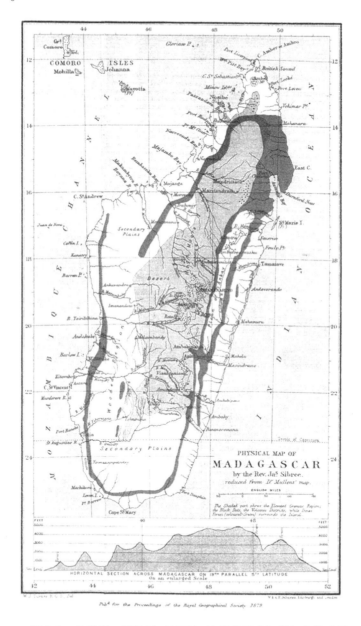

图 3.3 詹姆斯·西伯里（1879）绘制的马达加斯加实物地图

此地图强调了早期抵达者所遇到的大片荒山和高地沼泽，并用阴影描绘出了一个在当时尽管粗糙却很可能合理的"密林"分布。浅色阴影表示"高花岗岩区"。

表 3.1　马达加斯加殖民时期估算的森林覆盖

作者	日期	面积/百万公顷
拉沃登	1895	20[①]
吉罗－热内	1899	12
佩里耶·德·拉·巴耶	1921	7
亨伯特	1927	2 或 3[②]
拉沃登	1931	10
佩里耶·德·拉·巴耶	1936	17
M. R. 海姆（Heim）	1955	1, 5

　　注：估计值差异很大，没有明显的趋势，特别是考虑到吉琼的注释，他认为：①拉沃登 1895 年的估计可能被夸大；②亨伯特 1927 年的估计排除了几种重要的森林覆盖类型。

　　同样的航拍照片后来被 H. 亨伯特和他的同事使用并制作了一个植被带的标志性地图。在地图附带的报告中，他们估计有 19 819 000 公顷的"森林构成"（Humbert & Cours Darne，1965，after p82），但没有具体说明哪些植被类别被包括或排除在外。后续基于相同航拍数据的研究却得出了不太一样的总数，显示出不同研究人员利用和再利用土地覆盖数据时的常见的混乱现象。1996 年权威的国家森林目录（国家森林生态总览，IEFN）报告可以说明该情况。在其"表 5.02"中，国家森林生态总览报告提供了 1949—1957 年间基于相同的航空照片而得出的四种不同的森林覆盖估计（DEF et al.，1996）。令人吃惊的是，对这些估计的处理很不一致。如表 3.2 所示，不同种类的森林被包括（或不包括）在"森林总覆盖"中，缺乏对不一致的数字的解释（我们推测是由于方法上的差异或四舍五入），参考来源也很混乱。第二个使用和误用旧数据的例子是哈伯等（Harper，2007），他们根据相同的航拍照片所作出的是我们所知的最新发表的估计。他们数字化了亨伯特和库尔·达内（1965）的地图并对 1949—1957 年的森林覆盖估计又作出了与以前不同的解释。和国家森林生态总览报告中的不一致之处一样，哈伯等人的参考文献来源混乱，并且没有充分解释他们选择的森林类型和他们的数字是如何得出的（表 3.2）。

　　上面的例子说明了量化森林覆盖是多么让人抓狂的工作。科学家们不仅在复杂且广阔的地形和全国性航拍照片分析任务的艰巨性中挣扎，而且他们对森林覆盖的不同类别的区分、合并和强调的倾向导致了许多混乱，并似乎由于在反复使用旧的研究时的疏忽而使情况加剧。

表 3.2 根据1949—1957 年的航拍照片（以及由此而来的地形图）
对总森林覆盖的不一致的重新解读

森林覆盖 1949—1957	来源	包含的森林种类	其他评论
在《国家森林生态总览》（DEF et al., 1996）"表5.02"中提及的常绿植物和其他森林构成总和			
16 695 000 公顷	吉琼，1960	《国家森林生态总览》中未作解释；我们的评估是，所示数字适用于除酒椰和热带稀树草原之外的所有森林	与吉琼自己的数字略有不同，可能是因为四舍五入
19 148 000 公顷	亨伯特和库尔·达内，1965	《国家森林生态总览》中未作解释；基于迪菲尔斯（Dufils，2003），我们认为此数据包括退化林和/或次生林，以及红树林、长廊林和人工林	与亨伯特和库尔·达内自己的估算（1965）（19 819 000 公顷）的差异可能是由于不同的方法造成的（他们可能使用的是手动测面仪，而《国家森林生态总览》可能根据数字化版本的地图计算得出）
12 378 000 公顷	水务与林业总局（Eaux et Forêts）1953—1974	《国家森林生态总览》中未作解释	关于实际来源的困惑：《国家森林生态总览》的参考书目只有《水和森林及土壤保护指南》（1971）的马达加斯加森林总览，共70页
10 300 000 公顷	兰勒（Lanley）［原文如此］，1986［原文如此］	根据《国家森林生态总览》，仅包括封闭树冠阔叶树组，而且基于不完整的1:100 000地图系列，可能不包括南方森林和灌木/灌木丛	数据来源和解释相当混乱：《国家森林生态总览》引用了纳尔逊和霍宁（Nelson & Horning, 1993）的研究，他们的报告是从格兰杰（Grainger, 1984）中获得了兰勒［原文如此］（1981）的估计。实际来源似乎是兰利（Lanly, 1981），这表明森林覆盖数字是根据1949—1957 年的航拍照片估算的，并根据森林砍伐趋势推断到1980 年

在 "10 300 000 公顷" 行右侧：

续表

森林覆盖 1949—1957	来源	包含的森林种类	其他评论
哈伯等（2007）在"表2"中提及的"森林总面积"			
15 995 900 公顷 （159 959 平方千米）	布拉斯科（Blasco），1965；亨伯特和库尔·达内，1965	根据哈伯等的结论，该数字适用于"很少退化或没有退化的森林和红树林"。奇怪的是，在亨伯特和库尔·达内（1965）的地图中没有提到"很少退化或没有退化"这样的术语，它们让人想起吉琼（1960）的表格。哈伯等明确指出，在他们的研究中"森林覆盖由主要植被（高度至少达7米的树木覆盖）组成"	哈伯等的参考书目存在问题。布拉斯科（1965）的论述实际上是亨伯特和库尔·达内（1965）书中的一章，文章名也是他们提供的［布拉斯科也是亨伯特和库尔·达内（1965）在地图上注明的4位制图员中的第一位，也许这就是他被引用的原因］。15 995 900公顷这个数字未曾出现在文件中的任何地方，多半来源于哈伯等的数字化地图（与上述其他数字的差异是由于不包括热带稀树草原和数字化面积计算与手动测面仪测量之间的方法差异）

　　那么，历史上到底有多少森林？显然，19世纪后期开始的肉眼观察所得的估计差异很大，如果没有其他特定地区和日期的数据来源，以构成有效的三角互证，就无法使用。1949—1957年获得的航拍照片中，人们可能会得出结论，主要"森林"类别（不包括热带草原）的面积约为1600万公顷。文献中流传的差异很大的森林覆盖数据是由于对森林的定义不同，以及地图绘制技术的变化也是一个因素。基于对太空估算森林覆盖相关研究的回顾，下文将对这些问题进行更全面的阐述。

3.4　最近有多少森林？

　　受益于太空时代的基于卫星的新型遥感技术，20世纪80年代出现了新一轮全国范围的森林覆盖估计。据我们核查，第一张利用卫星图像出版的马达加斯加森林覆盖地图使用了 20 世纪 70 年代的陆地卫星多光谱扫描（MSS）传感器的打印图像进行目视解译（Faramalala，1988a）。它不包括对森林覆盖的数值估计，其解释为由于云量使得估计不可能实现（Faramalala，1988a，p147）。然而，该地图后来被数字化（Faramalala，1995），并被杜佩和莫阿特（Du Puy & Moat，1999）使用，他们报告说，地图显示了 10 784 000 公顷的"原始植被"，包括常绿林和落叶林，以及红树林和沼泽地。《国家森林生态总览》报告（DEF et al.，1996，p75）基于"法拉马拉拉（Faramalala，1995）发布的统计数据"估算出 15 812 000 公顷森林④。其中包括 10 676 000 公顷常绿森林，与杜佩和莫阿特（1999）估计的不同之处可能是在于排除红树林和/或沼泽。后来，马约等（2000）的报告指出来自法拉马拉拉（1981）[原文如此]⑤的数据显示有 10 603 200 公顷茂密的潮湿林和干燥林以及红树林。当他们加上"复合次生林"时，他们发现总面积为 15 484 400 公顷。很难理解这些数据与水务与林业总局等（1996）报告的数据之间存在差异（尽管很小），因为它们可能基于相同的数字化多边形结构。

最近，哈伯等（2007）利用与法拉马拉拉同时期的多光谱扫描仪数据，报告了总计 14 731 000 公顷的潮湿、干燥和多刺森林（红树林被列为"无资料"）。他们的研究里的"表 3"包含一个计算错误，所列出的三个类别的总和实际上是 13 933 500 公顷。总森林估计值与《国家森林生态总览》报告（DEF et al.，1996）和马约等（2000）中的估计值相差多达 12%。差异很可能是由于使用了不同的方法造成的：法拉马拉拉用的是打印的卫星图像的目视解译，而哈伯等使用的是用监督分类技术对同一时间段进行数字化重新分类的图像（见框 3.1）⑥。

后来的全岛研究使用了各种卫星源，不仅利用了陆地卫星，还利用了其他平台。例如，纳尔逊和霍宁（Nelson & Horning，1993）使用了 3 个于 1990 年和 1991 年由高级甚高分辨率辐射测量（AVHRR）传感器获得的区域面覆盖（LAC）而估算出 4 个生物气候植被区（雨林、硬木、草、多刺）共 6 091 800 公顷的森林。该研究采用了一种自动分类程序，利用陆地卫星多光谱扫描仪光化产品对分类器进行"设置"，并将法拉马拉拉（1981 [原文如此]）数据作为参考地图，以评估产品质量⑦。

国家森林生态总览报告（DEF et al.，1996）根据 1990—1994 年陆地卫星（TM）专题制图仪数据的目视解译绘制了一幅新的森林覆盖图。重要的是，地图绘制的同时还对不同的植被类型进行了广泛而详细的实地调查。分析结果估计森林面积为 13 260 000 公顷，其中包括 6 062 000 公顷的常绿林。

接下来的一次全岛评估（Mayaux et al.，2000）使用 SPOT – 4 卫星植被仪的数据，该仪器收集的数据与 AVHRR-LAC 的空间分辨率大致相同。这项研究使用了 1998 年和 1999 年的 36 个 10 天合成图像（10 天合成图像能最大限度地减少云污染，而时间序列则利用了植被生物气候学）。就像纳尔逊和霍宁（1993）的研究一样，半自动分类是用法拉马拉拉（1981［原文如此］）及其他参考数据进行的。马约等（2000）的报告指出共有 17 303 200 公顷森林，包括 10 104 100 公顷的"茂密潮湿林""茂密干燥林"和"红树林"，以及 7 199 100 公顷的"次生林"。

在同行评审的文献中发表的关于马达加斯加土地覆盖的最新评估载于哈伯等（2007）的论文。20 世纪 90 年代利用陆地卫星专题制图仪的数据进行森林覆盖分析，得出了 10 605 700 公顷（结合了四类"原始森林"：潮湿林、干燥林、多刺林和红树林）这一数值；2000 年左右，使用陆地卫星增强型专题制图仪（ETM +）得出的估值只有 8 982 100 公顷。这大大低于最有可比性的估值（Mayaux et al., 2000）。

美国国际开发署（USAID）合作伙伴联盟发布的后续地图（CI et al., 2007）利用基本相同的数据和技术，将哈伯等的分析延伸到 2005 年。奇怪的是，虽然地图上 1990 年左右的表格估计值与哈伯等（2007）发表的数据非常相似，但该地图对 2000 年左右的估计值（9 677 701 公顷）远高于早期的数字（8 982 100 公顷），更接近马约等（2000）的估计值。他们估计 2005 年左右的森林覆盖面积为 9 216 617 公顷。地图上没有说明其修改原因。根据这些估计值，可以推测大约在 20 世纪末时有 1000 万公顷的"原始"森林存在。

上述研究的不同结果凸显出不同技术（基于不同定义、假设、卫星数据来源和分类方法）对当前森林覆盖测量的影响。在下一节中，我们将看到这些问题可能对测量森林覆盖变化造成的后果。然而，我们首先应该指出，除了上述全国范围内的森林覆盖遥感分析之外，还有许多研究都对马达加斯加的次级国家土地覆盖分析的遥感数据进行了原创的分析。它们太多了，无法在这里一一进行回顾，包括一些重要的例子，如：格林和萨斯曼（Green & Sussman, 1990）、兰勒（Laney, 2002）、麦康奈尔等（McConnell et al., 2004）、阿加瓦尔等（Agarwal et al., 2005）、欧文等（Irwin et al., 2005）、维根（Vågen, 2006）、艾尔姆奎斯特等（Elmqvist et al., 2007）、斯凯尔斯（Scales, 2011）、奎梅雷等（Quéméré et al., 2012）。关于这些区域性研究，应该始终牢记的是（尤其是在研究下一节"森林覆盖的变化趋势"这一主题时）规模和边界的选择会对研究结果产生重大影响。包含大面积的非森林区域将大大降低森林覆盖率，正如排除小块区域可以使分析规模粗化。

3.5 森林覆盖的变化趋势以及定量评估变化的挑战

表示森林覆盖变化最简单的方法是汇编特定时间点的估计值，并以表格或图形形式呈现出来。这是吉琼（1960）（表 3.1）以及之后的纳尔逊和霍宁（1993）、《国家森林生态总览》（水务与林业总局等，DEF et al., 1996）、麦康奈尔（2002）和迪菲尔斯（2003）等采用的方法。如上通过吉琼（1960）的例子说明，这种方法并不利于了解岛上森林覆盖的演变，反而说明个别估计的不一致性，并提醒我们不要进行简单的比较。吉琼（1960，p408）提出了估计值存在显著差异的三个主要原因：①不同类型的森林构成的定义因作者而异；②制图资料缺乏、不足或不准确；③有时为了证明一篇论文或说明一个立场，这些数字会被有意或无意歪曲。

下面，我们根据吉琼的前两个相当具有技术性的约束条件来研究基于遥感的马达加斯加森林覆盖变化的量化估计。紧接着的部分会讨论第三个（可能更具争议性的）问题。不仅仅是在马达加斯加，各种各样对森林的定义让那些希望了解森林砍伐的人们感到困惑。事实上，粮农组织（联合国粮食及农业组织，FAO，关于全球森林覆盖最权威的机构）在其两次十年期全球森林资源评估间修改了其林冠郁闭阈值，以便能够解释非洲半干旱地区树林覆盖的重要变化，否则根据先前的定义，其中许多变化将被忽略。为了符合新的定义，修订先前的估计值所需的工作量是巨大的，而且该过程削弱了对各评估数据的可比性（Rudel et al., 2005）。

这一问题在马达加斯加更为明显，因为岛上树木生长的环境条件复杂。虽然东部山崖上相对未受干扰的森林符合几乎所有人对森林的定义，但在该景观中的一些较小块森林，以及高地和西海岸的长廊林和稀疏林地可能不符合森林的定义，尤其是在依赖在 30 米、80 米，甚至 1 千米像素范围内形成地球表面图像的卫星传感器的分析中。这个问题在干旱的南部多刺森林中更为明显，另外，红树林为成像带来其独有的困难，因为树冠下的湿度很高，使得卫星记录的光谱特征变得复杂。劳里等（Lowry et al., 1997）可能最有效地解决了马达加斯加土地覆盖描述不一致的问题，他们回顾了马达加斯加植被分类的历史，并主张"对马达加斯加使用客观的生物分布学分析和地貌分类方法研究"（p110）。如前一节所述，马达加斯加的测绘工作通常根据使用的传感器的性能和分析者的特定目标而定义森林，这大大限制了对岛上森林覆盖变化的精确评估。

也许格林和萨斯曼（1990）利用遥感数据对马达加斯加森林砍伐进行的研究

是被最广泛引用的。研究比较了"原始"森林（无引用来源）与亨伯特和库尔·达内的森林覆盖图（基于 1949—1957 年的航拍照片），作者对 1985 年的陆地卫星多光谱扫描仪图像做出了自己的解释，并得出结论：20 世纪 50—80 年代，该岛东部的雨林每年以 1.5% 的速度在减少。我们无法知道跨时期分析的森林覆盖类型有多大程度的差异，这恰恰印证了吉琼提出的第二个问题：制图资料不足。不幸的是，在格林和萨斯曼（1990）的文章中，只对这些方法进行了非常简短的描述，没有讨论用于分析这两个非常不同的数据源技术的可比性。

迪菲尔斯（2003）随后进行的一项全岛范围的比较研究也使用了亨伯特和库尔·达内（1965）、《国家森林生态总览》（DEF et al.，1996）和马约等（2000）地图的数据[8]。迪菲尔斯与格林和萨斯曼（1990）的不同之处是他有考虑森林覆盖类型的问题。具体来说，他试图从这三个研究中的植被覆盖类别中分离出一个可比较的"常绿林"类别，尽管他承认这些研究中的分类方案存在差异。不出所料，他的分类协调不完善，且他的趋势报告受到质疑[9]。由此导致的后果是，例如，两个源数据集之间的森林类型不匹配可能导致报告中 20 世纪 90 年代每年有 1.6% 的森林砍伐率上涨（因为后期的森林没有被包括进去）。不幸的是，这项研究还有印刷错误[10]，关于时间点的假设也存在着问题[11]。不过，迪菲尔斯也在文中承认在估计变化速度中存在一些关键挑战，尤其是不同的遥感系统可能得出不同的估值。鉴于本文所述问题，必须谨慎使用已发表的结论。

为了提高用于计算变化的单一日期估计的可比性，随后的一项研究（Harper et al.，2007）结合亨伯特和库尔·达内（1965）的地图，对 20 世纪 70 年代（多光谱扫描仪）、1990 年左右（专题制图仪）和 2000 年左右（增强型专题制图仪）的卫星图像进行了新的解译。值得称赞的是，该研究通过应用一套定义森林的通用标准（见框 3.1）来创建具有可比性的地图。

框 3.1　使用卫星图像对土地覆盖进行分类

卫星图像由在电磁频谱不同部分收集的数据层组成。不同的表面以不同的方式吸收、辐射和反射电磁辐射，产生不同的光谱特征。利用这些特征，卫星图像中的每个像素可以根据地面覆盖的光谱特征（如树木、草、裸地）划分为土地覆盖类别（如森林、草原）。

从遥感图像（无论是轨道还是机载平台）获得陆地覆盖图的科学需要若干对结果产生重大影响的关键决策（图 3.4）。

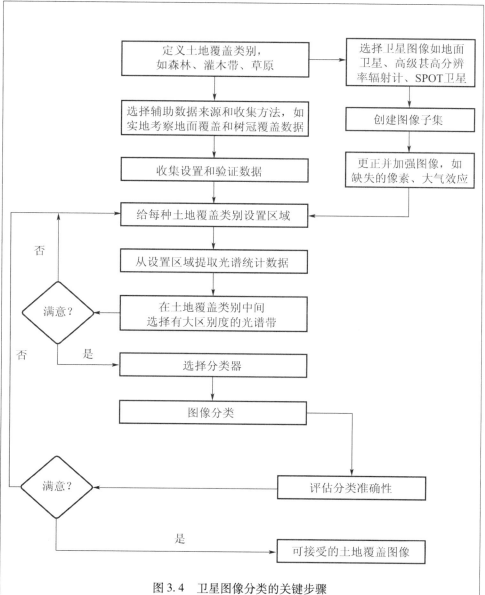

图 3.4　卫星图像分类的关键步骤

来源：改编自威尔基和费恩（Wilkie & Finn, 1996）。

（1）定义土地覆盖类别。虽然一个特定地区适合的土地覆盖类型似乎是不言而喻的，但它们并非如此。相反，类别的选择通常是研究目标和所用图像中可区分的内容的综合。选择哪些类别进行分析对政策有着深刻的（尽管往往无法识别的）影响（Kull, 2012）。在全球范围内，分类方案因生物气候带而大不相同。目前还没有通用的命名法，更不用说给特定土地覆盖下明确定义。但也有例外，最近一项研究指出，我们将"森林"定义为至少 7 米高的主要植被区域，相邻树木的树冠在全叶时互相接触或重叠。在实际中，这意味着至少林冠郁闭度达到80%。(Harper et al., 2007, p2)[12]。

（2）选择图像。理想情况下，这种选择是根据分析需要，以及不同传感器在特定研究领域和研究问题方面的空间、光谱和时间特性客观考虑而做出的。然而，在实践中，通常还会考虑其他因素，例如分析师对特定传感器的熟悉程度。另一方面，有时是传感器的新颖性推动了土地覆盖变化研究本身。这一动力在新的 SPOT-4 卫星植被仪的测试中得到了证实，其结果与之前使用类似高级甚高分辨率辐射计的练习结果进行了明确比较（Mayaux et al., 2000）。

（3）创建图像子集。本文仅限于全岛研究，很大程度上是因为不相称的空间界限妨碍了地区研究的可比性。当研究的空间范围由地图、航空照片或卫星图像的范围任意定义时，这可能会对变化率产生重大影响，因为研究区域范围的相对较小变化（包括或排除不代表整体变化的区域）可能会显著改变整体的变化率。对此没有明确的解决办法，必须谨慎对待根据此类任意定义的研究区域计算的所有变化率。在这些情况下，将报告局限于不同时期的区域变化（例如，Vågen, 2006），或时间段之间变化的图形表示（例如，Elmqvist et al., 2007）可能更为合适。

（4）评估分类准确性。在实践中，土地覆盖类别的阈值（例如，封闭森林和开阔林地）如果没有大量开销巨大的实地考察工作，很难始终如一、可靠地划分。此外，对景观的任意采样通常会产生代表土地覆盖混合的像素［尤其是当景观的异质性以比传感器采样率（像素大小）更精细的比例出现时］。遥感研究的结果有85%的准确度就被认为是相当好了。然而，依据分类有两位数错误的图像来解释土地覆盖率的一位数百分比变化的研究是常见的；而且，变化集中在大部分分类错误发生的土地覆盖区边缘。

使用这种方法，他们计算了3个时期内4个地理区域的年度森林砍伐率。结果从中度阴性（即森林覆盖增加）到岛上某些地区每年近2%的强阳性率不等。从整个国家的层面来看，他们的分析表明，20世纪70—80年代的森林砍伐速度更快——每年约为1.7%——比起之前和之后的时期（20世纪50—60年代的0.3%，20世纪90年代每年的0.9%）。随后使用许多相同的数据和技术发布的一张地图（CI et al., 2007）将20世纪90年代期间每年的总森林砍伐率0.83%制成表格（为什么在这两项研究中20世纪90年代的比率之间存在差异尚不清楚）。它还提供了新的数据，表明在 2000—2005 年，这一比率降至每年 0.53%[13]。

这一简要回顾表明，我们对特定时间点的森林覆盖认识具有高度的不确定性，在对森林覆盖变化的估计中，危害是复杂的。以上回顾的各个研究中，变化率估计值从每年不到0.5%到接近2%。遗憾的是，没有两项研究覆盖同一时期同一地区的同一森林类型，因此没有一项研究可以用来验证另一项研究。不出所料，这些研究也完全没有使用有关森林恢复或植树造林的混杂证据。我们怀疑其中的原因是，无论是次生林还是人工林，都不会受到出于保护目的的高度重视。相反，《国家森林生态总览》（DEF et al., 1996）根据非常相似的数据绘制了相当大范围的人工林。继格林和萨斯曼（1990，p213）之后，哈伯等人（1997，p3）也承认无法区分大片次生林、人工林与原始森林。同时，其他研究（例如，Rakoto Ramiarantsoa，1995；Kull，1998；McConnell & Sweeney，2005；Elmqvist et al.，2007）认识到重新造林和植树造林在当地的重要性，并着手对这些现象进行量化和解释。

在某些情况下，个别研究提供的信息可用于判断其对某一时间点森林覆盖估计或其变化估计的可靠性。我们在下一节中将对这一点进行简要的研究，然后讨论吉琼对不同分析者的动机的关注。

82

3.6 森林覆盖面积及其变化的测量方法论问题和准确性评估

前几节反复出现的几个问题使森林面积及其变化的测量复杂化。这些问题包括数据不一致、方法论假设、定义分歧。下面我们将就一个特定方面进行详述：评估不同森林测绘产品准确性的重要性。所有经验性测量方法都存在不确定性，因为在数据收集和分析过程，以及结果报告中可能会产生错误。本节我们就有关马达加斯加全岛森林覆盖的一些问题个案作出简要评述。

对航空摄影记录的分析，如地形图系列和亨伯特和库尔·达内（1965）地图所示，通常依赖分析人员的专业意见，并结合直接的现场观察和了解不同土地覆盖物将阳光反射回相机的方式，以及有关某些特征典型外观的经验提供信息（Kull，2012；Box 4.1）。考虑到自从进行这些分析以来的时间推移，几乎不可能判断该产品的准确性，因为景观必然会发生变化，而且可靠的参考资料（如陆地照片）很少。

在基于卫星的遥感中，判断结果质量的一种方法是将分类结果与用于"设置"人工解释或自动分类算法的参考数据（例如地图或来自其他传感器的图像）进行比较。例如，纳尔逊和霍宁（1993）使用法拉马拉拉（1981［原文如此］）的数据作为"地面参考"，报告了该参考与他们基于高级甚高分辨率辐射计的森林覆盖估计达到81%的一致性。他们继续指出，虽然两个数据集中的非森林像素达到了94%的一致性，森林的一致性值仅为62%，而且他们把硬木层的一致性描述为"劣质的"（p1472）。他们将大部分不一致归因于多光谱扫描仪和高级甚高分辨率辐射计传感器处理景观图像的方式差异，拒绝推测20世纪70年代至1990/1991年间景观实际变化可能导致的差异比例。

马约等（2000）使用相同的基于多光谱扫描仪的数据集对其基于SPOT–4卫星的分类进行设置，但其准确性评估基于其所在组织委托的一个报告中所载的由当地专家解释的同期TM数据得出的地图，这样产生的"用户的准确度"（地图中像素的土地覆盖标签与参考数据相对应的概率）为87.8%，和"制作者的

准确度"（参考数据中某个位置的土地覆盖类别在地图中标记为此类的概率）为
85.6%。换句话说，在12%～15%的案例中，地图产品和参考数据之间存在差
异。作者指出，部分错误归因于他们1千米分辨率的SPOT-4卫星植被仪数据和
30米参考数据配准缺陷。

可能在侦测景观变化的一些研究中也采用了相似程序以评估它们的准确性。
例如，哈伯等（2007，p329）使用同期地面参考数据校准和验证由专题制图仪图
像得出的土地覆盖图，估计出"在识别森林和非森林方面有89.5%的准确度"。
如果他们1990年和2000年的地图每幅都包含大约10%的错误，这就使人对他们
在这两幅地图之间发现的15%森林损失产生疑问。虽然许多错误很可能相互抵消
（从森林覆盖的净变化的意义上说），但必须承认，大部分这样的分类错误发生
在森林边缘，在那里所谓的"混合"像素（指混合着森林和非森林覆盖）占主
导地位，但也是大部分变化发生的地方。在解释森林覆盖变化分析结果时，必须
牢记：当我们的测量误差接近或超过观察到的动态时，我们不应该对关于据称发
生变化的断言太过自信。

关于地区准确性评估的研究记录也是复杂的。一些作者（例如，Vågen，
2006；Scales，2011）提供了详细信息，而另外一些作者（例如，Green &
Sussman，1990；McConnell et al.，2004）只提供了不太严谨的估计或笼统的
说明。

3.7　关于森林消失的错误观点——约90%的森林已消失

我们在上述部分已经表明，在有遥感记录之前的森林覆盖估计是不可靠的基
准，而且，最重要的是，其导致了在随后的许多研究中持续存在的根本性问题。
我们和其他人（例如，Nelson & Horning，1993；Ingram & Dawson，2005）的研
究表明：技术挑战和不一致的定义，再加上有时对方法的不充分记录，给航拍照
片和基于卫星分析的某些方面留下相当大的不确定性。显然，在不否认原始森林
总体上正在萎缩的情况下，对森林面积和损失的估计比一般情况更需要谨慎。

在这里，我们将讨论"全岛森林"这一公认观点如何影响森林覆盖变化的
观点。我们将特别关注为何人们坚持认为岛上90%的森林已经消失，并探讨这一
观点在多大程度上是因为强调大规模砍伐森林的结果。"90%"的观点源自佩里
耶·德·拉·巴耶和亨伯特提出的全岛森林假说（Burney，1987；Kull，2000）。
佩里耶·德·拉·巴耶（1921）明确地说这个岛曾经完全被"树木状的"植被覆
盖，而这种原始植被中将近十分之九被轮耕、草原火灾、伐木破坏。这一观点已
被大量重复和改写。当今的评估，即该岛仅约有10%的森林覆盖，似乎进一步
证实了这一统计数据，但前提是有人谬误地假设其余部分以前都是完全由森林覆

盖的。

这些想法曾出现在科学文章的引言部分（例如，Hannah et al., 2008）、以促进保护活动的环保机构的宣传材料中，以及在媒体和游记对该岛的描述中（例如，Bradt et al., 1996；维基百科的"马达加斯加"页面，2012 年 5 月 21 日访问），最多只是一个有问题的断言。有时，"90%"被"80%"替换，或者"森林"被"自然植被"替换。的确，像"最初的""原始的""次生的""天然的"这样的词经常在定义不清的时候滥用，以致一次又一次地证实了佩里耶·德·拉·巴耶和亨伯特提出的论述。

为什么会倾向于不加批判地重复一个根据模糊且颇具争议的原始植被概念而得出的数字呢？为什么不使用更近期的数据呢？我们在前文已表明，更可靠的航空照片分析记录了该岛在 20 世纪中叶有 1600 万至 2000 万公顷的森林（取决于包括了哪些种类的木本植被覆盖）。利用卫星图像进行的全岛范围的研究表明，到 20 世纪末，大约 900 万到 1700 万公顷的森林仍然存在（同样取决于使用的方法和包括的类别）。由此，可以得出结论，在过去 50 年中，只有一半以上的森林覆盖可能已经转化为其他用途，但可能要少得多（比较表 3.3）。即使是岛上的森林损失仅为十分之一，也肯定是令人担忧的，也足以使我们加快保护行动。那么，为什么会重复 90% 这个数字？数字越大越具有吸引力？它是否更好地强化了马达加斯加"凭借"失去 90% 或更多的自然植被而应获得特殊"热点"地位的主张？下面，我们试图寻求这些问题的答案。首先，我们调查了"90%"这一观点的"发展历程"，区分出它的起源和传播。然后，我们就促成这一传播的话语和政治环境进行评论。

3.7.1　"90%"这一观点在科学文献中的起源和传播

我们将重点分析那些认为森林或更为广泛的自然植被损失为 80% 或 90% 的文章。这一观点在生物保护文献中非常普遍，我们确定有 27 篇文章提出了此观点（表 3.3 和 3.4）。

表 3.3　提出"90%"观点的学术文章分析

期刊文章	观点	其来源或引文
迈尔斯（Myers），1988	"在全国范围内，原始植被只剩下 5%"（p192）	勒罗伊（Leroy），1978；吉约曼（Guillaumet），1984；乔利（Jolly）等，1984；劳里（Lowry），1986；密特迈尔（Mittermeier），1986；詹金斯（Jenkins），1987

期刊文章	观点	其来源或引文
德宾和拉特里莫里萨纳（Durbin & Ratrimoarisaona），1996	"大部分（马达加斯加的）生物多样性集中在森林，据说在约2000年前森林覆盖了该岛的90%，但……现在岛上的森林覆盖不到11%"（p346）	纳尔逊和霍宁（Nelson & Horning），1993
劳里等（Lowry et al.），1997	"10%左右的马达加斯加可能仍被原生植被覆盖"（p117）	无
杜佩和莫阿特，1998	"岛上超过80%的本土植被覆盖已经被去除了……现在大部分植被是种类非常贫乏的次生草原，每年都会被烧毁，并受到严重侵蚀"（p1）	法拉马拉拉（1988a，1995）数据分析
汉纳等（Hannah et al.），1998	"对森林破坏的估计表明，自人类上岛以来，马达加斯加原始森林覆盖的50%～80%在1500～2000年内消失了"（p31）	格林和萨斯曼（Green & Sussman），1990；纳尔逊和霍宁，1993；法拉马拉拉，1995
迈尔斯等，2000	"马达加斯加剩余的原始植被"（原始植被的百分比），如表1（p854）中所示为9.9%	按594 150平方千米（全岛）的"原始植被"和59 038平方千米的"剩余原始植被"计算。虽然补充材料（专家和出版物）中包含了关于地方性信息的来源，但对"原始"或"剩余"原生植被的估计没有任何引用来源。正文讲明，"附加细节见参考文献16"，其实是仅指密特迈尔等（1999），其中没有关于"估计数值有所不同，但认为马达加斯加至少85%，可能90%或更多的自然森林覆盖，已经消失……"的引用来源（p198）
甘兹合恩等（Ganzhorn et al.），2001	"（马达加斯加的）栖息地损失估计大于90%"（p346）	劳里等，1997
莱蒂恩等（Lehtinen et al.），2003	"至少90%的原始森林已经损失"（p357）	格林和萨斯曼，1990

期刊文章	观点	其来源或引文
古德曼（Goodman）和本斯特德（Benstead），2005	"这个岛国……估计仅保留下人类殖民前 10% 的自然栖息地"（p73）	无
雷曼等（Lehman et al.），2005	"马达加斯加 80%～90% 的森林栖息地丧失"（p232）	杜佩和莫阿特，1998
巴科阿里纳等（Bakoariniaina et al.），2006	"超过 90% 的马达加斯加原始森林现在已经消失了"（p241）	无
博伦（Bollen）和多纳蒂（Donati），2006	"岛上超过 80% 的本土植被覆盖已经被去除了"（p57）	杜佩和莫阿特，1998
休姆（Hume），2006	"马达加斯加仅存不到 10% 的原始植被"（p288）	纳尔逊和霍宁，1993；杜佩和莫阿特，1996；迈尔斯等，2000
英格拉姆和道森（Ingram & Dawson），2006	"据估计，该国仅留下了 9.9% 的原始植被"（p195）	迈尔斯等，2000
雷曼等，2006	"马达加斯加 80%～90% 的森林栖息地的丧失"（p294）	格林和萨斯曼，1990；杜佩和莫阿特，1998
诺里斯（Norris），2006	"现在马达加斯加……已经失去了超过 90% 的原始森林覆盖"（p960）	无
桑迪（Sandy），2006	"只有大约 11% 的'原始'森林保留"（p305）	世界自然基金会（WWF）的《地球生命力报告》（Loh et al.，1999）
汉斯基等（Hanski et al.），2007	"目前，剩下的原始森林覆盖率约为 10%"（p44）	10% 的主张没有提供参考资料（只出现在摘要里），他们在其他地方引用了迪菲尔斯（2003）
阿尔努特等（Alnutt et al.），2008	"最近利用遥感进行的分析显示，原始森林只剩下 10%～15%"（p174）	哈伯等（Harper et al.），2007

续表

期刊文章	观点	其来源或引文
安德罗内等（Andreone et al.），2008	"持续的栖息地破坏已经导致原始植被的90%遭到破坏"（p944）	迈尔斯等，2000；哈伯等，2007
汉纳等，2008	"森林砍伐已破坏了该岛大约90%的天然森林"（p590）	英格拉姆和道森，2005；哈伯等，2007
克劳尔等（Craul et al.），2009	"马达加斯加已经失去了90%的原始植被"（p2863）	无
怀特赫斯特等（Whitehurst et al.），2009	"马达加斯加的原始植被已减少到其最初范围的9.9%"（p275）	迈尔斯等，2000
巴雷特等（Barrett et al.），2010	"该国90%的原始森林已经失去了"（p1109）	迈尔斯，2000；约德和诺瓦克（Yoder & Nowak），2006；哈伯等，2007
沃兰佩诺等（Volampeno et al.），2010	"岛上80%～90%的森林栖息地的丧失"（p306）	杜佩和莫阿特，1998；密特迈尔等（Mittermeier et al.），2010
德金等（Durkin et al.），2011	"据估计，对栖息地的持续破坏已导致90%最初植被覆盖的消失"（p114）	哈伯等，2007
约翰逊等（Johnson et al.），2011	"自从人类大约2000年前到达马达加斯加，这里的自然森林覆盖已经减少了80%～90%"（p371）	哈伯等，2007。

表3.4 表3.3中文章用以证明其"90%"观点的引用来源说明

引用源	与"90%"观点的相关性
1类：主要数据来源（在本节中已详细讨论）	
亨伯特（1955）；亨伯特和库尔·达内（1965）	基于大约1950年的航拍照片的植被覆盖分析。无变化分析

引用源	与"90%"观点的相关性
法拉马拉拉（1981［原文如此］，1988a，1995）	20世纪70年代卫星图像的目视解译。在绘制次生植被类型图时，基于未被证实的大规模退化的植被类型起源假设，隐含变化分析
格林和萨斯曼（1990）	尽管这项研究仅限于东部潮湿森林，但它经常被引用于全面砍伐森林的主张。他们计算出20世纪80年代发现的380万公顷东部雨林占20世纪50年代测绘的50%，占"原始"森林的34%。未提出90%的主张
纳尔逊和霍宁（1993）	作为一个单一日期的分析，这可以被引用来支持"1990年左右10%的全岛森林覆盖率"，但这并不意味着岛上其余90%以前是森林
哈伯等（2007）	声称"森林覆盖了岛上90%或更多的地方"，但也接着说"其他人认为没这么多"。在他们的讨论中："到20世纪50年代，马达加斯加只有27%被森林覆盖，即使是对人类上岛之前森林覆盖的保守估计也表明，马达加斯加已经失去了一半以上的森林覆盖；也可能高达三分之二，甚至更多。2000年前后，森林覆盖率进一步下降到约16%，50年间下降了40%。"
2类：尚未列出的次级来源	
勒罗伊（1978）	一篇植物学评论文章
乔利等（1984）；吉约曼（1984）	概括性的自然历史参考书，其中有章节回顾了植被类型
劳里（1986）	没有相关性：关于新喀里多尼亚的专题论文
密特迈尔（1986）	世界自然基金会行动计划
詹金斯（1987）	国际自然保护联盟、联合国环境规划署（UNEP）和世界自然基金会对马达加斯加自然历史的回顾
杜佩和莫阿特（1998）	使用法拉马拉拉的土地覆盖数据（1988a，1995）
洛等（1999）	世界自然基金会《地球生命力报告》
英格拉姆和道森（2005）	称"马达加斯加森林覆盖和损失的估计数量和分布存在相当大的差异"（p1449），并给出了使用美国国家海洋和大气局（NOAA）高级甚高分辨率辐射计分析的14年间的变化结果
约德和诺瓦克（2006）	马达加斯加动物群进化的研究
密特迈尔等（2010）	共676页的狐猴野外指南

90

其中4篇文章没有直接引用该观点（表3.4）。在某些情况下，该观点是暗示出来的，将近期对当代森林覆盖的估计和对人类首次到达时的状况推测相结合，让读者去推断损失的严重性。例如，德宾和拉特里莫里萨纳（Durbin & Ratrimoarisaona，1996）指出，森林"据说在约2000年前森林覆盖了该岛的90%"（p346），但没有提到任何来源。然后他们引用纳尔逊和霍宁（Nelson & Horning，1993）11%的当代森林覆盖率，让读者自行推断，"自从人类上岛后"，岛上大约88%的森林消失了。

在其他情况下，该观点是被明确提出的，但没有引用来源。尤其成问题的是，此类观点随后被用作其他人的引用来源。例如，劳里等（1997）提到"大约10%的马达加斯加可能仍然覆盖着原生植被"（p117），但既没有提供观点的来源，也没有任何分析来证实。后来，甘兹合恩等（2001）引用劳里等（1997）的章节作为他们认为栖息地损失估计超过90%的来源。

而在另一些情况中，该观点被明确地提出，但只有一个仅提供部分证据的来源。例如，雷曼等（2005）引用杜佩和莫阿特（1998）以及格林和萨斯曼（1990）的观点，断言"马达加斯加80%～90%的森林栖息地的丧失"［在相同作者第二年的一篇配套文章中（Lehman et al.，2006）同样的断言一字不差地出现，但没有给出第二个参考］。事实上，杜佩和莫阿特（1998，p1）在使用了法拉马拉（1988a，1995）的土地覆盖图后得出的结论是"岛上超过80%的本土植被覆盖已经被去除……现在大部分植被是种类非常贫乏的次生草原，每年都会被烧毁，并受到严重侵蚀"。重要的是，必须明确，法拉马拉（1988a）是根据未被证实的大规模退化的植被类型起源假设而绘制的次级构造图。

最近，哈伯等（2007）的研究被许多作者作为引用来源（例如，Alnutt et al.，2008；Andreone et al.，2008；Barrett et al.，2010；Durkin et al.，2011；Hannah et al.，2008；Johnson et al.，2011），他们声称岛上80%～90%的原始的（最初的）森林（植被）消失了。尤其让人震惊的是，哈伯等（2007）公开承认在人类上岛之前岛上植被覆盖状态存在争论，并将他们的结论限制在其分析的遥感数据所涵盖的50年内。

大约90%森林消失这观点的流传是一个惊人的例子，说明公认观点的力量和同行评审科学的不可靠。一种解释是，各位作者简单地将"90%"的数字当作"已知事实"来重复，并引用了一篇被大量引用的高知名度文章来支持这一观点，而没有实际核查以确认数据是否确实支持这一"事实"。

然而，我们对文献的调查表明，存在着一个由保护科学家组成的强大的认识群体，对他们来说，这一"事实"构成了激励人的"原因"的一部分，因此，这就成为贯穿整个讨论的一个毋庸置疑的范例。基于最新的（也许是最权威的）全岛遥感的研究，哈伯等（2007）承认对森林损失的统计存在着不同看法，但仍然坚持将90%的主张放在首位，并坚持指出森林损失统计的上限（但不是下限）

（见表3.4中的引用）。如果他们不受主流讨论的影响，他们会用同样的方式论述吗？他们对自然资源保护主义教条的强化引出了关于观点和动机的重要问题。这些作者隶属于大型保护组织——国际保护协会（CI）。不容忽视的是，他们的分析显示，在孤立主义者和社会主义者统治时期的20年中，森林砍伐率最高，1990年之后，当像他们所在的这种组织蓬勃发展干预行动时，森林砍伐率逐渐下降（见第6篇文章）。文章的结论可能是有效的，但它们需要通过验证，以减轻对分析的客观性程度的任何潜在担忧。

阿梅洛特等（Amelot et al., 2012）指出哈伯等（2007）论著中的其他两个例子说明经常从保护的角度重复观点和理论，可能无意中影响到陈述和所得出的结论。第一，阿梅洛特等研究哈伯等图1中的插图，其中显示马达加斯加被三种森林带覆盖：潮湿林、干燥林和多刺林。阿梅洛特及同事生动地说明了这个简化的和充满误导性评估的起源。他们通过世界自然基金会的报告和植物学书籍里的章节，追溯到这种三类森林分类法源于科尔内（Cornet, 1974）的一幅复杂的气候带地图。在连续的制图迭代中，纯气候带变成了森林类型。这反映了对"原始的"（和可能的）全岛森林的不着边际的偏见。

第二，阿梅洛特等（2012）指出，哈伯的研究被用于证明实际上并未显示的环境变化的主张。哈伯的研究在各文章和政策文件中被引用，它们关注的是减缓东部雨林的刀耕火种，但研究本身清晰地表明，过去20年的森林砍伐主要影响的不是东部雨林，而是西南部的干燥林（毁林以从事商业玉米生产）和受城市对木材能源需求影响的地区。

3.7.2　保护关注与主流讨论的相互影响

对"90%"观点的坚持可以追溯到某些观念在行政管理、政策和有关马达加斯加环境的科学界中的典型主导地位，以及它们所代表的浓厚的外国资助的保护关注。我们上面所展示的例子是马达加斯加一个更广泛现象的表现。在这里，所谓的"主流话语"会影响所问的问题、所见的证据、所讲的故事以及所采取的行动。主流话语是理解世界的方式——由我们使用的故事、隐喻和语言而塑造——从最初促成它们的参与者们的影响中获得力量，并付诸塑造可能的领域（Fairhead & Leach 1998；Larson, 2011）。

在马达加斯加，很早以前就明确，特定的话语、特定的环境叙述主导着对环境变化和马达加斯加农民在这一变化中的作用的理解（Jarosz, 1996；Kull, 2000；McConnell, 2002；Pollini, 2010；Amelot et al., 2012；Scales, 2011；Rakoto Ramiarantsoa et al., 2012）。这一说法源于事实与推测的强力结合，并深受发起人（最初是殖民地的森林学家和植物学家，现在是自然资源保护主义者）的关注，由于这些发起人的强大地位而留存于这个遭受殖民现在积贫积弱的国

92

家，其几乎没有农村社会运动的传统（农民的意见可能辩驳某些方面）。

这一说法先将马达加斯加描绘成生物多样性、环境退化和保护行动的热点。它常常依赖于可追溯到 20 世纪二三十年代佩里耶·德·拉·巴耶和亨伯特研究的叙述。在他们设计的故事中，全岛一开始由原始森林覆盖，马达加斯加农民的农业活动与殖民地伐木一起被指责为造成砍伐森林的主要原因。（见第 4 篇文章）。佩里耶·德·拉·巴耶和亨伯特的故事对当代的论著产生了巨大的影响，马达加斯加被认为是一个用火和轮耕农业破坏本地植物群的典型地点。在 20 世纪八九十年代的环保热潮时期，该叙述被一些发展和环境组织以及一些科学家几
93 乎一字不差地引用在流行出版物中（Kull，2000）。

对马达加斯加环境变化的科学理解在继续发展。然而，如上所述，对许多科学家来说，而且在保护组织和环境组织的文件中，佩里耶和亨伯特的故事仍然是主流叙述。这个版本的故事通过媒体、互联网、旅游指南、电视纪录片、歌词（Emoff，2004）、环境学家的著作和机构文件向公众传播，经过进一步艺术加工并戏剧化马达加斯加的环境退化。他们不仅重复因刀耕火种农业而造成 90% 的森林消失的主张（例如，在维基百科[14]上和在国家地理新闻[15]里），而且使用比喻，如，充满氧化铁的血红色河流"流血般"流入海洋和岛上拉瓦卡（lavaka）熔岩侵蚀沟壑的"坏疽性的伤口"[参见库尔（2000）中回顾的例子，或者最近的科学例子（Raharimahefa & Kusky，2010）]。

对这一主流叙述的坚持在某些人看来可能没什么不寻常或没什么问题。毕竟，马达加斯加确实拥有其他地方没有的植物群和动物群。在过去的一个世纪里，各个地区的本土森林覆盖确实减少了。刀耕火种的农业肯定是森林覆盖发生变化的一个近因。那么，对奇特的自然和环境破坏的讨论，可以被视为是必要的，用以证明保护基金的筹集、保护政策和保护行动是正当的。因此，由于其引人入胜的故事情节和在获得公众和政府支持方面起作用，它继续存在就不足为奇了。

然而，正如皮特等（Peet et al.，2011，p37）所说，"对生态中明显的'给定'事实和类别的争论也一直是关于社会和政治控制自然的争论"。主流叙述及其对森林损失的夸张有助于推动强有力的保护政策和行动，并将农村人边缘化，限制他们获得资源，并压制他们的观点（见第 13 篇文章；Rakoto Ramiarantsoa et al.，2012）。此外，夸张、有问题的假设和使用过时的事实会对科学的可信度造成损害，它们可以削弱科学权威，甚至助长滥用科学权威，掩盖其他解释，阻碍探究其他主题，把有关价值观和道德的重要社会辩论搁置在不重要的位置（参见 Larson，2011）。因此，重要的是，为了有助于政策的建设性辩论，森林砍伐分析应回归到谨慎的、基于证据的方法上。

3.8　经验教训与前进之路

我们对马达加斯加本土森林缩减的测量进行了回顾，得出了以下4个"要点"。

第一，科学是复杂和混乱的。测量森林面积、确定历史和史前森林面积以及评估随时间而产生的变化的努力在技术上具有挑战性，需要仔细关注细节而不是接受以往达成的一致。与建立可靠知识所需的谨慎重复相比，对新卫星传感器的评估往往更能推动这项工作的开展。

第二，主流的环保工作者的话语影响对这门复杂而混乱的科学的解释。充满权力因素的观点，如在人类上岛以前全岛覆盖着森林那样的说法，由于与保护主义者的世界观相一致而持续存在。它们决定了提出什么问题、如何解释数据以及突显和重复哪些统计数据。

第三，现有的证据记录了森林损失的总体趋势，尽管不是通常被引用的90%。把历史航空摄影和最近的卫星图像中获得的数据进行越来越严格的比较，似乎趋同于一个估计：在20世纪后半叶，最易确定的"原始"森林类型中，有一半（但可能更少）已改变为其他土地覆盖。其他森林类型的变化非常不同，有一些有所增长，另一些有所丧失。现有的证据不支持对有摄影记录之前的任何时间进行定量估计，谨慎起见，我们应该避免对这段时间里的森林覆盖动态进行推测。

第四，有一些具体的方法可以改进森林覆盖分析，以支持更多循证政策的审议。即使我们成功地为当前目的定义了森林，我们也无法在不重做先前分析的情况下更改过去使用的定义，而且即使要重复先前的分析，使用的数据可能也是不同的，从而导致不兼容的结果。也许判断土地覆盖变化的最精确的方法是重复大约在1950年进行的航空摄影并采用同样的分析方法（例如，Kull，2012）。我们必须养成利用最新遥感技术的习惯，相信其优越的品质将产生更可靠的结果，并将成为未来分析对比的标准。可以采取以下这些具体步骤。

（1）应当对各种遥感数据集进行系统且详尽记录的核对。这将涉及重新解释至少一些本世纪中叶的航拍照片，以及后来研究中使用的卫星图像。作为重新解释的一部分，地形图系列（至少土地覆盖信息）可以数字化，使它们具有完整的元数据，尤其是绘制每张图所用照片的日期。这项工作需要分享不同科学家收集到的所有图像。虽然这需要投入大量的人工，但是国内是有这种能力的。

（2）应由公正的第三方进行严格的验证。

（3）重新解释过程中需要的数字数据和元数据应能免费获得，并鼓励进一步验证。

（4）对植被进行仔细的分类并允许与先前研究中使用的分类方案进行比较是绝对重要的。

因为当地特有且罕见的野生动植物，马达加斯加长期是世界保护热点国家之一，而且有观点认为面对日益增长的人类的攻击，这一自然遗产处于严重的、迫在眉睫的消失危险之中。地球上的生物资源发展了数亿年，避免人类活动对生物多样性的进一步侵蚀无疑是当今社会面临的最重要挑战之一。在这场斗争中，应该将注意力完全集中在那些物种特别丰富和受人类影响威胁最大的地区。然而，与此同时，限制人类活动从来不是一项简单的工作，尤其是当这些活动，如同在马达加斯加这样的地方，与人类的基本需求直接联系在一起时。在这种背景下，政策的成功取决于正视不同参与者的价值观和利益，这样的正视在一定程度上依赖于高质量的信息。科学家和实践者都必须争取将知识建立在高质量的证据上，避免猜测和夸张。期刊应该实施这种限制，并且应该要求作者提供不断更新的数据，以便纠正我们对所发生的事情的认知的混乱状态。知识建构的黄金标准是重复，应重复现有的研究以验证其结果。政策决策最终是关于价值观、利益和权力的，但好的数据能充分说明问题。

注释

①详情请见库尔（2000，2004）。另见凯什兰等（Koechlin et al., 1974）、伯尼（1997）和德瓦尔（1984）。

②佩里耶·德·拉·巴耶（1921，p260 - 261）明确指出，他指的不是岛上的一种纯茂密森林，而是一个全岛范围的"森林植物群"，包括高大的灌木和旱生植物。

③需要注意的是，吉琼的主表有几个计算错误，在不包括和包括热带大草原的情况下，总计可能分别为 16 791 672 公顷和 19 440 672 公顷。

④奇怪的是，《国家森林生态总览》的参考书目没有包括法拉马拉（1995）。但却包括法拉马拉（1988b）；遗憾的是，我们还没有成功获得 1995 年研究的副本，其中可能包含数字估计。

⑤日期应该是 1988 年。马约等（2000）还错误地将法拉马拉的数据源列为陆地卫星专题制图仪（TM）。格林和萨斯曼（1990）以及纳尔逊和霍宁（1993）引用这篇论文时也明显将日期误认为是 1981 年。

⑥也有可能是研究使用了一组稍有不同的图像，但是文章中提供的补充信息（p5）的链接是错误的，因此无法进行验证。

⑦《国家森林生态总览》（DEF et al., 1996）引用纳尔逊和霍宁（1993）文章，认为他们检测到 5 809 000 公顷。这与纳尔逊和霍宁自己的数字不同，可能是由于误解了他们的"表3"。《国家森林生态总览》显然将"热带雨林"（34 167 平方千米）的原始估算值四舍五入到"常绿森林"的 3 417 000 公顷中，又将硬木森林（6679 平方千米）和有刺森林（17 224 平方千米）合并在一起，将所得的 23 921 平方千米四舍五入为 2 392 000 公顷，接着又忽略了 6697 平方千米的草原森林，这可能是因为将表中的这一项误解为只是草地。

⑧迪菲尔斯引用的不是马约等（2000），而是联合研究中心（JRC）（1999），但这个参考文献并未出现在章节参考书目中。联合研究中心是马约等的所属机构，迪菲尔斯可能使用的是一份报告草案。

⑨亨伯特和库尔·达内（1965）地图描绘了 34 个土地覆盖类别，排列出一系列植物区系和三大类型（潮湿的、干燥的、沿海的）土地所处的海拔阶段。我们不可能知道这些类别中的哪些构成了对"常绿森林"的估计；尽管迪菲尔斯呈现的这一类别的总数与《国家森林生态总览》（DEF et al.，1996 年）中显示的相同，但该报告没有提供有关合计方法的信息。同时，国家森林生态总览还使用了四个植物地理区（东部和桑比拉诺、中部、西部和南部），在这些区域里，他们对十几个主要森林类别进行了植物区系划分。从中，迪菲尔斯似乎选择了①与东部、桑比拉诺和中部一样的茂密潮湿森林，② 西部斜坡的和中部的硬叶林，③山区的和中部的硬叶林和硬叶矮树。最后，马约等（2000）绘制了茂密潮湿森林和茂密干燥森林，以及红树林与次生林复合林的地图，迪菲尔斯从中选择了"茂密潮湿森林"类别。对迪菲尔斯从这三项研究中合成的"常绿森林"类别的比较是不完善的。其中一个例子是《国家森林生态总览》研究包含高地森林（与中部一样的茂密潮湿森林），而马约等（2000）排除茂密干燥森林，其中一些位于《国家森林生态总览》研究的"中心"区域。

⑩迪菲尔斯（2003）"表 4.5"中有一处明显标错位置的小数点，该处表示在 20 世纪 50 年代至 90 年代期间每年的森林砍伐率为 9.5%，这令人难以置信；这可能应为每年 0.95%〔应该注意的是，这明显低于格林和萨斯曼（1990）对同一时期内该地区包括的小部分地区每年 1.5% 的估计〕。

⑪迪菲尔斯（2003）对森林砍伐率的估计有所夸大，一定程度上是因为他选择 1953 年作为亨伯特和库尔·达内（1965）地图中的日期。虽然这是获得航拍照片时期（1949—1957 年）的中位数，但我们的经验表明，大部分的飞行实际上是在这段时期的早期进行的，格林和萨斯曼（1990）在计算中选择 1950 年也反映了这一点。计算森林砍伐率时如果多加三年时间会稍微降低得出的数字。

⑫哈伯等（2007，p2 – 3）。他们接着提到：

"实际上，这意味着林冠郁闭度至少达 80%。在马达加斯加南部和西南部的干旱地区，'多刺森林和林地'是主要的植被，主要由郁闭树冠的乔木或灌木组成，在最南端，有时高度低至 2 米。在我们对森林和林地面积的估计中，没有包括稀疏树冠区、次生林或种植林。在陆地卫星图像中，轻度退化的原始森林和成熟的次生林可能与原始森林难以区分。"

⑬不幸的是，由于缺乏制图文件，我们无法判断结果的质量。哈伯等（2007）可能使用了法拉马拉拉（1988a）使用的很多相同场景。但因为他们的元数据不可访问，很难确认。

⑭http：//en. wikipedia. org/wiki/madagascar，访问日期：2012 年 5 月 21 日。这个访问量极大的网站称"自从人类上岛……马达加斯加已经失去了超过 90% 的原始森林"（引用世界自然基金会/国家地理网站作为其来源），并接着说"森林覆盖损失的主要原因包括种植咖啡作为经济作物、非法伐木和刀耕火种的活动。将咖啡种植作为造成森林砍伐的主要原因，并不能代表更广泛的说法〔这一引用与一个音乐学者埃莫夫的文章（2004）有关，另一边，埃莫夫又是间接地引用了雅罗什（1996）发表的研究〕。

⑮史蒂芬·洛格伦（Stefan Lovgren）称，"马达加斯加创造了数百万英亩的新保护区"，国家地理新闻，2007 年 5 月 4 日，详见 http：//news. nationalgeo-graphic. com/news/2007/05/070504-madagascar-parks. html（2012 年 5 月 15 日访问）。输入比如"90% 的马达加斯加森林"，可以很容易地在互联网上搜索到许多其他的例子。

97

参考文献

Agarwal, D. K., Silander, J. A. Jr., Gelfand, A. E., Dewar, R. E. and Mickelson, J. G. Jr. (2005) 'Tropical deforestation in Madagascar: analysis using hierarchical, spatially explicit, Bayesian regression models', *Ecological Modelling*, vol 185, pp105 – 131.

AGM (1969) *Atlas de Madagascar*, Bureau pour le Développement de la Production Agricole and Association des Géographes de Madagascar, Tananarive.

Allnutt, T. F., Ferrier, S., Manion, G., Powell, G. V. N., Ricketts, T. H., Fisher, B. L., Harper, G. J., Irwin, M. E., Kremen, C., Labat, J. -N., Lees, D. C., Pearce, T. A. and Rakotondrainibe, F. (2008) 'A method for quantifying biodiversity loss and its application to a 50-year record of deforestation across Madagascar', *Conservation Letters*, vol 1, pp173 – 181.

Amelot, X., Moreau, S. and Carrière, S. M. (2012) 'Des justiciers de la biodiversité aux injustices spatiales: l'exemple de l'extension du réseau d'aires protégées à Madagascar', in D. Blanchon, J. Gardin and S. Moreau (eds) *Justice et injustices environnementales*, Presses Universitaires de Paris Ouest, Paris.

Andreone, F., Carpenter, A. I., Cox, N., du Preez, L., Freeman, K., Furrer, S., Garcia, G., Glaw, F., Glos, J., Knox, D., Köhler, J., Mendelson, J. R. III, Mercurio, V., Mittermeier, R. A., Moore, R. D., Rabibisoa, N. H. C., Randriamahazo, H., Randrianasolo, H., Raminosoa, N. R., Ramilijaona, O. R., Raxworthy, C. J., Vallan, D., Vences, M., Vieites, D. R. and Weldon, C. (2008) 'The challenge of conserving amphibian megadiversity in Madagascar', *PloS Biology*, vol 6, pp943 – 946.

Bakoariniaina, L. N., Kusky, T. and Raharimahefa, T. (2006) 'Disappearing Lake Alaotra: monitoring catastrophic erosion, waterway silting, and land degradation hazards in Madagascar using Landsat imagery', *Journal of African Earth Sciences*, vol 44, pp241 – 252.

Barrett, M. A., Brown, J. L., Morikawa, M. K., Labat, J. -N. and Yoder, A. D. (2010) 'CITES designation for endangered rosewood in Madagascar', *Science*, vol 328, pp1109 – 1110.

Blasco, F. (1965) 'Aperçu Geographique', in H. Humbert and G. Cours-Darne (eds) *Carte international du tapis végétal et des conditions écologiques à 1/1. 000. 000 (Notice de Za Carte: Madagascar)*, Institut Français de Pondichéry (avec CNRS and ORSTOM), Pondicherry.

Bollen, A. and Donati, G. (2006) 'Conservation status of the littoral forest of southeastern Madagascar: a review', *Oryx*, vol 40, pp57 – 66.

Bond, W. J., Silander, J. A. Jr., Ranaivonasy, J. and Ratsirarson, J. (2008) 'The antiquity of Madagascar's grasslands and the rise of C4 grassy biomes', *Journal of Biogeography*, vol 35, pp1743 – 1758.

Bradt, H., Schuurman, D. and Garbutt, N. (1996) *Madagascar Wildlife: A Visitor's Guide*, Bradt Publications, Chalfont St Peter.

Brand, J. (1998) *Das Agro-Ökologische System am Ostabhang Madagaskars: Ressourcen-und Nutzungsdynamik unter Brandrodung*, PhD dissertation, Universität Bern, Switzerland.

Burney, D. A. (1987) 'Late Holocene vegetational change in central Madagascar', *Quaternary Research*, vol 20, pp130 – 143.

Burney, D. A. (1997) 'Theories and facts regarding Holocene environmental change before and after human colonization', in B. D. Patterson and S. M. Goodman (eds) *Natural Change and* Human Impact in Madagascar, Smithsonian Institution Press, Washington, DC.

Burney, D. A., Burney, L. P., Godfrey, L. R., Jungers, W. L., Goodman, S. M., Wright, H. T. and Jull, A. J. T. (2004) 'A chronology for late prehistoric Madagascar', *Journal of Human Evolution*, vol 47, pp25 – 63.

Burney, D. A., Robinson, G. S. and Burney, L. P. (2003) 'Sporomiella and the late Holocene extinctions in Madagascar', *Proceedings of the National Academy of Sciences of the Unified States of America*, vol 100, pp10800 – 10805.

CI, DEF, CNRE and FTM (1995) *Formations Végétales et Domaine Forestier National de Madagascar* (carte 1: 1, 000, 000), Conservation International, Antananarivo.

CI, IRG, MINENVEF and USAID (2007) *Madagascar: Changement de la Couverture des Forêts Naturelles 1990 – 2000 – 2005*, Conservation International, Antananarivo.

Cornet, A. (1974) *Essai de Cartographie Bioclimatique à Madagascar: Notice Explicative*, no 54, ORSTOM, Tananarive.

Craul, M., Chikhi, L., Sousa, V., Olivieri, G. L., Rabesandratana, A., Zimmermann, E. and Radespiel, U. (2009) 'Influence of forest fragmentation on an endangered large-bodied lemur in northwestern Madagascar', *Biological Conservation*, vol 142, pp2862 – 2871.

DEF (Direction des Eaux et Forêts), Deutsche Forstservice GmbH, Entreprise d'Etudes de Développement Rural 'Mamokatra', and Foiben-Taosarintanin' I Madagasikara (1996) *Inventaire Ecologique Forestier National* (Report), Antananarivo.

Dewar, R. E. (1984) 'Extinctions in Madagascar: the loss of the subfossil fauna', in P. S. Martin and R. G. Klein (eds) *Quaternary Extinctions: A Prehistoric Revolution*, University of Arizona Press, Tucson.

Dufils, J. -M. (2003) 'Remaining forest cover', in S. M. Goodman and J. P. Benstead (eds) *The Natural History of Madagascar*, University of Chicago Press, Chicago.

Du Puy, D. J. and Moat, J. (1996) 'A refined classification of the primary vegetation of Madagascar based on the underlying geology: using GIS to map its distribution and to assess its conservation status', in W. R. Lourenço (ed.) *Biogéographie de Madagascar*, Editions de 99 l'ORSTOM, Paris.

Du Puy, D. J. and Moat, J. (1998) 'Vegetation mapping and classification in Madagascar (using GIS): implications and recommendations for the conservation of biodiversity', in C. R. Huxley, J. M. Lock and D. F. Cutler (eds) *Chorology, Taxonomy and Ecology of the Floras of Africa and Madagascar*, Royal Botanic Gardens, Kew.

Du Puy, D. J. and Moat, J. (1999) 'Vegetation mapping and biodiversity conservation in Madagascar Geographical Information Systems', in J. Timberlake and S. Kativu (eds) *African Plants: Biodiversity Taxonomy and Uses*, Royal Botanic Gardens, Kew.

Durbin, J. C. and Ratrimoarisaona, S. (1996) 'Can tourism make a major contribution to the conservation of protected areas in Madagascar?', *Biodiversity and Conservation*, vol 5, pp345 – 353.

Durkin, L., Steer, M. D. and Belle, E. M. S. (2011) 'Herpetological surveys of forest fragments between Montagne d'Ambre National Park and Ankarana Special Reserve, northern Madagascar', *Herpetological Conservation and Biology*, vol 6, pp114 – 126.

Elmqvist, T., Pyykönen, M., Tengö, M., Rakotondrasoa, F., Rabakonandrianina, E. and Radimilahy, C. (2007) 'Patterns of loss and regeneration of tropical dry forest in Madagascar: the social institutional context', *PLoS ONE*, vol 2, no 5, pp401 – 414.

Emoff, R. (2004) 'Spitting into the wind: multi-edged Malagasy environmentalism in song', in K. Dawe (ed.) *Island Musics*, Berg, New York.

Fairhead, J. and Leach, M. (1998) *Reframing Deforestation*, Routledge, London.

Faramalala, M. H. (1988a) *Etude de la Végétation de Madagascar à l'Aide de Données Spatiales*, PhD thesis, Université Paul Sabatier, Toulouse.

Faramalala, M. H. (1988b), 'Cartographie de la vegetation avec l'aide de satellite', in L. Rakotovao, V. Barre and J. Sayer (eds) *L'Equilibre des Ecosystèmes Forestiers à Madagascar: Actes d'un Séminaire International*, IUCN, Gland, Switzerland.

Faramalala, M. H. (1995) *Formations Vegetales et Domaine Forestier National de Madagascar*, Conservation International, Antananarivo.

Ganzhorn, J. U., Lowry, P. P. I., Schatz, G. E. and Sommer, S. (2001) 'The biodiversity of Madagascar: one of the world's hottest hotspots on its way out', *Oryx*, vol 35, pp346 – 348.

Goodman, S. M. and Benstead, J. P. (2005) 'Updated estimates of biotic diversity and endemism for Madagascar', *Oryx*, vol 39, pp73 – 77.

Grainger, A. (1984) 'Quantifying changes in forest cover in the humid tropics: overcoming current limitations', *Journal of World Forest Resource Management*, vol 1, pp3 – 63.

Green, G. M. and Sussman, R. W. (1990) 'Deforestation history of the eastern rain forests of Madagascar from satellite images', *Science*, vol 248, pp212 – 215.

Guichon, A. (1960) 'La superficie des formations forestières de Madagascar', *Revue Forestière Française*, no 6, pp408 – 411.

Guillaumet, J.-L. (1984) 'The vegetation: an extraordinary diversity', in A. Jolly, P. Oberlé and R. Albignac (eds) *Key Environments: Madagascar*, IUCN/Pergamon Press, Oxford.

Hannah, L., Dave, R., Lowry, P. P. I., Andelman, S., Andrianarisata, M., Andriamaro, L., Cameron, A., Hijmans, R., Kremen, C., MacKinnon, J., Randrianasolo, H. H., Andriambololonera, S., Razafimpahanana, A., Randriamahazo, H., Randrianarisoa, J., Razafinjatovo, P., Raxworthy, C. J., Schatz, G. E., Tadross, M. and Wilmé, L. (2008) 'Climate change adaptation for conservation in Madagascar', *Biology Letters*, vol 4, pp590 – 594.

Hannah, L., Rakotosamimanana, B., Ganzhorn, J., Mittermeier, R. A., Olivieri, S., Iyer, L., Rajaobelina, S., Hough, J., Andriamialisoa, F., Bowles, I. and Tilkin, G. (1998) 'Participatory planning, scientific priorities, and landscape conservation in Madagascar', *Environmental Conservation*, vol 25, no 1, pp30 – 36.

100

Hanski, I., Koivulehto, H., Cameron, A. and Rahagalala, P. (2007) 'Deforestation and apparent extinctions of endemic forest beetles in Madagascar', *Biology Letters*, vol 3, pp344 – 347.

Harper, G. J., Steininger, M. K., Tucker, C. J., Juhn, D. and Hawkins, F. (2007) 'Fifty years of deforestation and forest fragmentation in Madagascar', *Environmental Conservation*, vol 34, pp325 – 333.

Humbert, H. (1927) 'Principaux aspects de la végétation à Madagascar: la destruction d'une flore insulaire par le feu', *Mémoires de l'Académie Malgache*, Fascicule V.

Humbert, H. (1949) 'La dégradation des sols à Madagascar', *Mémoires de l'Institut de Recherche Scientifique de Madagascar*, vol D1, no 1, pp33 – 52.

Humbert, H. (1955) 'Les territoires phytogéographiques de Madagascar: leur cartographie', *Année Biologique*, vol 31, pp439 – 448.

Humbert, H. and Cours Darne, G. (1965) *Carte international du tapis végétal et des conditions écologiques à 1/1. 000. 000 (Notice de la Carte: Madagascar)*, Institut Français de Pondichéry (avec CNRS and ORSTOM), Pondicherry.

Hume, D. W. (2006) 'Swidden agriculture and conservation in eastern Madagascar: stakeholder perspectives and cultural belief systems', *Conservation and Society*, vol 4, no 2, pp287 – 303.

Ingram, J. C. and Dawson, T. P. (2005) 'Inter-annual analysis of deforestation hotspots in Madagascar from high temporal resolution satellite observations', *International Journal of Remote Sensing*, vol 26, no 7, pp1447 – 1461.

Ingram, J. C. and Dawson, T. P. (2006) 'Forest cover, conditions, and ecology in human-impacted forests, south-eastern Madagascar', *Conservation and Society*, vol 4, pp194 – 230.

Irwin, M. T., Johnson, S. E. and Wright, P. C. (2005) 'The state of lemur conservation in south-eastern Madagascar: population and habitat assessments for diurnal and cathemeral lemurs using surveys, satellite images and GIS', *Oryx*, vol 39, pp204 – 218.

Jarosz, L. (1996) 'Defining deforestation in Madagascar', in R. Peet and M. Watts (eds) *Liberation Ecologies*, Routledge, London.

Jenkins, M. D. (1987) *Madagascar: An Environmental Profile*, IUCN/UNEP/WWF, Gland, Switzerland and Cambridge.

Johnson, S. E., Ingraldi, C., Ralainasolo, F. B., Andriamaharoa, H. E., Ludovic, R., Birkinshaw, C. R., Wright, P. C. and Ratsimbazafy, J. H. (2011) 'Gray-headed lemur (*Eulemur cinereiceps*) abundance and forest structure dynamics at Manombo, Madagascar', *Biotropica*, vol 43, pp371 – 379.

Jolly, A., Oberlé, P. and Albignac, R. (1984) *Key Environments: Madagascar*, IUCN/ Pergamon Press, Oxford.

Koechlin, J., Guillaumet, J. -L. and Morat, P. (1974) *Flore et Végétation de Madagascar*, J. Cramer, Vaduz.

Kull, C. A. (1998) 'Leimavo revisited: agrarian land-use change in the highlands of Madagascar', *Professional Geographer*, vol 50, pp163 – 176.

Kull, C. A. (2000) 'Deforestation, erosion, and fire: degradation myths in the environmental history of Madagascar', *Environment and History*, vol 6, pp421 – 450.

Kull, C. A. (2004) *Isle of Fire*, University of Chicago Press, Chicago.

Kull, C. A. (2012) 'Air photo evidence of historical land cover change in the highlands: wetlands and grasslands give way to crops and woodlots', *Madagascar Conservation and Development*, vol 7, pp144 – 152.

Laney, R. M. (2002) 'Disaggregating induced intensification for land-change analysis: a case study from Madagascar', *Annals of the Association of American Geographers*, vol 92, pp702 – 726.

Lanly, J. P. (1981) Tropical Forest Resources Assessment Project (in the framework of the Global Environment Monitoring System-GEMS): Forest Resources of Tropical Africa, FAO, Rome.

Larson, B. M. H. (2011) *Metaphors for Environmental Sustainability: Redefining our Relationship with Nature*, Yale University Press, New Haven.

Lehman, S. M., Rajaonson, A. and Day, S. (2005) 'Edge effects and their influence on lemur density and distribution in Southeast Madagascar', *American Journal of Physical Anthropology*, vol 129, pp232 – 241.

Lehman, S. M., Rajaonson, A. and Day, S. (2006) 'Lemur responses to edge effects in the Vohibola Ⅲ classified forest, Madagascar', *American Journal of Primatology*, vol 68, pp293 – 299.

Lehtinen, R. M., Ramanamanjato, J.-B. and Raveloarison, J. (2003) 'Edge effects and extinction proneness in a herpetofauna from Madagascar', *Biodiversity and Conservation*, vol 12, pp1357 – 1370.

Leroy, J. E. (1978) 'Composition, origin and affinities of the Madagascar vascular flora', *Annals of the Missouri Botanical Garden*, vol 65, pp535 – 589.

Loh J., Randers, J., MacGillivray, A., Kapos, V., Jenkins, M., Groombridge, B., Cox, N. and Warren, B. (1999) *Living Planet Report*, WWF, Gland, Switzerland.

Lowry, P. P. (1986) *A Systematic Study of Three Genera of Araliaceae Endemic to or Centered in New Caledonia*, PhD dissertation, Washington University, St. Louis.

Lowry, P. P. I., Schatz, G. E. and Phillipson, P. B. (1997) 'The classification of natural and anthropogenic vegetation in Madagascar', in S. M. Goodman and B. D. Patterson (eds) *Natural Change and Human Impact in Madagascar*, Smithsonian Institution Press, Washington, DC.

Mayaux, P., Gond, V. and Bartholomé, E. (2000) 'A near-real time forest-cover map of Madagascar derived from SPOT-4 VEGETATION data', *International Journal of Remote Sensing*, vol 21, pp3139 – 3144.

McConnell, W. J. (2002) 'Madagascar: emerald isle or paradise lost?', *Environment*, vol 44, pp10 – 22.

McConnell, W. J. and Sweeney, S. P. (2005) 'Challenges of forest governance in Madagascar', *The Geographical Journal*, vol 171, pp223 – 238.

McConnell, W. J., Sweeney, S. P. and Mulley, B. (2004) 'Physical and social access to land: spatio-temporal patterns of agricultural expansion in Madagascar', *Agriculture, Ecosystems and Environment*, vol 101, pp171 – 184.

Mittermeier, R. A. (1986) *An Action Plan for Conservation of Biological Diversity in Madagascar*, World Wildlife Fund, Washington, DC.

Mittermeier, R. A., Louis, E. E., Richardson, M., Schwitzer, C., Langrand, O., Rylands, A. B., Hawkins, F., Rajaobelina, S., Ratsimbazafy, J., Rasoloarison, R., Roos, C., Kappeler, P. M. and Mackinnon, J. (2010) *Lemurs of Madagascar*, 3rd ed, Conservation *102* International, Washington, DC.

Mittermeier, R. A., Myers, N., Gil, P. R. and Mittermeier, C. G. (1999) *Hotspots: Earth's Biologically Richest and Most Endangered Terrestrial Ecoregions*, Cemex, Conservation International and Agrupacion Sierra Madre, Monterrey, Mexico.

Myers, N. (1988) 'Threatened biotas: hot spots in tropical forests', *Environmentalist*, vol 8, pp187 – 208.

Myers, N., Mittermeier, R. A., Mittermeier, C. G., Da Fonseca, G. A. B. and Kent, J. (2000) 'Biodiversity hotspots for conservation priorities', *Nature*, vol 403, no 6772, pp853 – 858.

Nelson, R. and Horning, N. (1993) 'AVHRR-LAC estimates of forest area in Madagascar, 1990', *International Journal of Remote Sensing*, vol 14, no 8, pp1463 – 1475.

Norris, S. (2006) 'Madagascar defiant', *BioScience*, vol 56, no 12, pp960 – 965.

Peet, R., Robbins, P. and Watts, M. (2011) *Global Political Ecology*, Routledge, London.

Perrier de la Bâthie, H. (1921) 'La végétation Malgache', *Annales du Musée Colonial de Marseille*, vol Sér. 3, v. 9, pp1 – 266.

Perrier de la Bâthie, H. (1936) *Biogéographie des Plantes de Madagascar*, Société d'Editions Géographiques, Maritimes et Coloniales, Paris.

Pollini, J. (2010) 'Environmental degradation narratives in Madagascar: from colonial hegemonies to humanist revisionism', *Geoforum*, vol 41, pp711 – 722.

Quéméré, E., Amelot, X., Pierson, J., Crouau-Roy, B. and Chikhi, L. (2012) 'Genetic data suggest a natural pre-human origin of open habitats in northern Madagascar and question the deforestation narrative in this region', *Proceedings of the National Academy of Sciences*, vol 109, pp13023 – 13033.

Raharimahefa, T. and Kusky, T. M. (2010) 'Environmental monitoring of Bombetoka Bay and the Betsiboka Estuary, Madagascar, using multi-temporal satellite data', *Journal of Earth Science*, vol 21, pp210 – 226.

Rakoto Ramiarantsoa, H. (1995) *Chair de la Terre, Oeil de l'Eau: Paysanneries et Recompositions de Campagn en Imerna (Madagascar)*, Éditions de l'Orstom, Paris.

Rakoto Ramiarantsoa, H., Blanc-Pamard, C. and Pinton, F. (2012) *Géopolitique et Environnement: Les Leçons de l'Expérience Malgache*, 1RD, Marseille.

Rudel, T. K., Coomes, O. T., Moran, E. F., Achard, F., Angelsen, A., Xu, J. and Lambin, E. F. (2005) 'Forest transitions: towards a global understanding of land use change', *Global Environmental Change*, vol 15, pp23 – 31.

Sandy, C. (2006) 'Real and imagined landscapes: land use and conservation in the Menabe', *Conservation and Society*, vol 4, pp304 – 324.

Scales, I. R. (2011) 'Farming at the forest frontier: land use and landscape change in western Madagascar, 1896 – 2005', *Environment and History*, vol 17, pp499 – 524.

Vågen, T. -G. (2006) 'Remote sensing of complex land use change trajectories: a case study from the highlands of Madagascar', *Agriculture, Ecosystems and Environment*, vol 115, pp219 – 228.

Virah-Sawmy, M. (2009) ' Ecosystem management in Madagascar during global change ', *Conservation Letters*, vol 2, pp163 – 170.

Volampeno, N. S. M., Masters, J. C. and Downs, C. T. (2010) ' A population estimate of blue-eyed black lemurs in Ankarafa Forest, Sahamalaza-Iles Radama National Park, Madagascar ', *Folia Primatologica*, vol 81, pp305 – 314.

Whitehurst, A. S., Sexton, J. O. and Dollar, L. (2009) ' Land cover change in western Madagascar's dry deciduous forests: a comparison of forest changes in and around Kirindy Mite National Park', *Oryx*, vol 43, pp275 – 283.

Wilkie, D. S. and Finn, J. T. (1996) *Remote Sensing Imagery for Natural Resource Management: A Guide for First Time Users*, Columbia University Press, New York.

Wilmé, L., Goodman, S. M. and Ganzhorn, J. U. (2006) ' Biogeographic evolution of Madagascar's microendemic biota', *Science*, vol 312, pp1063 – 1065.

Yoder, A. D. and Nowak, M. D. (2006) ' Has vicariance or dispersal been the predominant biogeographic force in Madagascar? Only time will tell ', *Annual Review of Ecology, Evolution, and Systematics*, vol 37, pp405 – 431.

103

森林被砍伐的原因及土地利用的复杂性

伊万·R. 斯凯尔斯（Ivan R. Scales）

4.1 引言

森林砍伐是马达加斯加环境讨论的核心。在 1984 年的保护和可持续发展国家战略就曾发出警告：森林砍伐会导致"残酷的明显不可逆转的大草原化"（MEEF，1984，p15）。世界银行的报告（1996，p10）也声称：

> 马达加斯加已经丧失了 80% 的原始森林覆盖，剩下的由于与贫困有关的原因而面临着巨大的压力……由于穷人没有强化生产的动力而依赖传统的流动农业形式，导致了草原和森林的焚烧。

因此，森林清除被描绘成一个由贫困和人口增长驱动的单向退化过程，不可避免地导致森林的永久损失（Scales，2011）。

有关马达加斯加森林砍伐的叙述简单而且吸引人。它提出了一个明确的问题和一个明显的解决办法——通过减少贫困和劝说马达加斯加农民采用不同的生计方式，可以避免森林损失，保护马达加斯加的生物多样性。然而，笔者认为，政策倾向于假定人口增长和贫困是导致森林砍伐的重要性因素，并未探索其他因素对土地利用类型的影响。它也倾向于忽视其他土地利用类型的作用，特别是大型商业农业。

本文第一节从历史角度探讨了森林损失，以及 20 世纪导致森林砍伐的土地利用，结果表明一系列的土地利用，而不仅仅是农户的森林清除农业，都导致了森林覆盖的变化。第二节重点介绍了农户的土地使用常规做法。虽然公认观点和保护政策倾向于将重点放在贫穷作为森林砍伐的驱动因素的作用上，但笔者指出，农户的土地利用决策是基于一系列复杂因素。此外，笔者认为，各种各样的家庭（无论贫富）都会导致森林砍伐，而不只是贫困家庭。这将引入第三节内容，第三节探索了影响土地使用决策的更广泛的政治和经济因素，说明政策和商品价格的变化如何刺激经济作物种植热潮和相关的森林损失。

在本文结尾，笔者思考了农村土地利用和森林清除的未来，并讨论导致森林保护政策失败的因素。本文的结论是，尽管农户在森林清除中起过并继续起着重要作用，但重要的是，不要忽视其他土地利用类型的作用，更重要的是，不要忽视影响土地利用决策的各种环境、文化、政治和经济因素。

4.2　森林清除以及用以描述的词语为何重要

在进入正题之前，必须明确一个重要的语义问题。在马达加斯加的环境讨论中，农户导致的森林清除通常被称为"刀耕火种"，或是马达加斯加语的 *tavy*。这两个词都有问题。"刀耕火种"是一个高度情绪化的贬义词。该词是激进的，描绘出一幅肆意破坏的画面。例如，要了解它是多么富含引申意，可以将它与其他常用术语，如"烧垦""游耕"，或不太常用的术语，如森林农耕系统，进行对比。

这个术语的另一个问题是它只描述部分的农业系统——植被的砍伐和焚烧只是整个过程的第一步。之后会发生什么是极度不确定的（例如种植什么作物、种植顺序、土地是否完全休耕、休耕多长时间、农耕系统是否明确有轮作组织）（Mazoyer and Roudart，2006；Ruthenberg，1976）。由于这些复杂性和细微差别，烧垦农业被描述为"不是一个系统，而是几百个或几千个系统"（Brookfield & Padoch，1994，p7），是世界上最复杂的农业形式之一（Thrupp et al.，1997）。

最能说明对马达加斯加森林农业系统欠缺多样性考虑的是，人们普遍错误地使用了 *tavy* 来描述基于森林砍伐和焚烧的所有形式的农业。*tavy* 特指的是马达加斯加东部雨林中实施的一种用于种植雨养水稻的森林清除轮垦系统。例如，在西部和西南部的旱地，森林清除被称为 *hatsake*，涉及的是玉米种植而不是水稻种植。在岛的东北部，贝齐米萨拉卡（Betsimisaraka）的农民将烧垦种植称为 *jinja*（Sodikoff，2012）。尽管如此，*tavy* 已成为农户砍伐森林的简称，代表了马达加斯加的环境问题（Scales，2011）。

最终，"刀耕火种"这个词已经完全充斥着负面含义。它不仅被认为是不合理和不可持续的，而且被自动地等同于完全和永久地清除森林覆盖。事实上，有证据表明非洲的森林农耕制度可以追溯到一万年前，在热带的许多地区，这种制度已经持续了数千年（Mazoyer & Roudart，2006；Willis et al.，2004）。森林农耕制度的持续存在是因为，只要植被有足够的时间再生，土壤肥力有足够的时间恢复，这种制度本质上不涉及永久性森林损失或土壤肥力下降（Mazoyer & Roudart，2006）。相应地，其又取决于其他人口、经济和政治的因素（Angelsen，1995；Cramb et al.，2009；Skole et al.，1994）。对热带地区的农民来说，砍伐和焚烧森林并不是由贫穷或愚蠢导致的短期行为，而是一种合理的经济选择（Ickowitz，2006）。

正如威廉·麦康奈尔和克里斯蒂安·库尔在他们关于估算森林覆盖率和森林损失率的文章（第3篇文章）中所展示的那样，在处理土地利用和土地覆盖变化时使用的词语和类别的选择对测量的内容以及有关环境变化的"事实"和数字有着巨大的影响。对于"森林砍伐"没有一个普遍接受的定义，可能是指对森林覆盖的完全去除，也可能是指森林组成和结构的微小变化（例如通过选择性砍伐）。常常没有区分永久性/临时性转换或者转换/变更（Angelsen，1995）。在本文中，我们用"森林砍伐"这个词来表示森林覆盖的完全去除（而不是选择性砍伐）。在讨论农户的土地使用做法时，我们避免使用"刀耕火种"一词，而使用当地的术语，如 *tavy*、*hatsake* 和 *jinja*，或是更宽泛的术语"烧垦农业"。"烧垦"是源于斯堪的纳维亚语的一个词，意思是"通过焚烧来清理土地"，指的是一个用火进行森林清除并采用比年度作物种植期长的休耕期的系统，该系统以木本植被为主（Mertz et al.，2009）。

4.3　历史背景下马达加斯加的土地利用变化和森林损失

正如罗伯特·E. 德瓦尔的第 2 篇文章所示，森林砍伐不是马达加斯加近期的现象。自从第一批人类上岛以来，就通过使用火改变岛上的植被。毫无疑问，人类的行动已经导致了相当大的土地覆盖变化。然而，我们对导致马达加斯加土地利用和土地覆盖变化的因素的理解却受限于我们对卫星图像的有限利用，因其仅从 20 世纪 70 年代才可使用，也因此很少有关于马达加斯加过去景观变化的深入研究。正如本文所展示的，从更长远的角度来看待土地利用和土地覆盖变化，可以为导致森林损失的因素提供有趣而有用的见解。

这一节笔者关注的是 20 世纪的森林损失，尤其是在殖民时期。这既是因为有详细的档案资料可以让我们重建土地利用和土地覆盖变化，也是因为 1896 年法国殖民主义的到来标志着该岛政治和经济的巨大变化，对其森林景观具有重大影响。更具体地研究 20 世纪和殖民时期可以更深入了解影响马达加斯加景观更广泛的政治和经济因素的影响。

法国殖民政策对马达加斯加森林的影响是相当大的，很大程度上因为殖民政府希望通过鼓励开发木材等自然资源和种植可出口的经济作物而从该岛获利（Jarosz，1993；Randrianja & Ellis，2009；Schlemmer，1980）。因此，马达加斯加农村的土地利用做法被视为对马达加斯加森林的威胁，因为烧垦农业必须砍伐宝贵的木材。不仅如此，"传统"的生计也阻碍了政府的发展愿景。这是因为，这一做法主要是自给自足的家庭性农业生产，他们是为自己而不是为市场生产粮食，即他们只种植自己想要吃的作物类型，而不是可出口（并可征税）的经济作物。他们也倾向于保留劳动力，而不是为种植园或政府服务以建设政府的大型基础设施项目，如公路或水坝（见第 5 篇文章，了解更多关于殖民政策及其对环境的影响的信息）。

为了实现该计划，法国殖民政府采取了许多政策，包括：①征收现金税，鼓励农民从维持自身口粮产品转向经济作物；②为发展基础设施实施强制劳动制度；③颁布私人土地使用权和土地登记制度，以取代当地习惯的土地使用权；④授予（主要是法国）个人和公司很大的特许权，以便他们能够开发种植经济作物的大型种植园（Randrianja & Ellis，2009；Scales，2011；Schlemmer，1980）。

笔者在马达加斯加西部梅纳贝（Menabe）地区的研究将表明，如此大规模的政治和经济变化对森林的影响力，以及殖民地时期对整体森林损失的重要性①。在1896年法国殖民政府到来之前，梅纳贝的经济主要以广泛的瘤牛畜牧业为主，另有少量的多由奴隶实行的烧垦农业和在洪水平原上的一些水稻种植（Fauroux，1980；Le Bourdiec，1980；Schlemmer，1980）。因此，景观主要是由畜牧业而非农业形成。然而，自从对该地区建立了殖民统治，殖民政府就迅速着手从该地区获利，这对该地区的干燥落叶林具有重大影响。

殖民政府的目标是通过关注农业来提高该地区的经济生产力和税收收入。然而，萨卡拉瓦（Sakalava）农户的生计仍然主要以广泛的牛只畜牧业为基础，他们缺乏从事雇佣劳动和参与现金经济的意愿，这使政府的目标受阻（Fauroux，1980；Scales，2011）。因此，其部署了一套相当标准的政策去鼓励/迫使他们改变。到1905年，已经发放了超过50 000公顷土地的特许权，主要是在肥沃的季节性洪水泛滥的河谷。其中一个特许区在20世纪50年代末和60年代初变成了剑麻种植园，造成9000公顷的森林被清除。这是一次重大的森林砍伐事件，占1954—2005年梅纳贝中部森林损失总量的9.4%（Scales，2011）。

殖民政府的政策导致了一些农业热潮。第一个涉及灌溉水稻，这是19世纪期间由梅里纳和贝齐寮（Betsileo）移民引进到梅纳贝地区的一项相对较新的技术（Le Bourdiec，1980）。第二次热潮涉及黄油豆（*Phaseolus lunatus*），在法国被称为棉豆（*pois du Cap*），在美国被称为利马豆。水稻种植的热潮受限于能否获得灌溉土地，而黄油豆种植业却在该地区主要河流周围季节性泛滥的冲积土地上繁荣蔓延。获得大量特许区的侨民巩固了佃农制度，以获得作物产量50%的条件提供他们部分土地的使用权。这意味着他们可以通过依赖流动劳动力，以最小的努力，将该地区大片的肥沃河谷地区转变为黄油豆的种植区。

在将梅纳贝地区这个基于广泛畜牧业转变为基于作物种植的景观的过程中，虽然稻米和黄油豆的种植热潮起了显著的作用，但是农业的扩张（因而将森林转变为农田）受到了水资源的限制。在20世纪30年代，第三次农业热潮发生，这一次是玉米种植。这一次热潮在景观变化方面尤为重要，因为与水稻或黄油豆不同，玉米不需要灌溉或洪水冲积土壤。通过砍伐和焚烧树木，和依靠在三个月的雨季里蓄存的降水，可以在开垦地上获得高产，也可以在不适合其他作物的地区种植玉米。因此，玉米种植的热潮对森林的影响与以前的农业热潮不同。

尽管在法国殖民主义到来之前，该地区就存在着烧垦农业，但那时主要是为了生存。而在20世纪30年代，森林清除的根本驱动因素从生存需求转变为种植

玉米作为出口经济作物。殖民地档案中的记录显示，穆龙达瓦（Morondava）港 *109*
的玉米出口量从 1935 年的 7000 吨增至 1939 年 29 500 吨的峰值，4 年内增长了 3
倍多。在种植玉米热潮时期，大约有 45 000 公顷的森林被清除。比较而言，
1954—2005 年，梅纳贝中部损失了 33 000 公顷的森林（Scales，2011）。因此，
与 1954 年后的 51 年相比，在 4 年的玉米热潮期中损失的森林更多。

殖民政府的政策还有长期的影响。成为在林地上种植经济作物的佃农的可能
性吸引了更多的移民来到该地区，他们主要来自马达加斯加南部。这不仅导致森林
砍伐（因为土地所有者允许移民清除森林，以换取他们一半的收成），而且对
该地区的人口统计产生了相当大的影响，并导致新村庄的建立。人口结构的快速
变化，以及由此产生的复杂的族群间动态，对森林利用和管理产生了深远的影
响，尤其是因为移民在森林利用方面往往有一套截然不同的信仰和态度（Scales，
2012）。

从这个岛上的殖民地环境历史中，我们可以学到很多重要的经验。首先，通
过对历史的进一步了解，我们可以更好地了解森林覆盖动态和景观变化的驱动因
素。其次，殖民地的历史告诉我们，在 20 世纪，其他的土地利用，而不仅仅是
烧垦农业，在森林损失中扮演了重要的角色。大型经济作物（比如剑麻）种植
园，在许多地区的森林损失中起了重要作用，其不仅通过直接清除森林，而且通
过占据最肥沃的土地，迫使维持口粮种植者进入森林地区（Jarosz，1993；
Scales，2011）。马达加斯加目前正经历着巨大的政治和经济变化，包括加强贸易
自由、外国土地的收购和对经济作物的关注（Cotula & Vermeulen，2009）。历史
告诫我们，这些可能对森林产生重大影响。

4.4 农户和土地使用决策的复杂性

家庭农场在关于马达加斯加热带森林砍伐的辩论中占据着核心地位。关于森
林损失公认的观点是，对森林砍伐的分析倾向于将农户看作定性为低效和高破坏
性的同一类群体。政策制定者用来描述"烧垦农业"的语言常常是谴责性的，在
1990 年出版的《马达加斯加环境宪章》中，它被称为"基于火的自杀性农业系
统"（MEP，1990，p18）。本节内容展示了影响农户土地利用决策的各种因素，
并揭示了烧垦农业的复杂性。与其诉诸无益的、一概而论的语言，还不如了解
"烧垦农业"的基本支撑原理。 *110*

4.4.1 烧垦农业：一个规避风险、低劳动力和低资本的体系

烧垦农业的基本原理是为农作物提供阳光和营养丰富的灰烬。一旦土地被耕
种，火也被用来清除杂草。基本流程如下：小树和灌木在干燥的季节被砍伐，放

置干燥以作为大量的燃料；对植被进行砍伐，使树冠朝向主导风向，以促进快速和强烈的燃烧（图4.1），并减少火蔓延至周围植被的机会。种子可以在降雨前或雨后播种。这一决定至关重要，尤其是在半干旱的西部和干旱的南部地区，这些地区大部分降雨发生在1—3月之间的短时间内。雨后播种的优点是种子能经受更多的雨水，保证较高的发芽率，但在雨季高峰前，播种时间较短，意味着耕种的土地较少。

111

图4.1　马达加斯加西部最近为 *hatsake*（烧垦种植）
而清除的森林（雨季开始前的10月拍摄）

尽管烧垦农业以一种主要作物（东部雨林的水稻，南部和西部的玉米）为主，但通常紧随其后的是次口粮作物，木薯是一种常见选择。除了主次作物外，通常还有果树（例如香蕉）和"花园"作物（例如瓜类和豆类）（图4.2）。一旦土地被遗弃，可能会有一些清除后的土地利用，比如放牧和把灌木变成木炭。必须注意的是，农户很少只进行森林清除。各家还从事其他的一系列生存和增加收入活动，包括家庭花园园艺、家畜饲养、非木材林产品收集、高价值经济作物的种植，并出售其劳动力（Casse et al.，2004）。

烧垦制度最有利的方面是其劳动力和资本要求较低。一个男人（砍伐和焚烧植被几乎完全是男性的活动，而除草和收割往往由女性来完成）可以在很少或没有外界帮助的情况下清理足够的土地来养活家人。灰烬释放的营养物质意味着不需要额外的昂贵的肥料投入。在梅纳贝，在营养贫瘠和仅有雨水补给的土壤上通过 *hatsake* 生产的玉米，在无须额外投入或灌溉的情况下，两年内每年可产生超过1吨/公顷的产量（Scales，2011）。

图 4.2 森林砍伐后的第一年种植（摄于雨季后的 4 月）

在第一个农业周期之后，如何使用被清理的土地取决于生物地理条件以及家庭的优先事项。例如，在梅纳贝的干燥森林中的坦德罗伊（Tandroy）移民会种植玉米作为经济作物，直到土壤肥力耗尽，然后放弃土地。目的是利用现金收入购买瘤牛并返回南方（Réau，2002）。因此，这不是一个轮作系统，其目标是快速创造财富。在同一地区，除了临时移民，还有几十年前建立的定居村落，这些村落依靠烧垦种植作为其生计的基础。焚烧森林释放出足够的营养物质，用于 2～3 年的玉米种植，之后种植木薯或花生。5 年后，土壤养分耗尽，土地休耕。对于这些家庭，*hatsake* 至少在原则上是一个轮作系统。

无论种植是否涉及轮作，无论主要是为了维持生计还是种植经济作物，理解的关键是将其视为一种最大限度地利用最低投入的农业形式（Ickowitz，2006；Mazoyer & Roudart，2006）。从这个角度看，这么多家庭依赖它就不足为奇了。这是一种既确保粮食安全、产生盈余，又可以在粮食价格高企时积累财富的方式。然而，由于明令禁止森林清除，农户要么被迫采用不同的生计策略，要么偷偷摸摸地焚烧 [②]。

4.4.2 森林焚烧后：已清除森林的社会和生态动态

一旦土地被弃耕，在生态动态和其他土地利用方面，将会发生什么？人们对此知之甚少，需要更多的关注。正如对东部雨林的研究所表明的，休耕利用和植被动态可能是复杂的。例如，贝齐米萨拉卡农民对不同类型的休耕地有不同的名称，这取决于物种生命形式、物种组成、周期中的特定阶段、植被高度和休耕地的农业潜力（Styger et al.，2007）。不同的休耕类型有不同的管理策略。因此，尽管政策文件将东部雨林的休耕地简单地称为 *savoka*（在西部被称为 *monka*），但现实情况更为复杂。农民们知道最佳休耕期，并能识别休耕地何时可以再次耕种。为了生产出优质的水稻（每公顷大于 1.5 吨），前两个耕作周期需要至少 3 年的休耕期，第三个周期需要 5 年，第四个周期需要 8 年，第五个周期需要 12 年，第六个周期需要 20 年。因此，土壤恢复营养成分所需的时间随着每次耕作周期的增加而增长（Styger et al.，2007）。

从环境管理的角度来看，一个重要的问题是，随土地需求的增加而缩短的休耕期如何影响烧垦系统。研究表明，虽然这取决于焚烧的频率、强度和季节性，但休耕期缩短会导致营养流失，并且反复焚烧会阻碍本地树种的再生，有利于外来和入侵的灌木和草本物种（Bloesch，1999；De Wilde et al.，2012；Styger et al.，2007）。

4.4.3　森林清除的文化维度

虽然清除森林的决定有重大的实用意义，但是仅从马达加斯加农村农民的角度将烧垦农业作一个简单的成本/效益分析，可能会忽略重要的文化维度。第 13 篇文章展示了马达加斯加人的信仰如何塑造对自然的态度，这些信仰在农户如何适应和使用森林方面发挥着重要作用。

马达加斯加的农户认为森林是 *tany fivelomana* ——可以谋生的土地。正如克里斯蒂安·库尔（2000a，p433）所说："马达加斯加的农民并不是为了短期的需求而牺牲自然，而是将自然转化为对他们更有用的东西。这是一个角度问题。"笔者的研究表明，在梅纳贝，萨卡拉瓦人以多种方式看待森林——既是物质的，也是精神的，既有益又具有潜在危险（Scales，2012）。在物质方面，森林被认为是有益的，因为它提供了广泛的资源——建筑材料、药材、燃料、肉类、蜂蜜和野生块茎，如 *ovy*（薯蓣属）和 *tavolo*（蒟蒻薯），这些是重要的食物，尤其是在旱季快结束、家庭食物储备不足的时候。森林也可以清除用于耕种。

然而，由于土匪（*dahalo*）和所谓的"神灵"的存在，在马达加斯加森林也被认为是危险的地方。有些区域是 *ala fady*（禁忌森林），人们禁止在这些区域收集木柴、清除森林，在某些情况下，甚至不可以穿越这些森林。这些禁忌大多与精神世界有关。

在马达加斯加的宇宙学中，自然和超自然现象之间有着很强的联系。马达加斯加西部梅纳贝地区的萨卡拉瓦家庭认为，森林中居住着各种各样的灵魂，他们对人类很警惕，只能在森林深处找到他们。他们常与森林中的古树有关，如 *kily*（酸角）和 *renala*（猴面包树）。这样的树通常是 *zomba*（传统习俗的圣地）的聚集点，当雨水稀少，庄稼收成预期不好时，人们会进行献祭（通常用蜂蜜、朗姆酒或烟草）。马达加斯加人认为，为避免祖先的报复在清除森林之前献祭是很重要的。

马达加斯加其他地方也发现了有关森林清除的文化和精神维度。在塔那那利佛和图阿马西纳之间的东部雨林中工作的休姆（Hume，2006）做了关于 *tavy* 的仪式的报告。如在梅纳贝地区，清除森林之前要祈祷和供奉供品。在东部雨林中进行 *tavy* 的贝齐米萨拉卡农民相信土壤必须"热"才能使种子发芽和长出壮苗。这种"热量"可以通过焚烧森林或向土壤中添加肥料产生。烧垦农业的养分释放方面就是这样通过热量的概念来阐明的。此外，进行 *tavy* 还与种族身份认同密切相关，农民们认为如果停止 *tavy*，他们将失去一部分自我。

4.5 森林损失的潜在驱动因素

在解释森林损失的驱动因素时，我们主要考虑了家庭层面的因素：农民根据一系列家庭能力和优先事项、环境限制以及文化价值观而做出决定。然而，考虑家庭如何应对更广泛的政治和经济因素也很重要。与公认的观点相反，森林清除不仅仅是养活家庭的需要，还是缺乏其他选择的无奈之举。

在许多关于马达加斯加及其他地方热带森林砍伐原因的研究中存在的问题是，它们倾向于集中在导致森林砍伐的一个较小范围的明显前兆上（例如森林地区人口数量的增加），而不考虑导致这类先兆的其他因素或机制，也不考虑家庭实际可能如何应对这种情况。该假设自动地将人口增加等同于森林减少，尽管世界各地有证据表明这不一定是事实（Fairhead & Leach，1998；Geist & Lambin，2002）。人口增长本身不足以导致森林砍伐。在资源丰富且不受管制的情况下，例如在森林边界，人口增长，特别是移民引起的，可能导致森林的快速损失。然而，在马达加斯加和热带地区的其他地方，有大量的研究表明人口增长可以刺激景观的改善和集约化（Boserup，1965；Kull，1998；Tiffen et al.，1994）。贫困、经济增长和森林覆盖之间的联系也同样复杂。马达加斯加的保护政策通常建立在这样一个假设上：贫困限制了生计选择，迫使家庭清除森林，因此减少农村贫困将自动减少森林损失。但是，正如库尔（2000a，p433）指出的那样："给进行 *tavy* 的普通马达加斯加农民更多的钱，森林清除也会随着他们使用更好的工具和支付给更多的劳动力而增加"。

在马达加斯加，研究已经明确了与森林损失有关的各种因素，包括贫穷移民的经济作物种植（Casse et al.，2004；Réau，2002）、使用流动劳动力的富裕家庭的经济作物种植（Minten & Méral，2006；Scales，2011）、开辟通往偏远森林地区的新道路（Moser，2008；Tidd et al.，2001）、国际商品价格的升高（Casse et al.，2004；Scales，2011）、为大型商业种植园进行的清除（Jarosz，1993；Scales，2011）、在全球层面运作的政治和经济因素（Minten & Méral，2006；Scales，2011）。研究发现，随着时间的推移，驱动因素的差异很大（Scales，

115

2011），以及在不同区域间和空间层面上也存在着差异（Moser，2008）。

到目前为止，森林砍伐分析的另一个问题是，除了集中在较小范围的因素外，它们在分析中往往混合了直接和间接因素。布罗姆利（Bromley，1999）使用意图的概念来区分森林砍伐的接近性因素和潜在原因。森林砍伐不是偶然或疏忽，而是出于特定目的的。根据布罗姆利的说法，目的就是潜在的驱动因素。例如，迁移经常被认为是森林砍伐的"驱动因素"。但迁移本身是社会、经济和政治驱动因素的结果。同样地，道路经常被称为森林砍伐的"驱动因素"，但尽管道路有助于人们进入（和把作物运出）森林地区，但道路本身并不是"驱动因素"。这些驱动因素首先与家庭迁移到森林边界的原因以及导致特定的土地利用选择而不考虑其他可能性的因素有关。当人们实际迁移到森林地区时会发生什么，取决于土地利用决策的其他驱动因素。请特意考虑烧垦种植，本文已经表明，这种土地利用方法可能有广泛的驱动因素。看起来我们像是在玩语义游戏，但是概念上的区别是至关重要的。简单地说，如果我们想了解森林损失的驱动因素，我们必须了解为什么人们会在林区（也就是说，而不仅仅是什么导致了这一行动）和为什么他们进行森林清除，而不选择其他生计策略。太多关于森林砍伐的研究集中在森林清除的地点和事件，而没有充分思考原因。

那么，是什么推动了马达加斯加森林向其他形式的土地覆盖转变呢？简短的答案是在各种空间层面上运作的一系列不同的政治、经济、文化、人口和环境因素。虽然这作为制定政策的答案可能并不令人满意，但它反映了土地利用决策的复杂性，以及缺乏对森林砍伐的复杂的、历史层面的、多层次的和多因素的分析。要想确定在各种可能的因素中哪些因素在马达加斯加的森林损失中最为重要，就必须进行更多的这类研究并将其纳入比较研究和元分析。

国际贸易在森林损失中的作用：马达加斯加西南部个案研究

明滕和梅拉（Minten & Méral，2006）在马达加斯加西南部的一项研究表明，马达加斯加的外部力量对森林损失具有重要作用。

1990—2000 年，图利亚拉（Toliara）周边地区经历了一次玉米种植热潮，同时也相应地出现了大量清除多刺森林的情况。许多地区和国家因素促成了这一热潮：迁徙，缺乏有保障的土地使用权和可行的替代方案。然而，正如明滕和梅拉（2006）所展示的，这次热潮的根本因素是在国际层面上运作的政治和经济因素。

直到 20 世纪 90 年代，该地区种植玉米主要是作为口粮。有玉米交易，但主要是在本地和区域市场。20 世纪 80 年代末，欧盟的政策彻底改变了玉米栽培的经济动态。1989 年，欧盟建立了一套偏远地区和岛屿的选择方案（POSEI）。这些方案旨在刺激欧盟最外围地区的经济发展，包括法属圭亚那、瓜德罗普、马提尼克和留尼旺。

在马达加斯加以东约 700 千米处的一个小岛屿——法国海外领地留尼旺，其政府重点发展农业和农业企业部门。在 POSEI 的支持下，政府对进口谷物实行减税，使动物原料更便宜，以支持肉类生产，特别是养猪业。留尼旺养猪业的迅速发展对以玉米为原料的动物饲料产生了巨大的需求。虽然玉米主要也从法国本土和阿根廷进口，但马达加斯加得益于低运输成本，以及由于邻近，能够在短时间内满足订单要求的比较优势。为了从这一突然剧增的需求中获益，马达加斯加政府于 1990 年成立了农产品储存和经营的生产协会（SOPAGRI）。其通过在图利亚拉建造一个贮料筒仓并建立一个玉米收集系统，在联系农村农民与新的国际市场方面发挥了核心作用。

除欧盟政策外，其他国家的和国际的政治经济因素也发挥了重要作用。1980年后，通过对包括农业在内的各个部门进行自由改革，马达加斯加的经济对国际贸易更加开放（Shuttleworth，1989）。产生这一重大变化的原因是，马达加斯加由于为一系列大型发展项目提供资金大量举债而面临经济崩溃。马达加斯加被迫向国际货币基金组织求助，以获得应急基金。作为回报，马达加斯加必须接受作为结构性调整计划的一部分而施加的条件（更多关于债务危机及其影响的信息，见第 6 篇文章），包括消除贸易壁垒和马达加斯加法郎的贬值。

由于与国际农产品市场的联系日益密切，玉米价格在 1985 年至 1998 年间上涨了 460%（Casse et al.，2004）。这对马达加斯加西南部玉米产区有显著影响。玉米从家庭的口粮作物变成了出口商品。不明确的土地使用权使大量移民涌入该地区，他们渴望从玉米热潮中获利。不出所料"免费"土地和大量劳动力的结合加剧了农户清除森林，对森林的影响同样巨大。1990—2000 年期间，图利亚拉出口了 200 000 多吨玉米（其中向留尼旺出口了 160 000 吨），导致 30 000 ～ 50 000 公顷的森林被清除（Minten and Méral，2006）。③

然而 2000 年玉米出口的热潮相当突然地结束了。原因再次发生在马达加斯加以外。为了进一步帮助其畜牧业的发展，留尼旺政府建造了一个谷物港口和贮料筒仓来处理进口的玉米，这样可以处理更大量运来的玉米，而且更便宜。马达加斯加的玉米，主要由家庭农场生产，并由小型船舶进行少量运输，比其他地方通过大规模农业生产的、用更大的船运输的玉米要贵。到 2001 年，留尼旺的玉米几乎全部从法国和阿根廷进口。然而，玉米贸易并没有完全停止。尽管玉米不再是马达加斯加西南部的出口商品，但 20 世纪 90 年代的热潮留下了深远的影响，当时建立的商品网络和基础设施目前服务于全国市场，例如塔那那利佛的鸡饲料。

4.6　变化世界中的烧垦农业

由于其在森林损失里的作用，农户再次作出大量努力来改变他们的土地利用方法也就不足为奇了。而这源于禁止焚烧植被的法律（见第 5 篇文章）和试图让当地社区参与森林管理与创造替代生计的做法（见第 7 篇文章），可以说，迄今为止，上述做法对森林损失率的影响有限。虽然在世界其他地区，在广泛的社会和生态条件下，烧垦农业已被更密集的土地利用所取代，但在马达加斯加，它已被证明是持久存在的（Pollini，2009）。本文所涵盖的个案研究提供了背后的原因。同样重要的是，在某些条件下，烧垦农业是可持续的。如果人口密度低、休耕期长，烧垦农业就是一个历史悠久的高效、高产出的生产体系。

马达加斯加烧垦农业的未来是什么？可能的建议是，考虑世界其他地区的森林农耕制度。罗滕伯格（Ruthenberg，1976）认为，人口和经济的变化将不可避免地导致家庭农场从轮耕转变为更加持久和集约的农业形式。因此，在这个模式中，轮耕是人口密度、技术、价格的相互关系中某一阶段的表现。这种相当具有目的论意义的观点得到了安杰尔森（Angelsen，1995）的附和，他认为轮耕是农业系统进化的早期阶段。其观点是，人口的增加导致休耕期逐渐缩短，直到土地被长期耕种。一旦土地被长期耕种，在技术创新的帮助下，通常会导致集约化（Mazoyer & Roudart，2006）。

然而，有人认为这种模式过于绝对。如果烧垦系统最初具有多样性和适应性，为什么它们的发展道路要如此一致？例如对赞比亚 *Citemene* 烧垦系统的研究表明，在社区内部和社区之间，家庭对经济和政治变化的反应有很大的不同（Moore & Vaughan，1994；Sharpe，1990）。在越南，农民通过开发一个复杂的复合式烧垦系统来应对人口增长，将永久的稻田和木薯地与轮作的木薯地、家庭花园、牲畜和鱼塘构成的子系统相结合（Rambo & Tran，2001）。因此，在热带的许多地方，烧垦农业是一个灵活、多元且使风险最小化的策略的一部分（Ickowitz，2006）。

人们曾多次试图鼓励马达加斯加家庭改变其种植方式，在休耕地发展集约型农业（例如，在第 12 篇文章中讨论的"刀耕火种的替代技术"）。在马达加斯加西部，非政府组织与法国农业国际合作研究发展中心（CIRAD）合作，试图向家庭推广高粱（*Sorghum Zicolor*），但由于它不是主食，也没有真正的市场，既不能当作口粮作物也不能当作经济作物，人们对它的接受度很低。在采访东部雨林的农民时，休姆（2006）发现由于缺乏工作和其他机会，加上许多人不相信新的农业系统，农民倾向于依赖 *tavy*。鉴于学术文献中关于水稻集约化系统（SRI）等计划有效性的争论，这并不令人惊讶。东部地区的战略通常集中在促进 *Tanimbary*（梯田灌溉水稻种植）和改良水稻品种。然而，这些做法成本高昂，且需要大坝、基础设施和技术培训。同样在东部雨林工作的斯泰尔等（Styger et al.，2007）报道说，政府机构和非政府组织经常鼓励种植果树作为经济作物替代原有生计。这忽略了农村生计的现实，农村生计的首要任务是确保基本粮食供应，而且，依赖于薄弱的基础设施和不确定的市场使得经济作物种植具有不稳定的性质。

另一个有关马达加斯加森林边界的主要问题是经济作物未来将要发挥的作用。梅纳贝和东部森林的历史以及马达加斯加西南部的最新证据表明,国际市场在导致森林损失方面有重要的影响。在 2008 年,基本农业产品价格(包括玉米在内)的飙升在很大程度上与石油价格上涨有关——食品生产越来越依赖于化石燃料进行机械化生产、化学品投入和大宗商品运输。另一个关键因素是对生物燃料生产原料的需求增加(FAO,2008)。④玉米既是全球的主要主食之一,也是转化为生物乙醇的主要作物之一。随着欧盟、美国,以及中国和印度出于能源安全和缓解气候变化的原因而越来越多地推广生物燃料,对玉米的需求可能会增加(Murphy,2010)。这给我们带来了通过碳抵消和贸易计划保护东部雨林的可能性(见第 12 篇文章)。讽刺的是,与此同时,西部干燥林和南部多刺森林被清除,用于种植玉米,并转化为生物燃料。这两者都是以工业化国家的经济去碳化的名义进行的。这提醒我们,马达加斯加的森林与全球政治和经济进程的联系日益紧密。

在思考未来的时候,重要的是要记住,与狭隘的公认观点相反,农业不是静止的。克里斯蒂安·库尔(Kull,1998)在马达加斯加高地的研究表明,在某些条件下,马达加斯加农民完全愿意并能够将他们的做法从广泛的农业形式转变为更密集的农业形式。他的研究表明,土地利用变化的轨迹取决于多种因素,包括人口变化、国家政策、市场激励措施、气候变化以及获得水和土地的途径。他的研究显示了农民也有多种选择,反映出机会受生态、政治和经济文化因素的制约。一些因素,如水的可利用率的减少,也限制了农民的选择。其他因素,如城市蔬菜市场的增长,却可以增加选择。在莱马沃(南部高地),人口增长限制了牧场的数量并使得水的可利用率减少,从而减少了可用作稻田的土地。由于放牧和水稻种植不再是一种选择,许多家庭将重点放在可在城市市场出售挣钱的橙子种植上。

也许最重要的问题是气候变化将会如何影响土地利用和森林清除。与世界上类似地区相比,马达加斯加的降雨量在空间和时间上变化很大(Dewar & Richard,2007)。干旱长期以来一直是马达加斯加南部的移民驱动因素(Casse et al.,2004;Réau,2002)。未来 30 年里,马达加斯加的气候有可能变得更热,干旱将变得更加普遍,降雨将变得难以预测,尤其是在半干旱的西部和干旱的南部地区(Tadross et al.,2008)。如果是这样的话,随着家庭迁移到森林边界寻找可耕种的土地,并由于产量下降而被迫扩大生产,森林可能面临更大的压力。

4.7 结论

马达加斯加的环境讨论和政策基于这样一个观点:森林砍伐主要由农户进行,并由人口增长和贫困驱动。这个叙述忽视了其他土地利用对森林损失的影响。更为关键的是,它是基于对农村家庭土地利用决策影响因素的狭隘理解。确实，贫困家庭经常依赖于森林清除农业，并且对捐助者和非政府组织建议的各种方法有不信任感。鉴于农村生活的不稳定性，家庭依赖于经过考验的方法。在实践层面上，焚烧植被能释放养分，以改善原本贫瘠的土壤。这项技术只需要最少的时间、精力和金钱投入，就能使一个家庭仅依靠自家的劳动力耕种一公顷土地。当作物价格高的时候，它甚至能够产生可观的利润。

然而，简单地以成本和收益来计算家庭的土地利用选择并没有抓住重点。农业本质上是一个社会过程，它有重要的文化、政治和经济层面。在马达加斯加，森林清除与身份、祖传的信仰和禁忌以及获取财富和地位的愿望有关。任何与当地家庭合作的尝试，无论是为了保护或发展（或两者兼而有之），都必须从更好地理解农村土地利用选择的复杂性开始。任何减少马达加斯加森林损失的尝试也必须结合其他土地利用以及影响土地利用的更广泛的政治和经济因素来考虑。

在森林砍伐研究方面，家庭农业系统的多样性，特别是对社会经济条件和环境条件的反应，是一个需要进一步调查的领域。马达加斯加以外的研究表明，不同的社会群体可以有不同的农业做法和不同的优先事项，这可能影响对社会经济变化的反应（Carr，2005；Kunstadter，1988）。在一个地区生活了很长一段时间的定居农民和最近移居到一个地区的移民农民之间往往存在着重要的差异（Sponsel et al.，1996）。虽然这是一个过分简单化的二分法，但这两大类人可能有非常不同的优先考虑和农业方法，从而对景观造成不同的影响。这些土地使用者之间的关系（以及可能的冲突）是一个需要更多关注的重要问题。农村家庭农场十分复杂，不能简化它们与环境之间的关系。研究人员和决策者需要弄明白他们是如何应对不断变化的条件和他们与景观的关系。最后，气候变化和新兴的全球粮食生产的政治经济因素可能对土地利用产生重大影响。研究人员和政策决策者都需要做更多的工作来考虑农业将如何应对这些变化，以及这对土地覆盖和生物多样性产生的影响。

注释

①个案研究材料取自斯凯尔斯（Scales，2011）。

②关于国家和农户之间因为用火而产生冲突的深入分析，见库尔（Kull，2000b；2002a，b；2004）。

③森林损失的估计是基于这样一个事实：1 公顷已清理森林的土地 2 年间可以平均年产 2 吨玉米，之后土地开始耗尽营养成分并被废弃。

④2008 年食品价格上涨和相关食品危机的确切原因存在着相当大的争论。全球人口膨胀致使需求不断增长、石油价格上涨、生物燃料工业对农作物的竞争性需求、对全球农产品市场的投机都被认为是可能的驱动因素。

参考文献

Angelsen，A.（1995）'Shifting cultivation and "deforestation"：a study from Indonesia'，*World*

Development, vol 23, pp1713 – 1729.

Bloesch, U. (1999) 'Fire as a tool in the management of a savanna/dry forest reserve in Madagascar', *Applied Vegetation Science*, vol 2, pp117 – 124.

Boserup, E. (1965) *The Conditions of Agricultural Growth: The Economics of Agrarian Change under Population Pressure*, Aldine, Chicago.

Bromley, D. W. (1999) 'Deforestation: institutional causes and solutions', in M. Palo and J. Uusivuori (eds) *World Forests, Society, and Environment*, Kluwer Academic Publishers, Dordrecht.

Brookfield, H. and Padoch, C. (1994) 'Appreciating agrodiversity: a look at the dynamism and diversity of indigenous farming practices', *Environment*, vol 36, pp37 – 45.

Carr, D. L. (2005) 'Forest clearing among farm households in the Maya Biosphere Reserve', *The Professional Geographer*, vol 57, pp157 – 168.

Casse, T., Milhøj, A., Ranaivoson, S. and Randriamanarivo, J. R. (2004) 'Causes of deforesation in southwestern Madagascar: what do we know?', *Forest Policy and Economics*, vol 6, pp33 – 48.

Cotula, L. and Vermeulen, S. (2009) 'Deal or no deal: the outlook for agricultural land investment in Africa', *International Affairs*, vol 85, pp1233 – 1247.

Cramb, R. A., Colfer, C. J. P., Dressler, W., Laungaramsri, P., Le, Q. T., Mulyoutami, E., Peluso, N. L. and Wadley, R. L. (2009) 'Swidden transformations and rural livelihoods in Southeast Asia', *Human Ecology*, vol 37, pp323 – 346.

De Wilde, M., Buisson, E., Ratovoson, F., Randrianaivo, R., Carriere, S. M. and Lowry II, P. P. (2012) 'Vegetation dynamics in a corridor between protected areas after slash-and-burn cultivation in south-eastern Madagascar', *Agriculture, Ecosystems and Environment*, vol 159, pp1 – 8.

Dewar, R. E. and Richard, A. F. (2007) 'Evolution in the hypervariable environment of Madagascar', *Proceedings of the National Academy of Sciences*, vol 104, pp13723 – 13727.

Fairhead, J. and Leach, M. (1998) *Reframing Deforestation: Global Analysis and Local Realities-Studies in West Africa*, Routledge, London.

FAO (2008) *The State of Food Insecurity in the World 2008*, Food and Agriculture Organization of the United Nations, Rome.

Fauroux, E. (1980) 'Les rapports de production Sakalava et leur évolution sous influence coloniale (Région de Morondava)', in R. Waast, E. Fauroux, B. Schlemmer, F. Le Bourdiec, J. P. Raison and G. Ganday (eds) *Changements Sociaux dans l'Ouest Malgache*, ORSTOM, Paris.

Geist, H. J. and Lambin, E. F. (2002) 'Proximate causes and underlying driving forces of tropical deforesation', *BioScience*, vol 52, pp143 – 150.

Hume, D. W. (2006) 'Swidden agriculture and conservation in eastern Madagascar: stakeholder perspectives and cultural belief systems', *Conservation and Society*, vol 4, pp287 – 303.

Ickowitz, A. (2006) 'Shifting cultivation and deforestation in tropical Africa: critical reflections', *Development and Change*, vol 37, pp599 – 626.

Jarosz, L. (1993) 'Defining and explaining tropical deforestation: shifting cultivation and population

122

growth in colonial Madagascar (1896 – 1940)', *Economic Geography*, vol 69, pp366 – 379.

Kull, C. A. (1998) 'Leimavo revisited: agrarian land-use change in the highlands of Madagascar', *Professional Geographer*, vol 50, pp163 – 176.

Kull, C. A. (2000a) 'Deforestation, erosion, and fire: degradation myths in the environmental history of Madagascar', *Environment and History*, vol 6, pp423 – 450.

Kull, C. A. (2000b) 'Madagascar's burning: the persistent conflict over fire', *Environment*, vol 44, pp8 – 19.

Kull, C. A. (2002a) 'Empowering pyromaniacs in Madagascar: ideology and legitimacy in community-based natural resource management', *Development and Change*, vol 33, pp57 – 78.

Kull, C. A. (2002b) 'Madagascar aflame: landscape burning as peasant protest, resistance, or a resource management tool?', *Political Geography*, vol 21, pp927 – 953.

Kull, C. A. (2004) *Isle of Fire: The Political Ecology of Landscape Burning in Madagascar*, University of Chicago Press, Chicago.

Kunstadter, P. (1988) 'Hill people of Northern Thailand', in J. Sloan Denslow and C. Padoch (eds) *People of the Tropical Rain Forest*, University of California Press, Berkeley.

Le Bourdiec, F. (1980) 'Le développement de la riziculture dans l'ouest Malgache', in G. Sautter, R. Waast, E. Fauroux, B. Schlemmer, F. Le Bourdiec, J. P. Raison and G. Dandoy (eds) *Changements Sociaux dans l'Ouest Malgache*, ORSTOM, Paris.

Mazoyer, M. and Roudart, L. (2006) *A History of World Agriculture from the Neolithic Age to the Current Crisis*, Earthscan, London.

MEEF (1984) *Stratégie Malgache pour la Conservation et le Développement Durable*, Ministère de l'Environnement, des Eaux et Forêts, Antananarivo.

MEP (1990) *Chartre de L'Environnement*, Ministère de l'Economie et du Plan, Antananarivo.

Mertz, O., Padoch, C., Fox, J., Cramb, R. A., Leisz, S. J., Lam, N. T. and Vien, T. D. (2009) 'Swidden change in Southeast Asia: understanding causes and consequences', *Human Ecology*, vol 37, pp259 – 264.

Minten, B. and Méral, P. (2006) *International Trade and Environmental Degradation: A Case Sturdy on the Loss of SpinyF in Madagascar*, World Wild Fund For Nature, Antananarivo.

Moore, H. L. and Vaughan, M. (1994) *Cutting Down Trees: Gender, Nutrition, and Agricultural Change in the Northern Province of Zambia, 1890—1990*, James Currey, London.

Moser, C. M. (2008) 'An economic analysis of deforestation in Madagascar in the 1990s', *Environmental Sciences*, vol 5, pp91 – 108.

Murphy, S. (2010) 'Biofuels: finding a sustainable balance for food and energy', in G. Lawrence, K. Lyons and T. Wallington (eds) *Food Security, Nutrition and Sustainability*, Earthscan, London.

Pollini, J. (2009) 'Agroforestry and the search for alternatives to slash-and-burn cultivation: from technological optimism to a political economy of deforestation', *Agriculture, Ecosystems and Environment*, vol 133, pp48 – 60.

Rambo, A. T. and Tran, D. V. (2001) 'Social organization and the management of natural resources: a case study of Tat Hamlet, a Da Bac Tay ethnic minority settlement in Vietnam's northwestern mountains', *Southest Asian Studies*, vol 39, pp299 – 324.

Randrianja, S. and Ellis, S. (2009) *Madagascar: A Short History*, Hurst, London.

Réau, B. (2002) 'Burning for zebu: the complexity of deforestation issues in western Madagascar', *Norwegian Journal of Geography*, vol 56, pp219 – 229.

Ruthenberg, H. (1976) *Farming Systems in the Tropics*, Clarendon Press, Oxford.

Scales, I. R. (2011) 'Farming at the forest frontier: land use and landscape change in western Madagascar, 1896 to 2005', *Environment and History*, vol 17, pp499 – 524.

Scales, I. R. (2012) 'Lost in translation: conflicting views of deforestation, land use and identity in western Madagascar', *The Geographical Journal*, vol 178, pp67 – 79.

Schlemmer, B. (1980) 'Conquête et colonisation du Menabe: une analyse de la politique Gallieni', in R. Waast, E. Fauroux, B. Schlemmer, F. Le Bourdiec, J. P. Raison and G. Ganday (eds) *Changements Sociaux dans l'Ouest Malgache*, ORSTOM, Paris.

Sharpe, B. (1990) 'Nutrition and commercialisation of agriculture in Northern Province', in A. Woods (ed.) *The Dynamics of Agricultural Policy and Reform in Zambia*, Iowa State University Press, Ames.

Shuttleworth, G. (1989) 'Policies in transition: lessons from Madagascar', *World Development*, vol 17, pp397 – 408.

Skole, D. L., Chomentowski, W. H., Salas, W. A. and Nobre, A. D. (1994) 'Physical and human dimensions of deforestation in Amazonia', *BioScience*, vol 44, pp314 – 322.

Sodikoff, G. (2012) *Forest and Labor in Madagascar: From Colonial Concession to Global Biosphere*, Indiana University Press, Bloomington.

Sponsel, L. E., Bailey, R. C. and Headland, T. N. (1996) 'Anthropological perspectives on the causes, consequences, and solutions of deforestation', in L. E. Sponsel, T. N. Headland and R. C. Bailey (eds) *Tropical Deforestation: The Human Dimension*, Columbia University Press, New York.

Styger, E., Rakotondramasy, H. M., Pfeffer, M. J., Fernandes, E. C. M. and Bates, D. M. (2007) 'Influence of slash-and-burn farming practices on fallow succession and land degradation in the rainforest region of Madagascar', *Agriculture, Ecosystems and Environment*, vol 119, pp257 – 269.

Tadross, M., Randriamarolaza, L., Rabefitia, Z. and Zheng, K. Y. (2008) *Climate Change in Madagascar: Recent Past and Future*, World Bank, Washington, DC.

Thrupp, L. A., Hecht, S. and Browder, J. (1997) *The Diversity and Dynamics of Shifting Cultivation: Myths, Realities, and Policy Implications*, World Resources Institute, Washington, DC.

Tidd, S. T., Pinder, J. E. and Ferguson, G. W. (2001) 'Deforestation and habitat loss for the Malagasy Flat-Tailed tortoise from 1963 through 1993', *Chelonian Conservation and Biology*, vol 4, pp59 – 65.

Tiffen, M., Mortimore, M. and Gichuki, F. (1994) *More People, Less Erosion: Environmental Recovery in Kenya*, Wiley, Chichester.

Willis, K. J., Gillson, L. and Brncic, T. M. (2004) 'How "virgin" is virgin rainforest?', *Science*, vol 304, pp402 – 403.

World Bank (1996) *Madagascar Poverty Assessment*, World Bank, Washington, DC.

第 3 部分

生物多样性保护和环境
管理的政治

马达加斯加政体下的自然资源利用简史

伊万·R. 斯凯尔斯 (Ivan R. Scales)

5.1 引言

自 20 世纪 80 年代以来，马达加斯加经历了环境政策的快速扩张，该岛成为全球自然保护关注的焦点（参见第 6 篇文章）。然而，岛上利用自然资源的政治历史要长得多。之所以有必要去了解这段历史，不仅因为它为当代环境立法奠定了十分重要的基础，还因为它提出了有关国家、自然资源利用和环境变化之间关系的重要问题。

本章介绍了与马达加斯加的环境政治有关的前殖民时期、殖民时期和后殖民早期的关键事件，重点阐述了国家的演变和作用，这里"国家"的定义为一个民族或一片领土——被视为政府领导的有组织的政治团体（《牛津英语词典》）。这个定义比较松散，包括了广泛的政治组织体系，但社会科学家倾向于认为：国家与早期社会政治组织的形式，不仅在其规模上，而且在其活动范围上有很大的不同。这包括维持整体秩序、控制财政事务（税收和支出）以及通过军事力量保护主权（Kottak，1977）。

从 17 世纪开始，我们看到岛上的这种社会政治组织以各个王国的形式出现。该岛于 19 世纪开始了统一进程，但这一进程遭到了强烈抵制而并未成功。直到殖民时期，马达加斯加作为一个独立的"民族国家"这一说法才有可能成立并具有意义，或者说，"一系列复杂的现代制度参与治理有界的领土，对暴力形式拥有垄断控制权（即控制军队和警察）"（Johnston et al.，2001，p534）。

值得注意的是，国家政治不可能与"高于"或"低于"国家的事件进程分割开来。例如，第 6 篇和第 8 篇文章说明了地缘政治和国际关系在形成保护理念和实践方面的重要性，并说明了国际非政府组织在制定政策方面的重要性日益增强。同时，第 7 篇和第 13 篇文章揭示了当地的习惯性规则在控制土地使用权和规范自然资源使用方面的重要性。然而，国家在环境政治中占有中心地位，因此值得重视（框 5.1）。

在我们开始谈论以国家为基础的这段环境政治历史之前，有必要提及一个重要警示。虽然我们可以谈论国家权力，但"国家"从来不是一个单一的或同质的实体。例如坐在首都办公室的部长和负责监督执行规则的外地官员之间存在着重大差异。追求不同目标的部委之间往往关系紧张，例如农业发展、经济增长与森林保护部门之间就存在着冲突。正如库尔（2004，p25）提醒我们的那样，国家在"纵向"和"横向"都呈现出多样化，由一套"复杂的、不断变化的制度和实践组成，充满了代表公民社会不同部分的个人、制度和政治议程"。由于本文旨在概述国家层面的环境政治，因此必须忽略其中的许多差异。至于国家政治的异质性，将在随后的文章中介绍。笔者还推荐读者阅读克里斯蒂安·库尔（2004）的《火之岛：马达加斯加烧林辟地的政治生态学》（*Isle of Fire：The Political Ecology of Landscape Burning in Madagascar*）和多篇论文（如 Kull，2000，2002a，2002b），这些论文对岛上复杂的多层次环境进行了深入分析。最后，笔者建议那些对马达加斯加政治和经济历史感兴趣的读者读一下兰德里安娅（Randrianja）和埃利斯（Ellis）共同撰写的《马达加斯加简史》（*Madagascar：A Short History*）（2009）和默文·布朗（Mervyn Brown）所著的《马达加斯加历史》（*A History of Madagascar*）（2002）。

框5.1　环境政治和不同形式的权力

环境政治可以表现为多种形式，涉及各类机构。政治可以被宽泛地理解为"多种形式的权力被运用和谈判的实践和过程"（Paulson et al.，2005，p28），权力被定义为控制、指挥或指导其他人行动的潜力（Allen，1997）。当然，国家可以通过多种方式行使权力，最显而易见的是通过控制法律——无论是在制定立法还是执行法规方面都是如此。然而，权力通常以其他方式行使，例如通过影响人们对于环境认知的能力。例如，第3、第4和第6篇文章说明了话语如何在自然资源利用和生物多样性保护政治中发挥关键作用。话语可以被定义为人们形成和分享关于他们周围世界的知识的过程。话语反映了特定的信念和观察世界的方式，使人们能够"解释信息并将它们组合成连贯的故事或叙述"（Dryzek，1997，p8）。第3篇文章通过实践论述环境的例子就十分恰当，它说明了在人类上岛之前，一个原始的全岛森林的概念是如何主导马达加斯加的环境思想的：人类的侵占导致了关于马达加斯加一个经常被提及的"事实"，即80%～90%的森林遭到砍伐。第4篇文章说明了当时一些主流观点左右了政策的制定和实施，如森林被砍伐的主要原因是人口增长、贫困，以及没有其他选择。当然也有相当多的证据质疑以上观点。

有些说法或"叙述"（例如人类行为摧毁了岛屿森林）一直受到人们的关注，因为这有助于简化纷繁复杂的现实，能提出一个明确的问题（因此也能提出解决方案），并围绕这个问题制定政策。它们共同促成了"原始自然"受到马达加斯加农村人口的威胁这一主要观点，因此必须将农村人赶出"荒野"，例如通过扩大保护区（"堡垒式保护"）的方法实现。这些论述在环境政治中很重要，因为它们有助于根据某类世界观定义哪些自然资源形式可接受，哪些不可接受。第10篇文章说明了原始自然的理念如何推动（大多数未成功）

通过自然旅游整合保护和发展的做法，同时说明试图从自然资源的消耗性使用（如木材开采）中获得经济利益的做法在很大程度上已经过时。这种政策变化往往与实用主义关系不大，而更多地与西方环境思想的变化有关（关于西方环境主义与马达加斯加保护之间相互作用的讨论，见第6篇文章）。

5.2　前殖民地王国、自然资源和森林政治

马达加斯加的前殖民历史很难重现，17世纪之前的那段历史更难，因为几乎找不到书面材料（Kull，2004；Randrianja & Ellis，2009）。从17世纪下半叶开始，欧洲探险家和商人的叙述为我们提供了关于马达加斯加不同地区社会和政治的详细描述。其中最广为人知的是艾蒂安·德·弗拉特（Etienne de Flacourt）（1658［1995］）所著的《马达加斯加历史》（*Histoire de la Grande Isle Madagascar*）。

根据早期欧洲游客的叙述，在18世纪之前，大多数马达加斯加人以捕鱼、种植或放牧为生，有时还会做一些其他手工艺活动，如锻造和编织（Randrianja & Ellis，2009）。因此，当时的政治集团规模小且本地化程度较高。随着各个王国的兴起，第一个大规模的社会政治组织于17世纪开始在岛上形成（Randrianja & Ellis，2009）。其中最强大的是萨卡拉瓦（Sakalava），一个多少算是独立的君主国集团。该集团在16世纪起源于马达加斯加中南部，在17—19世纪逐渐向西扩展到沿岛海岸，随后向北扩展，势力范围几乎覆盖了全岛的三分之一（Feeley-Harnik，1978；Kent，1968）。萨卡拉瓦王国的特点是大规模放牧瘤牛以及从事奴隶交易（Chazan-Gillig，1991；Fauroux，1977，1989；Goedefroit，1998）。

萨卡拉瓦王朝的崛起可以说是该岛历史上最重要的政治革命：

> 萨卡拉瓦历代国王通过将他们的宗教影响力与商业智慧和军事力量结合起来，永久性地改变了岛上社会组织的形式，从根本上改变了过去千年来形成的小团体的道德价值观。

> （Randrianja & Ellis，2009，p99）

这些王国具有相当大的经济、政治和军事实力，随着较小的群体被纳入并转向新的经济中心，它们的扩张带来了大规模的人口流动。到了18世纪，萨卡拉瓦人与印度和斯瓦希里商人的联系日益紧密，形成了一个广泛的国际贸易网络（Campbell，2005）。萨卡拉瓦以奴隶、瘤牛和大米换取火枪和火药。萨卡拉瓦购买的武器有助于进一步向中部高地的贝齐寮和伊梅里纳（Imerina）地区进行艰苦的扩张。一些奴隶被留作农业劳动力去开垦森林地区的林地，但大多数奴隶都是牧区经济剩余的劳动力，因此被贩卖到别处（Fauroux，1980；Schlemmer，1980）。

当时还有其他强大的王国，最有名的是贝齐米萨拉卡和伊梅里纳

（Imerina）。到了 18 世纪，中部高地已人口稠密。与萨卡拉瓦王国截然不同的是，高地君主将其体系建立在水稻集约化种植的基础上并从中获得权力，由国王提供赞助和保护，以换取各种形式的回报（Randrianja & Ellis，2009）。这种农业系统依赖于君主组织集体劳动力从事修筑水坝和灌溉等公共工作的能力。从环境管理的角度来看，这将产生深远意义，因为日益复杂的政治结构将带动更大规模、更具野心、更集约化的农业计划，并将引起显著的景观变化。只有在 18 世纪更庞大、更复杂的社会政治体系下，中央高地才能实现向集约化耕地的转变。

在 17—18 世纪，各个王国权力争夺的关键是控制自然资源和奴隶，以及与外国（主要是欧洲）商人的贸易。在欧洲人到来之前，马达加斯加的各个集团一直出口商品和奴隶，而到了 18 世纪，马达加斯加逐渐融入欧洲主导的世界经济体系。与全球市场的联系使各个王国获得了现代武器，并有能力扩大和维持对各自领地的控制（Brown，2002；Campbell，2005；Randrianja & Ellis，2009）。

随着王权的不断增强，各个王国控制自然资源，特别是岛上森林的硬木资源的愿望也越来越强烈、手段越来越激进。在此之前，很可能没有哪个国家就烧林制定过规章制度。人们可以随心所欲地通过烧林来管理牧场、开山造田，并通过不断发展的传统和基于社区的规则和制度来解决冲突（Kull，2004）。最早有记录的森林立法可追溯到 18 世纪末，当时伊梅里纳国王安德里亚纳波因伊梅里纳（Andrianampoinimerina）（1797—1810 年在位）命令他的臣民看管岛上的森林，禁止砍伐活木柴，禁止烧林，只允许在森林区外燃烧木炭（Kull，2004；Raik，2007；Ramanantsoavina，1973）。这是殖民前非洲国家保护和管理森林地区的第一次尝试（Gade，1996）。安德里亚纳波因伊梅里纳国王通过政治指导公共工程，在其统治期间还见证了农业的快速发展（Randrianja & Ellis，2009）。

19 世纪的政治发展成果显著，这一点在马达加斯加与西方国家的关系方面尤为明显。在 19 世纪，印度洋是英法两国之间产生冲突的主要领域，因为这两个大国都试图扩大各自的势力范围并控制关键的贸易路线。1809—1811 年，英国凭借几次重要海战控制了毛里求斯和留尼汪。1815 年拿破仑战败后，英国的权力平衡发生了变化。英国将留尼汪归还法国，但保留了毛里求斯。毛里求斯总督重新任命拉达玛一世国王（Radama I）为马达加斯加国王，在帮助加强英国和马达加斯加之间的关系方面发挥了重要作用。1817 年，拉达玛一世国王与英国签署了一项条约，正式确定了两国之间的政治和经济往来。该条约在马达加斯加创造了一种新的政府形式和新的机构，更类似于欧洲人认可的"现代"国家。这一时期，传教士的影响也越来越大，他们不仅传播基督教，还帮助书写马达加斯加语，将该语言正式化。在外交方面，马达加斯加独立主权国家的身份得到了欧洲和美国的承认（Kull，1996）。拉达玛一世国王同意废除奴隶制度，以换取来自英国的军事补给。这导致了伊梅里纳王国的军事实力大幅提升，和其他权力集团相比，该王国拥有了显著优势（Randrianja & Ellis，2009）。然而，拉达玛一世国王和他的所有继承人都没能实现对全岛的统治。

1861年，拉达玛二世国王通过了一项法律——其王国可以无偿占有马达加斯加的森林和土地（Healy & Ratsimbarison，1998；Henkels，2001）。随后出台的两部关键法典支持了这一法律。第一部是1868年推出的《101条法典》，该法典禁止各种使用森林的行为，禁止人们在林木覆盖地区定居（Henkels，2001；Kull，1996；Raik，2007）：

> 不得以种植水稻、玉米等作物为目的放火清林。任何人若通过烧林开辟新区域或扩大原有区域，将会被锁上镣铐。

> （Ratovoson，1979摘自Henkels，2001，p2）

第二部是1881年由女王兰瓦洛纳二世（Ranavalona Ⅱ）颁布的《305条法令》。该法令第91条规定，所有森林和"无人居住"的土地都属于国家所有；第101至106条规定，禁止焚烧森林、在林区生产木炭、砍伐大树、在林区定居，若有违反者，将被处以最高10年的监禁（Kull，2004）。虽然森林立法非常严厉，但值得注意的是，18世纪末安德里亚纳波因伊梅里纳国王的公告和1881年的《305条法令》都没有就草原放火作出任何规定（Kull，2004）。

从现代西方环境主义的角度来看19世纪环境政策的发展，并将其归因于自然保护的意识，可能很有道理。事实上这些可能都源于务实思考，例如，德兹（Dez，1968）认为，这些措施与确保建筑木材供应、公共安全和防御有关。由于森林通常是土匪和潜在入侵者的藏身之地，统治者们更愿意让人们远离森林，以便于时时监控他们的行为。例如《坦塔兰尼·安德里亚》（*Tantaran'ny Andriana*）（一部关于该时期的口述历史和主要历史来源的抄本）收录了安德里亚纳波因伊梅里纳国王的一份声明："但是，禁止人们在森林中秘密制造武器，因为他们可以谋划叛乱"（Ratovoson，1979摘自Henkels，2001，p2）。此外，烧林以换取耕地并没有使马达加斯加的精英阶层的贸易商受益，反而威胁到了珍贵木材的储备。开发东海岸森林的权利被出售给了各个外国利益集团，他们可以从事红木（黄檀属）等硬木以及橡胶、蜂蜜和树胶（一种用于生产油漆、清漆和香料的树脂）等非木材森林产品的贸易（Campbell，2005）。

19世纪的最后20年见证了该岛政治的另一个戏剧性的转变，这与欧洲殖民主义更广泛的国际动态有关，更具体地说，与英国和法国的殖民阴谋有关。19世纪70年代，欧洲人开始"争夺非洲"。法国开始对英国控制下的马达加斯加采取更激进的行动，他们于1883年入侵该岛。在法国与马达加斯加梅里纳王国之间的战争结束时，迭戈苏瓦雷斯（Diego Suarez）（今安齐拉纳纳）被割让给法国。最终，1884年，发生在非洲其他地方的几起事件决定了马达加斯加的命运。当时，比利时国王利奥波德二世（Leopold Ⅱ）吞并了非洲中部的大部分地区，成立了刚果自由邦（后来又成为比属刚果，现在是刚果民主共和国）。这促成了1884—1885年的柏林会议，在这次会议上非洲被欧洲国家瓜分。非洲大陆除了被欧洲列强割据外，现有的领土还被用于交换。英国为了获得桑给巴尔苏丹国（今坦桑尼亚），把对马达加斯加的所有主权拱手割让给了法国，让法国人轻轻松松地接管了该岛。1895 年，法国军队登陆马哈赞加，向首都塔那那利佛进军。殖民时代拉开了序幕。

5.3　殖民地国家、环境管理和抵抗

1896 年法国殖民主义开启的前 30 年是马达加斯加政治和经济发生剧烈动荡的时期，因为殖民政府试图对马达加斯加实施控制，大力推进经济重构，转而生产可出口（和应税）商品。虽然殖民时期于 1896 年正式开始，但许多地方的殖民政策遭遇强烈抵制（Feeley Harnik，1984；Kaufmann，2001；Middleton，1999；Randrianja & Ellis，2009）。例如在梅纳贝，直到 1902 年才建立了对穆龙达瓦等关键定居点的控制，即便如此，岛上西部的大部分地区依然游离在政府控制之外（Scales，2011）。

殖民政府对岛上政治、经济、文化和景观的影响难以估量。在马达加斯加实施政策的唯一有效方式是政府行动，"殖民历史与马达加斯加的国家历史不可分割"（Randrianja & Ellis，2009，p159）。政府政策的核心是"把外来的格格不入的思想和做法强加给一个庞大的人群"（Feeley-Harnik，1984，p7），这不仅涉及暴力镇压抵抗，还包括对制度、身份认同感和生计的摧毁。由于新的经济组织忙于掠夺自然资源，这往往对该岛的自然资源特别是森林产生重大影响（Randrianja & Ellis，2009，p158 – 159）。殖民地政府进行了大规模的木材开发，开辟大量的外来树种种植园，还引进了剑麻、咖啡和烟草等作物，这改变了岛上大部分地区的自然景观（Jarosz，1993；Sodikoff，2005）。

1900 年，巴黎议会通过了一项法律，要求其殖民地在经济上自给自足，这充分显示了法国占有非洲殖民地的期望和意图。当时用了一个词叫 *mise en valeur*（使某物富有成效、盈利）。这给殖民地的总督施加了巨大的压力，他们被要求彻底改变农村家庭的土地使用习惯——自给自足的生产活动。他们的对策是"三管齐下"——圈围土地、国家特许和强迫劳动（Sodikoff，2012）。

马达加斯加的第一任总督约瑟夫·西蒙·加利埃尼将军（Joseph Simon Gallieni）将经济自给自足战略建立在向少数外国公司提供大量土地转让的基础上。这需要引入私人土地使用权和土地登记制度，以取代当地惯常的土地使用权（Scales，2011）。1926 年，该政府通过了一项法律，声称国家拥有任何未占用或未封闭的土地（Healy & Ratsimbarison，1998）。然而，殖民地政府很快意识到，劳动力短缺和基础设施缺乏阻碍了其发展外向型和大规模的农业经济。

从国家的角度来看，农民的农业和畜牧业存在问题，因为这些家庭主要为自家生产粮食。这意味着他们不种植经济作物，也不从事出口商品贸易，而且，他

们的劳动力也不参与种植园劳动和建造基础设施项目。政府常常因为家庭不愿从事有报酬的劳动、不参与现金经济而感到沮丧，并指责他们闲散和落后。例如，在梅纳贝工作的地方长官在 1909 年的年度报告中指出：

> 萨卡拉瓦人往往三五个家庭组成一个个小团体，他们一时兴起，就到森林里四处溜达……然后在荒郊野外发现了一块地，就在那儿搭个破烂小茅屋，乐颠颠地过小日子。而当我们想要他们纳税或要他们劳作时，则找不到人。[①]

136

因此，国家面临的挑战是"鼓励"马达加斯加农村家庭成为殖民经济中"现代"和富有生产力的成员。考虑到这一点，加利埃尼将军引入了一个现金支付的道德保障（道德化税收），旨在迫使人们参与现金经济。他们的想法是，通过缴纳这部分税，使马达加斯加家庭不仅有义务从事赚钱活动，而且还将发展一种新的以利润为导向的"职业道德"。种族的刻板印象（框 5.2）发挥了作用，居于高地的贝齐寮人和梅里纳人通常被视为勤劳的人，一位地方长官称赞他们具有"农民的可贵精神"，并成为"我们寻求的农民形象"的典范。[②]相比之下，坦德罗伊人和萨卡拉瓦人则被视为"不愿工作的流浪汉"（Scales，2011，2012）。为了改变农村家庭的土地使用习惯，殖民政府还施行了每村最低耕种量的政策，希望这能促进经济作物的生产，并鼓励家庭建立更多的永久性定居点，不要继续过着被认为是"倒退"的迁徙式的生活。将马达加斯加农村地区划分为更大和更永久的村庄也促进了税收和劳务招募（Scales，2011；Sodikoff，2012）。这些政策体现了法国推行的"教化使命"，他们不仅要使其殖民地有利可图，而且要向马达加斯加人民灌输一套道德价值观。

第一次世界大战后，殖民官员将他们的注意力转向岛上的基础设施建设。1926 年，政府发起了大规模的公共工程运动，修建了铁路、桥梁、道路和港口（Sodikoff，2005）。在接下来的 10 年中，殖民地行政管理部门收到 7.3 亿法郎，这笔钱以后将连同利息一起偿还（Randrianja & Ellis，2009）。该岛的基础设施建设需要大量劳动力，尽管加利埃尼将军早先做出了努力，但政府的宏伟计划仍因缺乏可用的劳动力而受阻。在殖民时期的前 20 年，政府制订了各种各样强迫劳动的计划。1926 年，总督马塞尔·奥利维尔（Marcel Olivier）在一项名为"劳工总局服务"（SMOTIG）的项目中对这些计划进行了整改，该项目要求所有年龄在 16 ～ 60 岁、身体健全的男子每年为国家工作 3 个月，为期 2 年（Randrianja & Ellis，2009；Sodikoff，2005，2012）。特许经营权所有者和私营企业家能够从公共工程中"借"到工人（Sodikoff，2012）。该项目原寄希望于工人们能自给自足，可工人们最终却不得不接受家人和亲戚的接济。尽管烧恳被禁止，但政府对违反者普遍持宽容态度，因为这有助于工人们养活自己，还能使企业家只支付较低的薪水（Sodikoff，2012）。因此，公共工程和农业特许经营往往伴随着大规模的森林砍伐（Scales，2011；Sodikoff，2012）。

137

框 5.2 "部落"、种族和认同政治

18 和 19 世纪在马达加斯加的政治历史中非常重要，因为这段时期出现了多"种族"身份，即出现了具有共同祖先的不同群体，他们自治，并且通常生活在特定的地理区域内。但是，我们必须谨慎理解种族这一概念。事实上，在现代话语中所说的官方概念上的"种族"在殖民时期就有了大致的定义（Covell，1987；Larson，1996）。这是一个更广泛的间接统治战略的一部分，即"族群管理"（Randrianja & Ellis，2009）。在该战略中，族长被任命，并掌管特定的领土，这些领土范围以已经标记的族群为中心（Covell，1987；Rakotondrabe，1993）。到 20 世纪 30 年代，政府已将该岛的人口划分为 18 个官方"部落"，并绘制了地图以描述其地理边界（Randrianja & Ellis，2009）。至此，族群开始有了固定的分类和地理边界。

这种固定的界限存在问题，因为它们将族群视为有形的、永久不变的。不仅如此，殖民地管理者、现代政策的制定者以及保护组织都将某些行为特征附加到不同的群体中（Scales，2012）。据兰德里安娅和埃利斯所述：

在写马达加斯加有关情况的作者中，大多数人都把这类（族裔）群体亘古不变的存在视为事实。但其实，族群的实际情况是有历史渊源的：它从来都不是静止不变的，它既不是永久地刻在人类基因组中，也不会永久地体现在景观上。

（Randianja & Ellis，2009，p221）

现在有相当多的研究表明马达加斯加的种族具有灵活性（例如，Astuti，1995；Eggert，1981；Larson，1996；Poyer & Kelly，2000）。种族认同不是简单地归因于有着共同的祖先或生活于同一块地盘，而是普遍被理解为在通过生计活动获取某种东西的过程中恪守某些禁忌相当重要（Brown，2004）。正如第 13 篇文章深入讨论的那样，当政策开始将文化、禁忌、地方规则和种族视为一成不变的东西时，麻烦就会接踵而至。

138

除了发展农业和基础设施的政策外，殖民政府还特别关注岛上的森林资源。1896 年，政府成立了水和林业服务局，其政策重点放在三个关键领域：一是重新造林，多引入外来物种；二是建立林业保护区；三是控制马达加斯加的烧垦做法和对森林的使用。1897 年，加利埃尼将军颁布了一项政策，在高原和东部悬崖上植树，指示地区林业官员停止烧垦，减少焚烧牧场（Kull，2004）。要重新造林，主要是通过种植快速生长的非本地树种，如桉树（桉树属）、松树（松树属）和金合欢树（相思树属）。到 1960 年，种植的树木已超过 20 万公顷（Kull，1996；Raik，2007）。加利埃尼将军还在首都附近为马达加斯加建了一所实验园和林业学校，重点培育本土和外来物种（Sodikoff，2005）。尽管殖民地政府试图让马达加斯加人参与水和林业服务，但大多数马达加斯加人往往无法胜任这些职位，因为他们大多数是文盲（Sodikoff，2005）。马达加斯加人缺乏参与社区森林管理（见第 7 篇文章）和自然旅游管理（见第 10 篇文章）这一问题，多年来被不断诟病。

　　值得注意的是，政府的造林做法经常受到质疑，甚至在政府内部也有分歧。一方面，许多人认为岛上的森林是一个巨大的、未充分开发的资源。一位地方长官说："保持森林原封不动将是一个严重错误。那些走进马达加斯加森林的人目睹森林中大片树木死亡，会感到震惊，这意味着从未开发森林中得到的收入会有损失。"[③]另一方面，木材开采受到许多法国自然学家的批评，如亨利·吉恩·亨伯特（Henri Jean Humbert），他指责特许经营权所有者破坏了脆弱的森林和生物平衡（Sodikoff，2005）。

　　殖民政府的首要任务显然是开发岛上丰富的自然资源。然而，除了这种功利主义的自然观之外，殖民时期还出现了更多的保护主义观点，并建立了第一个致力于保护岛屿动植物的区域。加利埃尼将军于 1902 年创建的马尔加什学院（The Académie Malgache）在禁止捕杀狐猴方面发挥了关键作用（Kull，1996）。法国殖民地野生动物保护国家委员会于 1923 年在巴黎成立，并于 1925 年决定在其殖民地建立保护区（Peters，1999；WCMC，1992）。1927 年，政府加强了对森林的保护立法，建立了马达加斯加第一批由林业局管理的 10 个自然保护区，这些保护区代表了该岛的各种森林类型（Kull，1996；Sodikoff，2005），这是非洲最早的保护区。[④]1939 年 6 月 11 日和 1952 年 1 月 3 日颁布的法令又设立了两个保护区（WCMC，1992）。1958 年颁布的法令（1958 年 10 月 28 日第 58–07 号法令）设立了马达加斯加的第一个国家公园——琥珀山公园，还设立了更多的保护区（WCMC，1992；另见第 9 篇文章）。

　　在控制土地使用方面，马达加斯加农村的烧林还耕的做法被视为对森林的合理开发以及对岛上动植物群的严重威胁，以至于在 20 世纪 40 年代和 50 年代，法国殖民政府就讨论过是否有可能从林地迁出 50 万人（Kull，2004）。殖民时期颁布了一系列法律，以减少通过火烧来清理森林和牧场的做法。1930 年，政府通过了第 36 条法令，该法令禁止所有烧林和其他形式的森林砍伐（Montagne，2004）。到 1932 年，那些被判擅自烧林的人将面临 6 个月的监禁和 200 法郎的罚款（Sodikoff，2012）。因此，殖民地国家出于经济和意识形态上的原因将烧林定为刑事犯罪——一方面是为了保护宝贵的木材资源，另一方面，烧林被认为是落后和不合理的做法（Kull，2004）。从殖民地的角度来看，禁止烧林还耕也有利于消除许多马达加斯加农户赖以生存的原材料，从而推动他们在作物种植和木材特许经营领域发展就业（Jarosz，1993；Sodikoff，2012）。正如索迪科夫所说：

　　该国在意识形态上为公共工程强制劳动寻找的理由是向马达加斯加人民灌输"职业道德"，殖民地林业服务局试图对伐木工人、矿工和从事刀耕火种农业的马达加斯加稻农灌输"自然保护道德"。这对马达加斯加人和马达加斯加森林有好处，同样对国家也有好处。

（Sodikoff，2005，p408）

　　尽管立法越来越严格，森林清理和火烧牧场却仍在继续，控制烧林的努力因缺乏执行任务的森林工作者而受阻（Kull，2000，2004）。殖民政府和农民之间的关系越来越紧张，政府认为农业者的谋生方式不合理且有破坏性，因此他们的行为被定为刑事犯罪。森林里冲突频发，常常成为抵御殖民税和强迫劳动暴行的庇护所（Sodikoff，2005）。例如，在马达加斯加西部，干燥落叶林变成了农民躲避殖民地政府的藏身之地（Scales，2011）。到殖民末期，国家与岛上大部分农村人口的关系越来越对立。烧林不仅是一种管理环境的办法，也成为人民反对和抵抗殖民政府的象征（Kull，2000，2002b）。

5.4 "独立"、第一共和国和"脱离"法国

1960 年马达加斯加脱离法国获得独立。然而，在初期，这更多的是理论上的独立，而不是实际上的独立。菲利伯特·齐拉纳纳（Philibert Tsiranana）总统和第一共和国政府基本上没有改变殖民地的经济政策，而"法郎区"的成员国则将汇率和货币政策移交给了法国财政部处理（Barrett，1994）。来自法国的持续影响表现在方方面面，比如：法语作为官方语言列入神圣的宪法；法国领事作为省议会的成员决定每年的预算；法国军队在该岛上设有基地；法国军官在马达加斯加军事学院工作；一名法国官员担任马达加斯加军事情报部门的负责人；圣玛丽岛享有双重地位——既属于法国，又属于马达加斯加（Randrianja & Ellis，2009）。政府的大部分收入继续依赖殖民时代的税收（例如人头税和牲畜税），法国拥有的企业和特许经营权继续主导马达加斯加的经济（Barrett，1994）。

保护环境的意识和政策与殖民时代大体一致。1959 年的国家宪法规定，所有个人都有责任保护、改善和享用马达加斯加的自然资源（Ramanantsoavina，1973）。同时，政府继续关注自然保护区，马达加斯加的第二个国家公园（Isalo）于 1962 年建成（Peters，1999）。除严格的自然保护区外，还新增了五类保护区：国家公园、特别保护区、分类森林、植树造林区和非狩猎保护区（Kull，1996）。与前殖民政府一样，第一共和国政府也十分重视重新造林和植树造林（Kull，2004；Raik，2007）。1962 年的一项总统法令要求所有男子每人每年种植 100 株幼苗，否则将被处以罚款。但这项法律推出后并不受欢迎，难以执行，于 1972 年被废除（Kull，1996）。

尽管与殖民主义者的想法大同小异，但第一个后殖民政府的建立见证了反对烧林立法的转变，并放宽了规则，"高压手段和政治上实际的宽容成为一个矛盾的混合体"，而火视为"必要的邪恶力量"（Kull，2004，p26）。1960 年，出现了独立后关于森林清除和火烧植被的第一则立法，即第 60 - 127 条法令。新法令和殖民时期的立法不同，法令没有全面禁止烧林，而是区分了不同类型的焚烧（如森林清除放火、除伐放火、牧场放火和野火），并且禁止或限制焚烧某些特定的植被（Kull，2004）。

除了扩张保护区，第一共和国在其他领域的保护活动也进行得如火如荼。马达加斯加于 1961 年成为国际自然保护联盟的成员国。该国设立的第一个保护项目是与世界自然基金会（WWF）和国际自然保护联盟携手共同努力，保护马达加斯加岛多贝蒂娅－马达加斯加（Daubentia-Madagascariensis）的狐猴（Kuw，1996）。1966 年，随着美国国际开发署和瑞士国际合作组织（Swiss Aid）开展的环境保护活动，国际性的保护活动有所增加。1970 年，马达加斯加主办了国际自然资源保护会议，并促成了水务及林业部（MEEF）出版《保护大自然》（*Protection de la Natur*）一书（MEEF，1972）。尽管这本书没有提出具体的建议，只是一个宣言，但这是国家层面保护计划的首次尝试。

5.5　结论

本文简要探讨了马达加斯加的国家、环境政策和自然资源利用之间的关系。国家寄希望于规范特定的活动，特别是依靠焚烧清除森林和管理草原。这种立法先于殖民地政府的法规，揭示了不同利益集团之间的种种冲突。这一过程在殖民时期尤为明显，当时国家不仅试图通过改变土地使用权和一系列税收来实施政治和经济控制，而且还试图进行意识形态的控制。这时政府打出了一套强有力的组合拳：一是开发马达加斯加丰富的自然资源以获取利益；二是完成"教化使命"；三是在"荒野"这一概念的基础上推行西方的环境理念。这在为保护岛上动植物而设立的严格意义上的自然保护区中表现得最为明显。其结果是马达加斯加的景观发生了变化，这是由于法国政府试图按照西方的规则对自然环境进行治理，比如：在严格的野生动物保护区和森林保护区内对木材进行"合理"开发；在新的村庄内安置移民农场主和牧民，让他们种植供出口的经济作物。征税不仅是为了补充殖民地政府的财政收入，而且有助于培养人们新的职业道德。

到 1960 年该国独立时，大部分的政策已经制定完善，为 20 世纪余下的时间进行环境治理打下了基础。马达加斯加岛是单一民族的独立国家（尽管和前殖民势力仍有不少纠缠）。所有林区均为国家所有，大片土地已私有化，因此传统的土地使用权被弱化。保护区系统已经开始形成，也预留出专门的土地来保护岛上的动植物。国家通过各种条约和组织与国际生物多样性保护机构联系频繁。也许最重要的是，有一部强烈反对焚烧林牧的环境立法，在法律上将诸如森林砍伐和牧场焚烧等定性为刑事犯罪。国家和大批农户此时陷入了一场紧张的对抗中，他们目前还无法摆脱这种对抗。

注释

①来源：马达加斯加政府和附属机构，穆龙达瓦圈：《政治、行政和经济报告（1909 年）》，法国海外档案馆，普罗旺斯地区艾克斯，艾克斯 2 D 172 B。

②来源：穆龙达瓦省：《年度报告（1941）》，法国海外档案馆，普罗旺斯地区艾克斯，艾克斯 2 D 176。

③来源：穆龙达瓦省：《1920 年经济报告》，法国海外档案馆，普罗旺斯地区艾克斯，艾克斯 2 D 175。

④阿尔伯特国家公园（今维龙加国家公园）位于比属刚果（今刚果民主共和国），始建于 1925 年，是非洲第一个国家公园。

参考文献

Allen, J. (1997)'Economies of power and space', in R. Lee and J. Wills (eds) *Geographies of economies*, Arnold, London.

Astuti, R. (1995)'"The Vezo are not a kind of people". Identity, difference and "ethnicity" among a fishing people of western Madagascar', *American Ethnologist*, vol 22, pp464 – 482.

Barrett, C. B. (1994) 'Understanding uneven agricultural liberalisation in Madagascar', *The Journal of Modern African Studies*, vol 32, pp449 – 476.

Brown, M. (2002) *A History of Madagascar*, Markus Wiener, Princeton.

Brown, M. L. (2004) 'Reclaiming lost ancestors and acknowledging slave descent: insights from Madagascar', *Comparative Studies in Society and History*, vol 46, pp616 – 645.

Campbell, G. (2005) *An Economic History of Imperial Madagascar, 1750 – 1895: The Rise and Fall of an Island Empire*, Cambridge University Press, Cambridge.

Chazan-Gillig, S. (1991) *La Société Sakalave*, Karthala, Paris.

Covell, M. (1987) *Madagascar: Politics, Economics and Society*, Frances Pinter, London.

de Flacourt, E. (1658 [1995]) *Histoire de la Grande Isle Madagascar*, Karthala, Paris.

Dez, J. (1968)'Un des problèmes du développement rural: la limitation des feux de végétation', *Terre Malgache Tany Malagasy*, vol 4, pp97 – 123.

Dryzek, J. S. (1997) *The Politics of the Earth: Environmental Discourses*, Oxford University Press, Oxford.

Eggert, K. (1981) 'Who are the Mahafaly? Cultural and social misidentifications in southwestern Madagascar', *Omaly Sy Anio*, vols 13 – 14, pp149 – 176.

Fauroux, E. (1977)'La formation sociale Sakalava dans les rapports marchands: pour l'introduction de la dimension historique dans les études d'anthropologie économique', *Cahiers des Sciences Humaines*, vol 14, pp71 – 81.

Fauroux, E. (1980)'Les rapports de production Sakalava et leur évolution sous influence coloniale (Région de Morondava)', in R. Waast, E. Fauroux, B. Schlemmer, F. Le Bourdiec, J. P. Raison and G. Ganday (eds) *Changements Sociaux dans l'Ouest Malgache*, ORSTOM, Paris.

Fauroux, E. (1989) *Le Boeuf et le Riz dans la Vie Economique et Sociale Sakalava de la Vallée de la Maharivo*, ORSTOM, Paris.

Feeley-Harnik, G. (1978) 'Divine kingship and the meaning of history among the Sakalava of Madagascar', *Man*, vol 13, pp402 – 417.

Feeley-Harnik, G. (1984) 'The political economy of death: communication and change in Malagasy colonial history', *American Ethnologist*, vol 11, pp1 – 19.

Gade, D. W. (1996) 'Deforestation and its effect in highland Madagascar', *Moutain Research and Development*, vol 16, pp101 – 116.

Goedefroit, S. (1998) *A L'Ouest de Madagascar: Les Sakalva du Menabe*, *Karthala*, Paris.

Healy, T. M. and Ratsimbarison, R. (1998) 'Historical influences and the role of traditional land rights in Madagascar: legality versus legitimity', in M. Barry (ed.) *Proceedings of the International Conference on Land Tenure in the Developing World with a Focus on Southern Africa*, University of Cape Town, pp365 – 377.

Henkels, D. (2001) 'A close up of Malagasy environmental law', *Vermont Journal of Environmental Law*, vol 3, pp1 – 16.

Jarosz, L. (1993) Defining and explaining tropical deforestation: shifting cultivation and population growth in colonial Madagascar (1896 – 1940), *Economic Geography*, vol 69, pp366 – 379.

Johnston, R. J., Gregory, D., Pratt, G. and Watts, M. (2001) *The Dictionary of Human Geography*, Wiley-Blackwell, Oxford.

Kaufmann, J. C. (2001) 'La question des raketa: colonial struggles with prickly pear cactus in southern Madagascar, 1900 – 1923', *Ethnohistory*, vol 48, pp87 – 121.

Kent, R. K. (1968) 'Madagascar and Africa: the Sakalava, Maroserana, Dady and Tromba before 1700', *Journal of African History*, vol 9, pp517 – 546.

Kottak, C. P. (1977) 'The process of state formation in Madagascar', *American Ethnologist*, vol 4, pp136 – 155.

Kull, C. A. (1996) 'The evolution of conservation efforts in Madagascar', *International Environmental Affairs*, vol 8, pp50 – 86.

Kull, C. A. (2000) 'Madagascar's burning: the persitent conflict over fire', *Environment*, vol 44, pp8 – 19.

Kull, C. A. (2002a) 'Empowering pyromaniacs in Madagascar: ideology and legitimacy in community-based natural resource management', *Development and Change*, vol 33, pp57 – 78.

Kull, C. A. (2002b) 'Madagascar aflame: landscape burning as peasant protest, resistance, or a resource management tool?', *Political Geography*, vol 21, pp927 – 953.

Kull, C. A. (2004) *Isle of Fire: The Political Ecology of Landscape Burning in Madagascar*, University of Chicago Press, Chicago.

Larson, P. M. (1996) 'Desperately seeking "the Merina" (Central Madagascar): reading ethnonyms and their semantic fields in African identity histories', *Journal of Southern African Studies*, vol 22, pp541 – 560.

MEEF (1972) *La Protection de la Nature à Madagascar: Document 2866*, Ministère de l'Environnement, des Eaux et Forêts, Antananarivo.

Middleton, K. (1999) 'Who killed "Malagasy Cactus"? Science, environment and colonialism in Southern Madagascar (1924 – 1930)', *Journal of Southern African Studies*, vol 25, pp215 – 248.

Montagne, P. (2004) *Analyse Rétrospective du Transfert de Gestion à Madagascar et Apergu Comparatif des Axes Méthodologiques des Tranfserts de Gestion sous loi 96 – 025 et sous Décret 2001 – 122*,

Consortium RESOLVE-PCP-IRD, Antananarivo.

Paulson, S., Gezon, L. and Watts, M. (2005) 'Politics, ecologies, genealogies', in S. Paulson and L. Gezon (eds) *Political Ecology Across Spaces*, *Scales and Social* Groups, Rutgers University Press, New Brunswick.

Peters, J. (1999) 'Understanding conflicts between people and parks at Ranomafana, Madagascar', *Agriculture and Human Values*, vol 16, pp65 – 74.

Poyer, L. and Kelly, R. L. (2000) 'Mystification of the Mikea: constructions of foraging identity in Southwest Madagascar', *Journal of Anthropological Research*, vol 56, pp163 – 185.

Raik, D. B. (2007) 'Forest management in Madagascar: an historical overview', *Madagascar Conservation and Development*, vol 2, pp5 – 10.

Rakotondrabe, T. D. (1993) 'Beyond the ethnic group: ethnic groups, nation state and democaracy in Madagascar', *Transformation*, vol 22, pp15 – 29.

Ramanantsoavina, G. (1973) *Note sur la Politique et l'Administration Forestières à Madagascar*, Ministère du Developpement Rural, Antananarivo.

Randrianja, S. and Ellis, S. (2009) *Madagascar: A Short History*, Hurst, London.

Scales, I. R. (2011) 'Farming at the forest frontier: land use and landscape change in western Madagascar, 1896 to 2005', *Environment and History*, vol 17, pp499 – 524.

Scales, I. R. (2012) 'Lost in translation: conflicting views of deforestation, land use and identity in western Madagascar', *The Geographical Journal*, vol 178, pp67 – 79.

Schlemmer, B. (1980) 'Conquête et colonisation du Menabe: une analyse de la politique Gallieni', in R. Waast, E. Fauroux, B. Schlemmer, F. Le Bourdiec, J. P. Raison and G. Ganday (eds) *Changements Sociaux dans l'Ouest Malgache*, ORSTOM, Paris.

Sodikoff, G. (2005) 'Forced and forest labor regimes in colonial Madagascar, 1926 – 1936', *Ethnohistory*, vol 52, pp407 – 435.

Sodikoff, G. (2012) *Forest and Labor in Madagascar: From Colonial Concession to Global Biosphere*, Indiana University Press, Bloomington.

WCMC (1992) *Protected Areas of the World: Vol. 3 – Afrotropical: A Review of National Systems*, World Conservation Union, Gland, Switzerland and Cambridge.

自然保护热潮的根源、持续性和特征

克里斯蒂安·A. 库尔（Christian A. Kull）

6.1 引言

30 年间，马达加斯加从一个被遗忘的、孤立的共和国转变为具有生物多样性和解决环境危机的典范。就连美国迪斯尼公司也凭借 2005 年的同名动画电影，借助岛上的自然形象大赚了一笔。这一转变的背后是一项复杂的、耗资数百万美元的行动，该行动将国际保护组织、多边机构、双边捐助者、马达加斯加政府以及众多热心人士团结在一起，为保护该岛的动植物作出不懈的努力。世界自然基金会（WWF）对马达加斯加的保护支出在 1983—1993 年间增加了 10 余倍（图 6.1）。其他参与者，如美国和瑞士也通过发展援助计划（图 6.2）慷慨解囊。直到今天，尽管偶尔会出现政治危机，类似的捐助活动依然在持续。从 1990—2009 年，国家环境行动计划（NEAP）调集了近 5 亿美元的资金支持马达加斯加的环境保护。尽管国家政治危机和全球经济衰退对资金的注入有所影响，导致国家环境行动计划时期的预期出现不确定性，但世界自然基金会、国际保护协会和国际野生生物保护学会（WCS）等保护组织仍像以往一样积极行动，许多小团体和整整一代的马达加斯加专业人士和学生也都参与其中。

是什么原因促成了这样的转变呢？博物学家们一直对岛上独特的动植物群赞不绝口——费利伯特·康默森（Philibert Commerson）在 1773 年到访该岛后报道了这一点、英国广播公司的博物学家大卫·爱登堡（David Attenborough）于 1961 年首次在岛上拍摄了影片，但单凭兴趣还不足以解释自然保护的热潮。环境退化是否超过了临界阈值？我们能将其归因于 20 世纪末的国际环境意识浪潮吗？马达加斯加作为一个贫穷的、负债累累的第三世界国家扮演了什么角色？本文讲述了自然保护热潮及其如何延续的故事。它展示了地缘政治学、政治和经济意识形态、环境论述、特定的制度逻辑以及激情满怀的行动者是如何聚集在一起书写保护马达加斯加的故事。

146

本文首先概述了马达加斯加环境保护历史上的重要事件，这些事件导致了环境保护热潮的出现，主要标志便是国家环境行动计划的创建。然后，通过追溯20世纪90年代和21世纪最初10年的三个不同的政治制度和环境保护计划，阐述了自然保护热潮缘何持续不断。在这些历史事件（图6.3）提供了一个概括的时间表之后，介绍了导致、影响和促成保护热潮的5个重要因素。

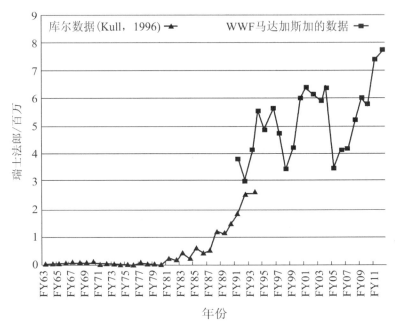

图6.1　WWF在马达加斯加的年度支出说明了自然保护的
热潮及其持续性（当年为庆祝该岛自然保护工作50周年）

注：WWF虽然是世界上存在最久、规模最大的自然基金会，但它只是出资保护该岛的众多参与者之一。注意：自2009年政治危机以来，WWF在过去几年间仍支出大量资金，这反映了在许多传统的双边和多边捐助者已经停止支出环境基金时，它仍有能力通过其全球网络寻求其他可用资金。而许多其他保护行动者在当前的政治形势下一直艰难地维持资金投入并组织各种活动。

资料来源：根据Kull（1996）报告，FY63－FY93来自WWF国际总部；FY91－FY2012由WWF马达加斯加分会（Richard Hughes & Zo Rakotonomenjanahary）提供。注意：计算程序的差异导致两个系列之间的数据不一致（例如，1962—1993年的数据仅包括通过WWF国际总部的资金）；另外，汇率的波动对数据有很大影响。

图 6.2　1963—2011 年瑞士对马达加斯加的双边援助（瑞士对马达加斯加的援助长达 5 年，
　　　　总计注入近 5 亿法郎的资金，主要集中在农业、林业和农村发展部门）

注：1987—1995 年，瑞士参与了国家环境行动计划的初步开发和实施。马达加斯加一直是非洲接受瑞士资金援助最多的三个国家之一，每年的受捐资金稳定在 1500 万～2000 万法郎（1990 年的受捐额最高，这与当年 2100 万法郎的债务偿还有关）。1996 年后捐助额开始减少，这主要受瑞士援助工作者沃尔特·阿诺德（Walter Arnold）遭遇暗杀事件的影响。瑞士发展与合作署（SDC）于 1996 年关闭了塔那那利佛办事处，马达加斯加自此不再被视为优先保护的国家（Jaberg，2011），但仍有些项目一直持续到 2012 年底才最终停止。

来源：SDC 年度报告，载自：www. sdc. admin. ch/en/home/documentation/publications/annual reports，获取日期：2013 年 6 月 5 日。注意：这些报告中的报告格式多年来一直不一致，因此有些年份既没有官方发展援助（包括发展项目、人道主义援助、贷款和赠款的海外发展援助综合数字）数据，也没有具体的发展基金的数据。一些早期的数据是以当年的平均汇率从美元换算而得来的。

148

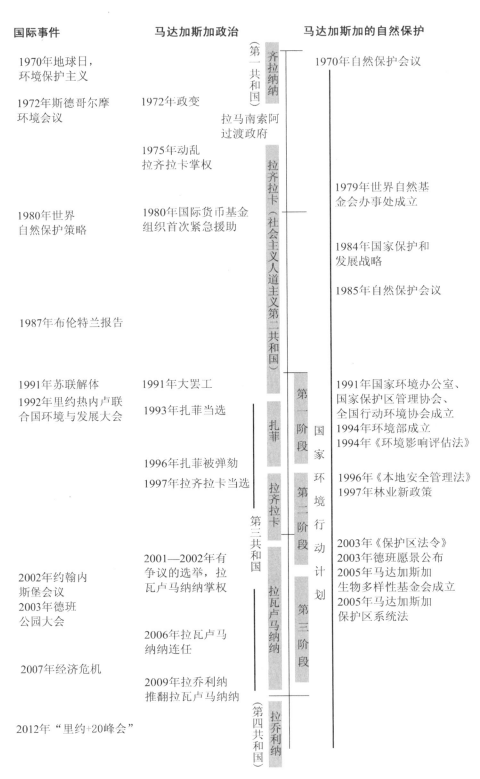

国际事件	马达加斯加政治		马达加斯加的自然保护

1970年地球日，环境保护主义

1972年斯德哥尔摩环境会议　　1972年政变

（第一共和国）齐拉纳纳

拉马南索阿过渡政府

1970年自然保护会议

1975年动乱　拉齐拉卡掌权

1980年世界自然保护策略　　1980年国际货币基金组织首次紧急援助

1979年世界自然基金会办事处成立

1984年国家保护和发展战略

1985年自然保护会议

1987年布伦特兰报告

拉齐拉卡（社会主义人道主义第二共和国）

1991年苏联解体
1992年里约热内卢联合国环境与发展大会　　1991年大罢工

1993年扎菲当选

1991年国家环境办公室、国家保护区管理协会、全国行动环境协会成立
1994年环境部成立
1994年《环境影响评估法》

1996年扎菲被弹劾
1997年拉齐拉卡当选

1996年《本地安全管理法》
1997年林业新政策

扎菲　拉齐拉卡

第一阶段　第二阶段

2002年约翰内斯堡会议
2003年德班公园大会

2001—2002年有争议的选举，拉瓦卢马纳纳掌权

2003年《保护区法令》
2003年德班愿景公布
2005年马达加斯加生物多样性基金会成立
2005年马达加斯加保护区系统法

2006年拉瓦卢马纳纳连任

2007年经济危机

2009年拉乔利纳推翻拉瓦卢马纳纳

第三共和国　拉瓦卢马纳纳

第三阶段

国家环境行动计划

2012年"里约+20峰会"

（第四共和国）拉乔利纳

图6.3　1970—2012年马达加斯加政治与自然保护主要活动时间表

6.2 马达加斯加早期的环境保护

现在的环境保护工作早有诸多先例可循。在这里，笔者总结了几个为当前的保护热潮奠定了基础的重要因素（更多细节，请参阅第5篇文章）。笔者从19世纪开始讲起，因为虽然在很久以前岛上的人们就已经开始琢磨资源管理这一问题，但并没有留下什么有价值的记载。发生在19世纪的事件对自然保护的历史来说有三个重要原因：第一，与欧洲联系广泛，比如从传教士到殖民者，再到全球贸易和环境政治，这种联系为环境保护的长期影响奠定了基础。第二，早期的探险家们将岛上充满异国情调和自然美景的故事带回了欧洲，由此造就了一个浪漫的神话：马达加斯加是非洲的一个野生岛屿，是自然保护运动的源头。第三，这一时期颁布了几项最重要的保护政策，这些政策后来被频繁引用，包括安德里亚纳波因伊梅里纳国王颁布的禁止砍伐活柴的禁令，以及1881年颁布的《305条法典》的焚烧森林的禁令。[①]

1896年，法国征服了马达加斯加，对该岛殖民直到1960年。殖民时期对当今的权力关系有着重要影响，造就了许多长期使用的行政管理政策、法律和社会结构（见图0.1、绪论和第5篇文章）。举个例来说，殖民地政府大力干预各种自然资源管理部门，这既有利于建立一个有利可图的殖民地（例如保护宝贵的木材免受农民火烧的破坏），又反映出新兴的、具科学性的保护举动（例如20世纪20年代，在偏远地区建立了第一个自然保护区）。当时修建了道路和铁路线，农业和畜牧业服务局支持种植作物，抗击害虫，并寻求办法加强水稻生产，林业服务局也监督了当地硬木的开发和保护，以及桉树、松树和其他外来树木的广泛种植（Kull，2004）。今天，马达加斯加与法国的语言、商业、个人和地缘政治联系（包括附近的留尼汪）仍保持着强劲的势头，这些离不开各商业渠道和法国在各个机构中的强大作用，以及大量精英侨民的支持。

第一共和国于1960年获得独立，时任总统为菲利伯特·齐拉纳纳（Philibert Tsiranana）。国家独立的重要性体现在以下三个方面，第一，政府用相当完整和长期有效的环境立法来取代殖民时期的法规，这反映了政府想要通过增加农业产量、发展与环境保护相结合的现代化农业生产来大力发展国家的迫切愿望。这包括强调对耕地投资的土地使用权管理法案、禁止焚烧森林但允许经济上必要的焚烧牧场的规定、要求所有男性每人每年种植100株幼苗的重新造林政策、划定新的保护区类别，以及对濒危物种的狩猎限制。第二，这套法规看似完善，但执行力度不大，反映出国家层面的影响力有限，以及与相关势力之间存在着潜在的紧张关系，这种紧张关系一直持续到今天（Kull，1996，2004）。第三，这一时期揭开了自然保护热潮的序幕，因为除法国之外的其他国家就是从彼时开始，通过一些发展和保护机构参与到马达加斯加的环境保护工作之中。世界自然基金会于1963年开始在该岛展开工作，其目的是保护濒临灭绝的狐猴。美国国际开发署从1966年的铁路改善贷款开始在马达加斯加活动，瑞士同时也开始发展其对马达加斯加的援助计划。

6.3 20 世纪 70—80 年代：自然保护热潮的前奏

1970年，马达加斯加政府与国际自然保护联盟密切合作，主办了一次关于保护自然及资源的国际会议，协办和出席会议的组织和机构有世界自然基金会、联合国粮食及农业组织、法国海外研究办事处（Orstom）和巴黎自然历史博物馆。这次高级别会议的召开恰逢全球范围内的环保浪潮，体现了该岛对于科学研究的重要性和人们对物种灭绝的担忧。共和国副总统卡尔文·齐埃博（Calvin Tsiebo）在大会开幕词中说道："不幸的是，我们无与伦比的自然遗产，这个独特的自然之都，已经受到严重威胁。据专家称，世界上很少有地区遭受如此大面积的迅速的环境退化（IUCN，1972，p9）。"

这次会议是马达加斯加自然保护领域的一个重要里程碑，并使自然保护的问题登上了报纸的头版。[②]齐埃博在闭幕式发言中，呼吁采取各种行动加强对自然的保护，比如设立新的保护区。最重要的是，要加强国际和国家组织的参与和财政支持的力度。

然而，在这次会议上，时任科学研究主任的艾蒂安·拉科托玛丽亚（Etienne Rakotomaria）质疑外国科学家所占的主导地位：

我们谈到了三个问题：森林保护区、教育和外国科学家的作用。在这三个领域，我们都看到国际组织以马达加斯加的名义与法国人谈判，却将马达加斯加人排除在外……但是，在未来，必须只能与我国的政府代表进行谈判。外国科学家只有在为马达加斯加同行谋取互惠福利的情况下才能在这里工作。在座各位都很清楚：马达加斯加的自然是世界的遗产。**我们不确定其他人是否能意识到这也是我们的遗产。**

（Jolly，1980，p7，**黑体**部分由作者标注）

拉科托玛丽亚的声明在今天依然有效：保护热潮仍主要由国外势力推动着。但该声明也反映了当时马达加斯加后殖民时期的紧张状态。在齐拉纳纳政府和武装部队中到处都是法国顾问，外国人控制了国家80%的经济，大学教师中大部

150

分是法国人。针对此局面，马达加斯加的大学生们发起了抗议，群众也加入了抗议活动，此举直接导致了齐拉纳纳将权力移交给拉马南索阿将军领导的军事过渡政府。1972 年的大革命被视为马达加斯加脱离法国统治的第二次独立。在随后动荡不安的时期内，法国被要求关闭其位于迭戈苏瓦雷斯的军事基地，马达加斯加退出法郎区（前殖民时期由法国支持的货币体系），大多数西方技术助理和科学家被禁止入境，自然保护工作也陷入停滞（Covell，1987）。

接下来的三年充斥着权力争斗和暴乱，总统也遭暗杀。1975 年，拉马南索阿政府外交部部长迪迪尔·拉齐拉卡上将（Admiral Didier Ratsiraka）上台。当年年底，他推出了新宪法，当选为总统。自此，第二共和国开始，其特点是在共和国成立之初，致力于国有化、"科学社会主义""人文主义马克思主义"，但缺乏对环境的关注（Jolly，1990）。

与其他发展中国家一样，马达加斯加遵循富裕国家放贷机构和国际金融机构的建议，向商业银行大量借款（20 世纪 70 年代能源危机后，这些银行从石油出口国获得了大量现金），用于投资教育、军事、交通、通信和工业发展。但同时，不负责任的贷款、非理性的借贷和全球经济衰退导致了国家赤字、债务和通货膨胀危机的迅速加剧。到 1980 年，马达加斯加背负了 10 亿美元的外债，这意味着其别无选择，只能寻求国际货币基金组织（IMF）的帮助来解决困境。国际货币基金组织援助的条件是执行他们的"结构调整"计划。按照规定，世界各地的发展中国家要想获得国际货币基金组织的贷款，就必须实行该计划，这包括宏观经济改革，如政府紧缩和平衡预算、将货币贬值以改善出口和减少贸易壁垒。到1986 年，世界银行已成为马达加斯加的主要资金来源，同时国家面临着新政策的压力，如自由化和私有化（Covell，1987；Mukonowshuro，1994）。这种结构 *152* 调整政策被称为"华盛顿共识"，代表了国际货币基金组织总部、世界银行和美国财政部的主张。这些政策得到了一种新兴的"新自由主义"意识形态的支持。新自由主义致力于将经济和政治治理对标古典自由主义，包括信赖市场和民间社会，对国家则怀有敌意。近 30 年来，新自由主义在世界各国政府中产生了强烈的意识形态影响，它推动了自由市场政策，如贸易自由化、国有资产私有化、国家服务外包和市场开放。

正是在这种政治和经济背景下，自然保护活动得以恢复。债务危机迫使这个受外国影响的、奉行孤立主义的第二共和国在地缘政治上与其他国家和解，并重新恢复和一些自然保护机构的联系。这个过程非常缓慢，但一直在朝这个方向发展。1979 年，世界自然基金会在巴塞勒米·瓦奥希塔（Barthélémi Vaohita）的指导下在塔那那利佛设立了官方代表处。瓦奥希塔长期致力于环境保护运动，是环境教育的积极倡导者、杰出的公众演讲者，还是拉齐拉卡总统的朋友，因此瓦奥希塔在帮助马达加斯加自然保护取得进展方面发挥着重要作用。③世界自然基金会仍继续关注着物种保护和保护区，还发起了一场针对决策者和公众的宣传运动。国外的研究者再次获邀进入马达加斯加的自然保护领域。1983 年，在新泽西野生动物保护信托基金会和耶鲁大学、杜克大学和华盛顿大学的指导下，成立了一个委员会，为授予环境保护研究许可提供便利。

到 20 世纪 80 年代中期，1970 年会议形成的势头得以恢复。20 世纪 80 年代，马达加斯加政府的观点从"完全否认环境可能影响人类福利转变为至少在政策健全的言辞中处于领先的国家之一"（Jolly，1990，p121）。1984 年，马达加斯加通过了一项由各国政府部长签署的国家保护和发展战略。在《世界保护战略》（IUCN/WWF/UNEP，1980）中，马达加斯加是非洲第一个编写此类文献的主要国家。该战略强调公众意识和环境教育、环境行为变化、技术能力、项目评估和当地人的参与。是什么促成了这一开创性文献？据一位自然资源保护者称，"这很有马达加斯加的风格""很少有国外人士参与其中"；还有一位人士认为，世界自然基金会施加的压力确实也有影响。⑤

1985 年 11 月举行了第二次具有里程碑意义的保护与发展国际会议。时任畜牧、水利和森林部长的约瑟夫·兰德里亚纳索洛（Joseph Randrianasolo）宣称："以前，人们只谈论我们的动植物群如何美丽、如何具有科学价值。这一次，我们谈论的是我们的人民，以及如何管理我们的资源，使其在食物和薪材方面自给自足（Jolly，1990，p119 – 120）。"

在"可持续发展"这一新概念中，自然保护与人类福祉的关系是促使政府有所行动的一个关键因素。可持续发展植根于《世界自然保护大纲》，并受《布伦特兰报告》（世界环境与发展委员会，1987）所推崇，在一定程度上回应了贫穷国家的担忧，即有关环境保护的言论将会阻碍他们实现经济发展的急切目标。

许多国际机构和政府官员出席了 1985 年会议，世界自然基金会国际主席菲利普亲王也亲临现场。据说，他当着拉齐拉卡总统的面提出"你们的国家在环境方面正在自取灭亡"。此举被标榜为马达加斯加保护意识形成的一个重要里程碑。笔者采访过的一位自然保护机构的工作人员称，这件事是他职业生涯中的关键事件，因为外界对该国自然遗产的浓厚兴趣给他留下了深刻印象。⑥在会议期间，兰德里亚纳索洛部长建立了自 20 世纪 60 年代以来的第一个新保护区贝扎 – 马哈法利（Beza-Mahafaly），并请求财政和技术援助，以实施 1984 年的国家战略。

其他一些项目也随之启动。例如其中一项是由世界银行、瑞士和挪威共同资助的水土保持和森林管理项目。世界自然基金会和美国的大学被要求在美国国际开发署和联合国教科文组织（UNESCO）的资助下协助管理保护区。这段时间对保护区系统进行了一次重要审查，引发了一些扩张性的、综合性的环境保护和发展计划（Nicoll & Langrand，1989；Hannah，1992）。⑦最后，世界自然基金会被要求制订一个环境教育计划，到1992年，该计划已经在大多数学校得以实施。

尽管期望值很高，但20世纪80年代中期取得的成果依然有限。负责保护区的林业局处于结构调整、预算紧缩和项目数量过多的尴尬局面（Schmid，1993）。因此，在世界银行的大力推动下，政府要求国际捐助者帮助设计一个更有效的环境行动计划。世界银行在其新任行长巴伯·科纳布尔（Barber Conable）的领导下，在受到外界多年来严厉的批评之后，一直在寻求机会证明其保护环境的能力。他在非洲各地引入国家环境行动计划，鼓励其发展并提供了大量资助，将其作为债务危机后获得国家经营预算贷款的非正式结构调整条件（Dorm Adzobu，1995；Lindemann，2004）。每个国家的国家环境行动计划各有特点，有着不同的沟通渠道和结果。鉴于上述原因和外界对自然保护的兴趣，马达加斯加在本国环境保护方面表现得尤为突出（World Bank，1988；Falloux & Talbot，1993；Hufty & Muttenzer，2002；Sarrasin，2007；Pollini，2011）。

马达加斯加政府各部门并没有在环境保护方面立即给予政治上的支持。政府人员在一次讲话中提到：

154

> 许多有影响力的马达加斯加人都忙于处理该国紧迫的经济问题……只是他们还有除环境以外的其他优先事项需要处理……然而……对环境退化代价令人震惊的估计使得首相作为国家环境行动计划的赞助人加入了规划署，总统最初仍持观望态度……但是在马达加斯加广播电台制作了一系列精彩的环境电视节目后，总统不得不关注这一问题。他意在加强公众舆论，支持国家环境行动计划。当时正值总统竞选连任之际……令人欣慰的是，国家环境行动计划的发展恰逢其时，总统采纳了该计划，并成为国家环境行动计划的热心支持者。

> （Falloux & Talbot，1993，pp34 – 35）

另有消息称，1989年任命维克托·拉马哈特拉（Victor Ramahatra）为总理是世界银行促成的，这样能确保其在环保行动中支持和协调好国家环境行动计划。⑧马达加斯加在环境行动方面的合作从来不是世界银行援助的明确条件，但试问"哪国政府可以无视其外国捐助者的强烈意愿呢"？⑨

国家环境行动计划由马达加斯加政府在世界银行、美国和瑞士双边援助机构、世界自然基金会、联合国开发计划署（UNDP）和教科文组织（Sarrasin，2007）的大力技术指导和财政支持下开发。联合国教科文组织和开发计划署通过其"人与生物圈计划"，在20世纪80年代的岛上环境工作中发挥了重要作用，包括 1988 年在图阿马西纳主办另一次会议（Maldague et al., 1989）。当时，瑞士将马达加斯加列为其发展援助的重点国家，重点关注土壤保护和农业系统。美国人通过环保部门越来越多地参与进来。尽管法国与马达加斯加仍保持着密切的联系，并积极开展了发展援助计划，但在这一最初的方案中却没有法国人的参与（Andriamahefazafy & Méral，2004；Freudenberger，2010）。

6.4　自然保护的热潮：从 1990 年至今

　　本节讲述 1990 年以来马达加斯加自然保护的故事，重点介绍自然保护的重要事件，并将其纳入更广泛的政治和历史背景之中。在 20 世纪 90 年代和 21 世纪头 10 年，国家环境行动计划支持了大多数的保护活动。1990 年 1 月，外国捐助者在巴黎签署了一项协议，承诺在国家环境行动计划成立的最初几年投入超过 1 亿美元，国民大会在当年晚些时候把该计划作为《环境宪章》付诸实施。国家环境行动计划的发展有着不同寻常的 15 ～ 20 年的远景。其宣传材料表明，它将通过提高生活水平、改善资源管理和保护自然来促进可持续发展，并宣传对话原则、对当地社区的益处和其行动的持续性。然而，重点还是环境保护。优先项目包括农村和城市环境管理、制度支撑、测绘、环境教育和培训，尤其是增加保护区 40 万公顷的土地来保护生物多样性（World Bank，1988；Kull，1996；Freudenberger，2010）。

　　随着国家环境行动计划的启动，马达加斯加的保护活动开始加速发展，开创了一个数百万美元项目的时代。马达加斯加成为保护区的"黄金国"，[⑩] 这段时期见证了自然保护活动数目的惊人激增（Hough，1994；Kull，1996）。美国国际开发署只赞助了马达加斯加的一小部分项目，但在 1988—1992 年期间引进了至少 6 个重大保护项目，并率先资助了国家环境行动计划的生物多样性部分。美国和平队于 1993 年 9 月抵达，并派遣志愿者参与环境项目。这也是一个债务互换的时代，通过这种方式，捐赠者偿还某个国家的部分外债，以换取一项协议，即该国将为当地的保护活动提供资金。从 1989 年开始，国际货币基金组织、世界自然基金会和美国国际开发署至少达成了 7 次债务与自然的互换。1991 年，政府在一个主要由美国赞助商组成的广泛联盟的帮助下，公布了全新的拉诺马法纳（Ranomafana）国家公园。这是 30 年来第一个新建的国家公园，标志着环保复兴的开始。

　　1991 年，由于独裁总统拉齐拉卡（Ratsiraka）的反对者不满于经济停滞不前，策划了一场大罢工，致使经济瘫痪，自然保护活动也遭遇轻微挫折。1992

年 8 月新颁布的宪法标志着第三共和国的开始。1993 年 2 月 10 日反对党联盟领袖阿尔伯特·扎菲（Albert Zafy）在一次大选中取代了拉齐拉卡，政权平稳交接。扎菲政府由法国总理弗朗西斯克·拉沃尼（Francisque Ravony）领导，主要关注经济和政治问题，但没有干涉国家环境行动计划的行动。这一点不难理解，因为当时政府破产了，国家经济受到政治危机的冲击，主要捐助者联合起来支持可持续发展议程〔注意：联合国环境与发展会议（UNCED）于 1992 年在里约热内卢召开〕。自然保护行动者与高层政府官员有着密切接触，并说服他们继续采取自然保护行动，以吸引外国资金。例如世界自然基金会的项目主管希拉·奥康纳（Sheila O'Connor）所提的意见被首相采纳。⑪正是在这一背景下——政治不确定性、经济困难和自然保护组织几乎为所欲为的掌控——国家环境行动计划第一阶段的行动得以实施。它被称为第一阶段环境计划（PE1），时间跨度为 1990 年到 1996 年。

6.4.1 第一阶段环境计划，扎菲领导下的综合保护和发展

第一阶段环境计划有三个主要推动力：第一个是建立制度结构，以便实施国家环境行动计划。1991 年，政府成立了国家环境办公室（ONE），以协调国家环境行动计划的活动。还创建了国家环境行动协会（ANEA），重点关注土壤管理和农村发展，以及国家保护区管理协会（ANGAP）。国家保护区管理协会秉承自由主义精神，是一个协助国际非政府组织对保护区进行临时管理的附属机构，目的是促使地方政府有能力接管这一事务。⑫最后，1994 年成立了一个新的环境部，但权力极为有限。

新机构建立之初，新自由主义意识形态占据主导地位，他们力求缩减国家的职能部门并将某些职能外包，这在当时制造了紧张关系，也导致了长期的不良后果（Andriamahefazafy & Méral，2004）。例如林业服务局一直负责自然保护区的工作，拒绝将权力移交给全国保护区管理协会。⑬林业服务局在殖民地政府中一直以其高度专业化自居，但在 20 世纪 80 年代的紧缩措施中不得不解散。同时，国家环境行动计划寻求规避风险并重建一个有此能力的机构（Montagne & Ramamonjisoa，2006；Freudenberger，2010）。

第二个推动力是受现代化的国家环境立法的推动。一个重要的里程碑是 1994 年通过了第一项环境影响评估立法，称为《环境影响评估法》（MECIE）。几年后，在瑞士项目的推动下，马达加斯加还通过了一整套全新的林业立法（Montagne & Ramamonjisoa，2006）。

156

第三个也是最明显的推动力是巩固和扩大该国的保护区网络。捐助者赞助了10多个综合性保护与发展项目（ICDPs），这些项目试图将公园或保护区内的保护工作与周围村庄的发展工作结合起来，后者的工作被认为将减少对保护区的人为压力。例如：由美国国际开发署通过美国大学联盟资助的拉诺马法纳国家公园；由世界银行和开发计划署资助的联合国教科文组织生物圈保护区马娜拉拉 – 诺德（Mananara-Nord）；由美国国际开发署资助并由国际野生生物保护学会与开发组织美国援外合作署共同运营的马索阿拉（Masoala）半岛；以及最初由世界自然基金会通过德国的资助运营的马罗热（Marojejy）地区（Kull，1996）。

美国国际开发署实际上是第一阶段环境计划期间国家环境行动计划活动的关键驱动力，因为该机构和世界银行提供主要资金来源（Méral，2012）。美国国际开发署的各办事处被列为"重要使团"，拥有大量工作人员，而世界银行的主要工作人员则被安排在华盛顿（Freudenberger，2010）。1994 年和 1996 年，由于马达加斯加没有履行结构调整承诺，美国国际开发署的援助项目被降级，但由于国会对生物多样性的专门拨款（Medley，2004；Corson，2010），美国国际开发署继续支持环境项目，因此，美国国际开发署在整个国家环境行动计划的其他活动中一直起着关键作用。该机构的强大存在也得益于一个重要人物——丽莎·盖洛德（Lisa Gaylord）（Freudenberger，2010），她一直负责协调各个环境项目。

第一个环境计划的一个主要趋势是将重点从可持续自然资源管理（包括生物多样性保护）的宏伟目标转变为首先关注生物多样性的特定目标。其中的紧张关系在早期的"保护和发展"会议中已经显现出来，并在创建的三个机构——国家环境办公室、国家环境行动协会、国家保护区管理协会的运作发展中有所体现。在这三个机构中，侧重于土壤保护和农村发展的国家环境行动协会力量最为薄弱，最终各方都不再对其援助资金（Andriamahefazafy & Méral，2004）。对生物多样性的重点关注得益于对美国国际开发署的资金采取了结构上和政治上的限制（Corson，2010）。此外，当瑞士把对马达加斯加的援助从"重点国家"级别降级后，瑞士对其可持续林业和农村发展的重视程度降低了（这是瑞士对一直悬而未决的 1994 年承包商遭遇暗杀事件的回应）。

在第一阶段环境计划的最后两年，马达加斯加突然出现了一股以社区为基础的自然资源管理热潮，这符合当时的全球趋势。国家环境行动计划的主要捐助者（法国现在也参与其中）主办了一系列讲习班和组织了专家团，专家团包括来自威斯康星大学的土地使用权中心和法国研究机构法国农业国际合作研究发展中心的研究人员，他们共同推广了社区管理模式的理念（Weber，1995；Montagne & Ramamonjisoa，2006）。其结果是，决策者制定了一项法律，命名为《本地安全管理》（GELOSE），以促进将具体的资源管理权利和责任转让给社区协会。1996年这项法律得以通过（更多细节见第 8 篇文章；Pollini & Lassoie，2011）。

157

6.4.2 拉齐拉卡的回归、第二阶段环境计划和区域性方法

由于在马达加斯加经济危机管理方面几无建树，阿尔伯特·扎菲于1996年被迫放弃总统职位（Marcus，2004）。国民议会对他试图独揽权力极为失望，并针对他超越宪法权利的行为提出弹劾。这场政治危机在1997年初前独裁者迪迪埃·拉齐拉卡（Didier Ratsiraka）再次当选后结束，所幸并未引发罢工或暴力，但在从第一阶段环境计划过渡到第二阶段环境计划期间出现了一定程度的政治不确定性。

第二阶段环境计划于1997—2002年间实施。第一阶段环境计划的评估人员发现，综合性保护和发展项目对保护区周围无明确目标的开发活动几乎毫无裨益。他们为第二阶段环境计划提出了一种更广泛、更具战略意义、更全面的区域方法，重点强调权力下放和参与（Gezon，2000；Freudenberger，2010；Pollini，2011）。美国国际开发署的项目侧重于将保护区走廊与周围地区联系起来的"生态区"。例如美国资助的景观发展干预项目（LDI）侧重于马达加斯加东部两个最主要的走廊，采取了一系列令人眼花缭乱的举措，包括替代刀耕火种农业、提高偏远农村的卫生状况、打造天然产品商品链、发展生态旅游、修建市场道路和当地灌溉系统、成立农民合作社、构建参与式规划结构。这种区域性方法带来的一个后果是不同行动者之间出现了区域壁垒：美国的项目集中在菲亚纳兰楚阿（Fianarantsoa）和穆拉曼加（Moramanga）地区，瑞士的项目集中在梅纳贝地区，德国的项目集中在法基南卡拉塔（Vakinankaratra）地区（Moreau，2008；Méral，2012）。

有些项目试图通过《本地安全管理》促进自然资源的共同管理。然而，有些人认为，《本地安全管理》太拘泥于法律，并且烦琐。他们在2001年制定了一个更简单的替代方案——《森林合同化管理》（GCF）。与《本地安全管理》不同，《森林合同化管理》只能应用于林业服务局控制的土地，不需要分配土地使用权，也不需要与市政当局协商。这种相互矛盾的方法一度引起捐助者之间的竞争，执行《本地安全管理》的法国人和赞助《森林合同化管理》的美国人之间不时出现紧张关系。[14]最后，1997—2006年期间报告了超过450份使用一项或其他立法的当地管理合同（见第7篇文章；Montagne & Ramamonjisoa，2006；Montagne et al.，2007）。

与此同时，塔那那利佛在完善环境管理的体制、技术和立法基础方面仍在继续开展大量工作。例如援助和保护机构通过开发一种基于卫星的焚烧监测工具为林业服务局提供支持。[15]同样，一些多边机构、双边机构和保护组织设立了一个多边捐助者秘书处，其任务是协调各种捐助活动（Lindemann，2004；Freudenberger，2010）。

6.4.3　第三阶段环境计划、拉瓦卢马纳纳和德班愿景

由于受到另一轮政治危机的影响，从第二阶段环境计划到第三阶段环境计划的过渡期漫长而混乱。2001 年 12 月的总统选举结果受到了以塔那那利佛市长马克·拉瓦卢马纳纳（Marc Ravalomanana）为首的党派人士的质疑，拉瓦卢马纳纳声称自己在第一轮投票中获得了绝对多数选票。数月的街头抗议和紧张局势接踵而至。拉瓦卢马纳纳在外交上迅速得到了美国、瑞士和挪威的承认。2002 年 7 月，法国协助拉齐拉卡总统逃往国外，从而确保了拉瓦卢马纳纳对该岛的控制。拉瓦卢马纳纳是一位白手起家的企业家和商人，他为国家治理引入了一种冒进的全新态度：采取以成果为导向、自上而下的管理模式；对非法国联系人和投资者（美国、南非、中国和其他亚洲国家）实行开放；排斥旧的法 – 马体制（Marcus，2004；Rakoto Ramiarantsoa，2008）。

尽管双边资助者和非政府组织很快恢复了工作，但世界银行推迟了第三阶段环境计划的实施，因为世界银行在等待新政府能够证明其有能力兑现承诺。毫无疑问，拉瓦卢马纳纳政府确实能够证明。政府宣布了一项严格的焚烧禁令，发起了提高农民意识和镇压不法行为的运动（监禁了几名实施烧垦的农民），将市政（农村公社）预算与禁火等绩效措施挂钩，最引人注目的是其还宣布了一个雄心勃勃的目标，即在 5 年内将保护区的面积扩大两倍。由此可见，第三阶段环境计划的开始呈现出一片混乱且不协调的局面（Pollini，2011；Méral，2012）。

拉瓦卢马纳纳总统的激进议程还包括开发大型采矿项目、改革土地使用权促进外国投资、发展农业企业交易和进行道路建设（Rakoto Ramiarantsoa，2008；Rakoto Ramiarantsoa et al.，2012），这改变了第三阶段环境计划的基调。虽然主要行动者在其项目和管理区的政策具有普遍的连续性，但第三阶段环境计划（2003—2009 年）的特点与早期的两个阶段计划有三大不同：一是重新重视保护区制度；二是国家更加自信，地方参与空间更小；三是努力通过经济手段实现对自然的保护。下文将依次讲述这三点。

第一，保护区制度及其扩展成为保护行动的重中之重。2003 年，政府通过了新的保护区立法，称为《保护区法令》（COAP），其中概述了不同的保护类别，禁止大多数在保护区的人类资源开采。然后，拉瓦卢马纳纳总统在南非德班举行的世界公园大会上宣布，马达加斯加的保护区数量将在 5 年内增加两倍。这种"德班愿景"的紧迫性引发了一系列群体活动和辩论（更多细节见第 8 篇文章）。简而言之，这场辩论涉及以美国为首的保护主义者的利益——以国际保护协会和国际野生生物保护学会为基础的保护组织（在拉瓦卢马纳纳的领导下，这两个组织的重要地位日益上升）反对各种各样的行动者，这些行动者的利益受到

保护区域自上而下迅速扩张的威胁。这不仅涉及政府部门、矿业和林业的利益，也涉及各个环境和发展部门的利益，他们（首先是法国[⑯]和德国双边援助机构、一些当地非政府组织、联合国教科文组织，其次是世界自然基金会和联合国开发计划署）更希望采用一些可持续利用的方法，并认为目前的核心方法破坏了与贫穷农村社区的关系。

打破这一僵局的是世界自然保护联盟（德班会议的主办方）派出的由格拉齐亚·博尔里尼－费耶拉邦德（Grazia Borrini-Feyerabend）为首的两大代表团，他们提议将限制较少的世界自然保护联盟第5类和第6类（受保护的景观和可持续利用区）用于新的保护区。结果，在2005年出台了一项新政策，称为马达加斯加保护区系统（SAPM），该政策将保护区系统与国际自然保护联盟类别保持一致，并将其总体管理权交给环境和森林部，但将个人保护区的责任交给马达加斯加国家公园（以前称为国家保护区管理协会）、区域政府、非政府组织或私人行动者。此外，2008年《保护区法令》进行了修订，允许在更多的公园类别中采用参与性的方法，并可以利用某些自然资源[⑰]（Duffy，2006；Freudenberger，2010；Pollini，2011；Corson，2012）。

第二，在第三阶段环境计划和拉瓦卢马纳纳担任总统期间，国家开始更加自信，有时与环保主义者结成伙伴关系，而在第二阶段环境计划期间发展起来的以社区为基础的参与性管理精神遭遇了一些挫折，尽管许多说法与此相反（详见第7、第8篇文章）。然而，应当指出的是，实际上，许多其他行动者都在设法维持其在项目中强有力的共同管理。政府的自信得益于一些姗姗来迟的行政改革，这些改革厘清了不同部门和机构之间的竞争关系，削弱了第一阶段环境计划中设立的临时机构的影响。最关键的是，2003年，一个新合并的环境、水和森林部从国家环境办公室接管了国家环境行动计划，接着又从国家保护区管理协会和林业服务局接管了保护区系统的协调工作。原则上，这种权力的集中有助于有效控制和协调，但这个特殊的部门也肩负着达到国际环境目标的使命（Rakoto-Ramiarantsoa et al.，2012，p253）。

第三，第三阶段环境计划期间的环境倡议朝着"新自由主义"的保护方式转变，寻求利用金融或生态工具使环境保护持续下去。2005年，世界自然基金会和国际保护协会与马达加斯加政府合作建立了"马达加斯加生物多样性基金"。在世界银行、法国和德国的资助下，截至2010年底，该基金累计达2500万美元，其目标是有一个能够维持保护区系统的运营预算。与此同时，各方也努力促成使用生态系统服务付费的方式，此方式已经在第二阶段环境计划之前讨论过，但由于其功效的不确定性（Freudenberger，2010），除了马基拉岛（Maleira）的创新试点项目外，该方式被取消了。然而，最近，市场化改革已经提上了全球议程。马达加斯加政府于2005年首次批准了炭采购，并设立了几个生态环境服

160

务付费项目，其中 4 个项目侧重于碳，3 个项目侧重于生物多样性，1 个项目侧重于流域保护。资金来源包括与环保相关的非政府组织或世界银行（通过其生物碳基金），以及私营部门的行动者，如法国航空公司、三菱公司和珍珠酱乐队（更多详情见第 12 篇文章；另见 Méral et al., 2011；Méral, 2012）。

6.4.4　国家环境行动计划之后

2009 年，随着又一场政治危机的爆发，国家环境行动计划凄惨收场。拉瓦卢马纳纳在环境领域的强硬手段（外加其他的种种怨言、战术失误和地缘政治阴谋）招致了国人对其政权日益不满。在他的军队向街头抗议者开枪后，局势发生了逆转。2009 年 3 月，他被迫流亡国外，他年轻的对手安德里·拉乔利纳（Andry Rajoelina）获得了过渡政府的权力。2009 年，众多捐助者暂停了其非人道主义资金援助以示抗议，其中包括美国、世界银行、欧盟、非洲开发银行、国际货币基金组织和联合国开发计划署（Rakoto-Ramiarantsoa et al., 2012）。尽管美国继续保持与"非法政权"的距离，但世界银行于 2011 年 6 月恢复了对关键项目（包括环境部门）的部分资助，并于 2012 年 2 月提议恢复全面关系。

6.5　推动与形成自然保护热潮及其持续性的原因

对马达加斯加保护历史的概述表明，过去几十年发生的事件有各种前因和驱动力。在本节中，笔者将讨论推动和形成自然保护热潮及其持续性的 5 个重要且相互关联的因素。

6.5.1　马达加斯加真实和想象中的环境

马达加斯加保护行动的动机源于人们认为该岛具有非常独特的生物多样性，但是这种多样性目前受到了威胁。几十年来，该岛特有的动植物一直激励着博物学家们前来探索（见第 1 篇文章）。[18]他们观察到岛上的天然森林和大部分的自然遗产消失得如此之快，因此采取相应行动。除了这些经验观察，一些公认的看法也影响了人们如何谈论、如何描述马达加斯加的环境。其中包括对全岛原始森林有争议的观点，以及经常被引用但略显夸张的数字，比如有人说岛上的森林消失率已高达 90%（见第 3 篇文章；Kull，2004），以及关于退化原因的理论（比如将人口增长、贫困和环境退化联系起来的"退化螺旋"理论——世界银行，1988），并倾向于忽略其他导致环境变化的因素（见第 4 篇文章）。这些关于马达加斯加真实的和想象中的环境情况共同促成了马达加斯加岛享有全球自然保护优先权。该岛现在是生物多样性热点中"最热"的地区之一（Ganzhorn et al.，2001），这一现象也通过电视和媒体不断复现。

6.5.2　全球环境保护主义

毫无疑问，马达加斯加的自然保护受到了全球（或者更确切地说，是欧美）环境主义的广泛影响。由于对工业活动造成的污染和物种损失的种种担忧，这一运动于1970年左右首次引起了公众的广泛关注，并于1972年在斯德哥尔摩召开了联合国人类环境会议。从20世纪80年代中期开始，议题重点转向了诸如酸雨、沙漠化、雨林、生物多样性和全球变暖等环境危机。在某些重要文件如《布伦特兰报告》的（WCED，1987）积极推动下，人们的注意力转向了"可持续发展"这一新理念，该报告力图使得工业化和贫困国家的经济增长与环境保护协调一致地发展。这也促成了"绿化援助"行动（Adams，1990）。可以说，"可持续发展"的理念在1992年里约热内卢举行的联合国环境与发展会议上受到了热捧。全球环境主义继续发展，此时有两种趋势反映了新自由主义思想的不同表现：一是20世纪90年代朝着权力下放和参与方向发展；二是21世纪前10年朝着市场化工具发展（这在联合国里约＋20峰会及其"绿色经济"主题中得以体现；Carrière et al.，2013）。在漫长的历史长河中，全球保护组织感受到了两种观点之间的冲突：一种是力图保护部分自然免受人类影响的"保护主义"观点，另一种是人类与自然环境之间界限不那么明显的"可持续利用"观点。

马达加斯加自然保护的历史清晰地反映了这一不断演变的全球背景。20世纪70年代，人们对该岛自然的兴趣与全球对"生态"的兴趣相吻合。20世纪80年代后期，关注可持续发展和绿化援助是保护热潮中的一个关键因素，因为这些因素导致可用资金大幅增加。马达加斯加是具有环保意识的捐助者的"理想目标"。[19]最近，我们已经看到，岛上的自然保护活动反映了两种现象：一是保护活动朝着基于社区和市场的做法发展，二是保护主义者和可持续利用理念之间出现了冲突。

6.5.3　本土环境保护主义

尽管国外的兴趣和资金是自然保护热潮的主要推动力，但马达加斯加人在倡导保护该岛自然遗产方面的作用也很重要。如果没有起关键作用的决策者加入，政府就很容易使外国团体更难以开展活动。[20]此外，马达加斯加科学界和知识界人数虽少，但对自然保护却十分执着，他们的影响力也不容低估。某些关键人物如20世纪80年代驻美国大使利昂·拉贾贝利纳（Leon Rajaobelina），在国

163 家环境行动计划制订期间任财政部部长，现在是国际保护协会的区域副总裁。他的儿子塞尔日（Serge）继承了他的事业，于 1997 年创建了非政府组织"范南比"（Fanamby）（也见 Kull，1996）。马达加斯加行动者的影响在国家环境行动计划的每个阶段都有所增加（Andriamahefazafy & Méral，2004）。

虽然一些观察人士提到，"马达加斯加人对天然林本身的态度可以用漠不关心来形容"（Freudenberger，2010，p89），但他们的这种态度可能更应该有另一种解读，这种态度反映的是农村农民的文化视角和社会经济利益（Keller，2008；Scales，2012）。马达加斯加全国对待环境的态度千差万别，这取决于不同的社会背景、城市与农村的位置以及"环境"的含义。可以肯定的是，岛上 30 年来蓬勃发展的保护环境的行动——包括世界自然基金会的"意识计划"[21]——已经使得绿色环保的主题在城市社会中成为主流话语，并产生了一个由野外工作者、公园工作人员、大学毕业生和专业人士组成的主要队伍，他们的职业和身份都与保护热潮息息相关。然而，令人惊讶的是，与土地、环境和生计问题有关的任何广泛的农村农民运动或激进行为在此阶段都没有出现。

6.5.4　政治和经济学：外国人的角色

外国政府机构和国际非政府组织在马达加斯加的环境保护方面发挥着重要作用（Duffy，2006；Méral，2012；Rakoto Ramiarantsoa et al.，2012）。过去几十年中，向马达加斯加提供的发展援助数额与中央政府的运营预算数额大致相当。在过去的 20 年里，国家环境行动计划投入了近 5 亿美元的资金。当世界银行和美国国际开发署等捐助者在 20 世纪 80 年代末开始发展绿色产品时，该国别无选择，只能效仿。[22]正如艾莉森·乔利（Alison Jolly，1990，p121）所说，"该国依赖于银行资助的项目……马达加斯加太穷，债务太多，没有能力采取其他行动"。[23]这种依赖源自复杂的历史因素，包括殖民地因素及其政治和经济遗留问题、70 年代非理性的借贷和 80 年代的结构性调整政策。

自然保护热潮的出现与马达加斯加债务危机的加剧、对外部世界的政治重新开放以及可持续性话语的全球崛起有很大关系。地缘政治战略也发挥了作用。例如美国对马达加斯加增加援助的时候，恰好是南非不稳定的战略矿产供应构成威胁的时候（Hannah，1992）。该岛向民主的过渡——如 1993 年的选举和那十年的相对稳定——有助于吸引那些认为该岛是"乖学生"的主要捐助者的援助。在这种情况下，保护组织得以强化他们的影响力，因为当时没有多少对政府关于采矿或伐木的强有力的游说。[24]结果，自然保护的非政府组织与双边援助部门之间

164 建立了密切关系（Duffy，2006）。

外国资助者和国际环境组织的强大影响力因马达加斯加本国和民间社会的弱

势而变得更加复杂（Freudenberger，2010）。否则，与另一个获得自然保护奖的巴西亚马孙地区的反差就不会那么大。在巴西，联邦政府的资源更充足，议程也很明确，社会运动在维护各种利益方面都声势浩大。相比之下，在马达加斯加，没有民间社会团体参与到国家环境行动计划的开发和运行中（Lindemann，2004）。当被问到为什么会出现自然保护热潮时，一位被访者说："在马达加斯加工作比在巴西成本更低，也更容易。"㉕最终，

> 生态权力仍然掌握在大型非政府环境组织手中，这些非政府组织成为了（捐助者和该领域之间）专门的金融中介。他们确定援助计划的方向，优先考虑生物多样性保护和对气候变化的适应。这两种行动被重新包装为具有消除社会贫困的作用。
>
> （Rakoto Ramiarantsoa et. al，2012，p256）

6.5.5 保护工作中的竞争、意识形态和游说

虽然认识到国外势力在保护热潮中所起的巨大作用至关重要，但也有必要知晓，不同行动者之间存在意识形态冲突和地缘政治对抗（Méral，2012）。虽然到20世纪80年代末才开始的自然保护活动是由一小群相互合作的个人设计的，但在随后的几年里，利益的增加导致了更多的竞争和冲突。㉖

严格的自然保护目标和对可持续自然资源管理的更广泛关注之间存在着冲突。1970年和1985年的会议，还有1988年的国家环境行动计划文件是在贫穷人口寻求社会和经济发展的背景下，根据可持续的资源管理拟订的。在某种程度上，这一框架保证了马达加斯加政府的利益。然而，尽管人们一直致力于土壤保护、可持续农业系统和农村发展，但社会上很大一部分的关注和资助却分流到了对生物多样性的保护上（Pollini，2011）。

这种趋势主要是由美国的援助机构推动的。由于复杂的原因，美国国内的政治格局导致生物多样性保护在美国国际开发署的环保系列措施中占据主导地位。因此，该机构基本上采用了其与环保相关的非政府组织伙伴（世界自然基金会、国际保护协会和国际野生生物保护学会）的保护区办法（Andriamahefazafy & Méral，2004；Medley，2004；Corson，2010；Freudenberger，2010）。在单独的经济发展规划中，美国给予的援助主要体现在2000年的《非洲增长与机会法案》（African Growth and Opportunity Act），该法案降低了马达加斯加等国家的进口关税，并促进了该国纺织业的扩张。

美国的方法是"现代派"的，一方面它将自然保护与经济（工业）发展分离开来，另一方面，与其他国家环境行动计划伙伴国家如法国、瑞士和德国，在

165

援助项目上秉承强势的农村发展传统有所不同，这也反映了对"自然"的构成有着不同的理解。美国的方法以荒野理念和受黄石国家公园启发的保护主义模式为主，而欧洲大陆的方法则更倾向于可持续利用，比如将乡村农场景观纳入法国"区域自然公园"（Marcus & Kull，1999；Carrière & Bidaud，2012；Méral，2012）。

尽管任何事情都不是绝对的，但正如我们之前所看到的，这些意识形态上的种种冲突在很多方面都有所体现，比如：法国最初对国家环境行动计划的少量参与、《本地安全管理》与《森林合同化管理》参与式保护模式之间的冲突、对德班大会之后扩大保护区方法的质疑。这些意识形态（或文化）的冲突有时与体制和地缘政治的竞争纠缠在一起。例如，一些法国人把环境因素视为"盎格鲁－撒克逊人"对该岛施加影响的"特洛伊木马"（Moreau，2008）。

1990—2003 年，法国在"环境"类别中提供的发展援助不到 3%；主要的环境捐助国和机构包括美国（32%）、世界银行（20%）、瑞士和德国（各 15%）、欧盟（6%）和联合国开发计划署（4%）。但是，法国资助了农村发展、渔业、棉花、灌溉水稻、农业生态和牲畜等方面的发展（Andriamahefazafy & Méral，2004；Méral，2012）。法国对环境的影响来自政府机构的顾问职位（参见 Pollini，2011 年自传），以及通过其研究机构进行的大规模、长期的研究合作。

随着拉瓦卢马纳纳政权的兴衰，法国和美国之间展开地缘政治的竞争。拉瓦卢马纳纳冒犯了既定的法－马精英阶层，建立了以英语为母语的语言体制，甚至将英语确立为官方语言。法国在 2002 年迟迟不承认拉瓦卢马纳纳的总统地位。在 2009 年的政变将他推翻后，关于法国的暗中操纵或投机取巧的谣言层出不穷（Deltombe，2012），而美国当机立断，直接关闭了各类援助项目，以抗议其所谓的非法政权。考虑到外国势力在马达加斯加环境保护工作中的强大作用，保护行动的主要参与者——特别是前殖民地宗主国法国和主要环保融资国美国——在意识形态和地缘政治方面的争斗，影响了长达 20 年的保护热潮的进程和特点。

6.6 结论

长期以来，马达加斯加对自然爱好者具有不同寻常的吸引力，因为它拥有其他地方没有的、独特的动植物。正是通过一些博物学家的视角，许多外国人开始关注该岛——尽管马达加斯加还有其他的迷人之处，例如它的音乐传统或水稻梯田和红砖房的文化景观。从 20 世纪 80 年代末到现在，自然保护工作的蓬勃发展都是基于人们对该岛的这种特别看法，并在保护进程中强化了人们的这种看法。

保护热潮蓬勃兴起的因素有很多，这包括岛上特殊的生物特征、自然遗产的退化、环境危机的主导性论述（这些论述夸大了环境退化的速度和影响）、全球环境运动不断扩大的影响范围和不断发展的理念，还有至关重要的一个因素：在一个极度贫穷的后殖民地国家，双边和多边机构的政治经济的影响。这一热潮的出现是由于 20 世纪 80 年代末全球环境行动主义的迅速发展（通过可持续发展延伸到世界银行的走廊），同时伴随着马达加斯加的金融危机和政治上的重新开放。在这一过程中，许多激情满怀的个人作出了巨大贡献。

在国家环境行动计划的 20 年里，自然保护活动取得了巨大进展。然而，现在面临着新的挑战。两个大型采矿项目正在进行，还有几个项目在计划中。农业投资者为经济作物寻求土地转让。欧洲和美国的援助者因经济危机而陷入瘫痪。亚洲投资者在商业和开发项目方面的影响力越来越大。合伙精英的"影子国"扮演着邪恶的角色，他们从与保护环境相悖的活动（如非法采伐）中获得巨额利润（Duffy，2006；Pollini，2011）。

自然保护热潮对于在保护区、立法、机构等方面（见 Freudenberger，2010）所起的作用，最终收获了许多利益相关者的赞誉，也受到不少质疑。自然资源保护主义者可能会为诸如扩大保护区面积之类的进展感到自豪，但同时也对其中的许多失败和困难感到沮丧——毕竟，即使是在公园里，树木砍伐仍屡禁不止。维护马达加斯加贫困农村居民利益的代表感激他们在保护区周围所做的工作、偶尔提供给农村社区的就业机会，以及通过共同管理举措给予农民的认可，但对他们制约农村生活方式仍感不满。这种冲突从未得到圆满解决；自然保护游说团的"生态权力"仍然"面临着合法性的问题"（Rakoto Ramiarantsoa et al.，2012，p256）。

世界上许多一流保护区在其起步阶段都比较脆弱并备受争议。马达加斯加自然保护区当然也不例外。人们会问，从长远来看，那些公园是否会得到完好的保护？这些保护区和其他举措当然对自然保护有积极影响，但其可持续性取决于更广泛的社会和经济因素。既然目前已经在保护狐猴、变色龙和地方植物群上投入了巨大努力，现在最重要的是要应对该岛国在政治、经济和治理方面的挑战，要重点关注所有景观的可持续管理和靠自然景观谋生的人。毕竟，国家环境行动计划的最初目标不仅是保护自然遗产，还包括开发人力资源、提高生活水平、通过改善资源管理促进可持续发展。

注释

①这些先例经常被引用来证明保护政策的合理性，但往往脱离当时的背景（Kull，2004）。

②资料来源：anon-e（代码指 1994 年对保护和发展专业人员进行的匿名访谈。字母代码表示个人）。

③anon-g。

④anon-h。

⑤anon-c；anon-j。

⑥anon-f。

⑦anon-j。

⑧anon-a。

⑨anon-d。

⑩anon-a。

⑪anon-c。

⑫anon-j。

⑬anon-e。

⑭Moreau，2008；访谈，塔那那利佛，2003 年。

⑮访谈，安迪·凯克，贾里阿拉项目，2006 年。

⑯具有讽刺意味的是，2003 年，法国将其发展援助中的环境问题从外交部（例如，该部曾将资源管理等问题的专家安排到政府咨询岗位上）转交到法国发展署，该署更像是一家开发银行，并决定将其所有资金投入生物多样性基金会，有效地支持了一个更强硬的核心立场（Méral，2012 和私人通信；2010 年 10 月 26 日）。

⑰P. Méral，私人通信，2010 年 10 月 26 日。

⑱anon-a；anon-g。

⑲anon-n。

⑳anon-j。

㉑anon-c。

㉒anon-a；anon-d；anon-k；anon-o。

㉓anon-a；anon-d；anon-k。

㉔anon-g；这种情况在 2000—2010 年发生了改变。

㉕anon-g。anon-a 也做出了类似的评论。

168　㉖anon-h。

参考文献

Adams，W. M. （1990） *Green Development*，Routledge，London.

Andriamahefazafy, F. and Méral, P. （2004）'La mise en oeuvre des plans nationaux d'action environnementale：un renouveau des pratiques des bailleurs de fonds?'，*Mondes en Développement*，vol 32. 3，no 127，pp29 - 44.

Carrière, S. M. and Bidaud, C. （2012）'Enquête de naturalité：représentations scientifiques de la nature et conservation de la biodiversité'，in H. Rakoto Ramiarantsoa，C. Blanc-Pamard and F. Pinton（eds）*Géopolitique et Environnement*，IRD Editions，Montpellier.

Carrière, S. M., Rodary, E., Méral, P., et al. （2013）'Rio + 20, biodiversity marginalized'，*Conservation Letters*，vol 6，pp6 - 11.

Corson, C. （2010）'Shifting environmental governance in a neoliberal world：USAID for conservation'，*Antipode*，vol 42，no 3，pp576 - 602.

Corson, C. （2012）'From rhetoric to practice：how high profile politics impeded community consultation in Madagascar's new protected areas'，*Society and Natural Resources*，vol 25，pp336 - 351.

Covell, M. (1987) *Madagascar: Politics, Economics, and Society*, Frances Pinter Publishers, New York.

Deltombe, T. (2012) 'La France, acteur-clé de la crise malgache', *Le Monde Diplomatique*, March.

Dorm-Adzobu, C. (1995) *New Roots: Institutionalizing Environmental Management in Africa*, World Resources Institute, Washington, DC.

Duffy, R. (2006) 'Non-governmental organisations and governance states: the impact of transnational environmental management networks in Madagascar', *Environmental Politics*, vol 15, no 5, pp731 – 749.

Falloux, F. and Talbot, L. M. (1993) *Crisis and Opportunity*, Earthscan, London.

Freudenberger, K. S. (2010) *Parade Lost? Lessons from 25 Years of USAID Environment Programs in Madagascar*, International Resources Group, United States Agency for International Development, Washington, DC.

Ganzhorn, J. U., Lowry, P. P. I., Schatz, G. E. and Sommer, S. (2001) 'The biodiversity of Madagascar: one of the world's hottest hotspots on its way out', *Oryx*, vol 35, no 4, pp346 – 348.

Gezon, L. L. (2000) 'The changing face of NGOs: structure and *communitas* in conservation and development in Madagascar', *Urban Anthropology*, vol 29, no 2, pp181 – 215.

Hannah, L. (1992) *African People, African Parks*, USAID, Biodiversity Support Program, and Conservation International, Washington, DC.

Hough, J. L. (1994) 'Institutional constraints to the integration of conservation and development: a case study from Madagascar', *Society and Natural Resources*, vol 7, no 2, pp119 – 124.

Hufty, M. and Muttenzer, F. (2002) 'Devoted friends: the implementation of the convention on biological diversity in Madagascar', in P. G. Le Prestre (ed.) *Governing Global Biodiversity*, Ashgate, London.

IUCN (1972) *Comptes rendus de la Conférence internationale sur la Conservation de la Nature et de ses Ressources à Madagascar, Tananarive 7 – 11 Octobre, 1970*, International Union for Conservation of Nature, Gland, Switzerland.

IUCN/UNEP/WWF (1980) *World Conservation Strategy*, International Union for Conservation of Nature, Gland, Switzerland.

Jaberg, S. (2011) '50 ans d'aide Suisse à Madagascar, et après?', *Swissinfo. ch*, September 14, 2011.

Jolly, A. (1980) *A World Like Our Own: Man and Nature in Madagascar*, Yale University Press, New Haven.

Jolly, A. (1990) 'On the edge of survival', in F. Lanting (ed.) *Madagascar: A World Out of Time*, Aperture, New York.

Keller, E. (2008) 'The banana plant and the moon: conservation and the Malagasy ethos of life in Masoala, Madagascar', *American Ethnologist*, vol 35, no 4, pp650 – 664.

Kull, C. A. (1996) 'The evolution of conservation efforts in Madagascar', *International Environmental Affairs*, vol 8, no 1, pp50 – 86.

169

Kull, C. A. (2004) *Isle of Fire*, University of Chicago Press, Chicago.

Lindemann, S. (2004) *Madagascar Case Study: Analysis of National Strategies for Sustainable Development*, IISD, Environmental Policy Research Centre, Freie Universität Berlin.

Maldague, M., Matuka, K. and Albignac, R. (1989) *Environnement et Gestion des Ressources Naturelles dans la zone Africaine de l'Ocean Indien*, UNESCO, Paris.

Marcus, R. R. (2004) *Political Change in Madagascar: Populist Democracy or Neopatrimonialism by Another Name?*, Institute for Security Studies, Pretoria.

Marcus, R. R. and Kull, C. A. (1999) 'Setting the stage: the politics of Madagascar's environmental efforts', *African Studies Quarterly*, vol 3, no 2, pp1 – 8.

Medley, K. E. (2004) 'Measuring performance under a landscape approach to biodiversity conservation: the case of USAID/Madagascar', *Progress in Development Studies*, vol 4, no 4, pp319 – 341.

Méral, P. (2012), 'Économie politique internationale et conservation', in H. Rakoto Ramiarantsoa, C. Blanc-Pamard and F. Pinton (eds) *Géopolitique et Environnement*, IRD Éditions, Marseille.

Méral, P., Froger, G., Andriamahefazafy, F. and Rabearisoa, A. (2011) 'Financing protected areas in Madagascar: new methods', in C. Aubertin and E. Rodary (eds) *Protected Areas, Sustainable Land?*, Ashgate, Burlington, VT.

Montagne, P. and Ramamonjisoa, B. (2006) 'Politiques forestières à Madagascar: entre répression et autonomie des acteurs', *Économie Rurale*, vol 294 – 295, July-October, pp9 – 26.

Montagne, P., Razanamaharo, Z. and Cooke, A. (2007) *Tanteza: Le Transfert de Gestion à Madagascar: Dix Ans d'Efforts*, CIRAD, Antananarivo.

Moreau, S. (2008) 'Environmental misunderstandings', in J. C. Kaufmann (ed.) *Greening the Great Red Island: Madagascar in Nature and Culture*, Africa Institute of South Africa, Pretoria.

Mukonoweshuro, E. G. (1994) 'Madagascar: the collapse of an experiment', *Journal of Third World Studies*, vol 11, no 1, pp336 – 368.

Nicoll, M. E. and Langrand, O. (1989) *Madagascar: Revue de la Conservation et des Aires Protégées*, World Wide Fund for Nature, Gland, Switzerland.

Pollini, J. (2011) 'The difficult reconciliation of conservation and development objectives: the case of the Malagasy Environmental Action Plan', *Human Organization*, vol 70, no 1, pp74 – 87.

Pollini, J. and Lassoie, J. P. (2011) 'Trapping peasant communities within global governance regimes: the case of the GELOSE legislation in Madagascar', *Society and Natural Resources*, vol 24, no 8, pp814 – 830.

Rakoto Ramiarantsoa, H. (2008) 'Madagascar au XXIe siècle: la politique de sa géographie', *EchoGéo*, Number 7.

Rakoto Ramiarantsoa, H., Blanc-Pamard, C. and Pinton, F. (2012) *Géopolitique et Environnement: Les Leçons de l'Expérience Malgache*, IRD Éditions, Marseille.

Sarrasin, B. (2007) 'Le plan d'action environnemental Malgache: de la genèse aux problèmes de mise en œuvre: une analyse sociopolitique de l'environnement', *Revue Tiers Monde*, vol 190, pp1 – 20.

Scales, I. R. (2012) 'Lost in translation: conflicting views of deforestation, land use and identity in

170

152

western Madagascar', *The Geographical Journal*, vol 178, pp67 – 79.

Schmid, S. (1993) 'Sauvegarde des forêts naturelles et développement rural à Madagascar: un premier bilan des actions en cours', *Cahiers d'Outre-mer*, vol 46, no 181, pp35 – 60.

WCED (1987) *Our Common Future*, Oxford University Press, Oxford.

Weber, J. (1995) 'L'occupation humaine des aires protégées à Madagascar: diagnostic et éléments pour une gestion viable', *Natures Sciences Sociétés*, vol 3, no 2, pp157 – 164.

World Bank (1988) *Madagascar Environmental Action Plan*, World Bank, USAID, Coop. Suisse, UNESCO, UNDP, WWF, Washington, DC. *171*

自然资源管理权向地方社区的转移

雅克·波利尼 (Jacques Pollini)
尼尔·霍克利 (Neal Hockley)
弗兰克·D. 穆腾泽 (Frank D. Muttenzer)
布鲁诺·S. 拉马蒙吉索亚 (Bruno S. Ramamonjisoa)

7.1 引言

在过去 30 年中，马达加斯加采取了多样化的自然保护措施，包括：制定政策反对焚烧和设立保护区（见第 6 篇文章和第 9 篇文章）；20 世纪 90 年代初的综合性保护和发展项目；始于 20 世纪 90 年代末的权力下放和基于社区的自然资源管理（CBNRM），将资源管理权转移给当地社区的政策，以及最近 10 年采取的市场化的方法（见第 12 篇文章）。基于社区的自然资源管理通过管理转移，仍被视为森林管理的一种重要手段，并且在自 2003 年以来新设立的大部分保护区中持续发挥作用（见第 10 篇文章）。

本文讲述马达加斯加资源管理权的转移。本文回顾了各类政策背后的理念，并阐述了这些理念是如何在短时间内被负责实施的部门所扭曲的；通过分析自然资源管理权转移对社会、环境和经济的影响，揭示了相互冲突的一些议程（如果要在马达加斯加开展社区保护工作，这些议程现在可能需要重新谈判）；同时，我们发现，马达加斯加与世界各地在执行分散的自然资源管理政策时的模式是基本一致的，并对这些政策在当前全球环境制度下的可行性提出了质疑。

本章回顾了一系列的案例研究，并结合了众多作者（他们都参与了马达加斯加管理权转移的设计、实施和/或评估）的实地经验，以及来自不同学术学科（地理、人类学、经济学、农学、自然资源、法律）的作者从不同角度介绍的有关马达加斯加不同地点的一系列概貌，来讲述当地进行管理权转移的方方面面。

7.2 基于社区的自然资源管理政策的诞生与扭曲

7.2.1 历史和国际背景

在 18 世纪之前，大部分马达加斯加人从事以维持生计为目的的种植、狩猎、捕鱼和采集（见第 5 篇文章）。他们发展了社区机构来管理这些活动，通过焚烧将自然生态系统大规模转化为农业用地，自然景观也随之改变。然而，19 世纪梅里纳（Merina）的建立和 1896—1960 年的法国殖民，使得政府对于社区的控制逐渐减少（Bertrand et al., 2009）。法国殖民政府宣布，马达加斯加的森林属于国家，并设立了一个林业部门，对进入森林和开采有限的森林资源进行管制（Bertrand et al., 2009；另见第 5 篇文章）。

在 20 世纪 70 年代末的经济危机之后（见第 6 篇文章），国家对自然资源使用的控制变得薄弱甚至几乎不再干预。据贝特朗等（Bertrand, 2009）介绍，在某些领域，数十年的国家干预削弱了传统制度，以至于当国家瓦解时，没有任何手段可以控制对自然资源的使用。这导致了对资源的一种任意利用（Weber, 1995），或者如哈丁（Hardin, 1968）所说的"公地悲剧"。许多发展中国家同样如此，在这些国家，土地所有权往往在脱离欧洲列强之后变得更加集中，而不是更加分散（Dressler et al., 2010）。因此，森林和其他土地的保护和管理往往继续遵循最初在美国国家公园中倡导的"堡垒式保护"的方法（Brockington et al., 2008）。

在 20 世纪 80 年代和 90 年代，出现了两种全球趋势，这为马达加斯加和别处的基于社区的自然资源管理奠定了基础。第一个是政府权力下放的总体趋势。这是由于发展理论的变化，地方参与发展进程的理念开始深入人心（Chambers, 1983），他们认识到许多非洲国家对资源的实际控制能力有限。第二种趋势是认识到"堡垒式保护"可能对当地生计产生严重影响，例如人们失去获得自然资源的机会，这可能会削弱"堡垒式保护"的合法性和有效性（Brandon & Wells, 1992）。政府针对此种情况采取了一些措施，如设立综合保护与开发项目，旨在补偿资源维护的地方成本，但对权力关系并未产生实质性的改变。其他的措施（包括基于社区的自然资源管理、基于社区的保护和社区森林管理）被认为是将资源管控权力下放给当地社区，从而提高管理水平、改善人民的生计（Dressler et al., 2010）。

基于社区的自然资源管理通常被定义为将土地资源的管理决策和获取利益的权力下放给社区（Dressier et al., 2010）。该策略基于这样一个假设：当地社区最适合保护自然资源和管理其开采所产生的效益，因为他们对居住地的生态系统有深入的了解，而且他们的生计对生态系统的依赖将激励他们进行可持续的管理和长期的保护工作。

在马达加斯加，基于社区的自然资源管理在国家环境行动计划的第一阶段是保护议程的主要内容（1990—1996 年，见第 6 篇文章）。20 世纪 90 年代初，政府开展了几项参与性森林管理项目，并组织了一系列讲习班，来宣传这种做法。这促成了《本地安全管理》的制定，以及 1996 年一项新法律的颁布（以及随后的实施法令）。为了解决《本地安全管理》存在的局限性，到了 2000 年，在 1997 年的森林法实施法令的基础上，政府引入了《森林合同化管理》。

7.2.2 《本地安全管理》的立法

　　《本地安全管理》提供了一个法律框架，通过三方协议将资源管理权从国家转移到当地社区：一是国家林业服务；二是一个代表当地社区的新机构——基本社区（COBA）；三是市政府（公社），这是地方权力最分散的机构，由选举产生领导人（图7.1）。这些协议或管理合同的签订期限为3年，如果运行成功，则在评估后续签10年，并在签订最终协议之前再做一次评估。这些协议涉及对特定某一种资源的管理，不一定是该种资源所在的整个生态系统。并在准备相关技术或官方文件方面（如管理计划、规则、分区、资源地图和合同本身）得到了非政府组织或其他外部利益相关者（图7.1）的支持。他们要求聘请环境调解人，并对土地使用权进行部分证券化，但这两项规定并未得到普遍实施。

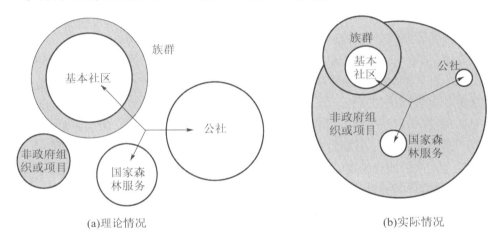

图7.1　本地安全管理权转移早期阶段的主要利益相关者

7.2.3 《本地安全管理》的错误设想

　　《本地安全管理》的发起人做出的一个关键设想是，向当地社区授予资源管理权将结束"开放式准入"带来的问题（Bertrand et al., 2009），即没有控制自然资源使用的规章制度，或者即使存在规章制度，却无法协调当地习惯规则和国家法规之间的冲突（简称法律二元性）。穆滕泽（Muttenzer, 2010）认为这种设想过于简单化。当地的情况往往是复杂的法规混合体，而不仅仅是在"开放式准入"和法律二元性之间择其一，这些法规涉及多个不同时期定居在森林地区的社会群体，以及国家林业服务局的员工，他们仍具有监管权，但其管理决策大多以在森林清理和伐木作业中获得个人利益为目的。《本地安全管理》对开放式准入和法律二元性的简单设想导致其倡导者忽视了这些复杂的地方监管系统。

第二个关键设想是，《本地安全管理》将改进以往的"参与式"保护方法，即实际上，不是放弃权力，而是联合社区努力，以推进自己的议程——正如库克（Cooke）和科塔里（Kothari）（2001）所说的"参与暴政"。当时，"参与"在马达加斯加已经是一个流行的概念，并在综合保护与开发项目中广泛存在。本地安全管理的支持者们受到奥利格农（Ollagnon，1991）的财产管理的启发，[①]认为需要从参与转向谈判（Weber，1996）。当地利益相关者将被视为是需要管理的生态系统的一方，并被邀请协商自己的管理目标，而不是"参与"由致力于保护原始自然的保护生物学家设计的外部议程的实施。谈判将涉及环境调解人，其作用是平等地听取谈判桌上所有利益攸关方的声音。这当然是一个值得称赞的意图，但也可以证明是一个相当幼稚的意图。该方法忽略了一个事实：即授予森林清理权而不是保护森林是当地森林管理机构的主要目的（Pollini，2007；Keller，2008；Muttenzer，2010）；然而，对于全球自然保护行动者及其捐助者，停止砍伐热带森林是一个不容谈判解决的目标，《本地安全管理》的实施将取决于他们的态度。最后，在实践中，《本地安全管理》与"参与"范式中的方法并没有太大的不同。下一节中我们会看到，它最初的理想很快就被扭曲了。

7.2.4 《本地安全管理》理想的扭曲

《本地安全管理》的第一个扭曲之处与其社区理想有关。最初，其意图是将管理权转移给社区，也就是说，转移给"族群"（fokonolona）（图7.1）。这里所说的"族群"在马达加斯加语中，指的是一群生活在一起并就其领土管理共同作出决定的人。波利尼（Pollini）和拉索（Lassoie）（2011）认为，转移并没有发生：本地安全管理合同是由一个新的机构签署的，虽然在法律文本中称之为"基本社区"，但实际上是一个协会，即一群属于社区、拥有共同利益、并通过合作来实现某些目标的个人。如果一个特定的族群的所有成员都同意形成一个基本社区，那么这个基本社区可以被认为是一个社区，或者至少是一个将自己叠加到现有社区上的机构（图7.1）。一些支持管理权转移的非政府组织承诺创建这种包容性的基本社区。但法律本身并不允许这种情况发生，这就使得基本社区这一概念被滥用。例如在林业服务局的监督下，一个非常小的当地居民群体可以创建一个基本社区，以采集和销售特定的林产品（Bertrand et al.，2009），同时，基本社区只是一种业务，在法律上能够将族群排除在其对资源的习惯性权利之外（图7.1），同时，《本地安全管理》支持的不是权力下放，而是自然资源管理的私有化，这有助于社会精英获取资源。

第二个扭曲，与第一个扭曲共同决定了《本地安全管理》的最终结局。根据初步设计，由当地社区带头实施《本地安全管理》，到了时机成熟时，与林业服务局签订管理合同。然而，这条法则通过后，由于农村地区对《本地安全管

176

理》信息的理解不足，很少能制定出自下而上的举措。与环保相关的非政府组织随后开始联系当地社区，并匆忙设计出符合其自身议程的方案。为了更容易实现他们的目标，他们呼吁将过于复杂的《本地安全管理》的立法简单化。这时候，《森林合同化管理》开始发挥作用了。《森林合同化管理》是一个更简单的替代方案，因为它不涉及市政府，也不需要环境调解人或确保土地使用权。据贝特朗等（Bertrand et al., 2009）的说法，《森林合同化管理》试图将本地安全管理合同转变为生物多样性保护合同，这样的结果是偏离了可持续发展的理念。到2004年，已经建立了453项管理转移（《本地安全管理》或《森林合同化管理》）（RESOLVE, 2005），转移主要由世界自然基金会和国际保护协会等大型国际非政府组织牵头。我们现在将看到这种出于保护目的的管理转移合同的工具化实际上在当地产生了何种影响。

7.3 管理权转移对社会的影响

在本节，我们回顾了发表在同行评审期刊上的关于《本地安全管理》和《森林合同化管理》实施的案例研究，以展示"从上层看到的和在底层经历的《本地安全管理》之间的对比"（Goedfroit, 2006, p40）。

7.3.1 控制权和资源使用的重组

案例研究表明，实地执行《本地安全管理》和《森林合同化管理》具有相
177 似的社会影响模式。这些研究揭示了权力关系的重组和管理权力从一个社会群体向另一个社会群体转移的关键过程。然而，目前尚不清楚这些影响是否会长期持续，还是只是积极结果出现前的过渡阶段。

布朗克－帕马德（Blanc-Pamard）和拉科图·拉米亚兰索阿（Rakoto Ramiarantsoa）（2007）分析了靠近拉诺马法纳（Ranomafana）国家公园西部边缘的两个村庄安本德拉那（Ambendrana）和阿敏卓贝（Amindrabe）的管理权转移。当地资源管理协会（基本社区）已在这些地区成立，并在美国国际开发署资助的景观发展干预项目（LDI）的支持下，与这些协会签订了森林管理合同并与国际保护协会合作。根据布朗克－帕马德和拉科图·拉米亚兰索阿（2007）的报告，森林管理合同允许该地区重新划分区域，不必按照现有的家族谱系分配的土地来划分。其结果是重新调整土地使用权和森林使用权，一些社区利用这次转移来控制资源使用权并排除竞争对手。笔者得出的结论是，管理权转移导致了新规则的界定和行动者之间社会关系的改变。

管理权转移在不同的地点出现了不同的方式。在某些情况下，早期定居者利用管理权转移巩固他们对土地和资源的权利，并排挤新迁来的定居者。在其他情

况下，情况正好相反。森林管理协会可以证实这种情况的存在，这些协会是在"农村森林发展项目"（PDFIV，由德国政府资助）的支持下成立的，目的是消除马达加斯加雨林西部边缘靠近安巴托兰佩（Ambatolampy）的齐杰里沃（Tsinjoarivo）的烧林还耕。在这一地区，以在山谷底的水稻种植为特色的梅里纳（Merina）家族已经迁移到贝齐米萨拉卡家族居住的林地，其生计依赖山坡上的坡地栽培（Pollini & Lassoie，2011）。森林管理协会的领导人几乎都是梅里纳人，他们成功地执行了限制草木种植的规定。贝齐米萨拉卡家族最初管理这片土地，但其缺乏整修稻田的资源，他们对这些协会怀有敌意，因此搬离了该地区，并"等待异族人离开"[②]，打算以后回来收回他们的权利（Pollini & Lassoie，2011）。

贝茨米萨拉卡家族打算回归，这显示了另一个可能的结果。虽然禁入森林可能发生在与环保相关的非政府组织强势存在的情况下，但当非政府组织离开或其影响力减弱的时候，根据以往或修订的规则，林地可能会再次开放。然后，当地人要么违反并无视管理合同，要么将其作为一种新的附加工具，在早期和后期定居者之间就林地的使用权进行谈判（Muttenzer，2010）。在《本地安全管理》促进者离开后，当地利益相关者可能会按照当地保护管理土地和资源的习惯性制度挪用本地安全管理机构的拨款。"现代"机构（基本社区）可以继续参与这些规则的制定和执行，但前提是基本社区与这些传统的机构保持一致。现在评估这些过程是否反映了总体趋势还为时过早，但穆滕泽（Muttenzer，2010）指出，这些过程确实发生在历史上有定居点的且种族相同的地区（如东部的森林走廊）以及多民族移民地区（如西北低地）。

7.3.2 基本社区成员和非成员之间的社区划分

歌德弗里特（Goedfroit，2006）对六个本地安全管理地区的研究解释了如何实现权力关系和领土控制的重组。通过建立一个自然资源管理的、职责由传统机构完成的新机构（基本社区），本地安全管理通常会在社区内产生分歧。传统的"族群"领导人拥有合法的传统权力来控制土地和资源的使用权，他们常常认为管理权转移与非政府组织和发展项目的其他活动没什么两样。对他们来说，基本社区这一概念很陌生。于是他们把这个任务留给有文化的年轻人，比如乡村教师或新来的移民这样的局外人来处理。因此，具有一定识字能力但对"族群"决策影响不大的移民将控制基本社区并视其为一个可以获得更多土地和资源使用权的机会（Goedfroit，2006）。与此同时，传统领导人继续像以前一样管理资源的获取，直到他们意识到已经划定了新领土，并制定了有关资源使用的新规则。然后，"族群"和基本社区的领导人及其选民或客户之间会发生冲突。然而，冲突往往在几年后逐渐减少，或许是因为当地利益相关者通过真诚的谈判沟通，在新旧规则之间达成了某种妥协。那么，人们可能会产生疑问，歌德弗里特（2006）

178

159

描述的这场社会危机是短暂的吗？还是会长期扰乱社区机构？穆滕泽（2010）支持第一种假设，他所做的工作将在后文讨论。

7.3.3 环境调解的限度

本地安全管理的设计者们预计类似的冲突可能会时有发生，因此，他们设置了环境调解人这一职位。然而，调解人通常是非政府组织雇佣的有文化的城市居民，他们支持实施《本地安全管理》。如果他/她与其他项目工作人员具有同样的支持保护或"可持续发展"的世界观，他/她不太可能成为一个称职的调解人，遗憾的是，这种情况几乎无法避免。歌德弗里特（2006）指出，当调解人建议当地人"改变他们对资源使用的心态"时，他们混淆了调解与环境教育这两个不同的概念，并偏向那些支持或假装支持环境议程的利益相关者。因此，正在制定的新的领土和管理规则反映了国际保护议程，而不是当地人民的利益。歌德弗里特（2006）称这一过程是对社区环境的"玷污"。

7.3.4 本地安全管理规则发起全球保护的目标

贝拉德（Bérard，2011）的工作提供了关于这种"玷污"的详细信息。贝拉德在不同的地点进行了实地研究，审查了 32 份本地安全管理合同的规则（"公约"），就是否有任何权利被确实转移到了社区提出了疑问。她指出，本地安全管理创建的刻板化的规则，反映的是支持实施管理权转移的机构（非政府组织和/或项目）的议程，而不是社区的优先事项。它们缺乏传统规则的灵活性，也没有考虑到违规者的具体经济状况。他们关注的是镇压和惩罚，而不是资源开采方式（Bérard，2011）。而《本地安全管理》明确表示，这是为了改善当地社区对资源的经济开发。总之，与传统的规则不同，本地安全管理规则反映了森林法规或国际保护组织的议程，未能顾及各村庄有关社会和经济关系的复杂的道德准则以及管理行为的规则和规范，即所谓的"农民道德经济"（Scott，1976）。此外，这些规则通常不适用于非基本社区成员，尽管在准备本地安全管理研讨会期间，当地社区坚持认为，他们应当有权控制外部利益相关者进入其森林，并认为这一点非常重要（Bérard，2011）。

7.3.5 追求标准化合同

贝拉德（2011）的报告说，在捐助者的压力下，参与实施管理权转移的许多组织争相签署合同（Goedfroit，2006；Hockley & Andriamarovololona，2007；Bertrand et al.，2009）。这使得合同的质量得不到保证，更别说还鼓励"一刀切"

式合同。在某些情况下，如果社区不签订合同，就面临失去资源的威胁，并被允诺如果签订合同就可以从未来的发展活动中获益（Hockley & Andriamarovololona，2007）。在签订合同的竞争中，地方监管体系和社区管理目标被忽视了，社区则被强制推行一种刻板的"解决方案"，这一方案代表的是外部利益相关者的管理目标，他们设想的基本社区形式会使得这些社区更具体和真实化。

180

7.3.6 设想社区的具体化和土地利用

穆滕泽（2010）进一步详细分析了导致社区签订刻板合同的意识形态。他对管理权转移进行了实证研究，目的是：①调控安卡拉法提卡（Ankarafantsika）国家公园附近的木炭生产；②阻止菲亚纳兰楚阿雨林走廊西边的森林砍伐。基于上述研究，他指出，边疆地区的社区规则主要是为了规范土地殖民，即将森林转化为农业用地，而不是为了保护森林。[③]例如，这些规则根据一个人是否属于第一批移民、最近的移民还是皇室家族来决定谁有权清理土地以及如何清理土地。简言之，用传统制度来管理土地的使用权，对森林的使用权一旦获得批准，就可以清理土地用于生产。因此，林地是未来农业扩张的土地储备。这是马达加斯加农村居民对于土地道德规范的普遍认知（Keller，2008；另见第4篇文章）。

这些传统规则和土地道德规范的认知和合法化与执行马达加斯加国家环境行动计划的议程不相容。在国家环境行动计划中，本地安全管理是其中的一个组成部分。尽管如此，国家环境行动计划的主要参与者还是同意本地安全管理发起者的观点，即由于国家政策的失败造成了政治真空，因此应当恢复传统规则（Muttenzer，2010）。但要恢复的规则并不涉及现存有关管理森林砍伐的传统规则。相反，它是对想象中更符合可持续性外部概念的地方规则的"认可"（Muttenzer，2010）。根据这一设想，传统制度被人为地隔离成一个默认开放的准入制度，该制度是由地方机构的崩溃造成的（清理制度），消除这些机构将符合国际保护的议程，也符合一个具有准入控制的功能性制度（种植制度），这一制度契合农民社区与自然和谐相处的理想愿景，在没有外力干扰的情况下，这一制度将得到承认和加强（Muttenzer，2010）。

实际上，这两种类型的 *tavy* 是同一过程的两个方面：在第一批定居者后代缓慢殖民化（种植 *tavy*）的情况下，或者在移民成为第一批定居者的客户的快速殖民化（清理 *tavy*）的情况下，他们扩大耕地面积以确保现有的权利（Muttenzer，2010）。因此，被管理权转移"承认"的"传统制度"并不存在。这是当代对前殖民地传统重新解释的结果，支持管理权转移的人们否认第一批移民和新来移民之间存在常规安排，他们提出了一个关于农民社区的理想化版本，即如果不受外界干扰，他们会与自然和谐相处。

181   真正的常规制度是与国家机构相融合、涉及更广泛的利益相关者并以管理为目的的。这些目的一旦被忽视，就会导致权力关系的重组以及如库尔（Kull，2002，2004）、拉贝沙拉·霍宁（Rabesahala Horning，2004）、歌德弗里特（2006）、布朗克－帕马德和拉科图·拉米亚兰索阿（2007）以及波利尼和拉索伊（Pollini & Lassoie，2011）所描述的领土重组。④出乎意料的是，一些自然学家和社会科学家都忽视了这些问题。他们一同热情高涨地推行《本地安全管理》的政策，因为这一政策迎合了他们的双赢梦想：一方面，环境保护生物学家被困在国家环境行动计划的技术官僚结构中；另一方面，社会科学家相信存在"生态高尚的野蛮人"（Hames，2007）。这导致了马达加斯加的国家环境行动计划更多地依赖传说和象征，而非事实和经验观察的沟通手段来重新定义想象中的社区和土地利用，这一过程看起来更像是场仪式而不是理性的认知（Pollini，2011）。

7.3.7 "认可的政治"

    里沃特（Ribot，2011）回顾了世界范围内与马达加斯加有强烈共鸣的案例研究。他指出，采取自然资源权力下放政策的国际组织和非政府组织往往选择创建新机构，而不是支持现有机构。根据泰勒（Taylor，1994）提出的"选择与认可的政治"模式，他认为这些新制度的建立本身就是一种政治行为。它意味着确定、选择和认可（通过授予他们权力）要创建或调整的机构以及要成为主要参与者的行动者（Ribot，2011）。这些选择和认可是由特定的文化、组织的目的和利益驱动的。它们取决于对这些机构和个人行为的期望（根据西方可持续性标准，他们应该是"好"的土地管理者），而不是接受他们的实际行为（他们授权进行森林清除）。一旦得到"认可"，这种预想的身份就可以通过干预机构提供的多种支持（能力建设、培训、参加讲习班）加以确认。

    遵循这种模式，基本社区是由外部参与者（非政府组织和项目）创建的"认可"机构。他们在决定获取土地和资源方面与现有的"族群"展开竞争，而这将破坏当地的政治和社会结构。他们的领导人是在更愿意采纳保护和可持续发展议程的村民中被"挑选"出来的，被挑选出来的人也许足够滑头假装愿意采纳这一议程。因此，基本社区领导人的决定反映了资助管理权转移的干预机构（保护和可持续发展组织及其捐助者）的利益，这些机构的议程在当地受到传播（Pollini & Lassoie，2011）。鉴于地方和国际利益相关者的权力、知识、议程和文化之间存在

182 巨大差距，正常的谈判无法进行，这就需要重新确定捐助者的捐助模式，除非社区能有办法抵制或操纵新机构，并将其与自己的机构合并（Muttenzer，2010）。

7.3.8 对《本地安全管理》批评的限制

    在阐述我们对《本地安全管理》的批评时，我们并不是主张地方社区应该按

照他们所希望的那样被赋予不受约束的权利，自由地管理自然资源。当地社区必须参与管理自然资源，但"传统的"或"常规的"并不等同于是"良好的"或适应性的做法。公共财务的适当管理（如生物多样性保护）的定义可能需要比农民社区管理的当地景观更广泛，这可能会为推动自身议程的外部利益相关者赋予某种程度的合法性。然而，除非清楚地认识到社区机构的真正目的，否则作为真正谈判的先决条件，利益分歧被忽视，谈判不能开展，反而会出现"参与式暴政"（Cooke & Kothari，2001）。最终的结果将是出现一个不公正的、社会和政治上的"暴力环境"（Peluso & Watts，2001），这将引发社会不公正和冲突，而不是保护环境或减轻贫困。

7.4　管理权转移对环境的影响

基于社区的自然资源管理所涉及的社会和政治进程非常重要，但其结果同等重要。因此，在本节中，我们将评估管理权转移是否成功地抑制了自然资源的退化，以及是什么因素导致了这一结果。然而，也许更重要的问题是，这些影响是否会持续下去。

7.4.1　森林边界关闭后的强化农业和减少森林砍伐

评估报告（例如 RESOLVE，2005）经常表明，虽然难以找到强有力的证据，但基本社区在一定程度上降低了森林砍伐率，正如它在世界各地的传统保护区和基于社区的自然资源管理倡议中所述（例如 Bowler et al.，2012）。霍克利（Hockley）和安德里亚马罗沃洛罗纳（Andriamarovololona，2007）曾前往马达加斯加的 7 个地点，他们发现，所有的基本社区都作出了一些努力，以履行国家赋予他们的执法职责。他们曾试图阻止外来者伐木和采矿，禁止砍伐森林，并在他们管辖的森林进行巡逻。但他们的做法没有产生重大的物质利益，也没有找到利用自然资源更安全的方法。因此，如果没有外部的支持，不可能指望基本社区继续进行这种低成本的保护措施，而且此时一些基本社区似乎已处于瓦解的边缘。

183

在缺乏外部支持的情况下，农民自己发展其他生计可能有助于长期的保护工作取得成功。托利埃等（Toillier et. al.，2011）研究了布朗克－帕马德和拉科图·拉米亚兰索阿（Blanc Pamard & Rakoto Ramiarantsoa，2007）的管理权转移对菲亚纳兰楚阿附近东部雨林地区生计策略的影响。他们的研究表明，农民制定了各种短期和长期策略，包括农业集约化、发展经济作物、转换边际土地和移民，以适应管理权转移对土地和资源使用的限制。有些人甚至利用新法规、土地分配和重新分区的机会，证明建立新的永久性土地将有损森林。然而，托利埃等（Toillier

163

et al.，2011）还表明，最贫困的农民承担了这一"成功"的成本，因为他们失去了土地使用权，他们的粮食摄入量和收入也随之降低。从长远来看，新的策略可能会给更多的家庭，甚至整个社区带来好处，这是兰尼（Laney，2002）在马达加斯加北部地区做研究时发现的主流保护政策的结果。但在过渡时期，这种做法的社会和经济成本会较高，特别是对最弱势群体而言更是如此。此外，人们发现这种"成功"与一些生活在保护区周围的农民采用堡垒式保护模式的成功适应之间几乎没什么两样。

7.4.2　湖泊和海洋生态系统案例

关于在湖泊或海洋生态系统中实施的管理权转移的个案研究提供了更可信的成功案例。在马南博洛马蒂湖（Manambolomaty Lakes）综合区（马达加斯加西部的齐里比希纳（Tsiribihina）流域，游隼基金会（the Peregrine Fund）利用《本地安全管理》帮助组织当地的渔民防止移民过度捕捞（Watson et al.，2007）。基金会聘请了一名调解人，以促进当地渔民、移民和其他利益相关者之间的谈判，向社区提供关于过度捕捞造成不良后果的科学数据，帮助监测管理规则对鱼类资源存量的影响。该基金会成功地控制了移民的过度捕捞，因此鱼类数量和捕获量都有所增加，鱼鹰这种与人类依赖于相同资源的物种的数量也得以恢复。但这一成功需要十多年的持续支持，考虑到其高昂的维护成本，人们可能会对该基金会是否能够扩大规模心存疑虑。

在马达加斯加西南部的珊瑚礁上，英国非政府组织"蓝色创投"（Blue Ventures）于2004年支持在安达瓦多卡（Andavadoaka）的渔场区建立禁捕区（Cripps & Harris，2009）。有意思的是，这不是通过《本地安全管理》立法来实现的，但取得的相对成功使得这一基于社区的自然资源管理案例具有研究价值。章鱼的捕获量成倍增加，邻近的村庄也开始仿效这种做法。这些村庄成为维伦德里亚克当地管理的海域（LMMA）的一部分。该海域组织自2007年开始运作，现在惠及25个村庄约1万人。为应对珊瑚礁退化，他们对其中小部分珊瑚礁（不到由村庄控制的珊瑚礁面积的10%）实施了临时封闭（两或三个月），同时对其余区域实施了渔具限制。然而，与森林生态系统中通过《本地安全管理》和《森林合同化管理》对自然资源进行全面封闭不同，这种临时封闭的做法实际上可能代表着"传统保护方法的复兴"（Johannes，2002），通过"渐进式封闭"，对于自然资源的长期限制性利用最终导致类似对资源利用的完全封闭（Murray et al.，2010）。在其余90%的珊瑚礁面积内，针对珊瑚礁和环礁湖的现有和长期共同财产规则仍保持不变，这几乎没有引发社会混乱，也未出现非法捕获，这些措施可被归为"适应性共同管理"案例。

那么，在这种情况下，渐进式封闭为何没有导致社会混乱或非法捕获？答案是：尽管不断推行和加强准入限制，但原先的公共财产制度仍然有效。传统上，各珊瑚礁已被划分为不同区域，每个区域都以一个特定的村庄命名。某一块特定区域内的捕获工作是由这个村庄的居民和邻近的居民共同实施的。这不是一个开放式准入的案例，而是一个相互重叠的村庄公共用地的传统。每位村民都知晓资源利用的规则可能是不同的，或者将来可能会被修改。当依托项目建立的协会改变了规则（Andriamalla & Gardner，2010）时，项目负责人发现，只有当每个村庄决定自己的禁入区，相邻村庄同时关闭和开放他们的区域，以及每年不超过一个村庄关闭的情况下，才可以接受新创建的准入限制。

这些结果表明，社区保护出现"双赢"的结果是可能的。然而，无论是游隼基金会对马南博洛马蒂湖综合区的干预，还是"蓝色创投"在安达瓦多卡的经验，这些方法都基于当地和外部利益相关者之间拥有一致的利益。而森林生态系统通常缺乏这种一致性（Antona et al.，2004），因为在许多情况下，森林对当地人最有价值的功能是为农业提供土地，这意味着森林最终将在传统制度下被清除，除非森林土地不适合发展农业（除了面积正在缩小的圣林）。猎捕森林动物、采集森林植物是允许的，但只有在人口较少，且不需要扩大农业用地的前提下才获得准许。就湖泊或海洋资源而言，渔业是唯一可能利用的资源，其可持续性甚至盈利能力取决于自然生态系统是否能得到成功保护。

185

7.5　管理权转移对当地经济的影响

在湖泊和海洋资源方面，管理权转移对当地的总体经济似乎产生了积极影响。就森林资源而言，《本地安全管理》和《森林合同化管理》往往会扰乱当地社会制度，但在一定程度上成功地减少了资源退化，这一作用至少是暂时的，并可能引发或刺激农业集约化。如何相互平衡这些作用呢？当地社区最终会因管理权转移而受到影响吗？除了道德和政治因素之外，经济分析可能会提供一个更加务实的答案。

7.5.1　范德里安娜－沃德罗佐和安卡尼黑尼－扎哈美纳走廊 （东部雨林）

霍克利（Hockley）和安德里亚马洛沃洛纳（Andriamarovololona）（2007）进行了一项经济分析，研究范德里安娜－沃德罗佐（Fandriana-Vondrozo）和安卡尼黑尼－扎哈美纳（Ankeniheny-Zahamena）走廊内的 7 个基本社区分层样本，这些社区处于美国国际开发署资助的项目——生态区域倡议（ERI）的干预区域内。这些基本社区旨在管理保护区周围的缓冲区，这一目标符合马达加斯加政府制订新的联合森林管理计划的承诺。这一策略背后的关键假设是，协调保护和发展议程的双赢经济方案可以与社区共同制定。

我们已经看到，这样的双赢局面不太可能，霍克利和安德里亚马洛沃洛纳（2007，p17）对此提出了更有力的理由。他们观察到，鉴于"人口增加、经济停滞和现有土地贫瘠，将森林转为农业用地往往符合农村人口的利益"。由于他们研究的所有管理权转移都是关于禁止森林砍伐的，因此它们对当地社区的影响与其他保护计划的影响基本相同。那些推行保护和发展的人对这一事实视而不见，他们试图不劳而获……通过增加对基本社区"活动"的限制，将自己从管理权转移合同中获利最大化（Hockley & Andriamarovololona，2007，piii）。因此，基本社区获得的主要收入是其成员支付的费用，由于大部分收入用于履行外界规定的职责，因此基本社区不断消耗社区的财政，本身几乎没有创造出任何价值（Hockley & Andriamarovololona，2007）。这种情况导致基本社区不稳定、成员人数下降、现有资源管理机构中断、政治纠纷和地方权力争斗增加（Hockley & Andriamarovololona，2007，p29），以及"自然保护的失败和捐助者投资的浪费"（Hockley & Andriamarovololona，2007，p10）。他们证实本地安全管理对社会产生了诸多负面影响，但也提供了一个重要解释：地方收入被蚕食，只要管理权转移需符合外界推动者的期望，这种情况就会存在。

7.5.2 西南部马哈法利高原的干燥森林

拉马蒙吉苏瓦和拉贝曼农贾哈（Ramamonjisoa & Rabemananjara，2012）对马达加斯加西南部将森林转化为农业用地所产生的经济效益与社区保护所产生的经济效益进行了对比。关于森林的配置，他们发现当地在林地上种植玉米能获取较大利润。玉米很容易在国内和国际市场上销售（马达加斯加西部和西南部玉米种植的更多信息见第4篇文章），因此，因马达加斯加连年干旱而致贫的农民开始种植玉米。此外，他们将因清理林地而砍伐的树木用于生产木炭，以获取额外的收入。由于农民主要来自南部，因此他们向这一边境地区进行临时迁移时，允许他们每年向其居住地转移超过170万美元的资金流。这种现金转移有助于他们的家庭在干旱年份维持生计，并有助于他们家乡村庄的发展。他们还发现，社区资源保护并未给当地带来显著的经济效益，这是由于他们还未发现森林资源的可持续开采能够产生可观的收入。

然而，这些研究并未显示出管理权转移对经济的长期影响。正如我们所看到的，限制资源使用可以触发或加速其他土地利用的发展（Toillier et al.，2011），从长远来看，这对当地经济效益具有积极影响，尽管其社会成本转嫁到了穷人身上，至少在过渡时期是这样。但同样的情况也会发生在传统的保护计划中，如莱尼（Laney，2002）所示。因此，这种可能的长期保护即使成功了，也无法验证管理权转移方法正确与否。无论是在生态（减少森林清除）还是社会经济（对穷人而言，这种转型尤其困难）层面，其结果都将与"堡垒式保护"的方法所取得的结果相似。这可以预测博塞鲁普（Boserup，1965）所描述的相同的进程，即一旦森林被完全清除，即使没有外部干预，同样的进程也会发生。

7.6 结论

马达加斯加的管理权转移对农村家庭及其机构造成了双重约束。他们的目标是让当地社区参与实现非自有的自然资源管理目标（保护和"可持续发展"），同时假定如果赋予当地社区管理自然资源的权利，这些目标将更容易实现。

在短期内，只要支持管理权转移的外部推动者在场，那么（从自然资源保护的角度来看）"最佳"的情况是对成功采用这一外部议程的人和不能或不想采用这一外部议程的人按社区进行划分，因为有些人需要或想要清理森林来扩大经济活动。在最坏的情况下，它会导致管理权从一个社会群体转移到另一个社会群体，例如从首批定居者转移到移民者，从移民者转到定居者，或从一个氏族转移到另一个氏族，而地方的管理目标维持不变（例如，用于农业扩张的森林清理）。从长远来看，"最佳"情况是自然资源管理得到改善，同时过渡期的经济成本达到最高（这往往由弱势群体承担）。在最坏的情况下，其结果是给社会组织、当地生计和环境带来长期的负面影响。

在这些情况之中，很难预测到底会发生什么样的改变，哪些参与者最终会实现他们的目标。但是，从农业共同体已经受到的外部干预的过往历史来看，我们可以假设，外来行动者只有到了当地才会有更大的权力。他们意图关闭公地可能只是权宜之计。从长远来看，地方行动者可能会在实施自己的体制安排方面获得成功。他们很可能要么重新开放森林边界，要么向更"可持续"的土地利用方向发展，在这种情况下，他们的做法将获得更多的合法性。

后一种情况会成功吗？如果是的话，我们相信，这种成功并不是管理权转移政策的成功，而是当地农民社区很好地适应了新经济和政治约束的成功，这种约束源自1992年里约会议以来推行的新全球环境制度。在"最佳情况"中实现的这种适应性进程与国家公园周围以及执行传统保护政策的其他区域中发生的进程实际上并无二致。兰尼（2002）描述了这些进程，农学家和经济学家也早已经意识到了这一点（Boserup，1965；Mazoyer & Roudart，2006）。这种情况在世界上大多数地区都有过，其结果是森林资源被耗尽，土地达到了最大承载能力。

因此，管理权转移似乎只是一个新的流行词，或是乐观的社会工程师的一个梦想，工程师们的主要职能是通过赋予更多的道德色彩，为更广泛的受众制定合法的保护政策。所谓管理权转移，实际上是将责任而不是权利转嫁给当地人，当

188 自然保护得以实现时，它实际上与根据堡垒式模型设计的国家公园有着相同的机制。正如贝拉德（2011，p110）所说，"国家当局像以前一样进行管理，但通过将控制、惩罚和冲突管理的任务委托给村民或村委会，得以用较低的成本运行"，而与环保相关的非政府组织设计了本地安全管理规则，使其能够"在有理有据地维护自身利益的同时干扰当地法规"（Bérard，2011，p110）。因此，管理权转移往往与他们的初衷背道而驰，他们原先希望靠着基本社区的监管和他们制定的规章制度将权力从当地社区（社区以符合自身利益的方式管理资源，如农业扩张）转移给国家及其国际伙伴。其结果是管理权转移，包括受保护的区域，却常常使"马达加斯加最贫困的人口……来补贴该国和他国自然保护的受益者"（Hockley & Andriamarovololona，2007，p42）。然而，海洋和其他水资源可能是一个例外，因为在这种情况下，地方目标和国际目标似乎有更大的一致性。

注释

①"patrimoine"一词在英语中没有确切的对等词，但与"遗产"的概念相近。根据 Ollagnon（1991，in Babin and Bertrand，1998）的说法，patrimoine 是指"所有的物质和非物质元素共同作用，通过适应不断变化的环境，来维持和发展其持有者在时间和空间上的身份和自主性"。

②摘自对当地领导人的采访。有几个人发表了类似的声明。两人也报告了谋杀案件：一名森林协会领导人据称被砍杀，另一名被毒杀，均是敌视森林协会的贝齐米萨拉卡人所为。我们无法从官方核实这一信息。

③穆腾泽区分了主要权利和次要权利。主要权利指当一个群体定居到一个地区并划定了一片森林领土作为自己的土地，在过后被清除时主张的权利；次要权利指当这个定居者为自己、其客户及其后代开垦森林以耕种土地和建立牧场时确立的权利。

④从保护组织的角度来看，这种对习惯制度的重新解释是方便的，因为它证明限制当地人民改造森林土地是合理的。对于需要"发现"资本主义扩张和其他西方霸权的地方替代品的社会科学家来说，这也很方便。这就是为什么"保守"的自然资源保护者（如国际保护协会）和它的批评者（如国际农业研究促进发展合作中心）都把《本地安全管理》 *189* 作为他们议程的核心，尽管在实际操作中采用的形式不尽相同［摘自国际农业研究促进发展合作中心在戴迪（Didy）的报道］。

参考文献

Andriamalala, G. and Gardner, C. J. (2010) 'L'utilisation du dina comme outil de gouvernance des ressources naturelles: leçons tirés de Velondriake, sud-ouest de Madagascar', *Tropical Conservation Science*, vol 3, pp447 – 472.

Antona, M., Motte Bienabe, E., Salles, J. M., Pechard, G., Aubert, S. and Ratsimbarison, R. (2004) 'Rights transfers in Madagascar biodiversity policies: achievements and signifiance', *Environment and Development Economics*, vol 9, pp825 – 847.

Babin, D. and Bertrand, A. (1998) 'Devising strategies to involve multiple partners in sustainable forest management: examples from Africa', *Unasylva*, vol 49, no 194.

Bérard, M. H. (2011) 'Légitimité des normes environnementales dans la gestion locale de la forêt à Madagascar', *Canadian Journal of Law and Society*, vol 26, pp89 – 111.

Bertrand, A. and Randrianaivo, D. (2003) 'Tavy et déforestation', in S. Aubert, S. Razafiarison and A. Bertrand (eds) *Déforestation et Systèmes Agraires à Madagascar: Les Dynamiques des Tavy sur la Côte Orientale*, CIRAD-CITE-FOFIFA, Antananarivo, Madagascar.

Bertrand, A., Rabesahala Horning, N. and Montagne, P. (2009) 'Gestion communautaire ou préservation des ressources renouvelables: histoire inachevée d'une évolution majeure de la politique environnementale à Madagascar', *VertigO*, vol 9, no 3, pp1 – 18.

Blanc-Pamard, C. and Rakoto Ramiarantsoa, H. (2007) 'Normes environnementales, transferts de gestion et recompositions territoriales en pays Betsileo: la gestion contractualisée des forêts', *Natures Sciences Sociétés*, vol 15, pp253 – 268.

Boserup, E. (1965) *The Conditions of Agricultural Growth: The Economics of Agrarian Change Under Population Pressure*, Earthscan, London.

Bowler, D. E., Buyung-Ali, L. M., Healey, J. R., Jones, J. P. G., Knight, T. M. and Pullin, A. S. (2012) 'Does community forest management provide global environmental benefit and improve local welfare?', *Frontiers in Ecology and the Environment*, vol 10, pp29 – 36.

Brandon, K E. and Wells, M. (1992) 'Planning for people and parks: design dilemmas', *World Development*, vol 20, pp557 – 570.

Brockington, D., Duffy, R. and Igoe, J. (2008) *Nature Unbound: Conservation, Capitalism and the Future of Protected Areas*, Earthscan, London.

Chambers R. (1983) *Rural Development: Putting the Last First*, Prentice Hall, London.

Cooke, B. and Kothari, U. (2001) *Participation: The New Tyranny?*, Zed Books, London.

Cripps, G. and Harris, A. (2009) *Community Creation and Management of the Velondriake Marine Protected Area*, Blue Ventures, London.

Dressler, W., Buscher, B. B., Schoon, M., Brockington, D., Hayes, T., Kull, C. A., McCarthy, J. and Shrestha, K. (2010) 'From hope to crisis and back again? A critical history of the global CBNRM narrative', *Environmental Conservation*, vol 37, pp5 – 15.

Goedefroit, S. (2006) 'La restitution du droit à la parole', *Etudes Rurales*, vol 178, pp39 – 64.

Hames, R. (2007) 'The ecologically noble savage debate', *Annual Review of Anthropology*, vol 36, pp177 – 190.

Hardin, G. (1968) 'The tragedy of the commons', *Science*, vol 162, pp1243 – 1248.

Hockley, N. J. and Andriamarovololona, M. M. (2007) *The Economics of Community Forest Management in Madagascar: Is There a Free Lunch?*, United States Agency for International Development and Development Alternatives, Antananarivo, Madagascar.

Hockley, N. J. and Razafindralambo, R. (2006) '*A Social Cost-benefit Analysis of Conserving the Ranomafana-Andringitra-Pic d'Ivohibe Corridor in Madagascar*', Conservation International and

190

United States Agency for International Development, Antananarivo, Madagascar.

Johannes, R. E. (2002) 'The renaissance of community-based marine resource management in Oceania', *Annual Review of Ecology and Systematics*, vol 33, pp317 – 340.

Keller, E. (2008) 'The banana plant and the moon: conservation and the Malagasy ethos of life in Masoala', *American Ethnologist*, vol 35, pp650 – 664.

Kull, C. A. (2002) 'Empowering pyromaniacs in Madagascar: ideology and legitimacy in community-based natural resource management', *Development and Change*, vol 331, pp57 – 78.

Kull, C. A. (2004) *Isle of Fire: The Political Ecology of Landscape Burning in Madagascar*, University of Chicago Press, Chicago.

Laney, R. M. (2002) 'Disaggregating induced intensification for land-change analysis: a case study from Madagascar', *Annals of the Association of American Geographers*, vol 92, pp702 – 726.

Mazoyer, M. and Roudart, L. (2006) *A History of World Agriculture: From the Neolithic to the Current Crisis*, Monthly Review Press, New York.

Murray, G., Johnson, T., McCay, B. J., Danko, M., St. Martin, K. and Takahashi, S. (2010) 'Creeping enclosure, cumulative effects and the marine commons of New Jersey', *International Jounal of the Commons*, vol 4, pp367 – 389.

Muttenzer, F. (2010) *Déforestation et Droit Coutumier à Madagascar: Les Perceptions des Acteurs de la Gestion Communautaire des Forêts*, Karthala, Paris.

Ollagnon, H. (1991) 'Vers une gestion patrimoniale de la protection et de la qualité biologique des forêts', *Forest, Trees and People*, vol 3, pp2 – 35.

Peluso, N. L. and Watts, M. (2001) *Violent Environments*, Cornell University Press, Ithaca.

Pollini, J. (2007) 'Slash-and-burn cultivation and deforestation in the Malagasy rain forests: representations and realities', PhD thesis, Cornell University, Ithaca.

Pollini, J. (2011) 'The difficult reconciliation of conservation and development objectives: the case of the Malagasy Environmental Action Plan', *Human Organizations*, vol 70 (1), pp74 – 87.

Pollini, J. and Lassoie, J. P. (2011) 'Trapping farmer communities within global environmental regimes: the case of the GELOSE legislation in Madagascar', *Society and Natural Resources*, vol 24, pp1 – 17.

Rabesahala Horning, N. (2004) 'The cost of ignoring rules: forest conservation and rural livelihood outcomes in Madagascar', *Forests, Trees and Livelihoods*, vol 15, pp149 – 166.

Ramamonjisoa, B. and Rabemananjara, Z. (2012) 'Une évaluation de la foresterie communautaire', *Les Cahiers d'Outre-Mer*, vol 257, pp125 – 155.

RESOLVE (2005) *Evaluation et Perspectives des Transferts de Gestion des Ressources Naturelles dans le Cadre du Programme Environnemental 3: Rapport Final de Deuxième Phase*, Ministère de l'Environnement, Antananarivo, Madagascar.

Ribot, J. (2011) 'Choice, recognition and the democracy effects of decentralization', *ICLD Working Paper*, no 5, Swedish International Centre for Local Democracy, Visby, Sweden.

Scott, J. (1976) *The Moral Economy of the Peasants: Rebellion and Subsistence in Southeast Asia*,

191

Yale University Press, New Haven.

Taylor, C. (1994)'The politics of recognition', in A. Guttman (ed.) *Multiculturalism*, Princeton University Press, Princeton.

Toillier, A., Serpantié, G., Hervé, D. and Lardon, S. (2011)'Livelihood strategies and land use changes in response to conservation: pitfalls of community-based forest management in Madagascar', *Journal of Sustainable Forestry*, vol 30, pp20 – 56.

Watson, R. T., René de Roland, L. A., Rabearivony, J. and Thorstrom, R. (2007)'Community-based wetland conservation protects endangered species in Madagascar: lessons from science and conservation', *Banwa*, vol 4, pp8 – 97.

Weber, J. (1995)'L'occupation humaine des aires protégées à Madagascar: diagnostic et éléments pour une gestion viable', *Nature Sciences Sociétés*, vol 3, pp157 – 164.

Weber, J. (1996) *Conservation, Développement et Coordination: Peut-on Gérer Biologiquement le Social?*, colloque panafricain: gestion communautaire des ressources naturelles renouvelables et développement durable, Harare, 24 – 27 June 1996.

192

171

关于保护的政治活动：保护区的扩大

凯瑟琳·科尔森（Catherine Corson）

2003 年，马达加斯加前总统马克·拉瓦卢马纳纳宣布，他打算在 5 年内①将该国的保护区扩大至原来的三倍，覆盖 600 万公顷，约占该国领土面积的 10%。该倡议最初被称为"德班愿景"，后来被命名为"马达加斯加保护区系统"，旨在实现国际自然保护联盟保护每个国家 10% 的主要生物群落的目标。前总统强调，新的保护区将遵守国际自然保护联盟的指导方针，其中认可多种公园，从禁止人类进入的到允许可持续利用的；鼓励与可能受影响的当地居民协商；促进与各种公共和私营实体的共同管理（IUCN，2004；Dudley and Phillips，2006）。尽管 2009 年的政治危机迫使拉瓦卢马纳纳下台，但到 2010 年 12 月该组织已经创建了 125 个新保护区和可持续的森林管理地，与现有公园一起，总面积达 940 万公顷（Repoblikan'i Madagasikara，2010a，b）。

总统的宣告代表世界上最优先的生物多样性区域之一在保护方面取得重大的国际性成功：用国际保护协会主席罗素·密特迈尔（Russell Mittermeier）的话说，这是"生物多样性保护历史上最重要的公告之一"（CI，2011）。拉瓦卢马纳纳因其拯救国家的努力而受到自然资源保护者的喜爱，而这个国家约在 20 年前就被英国菲利普亲王宣称"环境方面正在自取灭亡"，同时这标志着外国和马达加斯加的科学家与决策者为优先保护关键生物多样性生态系统做出的持续努力达到了顶峰。在很大程度上，它接管了由外国援助捐助者和非政府组织共同执行了为期 15 年的国家环境行动计划（详见第 6 篇文章）。

倡导者们把这项倡议当作建立和管理公园的一种开创性方法来宣传，它比以往的方法涉及更多的社区，许多政策强调需要与可能受影响的社区进行协商（例如，World Bank，2005；Repoblikan'i Madagasikara，2005a；Borrini Feyerabend & Dudley，2005b；Commission SAPM，2006）。捐赠者和资源保护非政府组织这样吹捧该项计划的优点：用美国国际开发署一份报告上的话说，该计划"（曾）代表马达加斯加保护区理解方式的一个重要转变"（USAID，2007，p22）。然而，笔者的研究显示，在最初建立保护区时，社区参与有限。虽然马达加斯加总统作出了扩大国家保护区的正式决定，但来自马达加斯加以外的非国家行为体，包括外国援助捐助者、国际非政府组织、顾问和私人商业利益者，决定了与新保护区有关的边界、权利和授权。通过积极参与马达加斯加保护区治理的设计和实施，这些行动者使他们对林地本身的要求以及对决定森林政策的主管部门的要求合法化。最终，通过促进私人和非政府组织对马达加斯加新公园的管理以及容纳矿业利益，马达加斯加保护区系统委员会巩固了非国家和境外行为体获得并控制决定土地及资源权利的过程，并取消了地方对资源和保护政策决策权的要求。笔者认为，虽然这一引人注目的声明成功地为生物多样性保护筹集了资金，但由此产生的政治关注其实破坏了磋商进程。事实上，该计划并未有效地吸引乡村社区参与，而是通过建立一种机制来加强非地方决策权，在这种机制下，外国自然资源保护者与国家政府机构合作，可以影响马达加斯加的森林政策。

本章将探讨马达加斯加国家的、多边的及双边的捐助者、私营部门组织和跨国保护团体之间的谈判如何影响马达加斯加保护区系统的实施。通过对一系列能代表公园扩建计划观点的采访和在公开会议上的观察，追踪最初建立保护区的步骤。首先讨论了扩大马达加斯加公园系统想法背后的历史和理论基础，以及围绕2003 年公告的谈判。然后，探讨了在执行该公告过程中，特别是通过绘制、分类和指定新地区的资源用途时，国家各部门、捐赠者、保护组织、矿业公司和社区领导人每天发生的争论和妥协。特别关注在马达加斯加东部雨林的安卡尼 *194* 黑尼－扎哈美纳和范德里安娜－沃德罗佐生物走廊指定最初的保护区过程中，如何以及为什么只与农村人口进行了有限的协商，这些保护区分别于2005 年和2006 年建立为临时公园。最后，阐明了这一倡议不仅有可能产生"文件上的公园"，即仅存在于纸上的公园，而且有可能加剧已经增加的森林砍伐。[②]

8.1 制定园区公告

第五届世界公园大会于 2003 年在南非德班举行。这是一项为期 10 年的活动，为制定国际保护区政策的 10 年议程提供了主要论坛。许多学者认为，捐助者和国际非政府组织对马达加斯加的环境决策产生了巨大的影响（例如，Kull，1996；Duffy，2006；Horning，2008；Corson，2011，2012）。出席公园大会的马达加斯加代表团包括马达加斯加环境、水务及林业部（MinEnvEF）以及国家水资源和森林资源管理局，国家保护区管理协会（ANGAP）的政府官员、前总统在会上发表了公告。[③]然而，正如参加国际环境会议代表团中常见的情况一样，它还包括非政府组织和多国组织代表，如英国杜雷尔野生动物保护基金会（DWCT）、马达加斯加保护组织"范南比"和热带生态系统保护研究所，同时还有跨国环保相关的非政府组织如国际保护组织、世界自然基金会－马达加斯加分会（WWF-Madagascar），国际野生生物保护学会，以及美国国际开发署和世界银行的代表。

这些组织热烈地赞扬了这一公告（Brockkington et al.，2008；Horning，

2008），在作出这样的公告之后，拉瓦卢马纳纳面临着要成功执行它的巨大国际压力。通过一个先名为"德班愿景小组"，后称为"马达加斯加保护区系统委员会"的组织，即马达加斯加政府、外国援助捐助者、顾问以及主要驻马达加斯加首都塔那那利佛的国家和国际非政府组织组成的一个联盟，争相使这个公园公告成为现实。官方执行指导委员会只包括马达加斯加政府官员（Pollini，2007）。然而，美国国际开发署马达加斯加分支机构的环境官员和马达加斯加国家环境办公室总干事领导其技术秘书处负责管理该项目的细节，并监督负责马达加斯加保护区系统实施诸方面的几个工作组[④]（Commission SAPM，2006）。通过这些工作组，马达加斯加政府代表、外国援助捐助者、顾问、科学家以及国家和跨国环保相关的非政府组织监督法律和管理指南的制定，以及马达加斯加保护区系统地图的绘制。他们起草、分享、标记并最终确定了马达加斯加政府最后正式颁布的指导方针、政策和法律。他们以这种方式承担了本来是国家责任的职能。其中之一是确定某些保护区的优先次序（Corson，2011）。

8.2　生物多样性优先保护区设定

自19世纪末以来，世界各地的自然资源保护者一直坚定地致力于建立保护区，近来还致力于建立网络，以此作为生物多样性保护的最有效手段和保护取得成功的最重要指标。在20世纪80—90年代，"黄石公园模式"这类排他性国家公园（在这些地方，当地人被排除在使用公园边界内资源的范围之外）被分散的管理方式和/或为当地居民提供经济利益的方法取代。虽然倡导社区参与的言论仍然是当代国际保护讨论的特点，但诸如生态区域和跨界区域以及私人管理的公园等新方法已经使决策过程重新集中，并使对当地社区的投资有所减少（Brosius & Russell，2003；Wolmer，2003）。然而，在某些情况下，甚至连这些言论都被抛弃了，这一点可以从要求回归排他性公园，或被批评为"堡垒式保护"（如果必要，可以通过武力将当地人排除在使用公园边界内资源的范围之外）的呼吁中得到证明。（参见 Brechin et al.，2002；Wilshusen et al.，2002；Adams & Hutton，2007）。在保护的理念和实践发生这些转变的同时，全球也在努力扩大保护区网络。国际自然保护联盟采纳了1992年第四届世界国家公园和保护区大会上提出的"到2000年，保护区至少覆盖每个生物群落的10%"的建议（McNeely，1993；Brooks et al.，2004，p1081）。同样，其他国际公约和议程也修改并通过了这一目标，包括千年发展目标和2010年生物多样性公约（CBD）目标（Secretariat，2012；UN Statistics Division，2012）。在2010年《生物多样性公约》缔约方会议上，这一目标增加到2020年覆盖陆地和内陆水域的17%，沿海和海洋区域的10%（Corson et al.，出版中）。随着保护区遍布全球，研究人员继续记录对当地人口的有害影响——从被限制使用资源到彻底流离失所（e. g. Brockkington et al.，2008；Corson，2011）。

特别是在马达加斯加，扩大公园数量的想法并不新鲜：增加公园是国家环境行动计划第三阶段的总体目标之一。在德班公告之前，科学家和政策制定者多年来一直倡导扩大马达加斯加的公园网络，以囊括所有该国主要生态系统的代表（另见第 6 篇文章）。20 世纪 80 年代，尼科尔和朗格朗（Nicoll & Langrand，1989）提议扩大马达加斯加的保护区网络，以确保马达加斯加的生物多样性得到充分体现。1995 年 4 月，全球环境基金（GEF）在马达加斯加资助了一个重要的科学讲习班，其结论是，相当大一部分保护和研究的优先对象位于现有公园之外（Hannah et al.，1998），也致使扩大公园网络的努力接踵而来。随后，美国国际开发署资助了一项最终被命名为 *PlanGrap* 的"国家保护区管理计划"的公园扩建规划项目，该计划提议更多地点应被保护（ANGAP，2003）。随后开展了一项确定生物多样性优先对象的活动，名为马达加斯加生物多样性网络或 REBIOMA，进而促进开发地图，通过将估计的动植物物种范围的地理信息系统（GIS）层与估计的威胁水平相叠加，去帮助决策者确定保护的优先对象（Randrianandianna et al.，2003；Kremen et al.，2008）。然而，这些举措有以下三个主要局限。

第一，由于捐助者、非政府组织和从事这些工作的科学家的兴趣和专业知识，他们过多地把重点放在生物多样性优先保护上，却没有结合大量的社会经济数据，例如人们居住的地方或他们用来谋生的环境资源。因此，当马达加斯加保护区系统进程开始时，决策者掌握了大量关于森林生物多样性的信息，但关于农村居民如何利用森林资源的信息却很少。虽然在地区和当地都努力绘制社区保护地点和不同土地用途的地图，但由此产生的国家保护区地图完全以生物多样性优先保护为基础。实际上，这些地图将居民、他们的生计及其现有的社区管理区域从目标景观中抹去了。

第二，新保护区的国家地图由于几个盘根错节的原因没有包括许多之前存在的且由社区管理的森林。许多情况下，它们虽然还存在于基于社区的自然资源管理（CBNRM）的纸质地图上，但用于创建这些地图的空间数据已经丢失。此外，一些基本社区的成员往往没有自己基于社区的自然资源管理的纸质地图副本，社区使用模式往往与这些地图的界限很少有相似之处（Vokatry Ny Ala，2006）。同样，尽管国际自然保护联盟强调文化遗产地可以是保护区，但大多数圣林，或由于文化或宗教原因被村民保护数十年的森林，没有列入国家级马达加斯加保护区系统地图。事实上，社区自然资源管理地点内的圣林很少出现在此类管理系统的地图上，因为村民们认为它们"已经得到保护"，因此不必绘制地图。[5]2006 年底，有一些地区尝试将社区管理转移纳入其管理范围中，但尚未纳入国家级马达加斯加保护区系统的地图。

第三，德班公告加快了公园扩张的进程，扩大了公园扩张的范围，并给公园带来了国际的和国内的政治压力。正如一位马达加斯加高级政府官员所说："最

196

197

初的计划是将保护区增加6% ～ 7% ，而不限制时间范围，但在随后五年内，（保护）组织推动了保护区增至10%的增长。"这一压力为科学家、商业利益集团、国家官员、非政府组织和外国援助捐助者之间决定如何管理马达加斯加资源利用时产生激烈的冲突埋下了伏笔（Corson，2011）。

8.3　竭力控制马达加斯加的资源

拉瓦卢马纳纳发出德班公告后，为了保护自己的利益，采矿业和木材采伐业者蜂拥而至开采可能成为国家公园的林地。他们使用合法和非法手段，既通过正式的许可程序动工，也进行未经许可的勘探。[⑥]针对此种行为，捐助者和非政府组织敦促政府在国家公园建成前，停止在任何潜在的新保护区发放新的采矿和伐木许可证。一直致力于确定生物多样性优先保护名单的科学家们突然成为人们关注的焦点，因为决策者们仓促地拼凑出一张地图，显示应该禁止采矿和伐木许可证的新保护区的位置。结果，政府于2004年10月发布命令，暂停发放在生物多样性优先保护工作中创建的且在随附地图中拟建的保护区两年以内的所有采矿和伐木许可证（Repoblikan'i Madagasikara，2004c）。这一新范围包括马达加斯加的绝大多数森林，该命令每两年更新一次。

匆忙绘制的地图使采矿和保护倡导者感到挫败。矿业公司的代表抱怨道，地图绘制者使用了不准确的地理信息系统数据，其中包括未造林的、生物多样性低的地区。自然资源保护者反驳道，某些高度优先保护的生物多样性地区被排除在外，这使得这些地区任由采矿者摆布。[⑦]于是，国际保护非政府组织和矿业公司开始了一系列正式和非正式的谈判。[⑧]在某些情况下，非政府组织代表和采矿代理人对有争议的地区进行了非正式的联合实地考察，为地图提供实地参考并对边界进行谈判。[⑨]在其他地区，大型采矿公司，如迪纳泰克（Dynatec）和力拓集团（QIT）马达加斯加矿业公司，同意留出替代区域作为私人储备和/或向捐助者资助的生物多样性信托基金捐款，努力对生物多样性产生净正效应（Sarrasin，2006）。

这些资源保护者和采矿利益者之间的非正式协商与在矿业和森林部际委员会内进行的正式谈判同时进行。该委员会成立于2004年，旨在协调能源部和环境、水务及林业部之间的工作，特别是在环境敏感地区发放采矿许可证时调解冲突（Repoblikan'i Madagasikara，2004a，2004b）。在发布2004年的命令之前，采矿登记处已在许多申请为马达加斯加保护区系统的地区发放了采矿许可证，并在2004年后继续在这些地区发放了采矿许可证。[⑩]例如在范德里安娜 - 沃德罗佐走廊，区域性马达加斯加保护区系统委员会成员发现，到2006年，已有五分之四的预定保护区发放了采矿许可证。[⑪]2006年的命令将范德里安娜 - 沃德罗佐走廊确定为新的保护区，该命令声明在2004年10月的新保护区采矿和伐木禁令前发放的许可证是允许的，但所有者在开始进行之前必须进行环境影响评估（EIA），以此解决这一冲突（Repoblikan'i Madagasikara，2006）。

2006年，在政府准备将2004年的两年期保护令再延长两年，并且修订和改进了纳入这些谈判结果的地图之际，水务和林业总局（DGEF）又添了新波折。在尝试开垦林地用于生产的过程中，水务和林业总局抗议道，马达加斯加保护区系统过分注重保护，忽视了保护木材和燃料木材的供应需求。水务和林业总局的一位前官员总结道："林业管理部门担心，如果保护区扩大有更好的结果，那么拥有马达加斯加所有森林的将是国家保护区管理协会（ANGAP）。"在美国国际开发署贾利亚拉（Jariala）[一个由美国国际资源集团（International Resources Group）管理的森林改革项目]的帮助下，水务和林业总局总干事提议，马达加斯加保护区系统地图还应包括名为"KoloAla"⑫的"可持续发展地点"，这将通过可持续利用木材和非木材森林资源促进发展。其结果是，在更新2004年法令时增加了可持续森林管理地点。最终，尽管马达加斯加保护区系统声称承认当地权利，但它还是使顾问、私营公司、科学家、跨国保护非政府组织和外国援助捐助者的特权合法化，以制定马达加斯加未来的森林政策，包括谁可以利用这些政策并从中赚钱以及如何利用这些政策。

国家分支机构、非政府组织和矿业公司通过这些非正式和正式的手段就新公园的边界和权利进行了谈判。这些努力最终最大限度地减少了保护区的扩大对迅速扩张的采矿业的干扰，同时限制了当地居民的使用权。

199

8.4 对森林资源使用权的争论

随着新边界的公布，驻首都塔那那利佛的政府机构、外国援助捐助者和环境保护非政府组织就居住在新公园内及周边的农村居民应该能在多大程度上使用公园内的资源进行了长时间的辩论。尽管大多数马达加斯加保护区系统委员会成员同意，不应允许居住在公园内及周边的村民开采森林，损害公园内的生物多样性，但他们也认为当地居民需要"经济激励"来保护森林。最重要的争论集中在允许使用资源的程度和范围以及具体的经济刺激措施。

虽然很难在短短的一篇文章中将不同成员复杂的观点分类，但它们通常分为两类。以国际保护协会和野生动物保护协会为代表的相对严格的保护倡导者敦促将权利限制在传统的非商业用途上。他们断言，如果允许社区从事经济活动，他们将无法对抗木材和采矿利益的经济和政治力量以及由此产生的商业开采。⑬相反，这些组织提倡"生物多样性评估"和非消费性用途，即出售药用植物、生态旅游、碳信用和支付环境服务费用将直接补偿村民因公园限制导致的满足自我生计需求能力的降低。他们推行严格的保护区选址，这将禁止在公园边界内进行任何其他形式的商业开发。

代表反对意见的是一个由德国、法国、马达加斯加环境规划组织（环境管理支持署，一个私有化的国家组织）、联合国教科文组织、联合国开发计划署和世界自然基金会组成的联盟。该联盟认为，小规模（而非工业的）商业开采将激励农民保护森林，并可在水务和林业总局、非政府组织或提供技术援助的其他组织批准的严格管理计划下进行可持续管理。具体而言，水务和林业总局与法国合作提出了一个名为"开发和保护领地"的概念，该概念主张中心区域因生物多样性被保护，周围区域因可供使用而被保护，并在意识形态上符合国际自然保护联盟分类的第五类[14]（Pollini，2007）。这一提法在马达加斯加保护区系统委员会成员之间流传了几个月，后来才清楚，至少在短期内，更严格的保护措施将占上风，法国和其他支持商业的倡导者在 2006 年暂时退出了德班愿景谈判。[15]

200

环境、水务及林业部官员对这些团体进行了调解，试图保留主要以美国为主的自然资源保护主义者的财政支持，同时私下提倡允许社区资源使用并保护国内的经济采矿和木材利益（Pollini，2007）。与塔那那利佛的同行相比，许多马达加斯加区域政府官员以及支持区域性保护的非政府组织和承包商更愿意接受允许可持续利用新公园资源的想法。他们还认为，农村发展和农业援助应和马达加斯加保护区系统一起补偿小农户可获得的土地和资源的缩减。一些部委和准政府部门的官员对捐助群体，特别是美国人对环保问题的过分重视表示失望。

最重要的是，尽管有促进公园资源可持续利用的言论，但马达加斯加保护区系统提出了一种可能性，即某些社区自然资源管理项目中授予的通过商业开发筹集资金的权力可能会被取消。2004—2006 年，驻塔那那利佛的政府机构、外国援助捐助者和环境保护非政府组织针对居住在新公园内及周边的人们应该能在多大程度上利用公园内的资源进行了长时间的辩论。现有的公园立法、《保护区法令》和相关法令禁止公园边界内除传统非商业用途外的大多数人类用途，并禁止商业开发，除非管理计划明确授权的可作为例外。他们还规定了对违规行为的严格处罚（Repoblikan'i Madagasikara，2001，2005a，2005b）。一旦社区自然资源管理地点被列入国家公园，它们就属于保护区管理法的管辖范围，因此会按照法律规定受到惩罚，这又直接违背了之前在某些《本地安全管理》及《森林合同化管理》合同中授予的通过使用森林产品产生经济效益的优先权利，例如小型商用木材开采（参见第 7 篇文章和 Corson，2011）。

8.5 实施德班愿景的热潮

在国家和地区的这些讨论中，那些住在安卡尼黑尼 - 扎哈美纳走廊和范德里安娜 - 沃德罗佐走廊（笔者的研究关注地）的受访村民称，对马达加斯加保护区系统的了解，即使有也是非常少。虽然市长级别的管理层进行有限的社区参与，但为了满足五年期限而放弃了与村民本人进行协商，一些协商领导人和/或驻塔那那利佛的马达加斯加保护区系统的领导人甚至压制了市长的异议（Corson，2012）。

2005 年 10 月，当笔者第一次与马达加斯加保护区系统委员会成员讨论该项目时，他们正急于在年底前划建 100 万公顷的土地，因为马达加斯加保护区系统已经成为马达加斯加国内外环境社区的主要关注点。从 2003 年 11 月发布公告到 2004 年 12 月，委员会成员致力于确定生物多样性的总体优先保护名单，而没有建立新的公园。到 2005 年 1 月，为了实现总统的目标，环境、水和森林部长决定在仅剩的四年时间里，每年建立 100 万公顷的保护区。这个目标成了匆忙行动的直接原因。

然而，到 2005 年 10 月，马达加斯加全国只建立了约 10 万公顷的新保护区。很明显，如果就马达加斯加保护区系统进行广泛的农村协商，到 2005 年底将无法建出 100 万公顷的土地。尤其不可能与两个东部雨林走廊中所有可能受影响的乡村协商，这两个走廊构成两个最大的拟建保护区。在塔那那利佛，一场大规模的争论接踵而至，讨论到底有多少协商是真正必要的，这使得原本可能是盟友的组织分裂开来。马达加斯加政府的一些国家和地区工作人员强调，必须进行彻底协商，以免造成反抗和森林被烧毁，世界自然基金会和设在该地区的美国资助承包商等组织主张放慢这一进程。另一些人则认为，鉴于马达加斯加生物多样性的重要性，该计划的迅速实施至关重要，特别是国际保护协会敦促该计划在最后期限前完成。

最终，为了满足部长的最后期限，但也出于对未来协商的考虑，马达加斯加保护区系统委员会决定根据指示建立新的公园，该指示授予新保护区临时保护地位，两年后可更新，并根据有限的协商划定公园边界和允许的资源使用。这些指示把关于公园管理和大型公园分区内使用情况的具体细节留待未来的管理计划来决定。此外，由于最终的政策指导和立法直到 2008 年和 2009 年才发布，这些临时公园在没有明确指明如何制订管理计划或进行社区协商的情况下建立了。

8.6 农村协商进程

参与两个走廊社区协商进程的组织在很大程度上反映了驻塔那那利佛的马达加斯加保护区系统委员会的组成。水务和林业总局和国家保护区管理协会的区域代表，以及主要由美国国际开发署资助的保护和农业发展非政府组织和承包商，联合组成了计划和实施马达加斯加保护区系统倡议的委员会。2005 年，总部设在图阿马西纳（Toamasina）、穆拉曼加和菲亚纳兰楚阿等区域性城市的水务和林业总局及国际保护协会代表协调了两个东部雨林走廊的初步协商。美国国际开发署赞助的“米亚罗（Miaro）保护计划”，由国际保护协会、国家保护区管理协会、世界自然基金会和野生动物保护协会合作管理，提供了大量的资金和技术指导。2006 年，尽管没有资金或实际执行能力，水务和林业总局发挥了更大的协调作用，因为管理局官员经常在没有电话、传真、计算机或车辆的情况下工作。此外，由于美国受让人和承包商可以更方便地与在塔那那利佛的同行沟通，他们经常比马达加斯加政府更早收到马达加斯加保护区系统委员会决定的信息。因此，他们继续发挥幕后作用，并凭借其人力资源、车辆和在地理信息系统方面的技能使该作用得到加强。

在这两个走廊，满足部长规定的年度最后期限存在压力，加上政府和非政府组织的工作人员和资金不足，无法到达偏远地区的村庄，这意味着协商工作只能到达地区一级，并依靠市长作为社区数万居民的代言人。一位成员评论说，由于步行到达某些地点需要两天以上的时间，因此进行彻底的协商需要大量的人力、时间和材料。在范德里安娜－沃德罗佐走廊，一位总部位于菲亚纳兰楚阿地区的国际非政府组织代表指出："我们试图聚集人们，因为我们不可能拜访覆盖 5 个地区和 10 个辖区的 66 个城市的人。"

从理论上讲，村民们日后也可以对这些讨论中商定的公园边界提出异议。然而，为了准予建立新公园的临时保护地位，包括部长、地区政治领导人和市长在内的主要政治人物必须同意这些最初的限制。因此，在授予临时保护地位时，在各个政治层面上已经存在大量的支持。此外，这种方法还赋予市长权力，使其成为国家和地区政府与"人民"之间的关键联络人，并成为主要的"地方"决策者。这种方法还假定了市长会与受影响的人口协商，并完全忽略了村内和村间的紧张关系、性别和阶级差异，以及市长对各自村庄的支持倾向（e. g. Kull, 2002）。几位受访者告知说，市长在同意特定限制前没有与村民协商。[16]

2006 年与马达加斯加非政府组织沃卡特里尼阿拉（Vokatry Ny Ala）共同进行的一项相关研究证实了该论断。这项研究针对位于范德里安娜－沃德罗佐走廊的伊康戈（Ikongo）、安巴托博西（Ambatobotsy）、米亚里纳里武（Miarinarivo）、安德拉诺米德特拉（Andranomidtra）和亚拉马里纳（Ialamarina）社里已有的社区自然资源管理系统地点，在那里的农村对马达加斯加保护区系统的认识进行了特别评估，并发现除了市长和基本社区主席，很少有人听说过马达加斯加保护区系统。市长和基本社区主席都参加了该系统的协商，但在大多数情况下，他们没有向村民汇报，也没有征求他们的意见。一位基本社区主席为这点辩解说，他认为在最终政策决定后向民众报告会更好。在这项研究的 130 名采访者中，75% 的人从来没有听说过马达加斯加保护区系统，32 个听说过该系统的人中有 85% 的是市长、基本社区主席，或是被邀请参加马达加斯加保护区系统会议的社区成员（一个社区举办一个研讨班，邀请一些社区成员参加）。另外

5 个人是从广播里得知的。知情的村民认为这是基于社区的自然资源管理形式的一种，甚至社区主席和市长也认为这种机制，通过正式承认（尽管不是正式转让）土地使用权，有助于确保当地获得和控制资源（Vokatry Ny Ala，2006）。

有趣的是，在谈论咨询过程时，受访者常常将咨询与引起注意（sensibilisation）混为一谈，这是一个法语词汇，可以译成英语的"说服教育"、"拓展教育"或"提高认识"。发展组织经常使用这个词来指代他们的实地培训活动，如健康教育或农业改良技术。例如一位菲亚纳兰楚阿的政府官员说："在各区，我们会进行说服咨询。我们说，为了实现总统的宣言，你应该根据国际自然保护联盟的指导，把你的一部分土地归类。同样，一位驻图阿马西纳的官员指出："我们试图向与会者告知保护的必要性和森林资源发挥的重要作用。"另一位驻塔那那利佛的官员指出："人们应该理解（马达加斯加保护区系统）是什么，这是为了他们的利益。"因此，这项努力的目标不是向民众咨询他们是否想要这些公园，而是向他们灌输公园是"为了他们自己的利益"的观念。"咨询"开始是告知参与者他们应该怎么想，特别是保护区是必要的这一认知。实际上，在这两个走廊所进行的就是说服民众同意这些预先决定的基于生物多样性优先保护的地区。

笔者认为，区域协商领导人将"协商"与说服结合起来，正是因为他们来自塔那那利佛的任务是说服而不是协商。虽然在全国各地举办了各种旨在提高对这一倡议认识的讲习班，但对如何进行地方协商没有明确的指导。2005 年 12 月的法令只是说应征求受影响人口的意见，并考虑他们的利益，但没有说明该如何做到（Repoblikan'i Madagasikara，2005a）。同样，国际自然保护联盟顾问强调，需要"至少让一些社区代表参与保护区的初步确定"，随后进行更广泛的磋商（Borrini-Feyerabend & Dudley，2005b，p14）。然而，他们关于如何进行咨询的指导意见只是说，咨询应通过"尤其是有关社会沟通和参与性治理方法方面、行之有效的方法和工具"来进行（Borrini-Feyerabend & Dudley，2005a，p11）。最后，据说政策指导草案"开始与社区理事会和（或）市长、区域当局、技术服务和发展方案协商，以确保它们致力于建立新保护地区（Commission SPAM，2006），并仅在公园最终建成前与社区、村庄和小村庄进行磋商"。虽然它没有对协商下定义或说明如何考虑利益相关者的利益，但它强调目标是"确保"当地对创建公园的承诺（Commission SPAM，2006）。 *204*

马达加斯加政府、非政府组织和承包商的区域代表必须就塔那那利佛的保护愿景和当地现实之间进行调解。虽然总部设在塔那那利佛的委员会成员与实地情况脱离，只就理论问题进行了辩论，例如需要如何协商，但区域工作人员必须执行其任务。区域机构抱怨来自塔那那利佛的政策制定者的混乱、不连贯和政治压力，政策制定者似乎没有意识到该计划实施面临的挑战。一位地区政府官员说："国际保护协会或其他捐助者，他们都有不同的概念……所以我们迷茫了。但与此同时，他们要求我们在 2005 年之前完成所有这些工作。"特别是区域承包商、政府官员、非政府组织工作人员和市长反复强调，马达加斯加保护区系统应与农村发展援助一起，补偿村民因此而减少的土地和资源使用。然而，为此目的投入的资金非常有限。

最后，一些受访者报告，对市长的抵制被压制了。在国际保护协会正积极推动迅速建立保护区的安卡尼黑尼 - 扎哈美纳走廊时，一名地区承包商评论说："社区长倾向不做出明确的决定。但或许因为压力之下匆忙行事的人们存在偏见，这种倾向未得到应有的重视。"在范德里安娜 - 沃德罗佐走廊，在最初的市长讨论中，领导协商的政府、非政府组织和承包商没有使用生物多样性优先保护地图，因为地图上没有标记社区，因此对需要看到政治和生态边界的市长来说毫无意义。相反，领导人要求市长们提议在他们的社区内建立保护区。由此产生的地图包含了一系列不相连接的公园，违反了基本的保护目标，即保护森林走廊。马达加斯加保护区系统技术秘书处指示协商小组回去**说服**市长们建立一条相互连接的走廊，他们做到了。[17]随后，这一修订后的市长"协商"的划界被纳入 2006 年100 万公顷的保护区。

2006 年底，这两个地区的水务和林业总局代表都强调，他们计划在未来进行村级磋商，但他们没有资金支付工作人员去主持讨论或支付前往偏远地区的车辆费用，也没有开发地图的设备或人员，因此他们只能继续依赖非政府组织和顾问。[18]然而，国际保护协会区域办事处没有此类协商的预算，世界银行为国家级水务和林业总局及区域办事机构提供的咨询资金又由于种种官僚主义的原因未能及时被使用。

许多地方政府和非政府行动者预计未来会发生抗议活动；一名水务和林业总局地区代理对自己的安全表示关切："如果我们不经协商……就迅速设定限制，很快就会是我们，即现场代表，成为人民的受害者。"2008 年，政府用最新的保护地图（图 8.1）更新了 2006 年的命令；引入了一项修订过的《保护区法令》；发布了一系列政策文件，既允许有限的商业资源开采，又加强了非国有的权力。2010 年，美国国际开发署的一份顾问报告总结了整个过程："在许多农村居民中，马达加斯加保护区系统早期的主要特点是自上而下和主要由外来人员设计建造。这产生了难以克服的怀疑和敌意"（Freudenberger，2010，p47）。笔者认为，正是他们在决策过程中被边缘化，包括确定边界、资源权利和在其惯有土地上可接受的资源使用的权力，这代表了最终的剥夺（Corson，2012）。

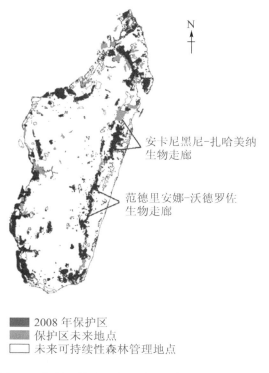

安卡尼黑尼-扎哈美纳
生物走廊

范德里安娜-沃德罗佐
生物走廊

■ 2008 年保护区
■ 保护区未来地点
□ 未来可持续性森林管理地点

图 8.1　保护区扩展及本文讨论的案例研究位置地图　　　*206*

8.7　结论

2010 年 12 月，政府通过了两项新的命令，更新了 2008 年的临时保护令，精简了一些条例，包括对海洋和沿海保护区使用资源更明确的限制，成立了一个政府间马达加斯加保护区系统委员会，明确将可持续森林管理地点与"保护区"分开，编纂了 171 个新保护区和可持续森林管理地点，总面积为 940 万公顷（Repoblikan'i Madagasikara，2010a，2010b）。为了分析 2008 年和 2010 年变化背后的政治原因，需要进行更多人种志的研究，因此，对这些命令的详细分析超出了本文的范围。尽管如此，重要的是要强调有关权力谈判的动态性质，以确定谁可以获得马达加斯加的自然财富并从中受益。尽管 2010 年政府间委员会的正式成立可能意味着恢复国家对扩大保护区进程的控制，但世界银行最近的一份文件总结了跨国非政府组织在国际、国家和区域各级对马达加斯加森林政策的持久且强烈的影响。报告不包括 250 万公顷可持续森林管理场地的数量，做出如下总结：

马达加斯加的保护区网络（包括）由马达加斯加国家公园管理的 240 万公顷保护区和主要由非政府组织（包括国际保护协会、国际野生生物保护学会和世界自然基金会）开发的 450 万公顷新保护区……受 2010 年 10 月在名古屋举行的生物多样性公约缔约方会议（CBD COP）的鼓励，政府和非政府组织最近进行了非正式协商，讨论将保护区网络扩大到覆盖国家面积的 16% ～ 18% 的可行性。

(World Bank，2011，p31)[19]

207　　　马达加斯加这一案例不仅揭示了跨国组织对国内林业政策的强大影响，而且揭示了如何通过未经选举和不负责任的实体产生边缘化的国家进程，并将对自然资源和主体的要求和权力分散到地方、国家，以及国际边界。尽管马达加斯加保护区系统倡导者坚持认为，建立新的保护区将使居住在公园或利用公园资源的社区参与进来，但在所研究的两个东部雨林走廊进行了最低限度的村级协商。尽管马达加斯加有数以百万计的资金支持自然保护，但驻塔那那利佛的捐助者、政府机构和非政府组织对如何进行当地协商提供的财政支持和指导不充分，因为他们没有任何有关村民需要和希望得到的森林资源的情况下，讨论了他们认为应该允许哪些类型的资源使用，以及应该采取什么样的经济激励措施来保护森林。国家和国际方面为执行该计划施加的政治压力迅速迫使区域工作人员每天关注生物多样性优先保护地图的绘制及数字目标的实现，并避免与受影响的村民进行协商。这一压力导致了一个仅达到市长级别的协商过程，市长被授权作为国家政府和村民之间的联络人，并且常常未能向村民传播信息，而村民当时仍然不知道该计划。此外，协商是说服性教育的过程，它首先是根据生物多样性优先对象而不是当地资源利用模式绘制公园边界的地图，在这一过程中，为了达到年度目标，对市长的抵制被压制。笔者断言，区域协商领导人将"协商"与说服教育结合起来，因为他们来自塔那那利佛的任务是说服，推动公园的迅速建立，要求重新绘制不相连接的市长地图，以及为"确保"地方保护承诺而作出的指导均能证实。最终，该倡议取代而非支持先前的社区保护倡议，引入了撤销先前授予的社区商业使用权的可能性（Corson，2012）。

　　　马达加斯加扩大保护区的案例说明了如何通过国家和非国家组织之间的跨国联盟进行保护政策的协商。通过从马达加斯加代表团成员身份到公园大会和马达加斯加保护区系统执行委员会，再到非正式谈判的各种活动，外国和非国家行为者也加强了其在认可林地特殊要求有效性这方面的权威。以这种方式，"国家"让位给由国家官员、外国捐助者、跨国非政府组织、承包商和私营部门代理人组成的财团，而这些人反过来又代替国家提供服务。简言之，马达加斯加保护区系统不仅承认林业服务局、外国保护组织和矿业利益集团的要求高于村民的要求，而且还使这些代理人决定马达加斯加森林命运的权力和权威合法化，与此同时，使村民控制其生计来源并最终从森林资源中获取财富的权力和权威失去合法性。正是农村居民在这些资源的决策过程中被边缘化，才代表了最终的剥夺

208　（Corson，2011）。

8.8 政策建议

在马达加斯加采矿、石油和天然气工业不断扩张的背景下，如何实施保护区扩大事关重大。具有讽刺意味的是，该国的主要挑战不是创造更多的保护区，而是对现有的保护区进行有效管理。将马达加斯加保护区扩大三倍的倡议是以此为发端前提的，即马达加斯加拥有 170 万公顷的现有公园，其中仅包括国家公园、严格的自然保护区和特别保护区。然而，笔者认为，根据国际自然保护联盟允许可持续利用的分级保护区类别，马达加斯加在其保护区系统宣布之前已经实现了10% 的目标。正如希姆希克（Simsik，2003）所指出的，如果加上生物圈保护区、狩猎保护区、森林站和重新造林区以及林业服务局管理的用于木材供应的约400 万公顷分类森林，到 21 世纪初，马达加斯加总共已经保护了约 660 万公顷的森林。但是，由于缺乏人力、物力和财力的相辅相成，林业和公园管理局都无法管理这些地区。事实上，马达加斯加越来越多的非法木材采伐和采矿活动大多发生在保护区。2009 年马达加斯加国家公园大量非法伐木的曝光（Global Witness& EIA，2009）表明，建立文件上的公园不足以保护该国的生物多样性。在最初的公园边界建立之前，缺乏广泛的磋商，面对森林和木材采伐不断增长的情况，仅有一类人有近似权力管理森林，这是一个重大失误。

总而言之，自然保护主义者应该关注的是使现有的公园系统行之有效，而不是扩大潜在的无效保护区域，这有三个关键原因。第一，新的保护区可能对生物多样性保护的影响有限；第二，无论其保护效果如何，通过限制资源利用和资源获利能力，新公园将使许多农村人口远离其生计来源，阻碍他们提高生活水平的能力；第三，也是最重要的一点，开发这些公园的政策进程使跨国的和以塔那那利佛为基础的权力和权威合法化，以控制森林的使用和由此产生的财富。与 20世纪 90 年代和 21 世纪初在马达加斯加出现的以社区为基础的保护倡议以及围绕马达加斯加保护区系统的言论直接矛盾的是，它使村民对有关森林权利决策过程的控制、使用马达加斯加森林的机会和从中受益的能力边缘化。

虽然最近的想法如拟建的基于社区的自然资源管理领导人联盟（Freudenberger，2008）有助于使马达加斯加保护区系统谈判中的乡村呼声制度化，但这些组织将在村庄内部和村庄之间，以及由政府机构、非政府组织、捐助者、私人公司以及其他与扩大马达加斯加保护区有利害关系的人群构成的网络内服从现有的权力动态。一个有效的未来协商进程将开启，而非结束，并将资金和资源用于与村民进行长期讨论和地图的绘制，以便确认村庄资源需求、当前使用模式和社区保护区。正如理查德和杜瓦（Richard & Dewar，2001）提议的那样，讨论将涉及双向对话和谈判，而不是说服。这就需要放弃教育人们认识保护环境重要性的目标，转而采取一种接受的态度。为此，讨论可包括由培训过的社区参

209

与专家组成的协商小组（e. g. Campbell & Vainio Matilla，2003）；支持村民主导轻松的讨论，参与绘图、制订管理计划和记录土地使用文件（e. g. Chambers，1994）；并采取措施解决性别、阶层和其他在公开讨论中出现的权力动态等问题（Mosse，1994）。最终，马达加斯加成功的森林管理需要赋予受保护政策影响的人们权力，使他们能够参与关于自然资源管理结构的安排以及资源实际管理的决策（Corson，2011，2012）。

注释

①最后期限后来延长到 2012 年。

②本文提供的材料借鉴了文件分析、参与者观察以及与马达加斯加政府国家、区域和地方分支机构前任及现任代表，外国援助捐助者，国际保护和发展非政府组织，马达加斯加非政府组织，私营部门公司，顾问小组，以及设在塔那那利佛、图阿马西纳和菲阿纳兰索阿的区域性城市以及安卡尼黑尼－扎哈美纳和范德里安娜－沃德罗佐东部雨林走廊的选定村庄的科学组织进行的 144 次半结构化访谈。由于一些采访的敏感性，笔者同意为所有受访者保密，因此所有信息都是匿名报告的，消息来源仅由一般职位确定，村庄身份是保密的，采访日期不透露。

③现在是"马达加斯加国家公园"。

④德班愿景小组监管 5 个技术小组：① 管理和分类，负责建立与国际自然保护联盟指南相一致的管理系统；② 生物多样性优先保护，继续开展生物多样性优先保护工作；③ 沟通协调，与地区和中央当局以及公众沟通；④ 法律框架，制定与项目相关的立法；⑤ 资金。

⑤与沃卡特里尼阿拉的员工的非正式沟通。

⑥采访一位环保非政府组织代表、一位双边捐助官员和一位外国科学家。

⑦摘自对矿业和国际环保非政府组织代表的采访。

⑧马达加斯加的采矿业包括主要针对各种工业矿石的大型采矿部门和小型非正规、无管制的宝石采矿部门两个子部门。绝大多数采矿作业发生在马达加斯加小规模、非正规、无管制的采矿部门。非法采矿和合法采矿在马达加斯加都在迅速扩张（Bilger，2006）。本节所提及的谈判是指环保非政府组织与大型矿业公司之间的谈判。

⑨摘自对采矿和国际环保非政府组织代表的采访。

⑩摘自对承包商和一位马达加斯加地区政府官员的采访。

⑪摘自对区域国际环保非政府组织代表的采访。

⑫在马达加斯加语中，这可翻译为"照顾森林"。

⑬摘自对国际环保非政府组织代表的采访。

⑭国际自然保护联盟保护区分类制度的最新版本于 1994 年获得批准。它包括以下 7 类保护区：第 1a 类，以科学或荒野保护为主的严格自然保护区/荒野保护区；第 1b 类，荒野区，以荒野保护为主的保护区；第 2 类，国家公园，以生态保护和游憩为主的保护区；第 3 类，自然遗迹，以保护特定自然风貌为主的保护区；第 4 类，栖息地/物种管理区，以管理干预为主的保护区；第 5 类，陆地/海洋景观保护区，主要为陆/海景保护或游憩而管理的保护区；第六类，资源管理保护区，主要为自然资源可持续利用而管理的保护区

（Phillips et al.，2004；Dudley and Phillips，2006）。

⑮摘自对双边捐助机构官员的采访。

⑯摘自对村民和承包商的采访。

⑰摘自对区域承包商和政府官员的采访。

⑱摘自对一名地区政府官员和一名承包商的采访。

⑲这将实现新谈判的《生物多样性公约》目标，到2020年，保护至少17%的陆地和内陆水域，以及10%的沿海和海洋区域。

211

参考文献

Adams，W. M. and Hutton，J.（2007）'People，parks and poverty：political ecology and biodiversity conservation'，*Conservation and Society*，vol 5，pp147 – 183.

ANGAP（2003）*Madagascar Protected Area System Management Plan：Revised*，Association Nationale pour la Gestion des Aires Protégées，Antananarivo，Madagascar.

Bilger，B.（2006）'The path of stones：the race for Madagascar's jewels'，*The New Yorker*，October 2，pp66 – 79.

Borrini-Feyerabend，G. and Dudley，N.（2005a）*Elan Durban…Nouvelles Perspectives pourles Aires Protégées à Madagascar*，report of the first IUCN mission to Madagascar：World Commission on Protected Areas and Committee on Environmental，Economic and Social Policy，World Conservation Union and MIARO，May 2005.

Borrini-Feyerabend，G. and Dudley，N.（2005b）*Les Aires Protégées à Madagascar：Batir le Système à Partir de la Base：Rapport de la Seconde Mission UICN（Version Finale）*，World Conservation Union Commission on Environmental，Economic and Social Policy and World Commission on Protected Areas，September.

Brechin，S. R.，Wilshusen，P. R.，Fortwangler，C. L. and West，P. C.（2002）'Beyond the squarewheel：toward a more comprehensive understanding of biodiversity conservation as social and political process'，*Society and Natural Resources*，vol 15，pp41 – 64.

Brockington，D.，Duffy，R. and Igoe，J.（2008）*Nature Unbound：The Past，Present and Future of Protected Areas*，Earthscan，London.

Brooks，T. M.，Bakarr，M. I.，Boucher，T.，Da Fonseca，G. A. B.，Hiltontaylor，C.，Hoekstra，J. M.，Moritz，T.，Olivieri，S.，Parrish，J.，Pressey，R. L.，Rodrigues，A. S. L.，Sechrest，W.，Stattersfield，A.，Strahm，W. and Stuart，S. N.（2004）'Coverage provided by the global protected-area system：is it enough?'，*BioScience*，vol 54，pp1081 – 1091.

Brosius，J. P. and Russell，D.（2003）'Conservation from above：an anthropological perspective on transboundary protected areas and ecoregional planning'，*Journal of Sustainable Forestry*，vol 17，pp39 – 65.

Campbell，L. M. and Vainio-Matilla，A.（2003）'Participatory development and community-based conservation：opportunities missed for lessons learned'，*Human Ecology：An Interdisciplinary Journal*，vol 31，pp417 – 438.

Chambers，R.（1994）'The origins and practice of participatory rural appraisal'，*World Development*，vol 22，pp953 – 969.

CI（2011）'Madagascar to triple areas under protection: plan calls for the creation of a 6-million-hectare network of terrestrial and marine reserves', www. conservation. org/newsroom/pressreleases/Pages/091603_mad. aspx（accessed January 14, 2011）.

Commission SAPM（2006）*Procédure de Création des Aires Protégées du Système d'Aires Protégées de Madagascar（SAPM）*, Commission SAPM, Antananarivo, Draft 8 June.

Corson, C.（2011）'Territorialization, enclosure and neoliberalism: non-state influence in struggles over Madagascar's forests', *Journal of Peasant Studies*, vol 38, pp703 – 726.

Corson, C.（2012）'From rhetoric to practice: how high profile politics impeded community consultation in Madagascar's new protected areas', *Society and Natural Resources*, vol 25, pp336 – 351.

Corson, C., Gruby, R., Witter, R., Hagermann, S., Suarez, D., Greenburg, S., Bourque, M., Gray, N. and Campbell, L. M.（in press）'Everyone's solution? Defining and re-defining protected areas in the Convention on Biological Diversity', *Conservation and Society*.

Dudley, N. and Phillips, A.（2006）'Forests and protected areas guidance on the use of the IUCN protected area management categories', in A. Phillips（ed.）World *Commission on Protected Areas（WCPA）Best Practice Protected Area Guidelines Series No. 12*, IUCN, Cambridge.

Duffy, R.（2006）'Non-governmental organisations and governance states: the impact of transnational environmental management networks in Madagascar', *Environmental Politics*, vol 15, pp731 – 749.

Freudenberger, K.（2010）*Paradise Lost? Lessons from 25 Years of USAID Environment Programs in Madagascar*, USAID, Washington, DC.

Freudenberger, M. S.（2008）*Ecoregional conservation and the Ranomafana-Andringitra Forest Corridor: A Retrospective Interpretation of Achievements, Missed Opportunities, and Chalengesfor the Future*, July 2, 2008, version 2, unpublished manuscript.

Global Witness and EIA（2009）*Investigation into the Illegal Felling, Transport and Export of Precious Wood in Sava Region Madagascar*, in cooperation with Madagascar National Parks, the National Environment and Forest Observatory and the Forest Administration of Madagascar, December.

Hannah, L., Rakotosamimanana, B., Ganzhorn, J. U., Mittermeier, R. A., Olivieri, S., Iyer, L., Rajaobelina, S., Hough, J., Andriamialisoa, F., Bowles, I. and Tilkin, G.（1998）'Participatory planning, scientific priorities, and landscape conservation in Madagascar', *Environmental Conservation*, vol 25, pp30 – 36.

Horning, N. R.（2008）'Strong support for weak performance: donor competition in Madagascar', *African Affairs*, vol 107, pp405 – 431.

IUCN（2004）*Governance of Natural Resources: The Key to a Just World that Values and Conserves Nature?* Briefing Note 7, Commission on Environmental, Economic and Social Policy, World Commission on Protected Areas and the World Conservation Union.

Kremen, C., Cameron, A., Moilanen, A., Phillips, S. J., Thomas, C. D., Beentje, H., Dransfield, J., Fisher, B. L., Glaw, F., Good, T. C., Harper, G. J., Hijmans, R. J., Lees, D. C., Louis Jr. E., Nussbaum, R. A., Raxworthy, C. J., Razafimpahanana, A., Schatz, G. E., Vences, M., Vieites, D. R., Wright, P. C. and Zjhra, M. L.（2008）'Aligning conservation priorities across taxa in Madagascar with high-resolution planning tools', *Science*, vol 320, pp222 – 226.

Kull, C. (1996) 'The evolution of conservation efforts in Madagascar', *International Environmental Affairs*, vol 8, pp50 – 86.

Kull, C. (2002) 'Empowering pyromaniacs in Madagascar: ideology and legitimacy in community-based natural resource management', *Development and Change*, vol 33, pp57 – 78.

McNeely, J. A. (ed.) (1993) *Parks for Life: Report of the IVth World Congress on National Parks and Protected Areas*, IUCN Communications Division, Gland, Switzerland.

Mosse, D. (1994) 'Authority, gender and knowledge: theoretical reflections on the practice of participatory rural appraisal', *Development and Change*, vol 25, pp497 – 526.

Nicoll, M. E. and Langrand, O. (1989) *Madagascar: Revue de la Conservation et des Aires Protégées*, World Wide Fund for Nature, Gland, Switzerland.

Phillips, A., Stolton, S., Dudley, N. and Bishop, K. (2004) *Speaking a Common Language: An Investigation into the Uses and Performance of the IUCN System of Management Categories for Protected Areas*, final draft report, World Conservation Union and Cardiff University.

Pollini, J. (2007) *Slash and Burn Cultivation and Deforestation in the Malagasy Rain Forests: Representations and Realities*, PhD thesis, Department of Natural Resources, Cornell University, Ithaca.

Randrianandianina, B. N., Andriamahaly, L. R., Harisoa, F. M. and Nicoll, M. E. (2003) 'The role of protected areas in the management of the island's biodiversity', in S. Goodman and J. Benstead (eds) *The Natural History of Madagascar*, University of Chicago Press, Chicago.

Repoblikan'i Madagasikara (2001) *Code de Gestion des Aires Protégées*, loi no. 2001/05.

Repoblikan'i Madagasikara (2004a) *Arrêté Interministériel Complétant les Dispositions de l'Arrêté n° 7340/2004 Portant Création d'un Comité Interministériel des Mines et des Forêts*, le Ministère de l'Energie et des Mines and le Ministère de l'Environnement des Eaux et Forêts, no. 12720/2004, 8 July.

Repoblikan'i Madagasikara (2004b) *Arrêté Interministériel Portant Création d'un Comité Interministériel des Mines et des Forêts*, Ministère de l'Energie et des Mines and Ministère de l'Environnement des Eaux et Forêts, no. 7340/2004.

Repoblikan'i Madagasikara (2004c) *Arrêté Interministériel Portant Suspension de l'Octroi de Permis Minier et de Permis Forestier dans les Zones Réservées comme 'Sites de Conservation'*, Ministère de l'Environnement des Eaux et Forêts and Ministère de l'Energie et des Mines, no. 19560/2004, 18 October.

Repoblikan'i Madagasikara (2005a) *Appliquant l'Article 2 Aliné a 2 de Loi no 2001/15 Portant Code des Aires Protégées*, Ministère de l'Environnement des Eaux et Forêts, décret 2005 – 848.

Repoblikan'i Madagasikara (2005b) *Organisant l' Application de la Loi no 2001005 du 11 Février 2003 Portant Code de Gestion des Aires Protégées*, Ministère de l'Environnement des Eaux et Forêts, décret 2005 – 013.

Repoblikan'i Madagasikara (2006) *Arrété Interministérie l'Portant Protection Temporaire de l'Aire Protégée en Création Dénommée 'Corridor Fores tier Fandriana-Vondrozo'*, Ministère de l'Energie et des Mines and Ministère de l'Environnement des Eaux et Forêts, no. 16 071/2006.

213

Repoblikan'i Madagasikara（2010a）*Arrêté Interministérie Modifiant l'Arrêté Interministériel Mine-Forêts no 18633 du 17 Octobre 2008 Portant Mise en Protéction Temporaire Globale des Sites Visés par l'Arrêté Interministériel no. 17914 du 18 Octobre 2006 et Levant la Suspension de l'Octroi des Permis Miniers et Forestiers pour Certains Sites*，Ministère de'i lEnvironnement des Forêts，52005/2010.

Repoblikan'i Madagasikara（2010b）*Arrêté Interministériel Portant Création，Organisation et Fonctionnement de la Commission du Système des Aires Protégées de Madagascar*，Ministère de l'Environnement des Forêts，52004/2010.

Richard，A. F. and Dewar，R. E.（2001）'Politics，negotiation and conservation: a view from Madagascar'，in W. Weber，L. J. T. White，A. Vedder and L. Naughton-Treves（eds）*African Rain Forest Ecology and Conservation: An Interdisciplinary Perspective*，Yale University Press，New Haven.

Sarrasin，B.（2006）'The mining industry and the regulatory framework in Madagascar: some developmental and environmental issues'，*Journal of Cleaner Production*，vol 14，pp388 – 396.

Secretariat（2012）*The Convention on Biological Diversity: 2010 Biodiversity Target: 1）Goals and Subtargets and 2）Indicators*，www. cbd. int/2010-target/goals-targets. aspx，accessed November 30，2012.

Simsik，M.（2003）*Priorities in conflict: Livelihood practices，environmental threats，and the conservation of biodiversity in Madagascar*，thesis（Ed. D），Education，University of Massachusetts，Amherst.

UN Statistics Division（2012）Progress towards the Millennium Development Goals，1990 – 2005 Goal 7 – Ensure environmental sustainability，http: //unstats. un. org/unsd/mi/goals _ 2005/ Goal_ 7_ 2005. pdf，accessed November 30，2012.

USAID（2007）*USAID's Biodiversity Conservation and Forestry Programs*，FY 2005，USAID，Washington，DC.

Vokatry Ny Ala（2006）*Evaluation et Analyse du Dynamique de Transferts de Gestion dans le Corridor Ranomafana-Andringitra: Cas d'Ampatsy et d'Andranomiditra*，a collaboration between EcoRegional Initiatives-Fianarantsoa and the University of California at Berkeley Beahrs Leadership Program，Vokatry ny Ala，Fianarantsoa，Madagascar.

Wilshusen，P. R.，Brechin，S. R.，Fortwangler，C. L. and West，P. C.（2002）'Reinventing a square wheel: critique of a 'resurgent protection paradigm' in international biodiversity conservation'，*Society and Natural Resources*，vol 15，pp17 – 40.

Wolmer，W.（2003）*Transboundary Protected Area Governance: Tensions and Paradoxes*，paper presented at the Transboundary Protected Areas in the Governance Stream of the 5th World Parks Congress in Durban，South Africa，September 12 – 13.

World Bank（2005）*Environmental and Social Safeguard Policies: Policy Objectives and Operational Principles*，World Bank operational manual: operational policies section 4. 12，World Bank，Washington DC.

World Bank（2011）*Project Paper on a Proposed Additional IDA Credit in the Amount of SDR26 Million（USMYM42 Million Equivalent）and a Proposed Additional Grant from the Global Environment Facility Trust Fund in the Amount of USMYM10. 0 Million to the Republic of Madagascar for the Third Environmental Program Support Project（EP3）*，report no. 61964 – MG.

实践中的德班愿景：马达加斯加新保护区参与式管理的经验

马利卡·维拉－索米（Malika Virah-Sawmy）

查理·J. 加德纳（Charlie J. Gardner）

阿尼特里·N. 拉齐曼德里哈马纳纳（Anitry N. Ratsifandrihamanana）

9.1 引言

2003 年在南非德班举行的国际自然保护联盟第五届世界公园大会标志着保护区新体系的诞生（Phillips，2003）。鉴于人们越来越认识到保护区的建立可能会使当地人承担高昂的社会成本（Ghimire & Pimbert，1997；Adams et al.，2004；West et al.，2006），大会的主题是"超越边界的利益"，关于保护在更广泛社会领域的影响的辩论首次成为主流（Roe，2008）。大会的关键议题主要关于保护区在扶贫方面的作用，会议一致认为，保护机构在实现其生物多样性保护目标时，不应增加贫困或损害穷人的生计。（Adams et al.，2004）。会议形成的《德班行动计划》包含了确保完全按照当地人和地方社区的权利建立保护区的目标（IUCN，2003a），而《德班协议》强调有必要让生活在保护区附近的人参与管理（IUCN，2003b）。

为了促进地方社区和其他利益相关者更好地融入保护区治理，建议保护区管理机构采纳一套善治原则（Graham et al.，2003；Borrini Feyerabend，2004），并且国际自然保护联盟公布了指导准则，促进向参与性更强的治理形式过渡。其中包括一个由 4 种保护区管理模式构成的体系，即政府管理、共同管理、私人管理、土著人和地方社区管理，该体系被纳入了修订后的国际自然保护联盟保护区管理类别指南（Borrini Feyerabend，2007；Dudley，2008）。尽管这些指南已被公布，但在全球保护领域范围内，关于这套善治原则的实例以及新管理模式在现实中的实施情况的文献仍然很少，而且我们对环保工作者在新保护区管理中使用这些原则时面临的挑战也知之甚少。

在同一届大会上，马达加斯加前总统马克·拉瓦卢马纳纳发表了他著名的宣言，要将马达加斯加保护区覆盖的范围扩大至原来的三倍，达到国际自然保护联盟关于各国保护其 10% 领土的建议（Freudenberger，2010；参见第 8 篇文章）。众所周知，德班愿景的实施使该国保护区的制定和管理方式发生根本性的变化，这些变化与《德班协议》显现出来的全球趋势共同存在。在马达加斯加，通过使用 800 多种脊椎动物、无脊椎动物和植物的分布模型对国家级优先事项进行设定，以确定应在哪里建立新保护区（Kremen et al.，2008；Rasoavahiny et al.，2008）。但是，大多数优先事项位于人口众多的地区内，当地人在不同程度上依赖自然资源来谋生。因此，为实施德班愿景提供建议而设立的指导委员会（以下简称"德班愿景社区"）认为该国现有的严格保护区模式（国际自然保护联盟第1a 类、第 2 和第 4 类，表 9.1）并不合适，建议新保护区应改为多用途保护区（国际自然保护联盟第 3、第 5、第 6 类，表 9.1），允许当地社区可持续使用自然资源（Freudenberger，2010）。国家对保护区制度的目标也发生了变化。尽管对已建的包括 46 个地点的网络系统进行管理是为了保护生物多样性以及科学研究和娱乐消遣（Randrianandianina et al.，2003），但扩大该体系还为了保护马达加斯加的文化遗产和可持续使用自然资源以促进保护和发展（Commission SPAM，2006）。为了适应新的愿景并为新的多用途保护区提供适当的管理模式，国际自然保护联盟的治理体系首次被采用，允许对保护区进行社区的、私人的或共享的管理，并促进采用善治原则（Graham et al.，2003；表 9.2）。此前，该国所有的保护区都由国家通过马达加斯加国家公园（MNP）来管理，该国家公园以前为国家保护区管理协会（ANGAP）。

表 9.1　国际自然保护联盟保护区类别及其在马达加斯加的应用

国际自然保护联盟类别	国际自然保护联盟定义	在马达加斯加的应用
第 1a 类（严格的自然保护区或荒野区）[在马达加斯加称为自然综合保护区（RNI），并由马达加斯加国家公园管理]	为保护生物多样性以及可能的地质/地貌特征而设立，严格控制和限制人类的探访、使用和影响，以确保自然资源受到保护。	许多严格的自然保护区被重新归类为国家公园（第 2 类），以便允许生态旅游产生收入。其他尚存的严格自然保护区包括贝马拉哈（Bemaraha）（分为公园和保护区）、贝坦博纳（Betampona）、洛科贝（Lokobe）、察拉塔纳纳（Tsaratanana）和扎哈美纳（Zahamena）（分为公园和保护区）

续表

国际自然保护联盟类别	国际自然保护联盟定义	在马达加斯加的应用
第2类（国家公园）〔在马达加斯加称为国家公园（PN），并由马达加斯加国家公园管理〕	大型自然的或接近自然的地区，旨在保护大规模生态过程，以及对该地区物种及生态系统进行补充，这也为和环境与文化方面能够兼容的精神的、科学的、教育的、娱乐的和游憩的各种机会提供了基础	19个国家公园特别注重生物多样性的保护，同时促进娱乐和旅游业。这些公园包括安多亚耶拉（Andohahela）、安德林吉特拉（Andringitra）、安卡拉法提卡（Ankarafantsika）、安卡拉纳（Ankarana）、贝伊德巴利（Baie de Baly）、贝马拉哈、伊萨鲁（Isalo）、基林迪米塔（Kirindy Mitea）、北马纳纳拉（Mananara Nord）、安达西贝 – 曼塔迪亚（Andasibe-Mantadia）、马洛杰基（Marojejy）、马苏阿拉（Masoala）、米多吉贝富塔卡（Midongy Befotaka）、琥珀山国家公园（Montagne d'Ambre）、拉诺马法纳（Ranomafana）、齐马南佩楚察（Tsimanampesotse）、黧基·德·纳莫罗卡（Tsingy de Namoroka）、扎哈美纳和佐比塞沃希巴西亚（ZombitseVohibasia）
第3类（自然纪念遗迹）〔在马达加斯加将称为自然纪念遗迹（德班愿景新保护区类别的一部分）〕	为保护特定自然遗迹而设立，可以是某种地形，如海山、海下洞穴和某种地质特征，例如洞穴，或者甚至可以是古树林这种生物特征。它们通常是小型保护区，且经常具有较高的游憩价值	作为德班愿景的一部分，自然纪念遗迹是一个新类别，可以被一系列行为体管理。在马达加斯加，该类别将特别用于圣林〔参见下文关于安科迪达（Ankodida）的部分，它是作为德班愿景新保护区的一部分〕
第4类（栖息地/物种管理区）〔在马达加斯加称为特别保护区（RS），并由马达加斯加国家公园管理〕	旨在保护特定物种或栖息地，管理反映了它的优先性。许多第4类保护区将需要定期的、积极的干预，以满足特定物种的需要或维持栖息地，但这并非该类保护区的要求	特别保护区是专门为保护该地区独特的生物多样性而建立的。特别保护区包括安巴托瓦基（Ambatovaky）、安姆波热纳黑（Ambohijanahary）、安博希塔内利（Ambohitanelly）、安那阿木安纳（Analamerana）、安达西贝纳拉马扎拉（Andasibeanalamazaotra）、安达诺米那（Andranomena）、安贾纳哈里贝南部（Anjanaharibe Sud）、贝马里沃（Bemarivo）、贝扎 – 马哈法利（Beza-Mahafaly）、博拉（Bora）、圣玛丽角（Cap Sainte Marie）、伊沃希贝（Ivohibe）、卡兰巴特里特（Kalambatritra）、卡西伊（Kasijy）、曼格里沃拉（Mangerivola）、曼宁戈扎（Maningoza）、马农博（Manombo）、马龙加里沃（Manongarivo）、马洛坦德诺（Marotandrano）、琥珀森林（Forêt d'Ambre）和坦波克萨阿纳拉明特索（Tampoketsa Analamaintso）

218

219

国际自然保护联盟类别	国际自然保护联盟定义	在马达加斯加的应用
第5类（被保护的陆/海景）[在马达加斯加被称为被保护的和谐景观（德班愿景新保护区类别的一部分）]	人与自然长期相互作用产生的具有显著生态、生物、文化和风景价值的独特区域，维护这种相互作用的完整性对于保护和维持该区域及其相关的自然保护和其他资源至关重要	被保护的和谐景观是德班愿景中的一个新类别，可由一系列行为体管理。根据加德纳（Gardner，2011），在马达加斯加可能存在的可持续互相作用的例子不常见，但可以包括安林吉特拉（Andringitra）的硬叶灌丛和高山草原（至少一部分由放牧和烧垦维持）、中部高地靠烧垦维持的塔皮亚（Tapia）林地、马哈法利（Mahafaly）高原上由马哈法利牧民管理的多刺森林。此外，在马达加斯加所有的三类森林生态区（潮湿森林、干燥森林和多刺森林）中发现的圣林也可归入这一类。此外，维拉·索米（Virah Sawmy，2009）证明即使不是圣林，例如滨海森林天然碎片区，也曾被田努西（Tanosy）社区给予相对良好的管理，直到最近采矿和移民改变了当地的动态体系。安科迪达的圣林是第五类新保护区的一个例子。大多数拟建的保护区可能属于该类，因为下面的第6类，即另一种选择，是针对相对完整的景观，而德班愿景保护区往往位于与人类有重要互动的区域
第6类（可持续利用地区）（在马达加斯加被称为自然资源保护区）	保护生态系统和栖息地，以及相关的文化价值和传统的自然资源管理体系。它们的面积通常很大，大部分地区处于自然状态，其中一部分处于可持续的自然资源管理之下，对自然资源的低水平、非工业性的使用能够与自然保护相互适应被视为该地区主要目标之一	在马达加斯加，它被称为自然资源保护区，可由一系列行为体来管理。安波西特拉冯德罗佐森林（Forestier Ampositravondrozo）走廊（COFAV）是该类别的最佳例子。大多数周边地区都有基于社区的自然资源管理，而且走廊的很大一部分相对完整。 这一类别特别适用于新的海洋保护区，包括马达加斯加国家公园管理的海洋保护区（见表9.3）

来源：达德利（Dudley，2008）的定义。

表9.2　国际自然保护联盟保护区治理类型及其在马达加斯加的应用

管理类型	国际自然保护联盟定义	在马达加斯加的应用
类型 A： 政府管理的保护区（国家管理）	政府机构（国家的或地区的）对保护区管理拥有主管权、承担责任并具有问责权，确定保护目标（例如与国际自然保护联盟类别不同的目标），制订和实施管理计划，并且通常还拥有保护区土地、水及相关资源	马达加斯加国家公园管理的所有国家公园、自然保护区和特别保护区都属于这一类。一项特别法令允许国家将公园及上述保护区委托给马达加斯加国家公园管理
类型 B： 共同管理保护区（共同管理） （德班愿景新保护区管理类型的一部分）	采用复杂的机构性机制和程序，在多个被赋权的政府和非政府行为体之间（正式地或非正式地）分享管理的权力和责任	大多数拟建的第5类和第6类新保护区最可能属于该管理类型，并将涉及环境部、国家林业局、地区林业局和地方代表协会（主要是非政府组织和地方利益相关者）等众多行为体
类型 C： 私人保护区（私人管理） （德班愿景新保护区管理类型的一部分）	私人管理包括：由个人、合作团体、非政府组织或公司所有的保护区。保护区可以是非营利性或营利性的。典型例子是非政府组织以保护为目的明确获得的土地和资源。许多土地所有者出于对土地的尊重以及维护其良好状况和生态价值的愿望，也努力实现保护目标	作为生物多样性补偿战略的一部分，力拓集团马达加斯加矿业公司（QMM）与地方社区共同管理沿海森林里的新保护区
类型 D： 社区保护区（社区管理） （德班愿景新保护区管理类型的一部分）	自然的和改良的生态系统，包含重要的生物多样性、生态服务和被土著的、流动的和地方的社区通过习惯做法或其他有效手段自愿保留的文化价值。通过各种形式的民族管理或当地商定的组织和规则，社区拥有权力和责任。这些规则通常与文化或宗教价值观以及习惯做法交织在一起	区分社区保护区和共同管理保护区并不容易，因为除马达加斯加国家公园管理的保护区以外，所有的保护区管理都必须有政府当局参与。然而，本文指出一些保护区，如安科迪达，因其圣地系统和多样的宗族管理以及当地商定的组织和规则，更大程度上属于该类别中的社区保护区

来源：波里尼–费耶阿本德（Borrini-Feyerabend，2007）的定义。

　　为了监督扩大后的保护区系统（马达加斯加保护区系统，SAPM）的管理，2003 年设立了一个部门（保护区系统管理局，DSAP）。管理保护区的国家立法——《保护区法令》经过修订准许了新保护区类别和治理类型，并于 2008 年提交至参议院。尽管由于 2009 年的政治危机，这项立法尚未得到批准，但保护区域系统署仍在继续努力确保新方法可被采用以促进地方社区融入保护区治理。保护区域系统署将建立新保护区的任务委托给授权者，通常是非政府组织，他们遵循马达加斯加保护区系统的指导方针，分两步来建立保护区：首先授予29个地点临时保护地位（尽管更多地点被优先考虑建新保护区，但没有临时保护地位）给予保护来抵御采矿利益集团和木材采伐；随后在满足立法要求的情况下，授予明确的保护区地位。为了获得明确的地位，授权者应与当地社区密切合作共同：① 界定或重新界定保护区边界；② 界定和实施保护区分区；③ 建立融入利益相关者的参与性治理结构；④ 制定社会保障政策，减轻保护区对受影响社区造成的社会影响。授权人主要包括在马达加斯加运作的大型环境非政府组织，其中包括世界自然基金会、国际保护协会和国际野生生物保护学会，以及一些较小的马达加斯加和国际的保护组织（具有临时地位的德班愿景保护区见表9.3）。力拓集团马达加斯加矿业公司作为力拓集团（Rio Tinto）的子公司，是唯一一家参与了建立保护区作为其生物多样性补偿战略一部分的私营公司。尽管受到非政府组织的推动，但大多数新保护区已经建立起在不同程度上整合当地社区的治理结构（Raik，2007；Gardner，2011）；从长远来看，马达加斯加保护区系统旨在当地方管理结构发挥作用并能够承担管理责任时，使授权者退出更多的咨询角色。

表9.3 德班愿景内的新保护区及其授权机构

保护区	授权机构	面积/公顷
猴面包树巷（Allée des Baobabs）	范南比	320.42
奥巴拉巴（Ambalabe）	密苏里植物园（MBG）	3118.16
安巴托阿西纳纳（圣卢斯）（Ambato Atsinanana）（Sainte Luce）	力拓集团马达加斯加矿业公司	1310.83
安巴托西隆戈龙戈（Ambatotsirongorongo）	国际野生生物保护学会	1053.85
阿蒙托伊奥尼拉希（Amoron'i Onilahy）	世界自然基金会	158 194.66
阿纳拉拉瓦（Analalava）	密苏里植物园	224.85
安德雷巴（Andreba）	国际野生生物保护学会	30.00
安约佐罗贝安加沃（Anjozorobe Angavo）	范南比	52 298.07
安科迪达（Ankodida）	世界自然基金会	10 550.94
安特雷马（Antrema）	安特雷马生物文化试点项目（Projet Pilote Bioculturel d'Antrema）	20 646.63

223

续表

保护区	授权机构	面积/公顷
芒果湿地综合区（Complexe de zones humides de la Mangoky）	马达加斯加阿西蒂（Asity）（有鸟类）	221 907.22
马哈瓦维金科尼综合区（Mahavavy Kinkony）	马达加斯加阿西蒂（有鸟类）	301 700.72
安卡尼黑尼－扎哈美纳森林走廊（Ankeniheny Zahamena）	国际保护协会	369 909.87
邦戈拉瓦森林走廊（Bongolava）	国际保护协会	113 097.99
安博西特拉－沃德罗佐森林走廊（Ambositra-Vondrozo）	国际保护协会	291 054.21
茨顿甘巴里卡森林（Tsitongambarika）	马达加斯加阿西蒂（有鸟类）	60 335.33
伊比提（Ibity）	密苏里植物园	5960.56
阿劳特拉湖（Lac Alaotra）	杜雷尔野生动物保护基金会（DWCT）	46 827.37
洛基－马南巴托（Loky-Manambato）	范南比	248 425.18
马基拉（Makira）	国际野生生物保护学会	372 179.41
曼德纳（Mandena）	力拓集团马达加斯加矿业公司	230.51
梅纳贝－安蒂梅纳（Menabe-Antimena）	范南比	211 147.08
米卡（Mikea）	马达加斯加国家公园	184 639.56
弗兰盖斯山（Montagne des Frangais）	马达加斯环境管理支援服务（SAGE）	6113.44
诺德－吉法茨基（Nord-Ifotaky）	世界自然基金会	22 280.59
诺西哈拉（Nosy Hara）（海洋保护区）	马达加斯加国家公园	125 522.62
诺西塔尼克利（Nosy Tanikely）（海洋保护区）	马达加斯加国家公园	178.84
拉诺贝（Ranobe）PK32	世界自然基金会	168 500.24
坦波洛（Tampolo）	艾莎（ESSA）森林（塔那那利佛大学）	674.61

224

注：以上保护区仍处于建立阶段，仅为临时保护状态。

尽管保护区系统管理局努力推广新的治理类型和多用途保护区类别，确保更大程度地结合地方社区利益，但保护区系统的扩展，同之前基于社区的自然资源管理浪潮一样（见第 7 篇文章），被批评缺乏真正的参与（见第 8 篇文章）。科尔森（第 8 篇文章）还证明德班愿景本身代表一个国际生物多样性保护议程，而非国内议程（另见 Duffy，2006），这种利益的二分法既体现了基于社区的自然资源管理的实施，也现了新保护区的建立：在这两种情况下，有人主张这些新的土地管理形式要由外部利益集团实施，他们对惯有土地受到影响的农村社区有不同的目标，而且新治理结构的强制实施会对相关社区的社会动态产生重大影响（见第 7 篇文章和第 8 篇文章）。

本文从实践者的角度探讨新保护区参与式治理结构的建立。通过作为德班愿景一部分建立的两个位于马达加斯加南部的新保护区的案例研究，利用在格雷厄姆等人（Graham et al.，2003）和洛克伍德（Lockwood，2010）基础上修改而来的综合框架，结合善治的五项原则，即合法性、包容性、公平性、问责制和透明度，以及指导性和有效性，对善治的应用进行探讨。作为自 2005 年项目启动以来密切参与案例研究中保护区建立的保护工作者，笔者对新保护区实施参与式管理的挑战提供了实践者的观点，作为对学术评论的补充和对最佳实践发展的贡献。首先，简要概述马达加斯加保护区的历史，说明从严格保护的、集中管理的保护区向体现德班愿景的多用途的、参与式管理的过渡。然后，介绍了安科迪达和拉诺贝 PK32 两个案例研究，之所以选择这两个地点，是因为笔者对其建立和管理的个人经验，也因为它们截然不同的社会背景有助于说明保护区授权者面临的不同挑战。最后，从五个善治原则的角度对案例研究进行更为详细的探讨。

9.2 马达加斯加的保护区

马达加斯加的保护区（框 9.1）与世界许多地区一样，代表着为保护做出的各种努力，因为它们旨在实现对自然以及相关生态系统服务和文化价值的长期保护（Dudley，2008）。在马达加斯加，保护区覆盖率自 1927 年第一次建立以来一直稳步增加，以充分体现岛上物种和生态系统的多样性（见 Kremen et al.，2008）以及相关的生态系统服务。扩大的过程可分为以下三个阶段：①殖民时期（1896—1960 年）保护区的建立（另见第 5 篇文章）；②1990—2003 年，国家环境行动计划实施期间国家公园的扩大（另见第 6 篇文章）；③从 2004 年起，作为德班愿景的一部分，不同管理模式和类别的保护区扩大。在这三个阶段中，马达加斯加的保护区面积从 20 世纪 80 年代的 45 万公顷（Nicoll & Langrand，1989）扩大到 2010 年的近 600 万公顷（占陆地面积的 10%），其中约 265 万公顷将由马达加斯加国家公园管理，而约 325 万公顷将指定为社区管理或与当地社区共享管理（Freudenberg，2010）。

225

9.1　保护区相关术语的定义

- 保护区被定义为"通过法律或其他有效手段承认的、有专门用途的和明确管理的地理空间，以实现自然及其相关生态系统服务和文化价值的长期保护"（Dudley，2008，p8 - 9）。

- 保护区类别是指保护区的管理目标（表 9.1）。该类别系统是国际性的，但保护区的国内标签可能有所不同，六个类别也隐含着等级逐渐改变的人为干预（表 9.1）。

- 德班愿景中的保护区授权是指赋予另一方（私人和非政府组织）有责任履行与政府（环境部）签订的合同中商定的建立保护区的行为。授权人是履行该义务的一方。

- 社区公约（dina）传统上是管理农村社区行为和资源使用的地方规则或社会规范。根据基于社区的自然资源管理合同，它们可能被合法化并获得附则地位，因此通常用于制约在管理转移和保护区中的自然资源使用。

- 保护区治理是指保护区决策实践和保护区结构在一系列不同的保护区管理类型和类别中遵循公平、合法、包容和其他原则的程度（Graham et al.，2003）。管理类型基于"谁对所涉领域和资源拥有事实上的决策权和责任，或者更简单地说，谁决定如何管理该区域和资源，以达到何种特定目的或管理类别"（Borrini Feyerabend，2007，p8）（见表9.3）。

- 保护区分区是将保护区划分为若干单元（如缓冲区、娱乐区、可持续利用区、核心保护区等）。根据生态和社会特点，这些单元代表了一系列限制和可能性，以代表管理目标（类别）并防止损害保护区保护目标。在马达加斯加，新保护区的缓冲区通常由基于社区的自然资源管理合同管辖。

马达加斯加保护区建立的第一阶段源于法国的殖民公园体系（保护区是自然综合保护区或特别保护区，见表9.1）。首批的 10 个保护区建立于1927 年，早于1933 年签署的《保护自然环境中动植物公约》。这些保护区包括贝坦博纳、马苏阿拉、扎哈美纳、察拉塔纳纳、安德林吉特拉、洛科贝）、安卡拉法提卡、纳莫罗卡（Namoroka）、贝马拉哈和齐马南佩楚察，随后又建立了两个保护区，分别是 1939 年建立的安多亚耶拉和 1952 年建立的马洛杰基，以及 1958 年建立的第一个国家公园——琥珀山国家公园（Nicoll & Langrand，1989）。在法国殖民时期建立的马达加斯加保护区网络并不是专门为了保护生物多样性的，而是在风景优美的偏远地区建立了保护区。它们本质上是壮观的景观，但也是"文件上的公园"，因为它们缺乏远见和目标，以及有效运作的基本管理要求。

独立以后，马达加斯加开始用更广泛的政策取代殖民统治，以增加农业生产并使其现代化，同时采取限制较少的环境保护政策，因此保护区不在议程上（另见第 6 篇文章）。其间建立了极少保护区（如 1967 年的伊萨鲁国家公园和 1975 年的贝扎 - 马哈法利特别保护区）。然而，在这一时期政府、国际自然保护联盟、学术机构和非政府组织之间进行了激烈的谈判，尤其在 20 世纪 70—80 年代，这些谈判重新唤起了扩大马达加斯加保护区网络和使现有保护区更加有效的需要。因此，保护区扩大的第二阶段（1990—2003 年）的重点是建立一个更有效和更广泛的公园系统（Freudenberger，2010），建立国家保护区管理协会并与国际组织建立伙伴关系。国家保护区管理协会是一个代表马达加斯加人民管理保护区的非营利半官方协会；一项法令将马达加斯加保护区网络的管理权委托给该协会。在这个阶段，继续建立新的国家公园，目的是通过旅游业来实现保护和创收，采用的主要手段是扩大现有的自然综合保护区或特别保护区，并将它们重新归为国家公园。其中包括安达西贝－曼塔迪亚（1989）、拉诺马法纳（1991）、安多亚耶拉（1997）、马苏阿拉（1997）、扎哈美纳（1997 年）、黥基·德·贝马拉哈（1997）和林吉特拉（1999），扩大的伊萨鲁（1999），马苏阿拉（1999）和马洛杰基（1999）。

作为一个新成立的机构，国家保护区管理协会利用美国国际开发署的资金，协调了 44 个保护区的管理工作，其中包括 10 个国家公园和 34 个保护区（Freudenberger，2010）。在美国国际开发署的支持下，还引进了综合性保护和发展项目，以补偿因限制自然资源的使用对国家公园周边当地社区造成的损失。这些项目包括发展可持续的生计方案以及教育和健康方案。受益于综合性保护和发展项目的国家公园包括安达西贝－曼塔迪亚、拉诺马法纳、琥珀山国家公园、马苏阿拉、安多亚耶拉、扎哈美纳和伊萨鲁（Freudenberger，2010）。除了支持生计之外，这些项目还帮助公园得到管理公园和鼓励生态旅游创收所需的有效场地和重要设施，以便公园更有效地实现其管理目标。

马达加斯加目前有 19 个国家公园、6 个自然保护区和 23 个特别保护区。其中 6 个（伊萨鲁、安达西贝－曼塔迪亚、拉诺马法纳、安卡拉纳、琥珀山国家公园和黥基·德·贝马拉哈）每年吸引超过 30 000 名参观者。总体而言，自国家环境行动计划开始实施以来，参观人数增加了近 30 倍，从 1984 年的 12 000 人增加到 2008 年的 345 000 人（Freudenberger，2010）。1990 年，黥基·德·贝马拉哈国家公园被进一步列为世界遗产，接下来在 2007 年又有 6 个东部雨林遗址群列为阿钦安阿纳（Antsinanana）雨林世界遗产地（马洛杰基、马苏阿拉、扎哈美纳、拉诺马法纳、林吉特拉和安多亚耶拉）。

在建立非洲最广泛的保护区网络之一时，马达加斯加遇到了社会福利问题。从人权角度看，建立这些公园时很少考虑邻近社区对资源的需求（Durbin & Ralambo，1994），因为其主要的管理目标是生物多样性保护和生态旅游创收。在保护区扩大的第二阶段，采取的方法是实施多项综合性保护和发展项目，对建立保护区所施加的限制作出补偿。这些政策被视为"国家在环境管理中的角色，如殖民时代以来一样主要在排斥和监管方面，发生了戏剧性的转变"（Freudenberger，2010，p7），而且与当时非洲的做法相比，这些政策从多方面来看确实是当代全球保护活动的关键步骤（West et al.，2006）。当时的综合性保护和发展项目是一种更为平衡的方法，既能兼顾社会目标的实现，又能兼顾生物多样性的保护。不幸的是，该项目的制定存在缺陷，因为它不承认保护与发展之间互不相容的干预措施，并且这种方法在全球范围内已基本停用。相反，许多人现在主张能促进发展的保护项目（目标是保护生态系统和减少对资源的依赖），或是能促进保护的发展项目（目标是促进与保护相容的社会福利）。随着美国国际开发署提出不同的方法，马达加斯加国家公园越来越依赖世界银行和德国复兴信贷银行（KfW）提供的资金，以及新成立的马达加斯加保护区和生物多样性基金会，该基金会成立于2005年，被公认为是马达加斯加保护区网络可持续融资的模式和支柱。

保护区扩大的第三阶段是"德班愿景"，它基于这样一种认识，即保护要取得长期成功，必须将地方用途纳入保护区管理。此外，为了加强保护区所有权，必须将地方利益相关者纳入治理结构。在下一节中，笔者将使用改编自格雷厄姆等（2003）和洛克伍德（2010）的综合框架，通过笔者在马达加斯加南部作为德班愿景一部分新建的两个保护区里的个人经验，结合善治的五项原则——合法性、包容性、公平性、问责制和透明度以及指导性和有效性，对参与式治理结构的建立进行探讨。

9.2.1　德班愿景中新保护区的治理结构是否合法、包容、公平、负责、透明和有效？

安科迪达保护区和拉诺贝 PK32 是马达加斯加南部于2008年获得临时保护地位的两个新保护区。两者都由世界自然基金会建立，为了保护多刺森林这一全球优先生态区中的优先地区（Olson & Dinerstein，1998）。二者都被指定为多用途保护区（安科迪达被提议为第5类，拉诺贝 PK32 为第6类），并主要被划分为当地社区可持续使用的自然资源。在这两个景观区，世界自然基金会在制定需要整合地方社区利益的治理结构时遵循了马达加斯加保护区系统的指南，但由于两个景观区的社会背景及历史状况迥异，由此产生的治理模式也不同。所以，这两个案例研究代表了德班愿景中新保护区的两种不同模式，一种把治理结构建立于基于社区的自然资源管理系统的管理转移协议之上，而另一种则并非如此。

安科迪达是新建的、由社区管理的保护区，因为人类与自然的相互作用使得这片森林在近期得到成功保护而被提议为第5类（图9.1和9.2）。这片景观主要由圣林构成，它曾是前殖民时代坦德罗伊（Tandroy）国王的故居，也是在坦德罗伊人精神生活中发挥重要作用的灵魂们的庇护所（Gardner et. al.，2008）。保护区建立在当地人保护圣林的浓厚习俗和强烈意愿之上。它是一个相对较小的保护区（10 744 公顷），中心是圣林构成的严格保护区（被指定为第3类中的自然纪念遗迹，也在更广泛的第5类和谐景观范围中），有8000公顷按照基于社区的自然资源管理模式，作为缓冲（图9.3）。

图 9.1　安科迪达保护区山丘上的圣林景观

图片来源：约翰内斯·埃伯林（Johannes Ebeling）拍摄。

230　　　　图 9.2　与世界自然基金会工作人员共同举行建立安科迪达保护区的地方会议

图片来源：约翰内斯·埃伯林拍摄。

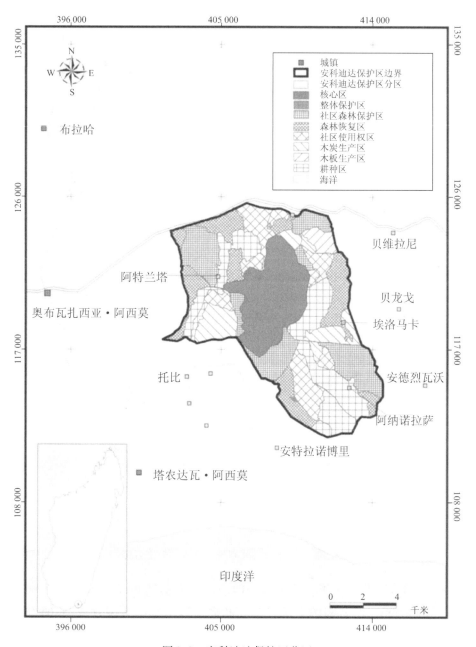

图 9.3 安科迪达保护区分区

图片来源：世界自然基金会的安贾拉·安德里亚马纳利纳（Anjara Andriamanalina）绘制。 *231*

在由 6 个基于社区的资源管理合同构成的该类型管理区内，还有各类较小的圣林（先祖墓地所在地及举办不同仪式的场所），它们被指定为这 6 个基于社区的自然资源管理区中各自的保护区（图 9.4）。这 6 个基于社区的自然资源管理协会有各自的管理委员会，负责各自区域范围内的管理，而整个保护区的核心区由一个联盟管理，该组织由这 6 个协会选出的代表和地方社区负责化解冲突的德高望重的人士组成，其中包括地方上的知名人士和社区的宗族领袖（图 9.4）。与科尔森（第 8 篇文章）报告的案例研究相比，6 份基于社区的自然资源管理合同是在保护区建立之前订立的，并没有取代现有的资源使用规则。自 2006 年以来，世界自然基金会的工作重点是加强基于社区的自然资源管理协会及其联盟的组织机构和建设能力，目标是使该联盟成为安科迪达长期的合法管理者。

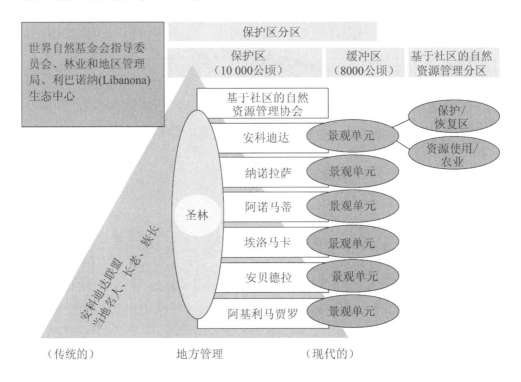

　图 9.4　安科迪达保护区作为传统和现代管理形式混合体的治理结构

拉诺贝 PK32 是由位于马达加斯加西南部菲海雷纳纳（Fiherenana）河和马农布（Manombo）河之间的石灰岩高原和海岸砂组成的大型景观（163 000 公顷）（图 9.5）。它是该地区动物生物多样性最丰富的区域，在 2000 年以前基本无人居住，人口集中在沿海和两个河谷地区，因此，大部分景观没有近期人类定居的历史，也没有深厚的习俗，这与安科迪达形成强烈反差。过去几个世纪一直定居在河谷的马西科罗人（Masikoro），近些年他们欢迎外来移民，尤其是坦德罗伊移民，在20世纪70年代到80年代初，他们作为重要的农业劳动者在马农布河灌溉平原棉花繁盛期发挥了重要作用。棉花繁盛期结束时，因图利亚拉市 *233* (Toliara) 对木炭需求增加，这些移民中的许多人转而生产木炭。近年来，玉米作为出口作物的强劲需求（Casse et al.，2004）和周期性干旱吸引来遥远的南部移民（Fenn & Rebara，2003），大量马哈法利和坦德罗伊定居者迁移至此，在石灰岩高原上的无人定居区从事烧垦耕作（*hatsake*）（图9.6和9.7）。由于区域灌溉基础设施的退化降低了永久性农田的生产力，一些来自景观区内的居民社区成员也开始从事烧垦耕作（另见第4篇文章，了解更多关于森林砍伐驱动因素和烧垦耕作社会经济方面的情况）。

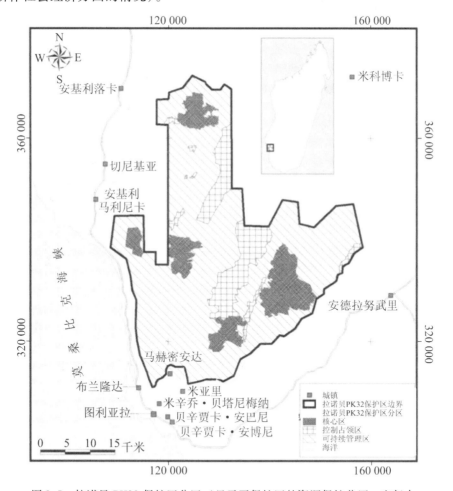

图9.5 拉诺贝 PK32 保护区分区（显示了保护区的资源保护分区，它仅占保护区面积的13.5%，其余区域用于森林资源的可持续利用和商业开发）

图片来源：世界自然基金会安贾拉·安德里亚马纳利纳绘制。

图 9.6 从空中俯瞰拉诺贝 PK32 森林边界内 *hatsake*（玉米种植烧垦农业）的范围
图片来源：泽维尔·文克（Xavier Vincke）拍摄。

图 9.7 为种植玉米砍伐森林的地面图，也显示了移民住所
图片来源：泽维尔·文克拍摄。

2006 年启动保护区项目时，成立了一个社区间协会［称为米托伊马菲（MITOIMAFI）］，将保护区内 8 个农村社区的区长和议员组织起来（图 9.8）。这些选举产生的地方当局被选为地方社区的代表，但与安科迪达不同的是，该地区不

是通过基于社区的自然资源管理系统中的管理转移合同进行管理，除了国家机构之外，也没有其他正式机构存在。然而，随着时间的推移，这种结构在控制烧垦耕作或木炭生产方面显然是无效的，经过一系列村级协商之后，对保护区的治理结构进行了修订。从 2012 年起，保护区内的每个社区都有一些地方单位代表（图9.9）。

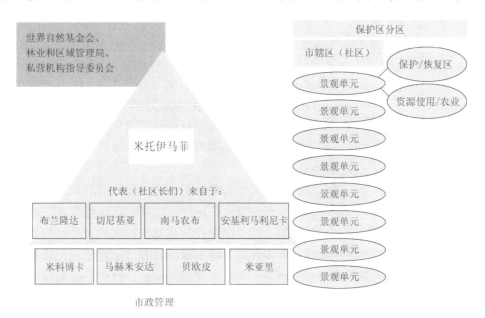

图 9.8　2006 年拉诺贝 PK32 主要基于市政管理的治理结构

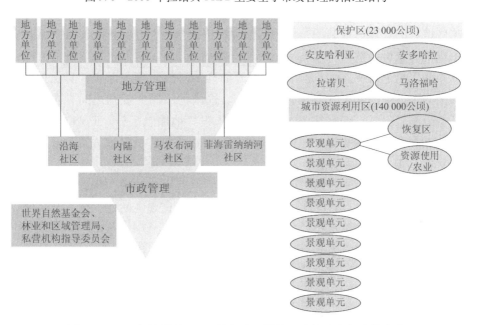

235

图 9.9　2012 年拉诺贝 PK32 的新治理结构，确保地方行为体作为
地方管理与市政管理的混合体更具代表性

237

207

9.2.2　合法性

合法性"是社区对共同规则的接受和其存在的正当理由，……［和］它关系到谁有权制定规则，以及权力本身是如何产生的"（Bernstein，2005，p142 - 143）。对于保护区治理而言，"合法性是管理安排在伦理上可接受性的关键因素"（Lockwood，2010，p758）。管理机构的合法性可以通过以下不同的方式获得：首先，它可以"通过领导层的努力，通过产出成果的有效性，或者通过围绕愿景达成共识"（Lockwood，2010，p758）来获得，这被称为收益或产出合法性。此外，许多土著和地方社区也通过他们与特定地点的长期联系获得治理合法性。另一方面，政府机构之所以合法化，是因为它们通过上级政府颁布的法令间接地被赋予了权力（Lockwood，2010）。

合法性或许是德班愿景保护区受关注的最棘手和最具争议的领域。在马达加斯加建立新型保护区的机构并非故意忽视这一问题，而是对合法性存在一定程度的混淆。在德班愿景出台之前，除了建立国家公园或基于社区的自然资源管理系统，没有其他正式的保护选择。大多数对生物多样性具有重要意义的地区都被置于基于社区的自然资源管理系统之下，与扩大保护区相比，这个系统的实施成本更低。因此，许多保护区的新地点，如安科迪达，都与该系统内的多个区域重叠，并且这些地点的治理模式也是由该系统的管理结构网络构成的。

通过将已建立的基于社区的自然资源管理系统的行为体纳入保护区治理，并就这些地点的管理达成共识，保护区治理结构的合法性才真正获得保护区代表和国家机构的认可。然而，在马达加斯加，对基于社区的自然资源管理的立法被称为《本地安全管理》，目的是对自然资源的开采进行管理，而非针对保护区的管理和生物多样性的保护（见第7篇文章）。这两种不同的规则之间有着明显的区别，德班愿景界对它们往往不太理解，也未很好地加以区分。此外，《本地安全管理》在合法性方面也遇到了问题，特别是在由它创建的新地方资源管理机构方面（见第7篇文章）。

在安科迪达，由于许多行为体维护和施行这些文化传统，所以地方上商定的有关圣林的规则已经存在多年。这包括社区中执行该规则的地方名人和传统宗族领袖，以及利用圣林举行仪式的传统治疗师，因此在一个以尊重祖先和祖规、尊重禁忌（*fady*）为信仰体系中心的社会中发挥着核心作用（Gardner et al.，2008；关于禁忌和资源使用的更多信息，见第13篇文章）。因此，安科迪达联盟作为保护区管理机构，其目的是在现有传统结构的基础上，建立不仅包括基于社区的自然资源管理协会，还包括传统的部族领袖和社区地方名人，以便在现代规则和传统规则之间形成混合式的地方治理模式（图9.4）。保护区的治理和传统管理之间实现这种协同是可能的，因为传统管理在保护圣林方面的作用是明确的，参与的行为体侧重对保护区的管理，因此保护区管理可以很容易地建立在这些现有规则之上。此外，与波利尼等人描述的各类协会绕过了传统机构这一情况截然不同的是，许多地方名人和部族首领也构成了基于社区的自然资源管理协会的一部分（第 7 篇文章）。通过这种方式，将圣林指定为保护区有助于加强该地区的传统管理（Fritz Vietta et al.，2011；另见 9.2.6）。

然而，保护区建设目标与安科迪达圣林的习惯性管理目标之间的一致程度是一个例外而非常规。在大多数非圣林中，传统土地所有者和新定居者把大片森林看作是农业的土地储备，或是合法的土地征用方式（另见第 4 篇文章）。传统土地所有者和定居者从事烧垦耕种时采取的形式各有不同，包括从相对较小地改变森林构成和结构到大面积范围内消除全部森林覆盖。马达加斯加的习惯性土地管理很重要，因为 80% 的土地是根据世系或家庭关系由传统制度获得的（Casse et al.，2004 年）或根据新定居森林地区的开垦年表获得（Muttenzer，2006）；只有20% 的土地有合法的土地所有权（Casse et al.，2004）。

协调习惯性土地管理做法和保护对保护区的治理提出了一个重大的难题，因为这些规则受到政府立法的制约，殖民时代以前政府就立法禁止草场焚烧和烧垦（Kull，2003；Raik，2007；见第 5 篇文章）。因此，对于国家不接受但被当地社区视为合法的土地使用形式的各种做法，特别是当国家规则本身就不合法时，保护区治理应如何给自己定位（Horning，2003）？正如穆腾泽（Muttenzer，2006）*238*所说，将森林管理权下放给村民协会，其成员往往也是土地习惯性所有者，这就可能带来更多的新问题。保护区治理的合法性更是如此。

鉴于洛克伍德（2010）的主张，农村社区可以通过"与特定地方的长期联系"获得治理合法性，最近的定居者和移民提出的土地合法性要求是值得商榷的，因为他们既没有历史依据，也没有指定用于毁林的那块土地的所有权。森林边界的情况就是这样，但是不管其合法性如何，其他地方行为体如传统土地主的合法性往往不受好评。拉诺贝 PK32 的森林边界，因其最近的定居历史，加上它作为移民中心的地位，意味着不可能对森林资源执行强有力的传统规则。世界自然基金会选择建立一个由 8 个行政社区选出的代表（区长和议员）组成的政治实体，即一个名为米托伊马菲的社区间协会，来帮助建立该协会。在建立治理结构的六年中，很明显，社区间协会在自然资源管理问题上造成的不和多于共识。在这方面，也许可以通过确保传统土地所有者、知名人士和村里的长者以及不同用户群体的代表聚集起来共同决定新的规则并对其进行管理的方式，来确保在治理方面有更大的投入。这或许会使国家和当地机构的力量能更成功地融合。虽然不能保证政策谈判会产生双赢的局面，但在不同利益相关者的利益、价值观或优先顺序上存在很大不一致的情况下，这可能会为达成共识铺平道路。

9.2.3　包容性

包容性是指"所有利益相关者参与和影响决策过程和行动的机会"（Lockwood，2010，p760）。这一概念源于"伦理上的理解，即每个人在影响其生活的事项上都有平等的发言权"（Lockwood，2010，p760）。包容性是至关重要的，因为它提供了一个澄清和调解不同利益和价值观冲突的平台，并加强了公有制和作出解决方案的承诺，同时还提供了许多不同的观点和知识（Pimbert & Pretty，1997）。

因为社区由不同的利益群体组成，所以还包括**谁**是每个保护区密切相关的问题。这两个案例研究涉及与保护区边界内所有村庄的公众协商。在村庄里进行公众协商的目的是确保人们更清楚地了解利益和价值的范围，从而以公开的、参与式的方式重新界定保护区的边界、管理规则和区域。遗憾的是，公众协商并不是促进包容性的最佳途径，因为其在马达加斯加的文化背景下仍然存在很大问题，传统的权力模式、王室成员、互惠和社会纽带妨碍了对影响土地管理的敏感问题的公开讨论，需要有良好的社会科学背景和对社会动态的理解去澄清不同的利益和价值观（见第13篇文章）。通常，保护机构并不是研究这些社会动态的最佳场所。

面对这一挑战，世界自然基金会正在尝试改进促进包容性的进程。例如在安科迪达和拉诺贝 PK32，相关措施包括设立一系列小型重点小组（例如不同的用户小组、妇女小组和移民小组），与受邀参加这些重点小组的社会学家就小型土地管理单位的保护区管理问题进行讨论，以避免保护议程存在偏见。与公众协商期间的会议相比，使用重点小组使得拉诺贝 PK32 有了不同的分区，其中 13.5% 的区域专门用于保护，其余的则用于可持续使用。同样，在安科迪达，虽然所有较小的重点小组普遍认为分区制适合当地情况，但显然需要一套适用于保护区各个区域的不同规则。如前所述，社区和联盟之间关于保护区的社区公约（*dina*）只制定了一条规则。

最后，虽然新定居者和移民可能不代表作为治理结构一部分的合法群体，但他们在保护区建立阶段的谈判中应该被包括在内。例如，在拉诺贝 PK32 保护区项目建立之后的几年，与移民进行的磋商发现，他们经常受雇于富有的传统土地主从事烧垦耕作。因此，大规模砍伐森林和缺乏实地共识并不仅仅像先前所认为的那样是移民的问题。考虑到这类信息的敏感性，如果在最初阶段向移民征求他们的个人意见，就可以避免这种先入为主的想法。

9.2.4　公平性

在保护区治理的背景下，公平是一个涉及多方面的原则。它包括尊重和重视利益相关者的意见，尊重当局的上级和下级的意见，承认人权和土著权利以及自然的内在价值（Lockwood，2010）。洛克伍德（2010，p760）建议，特别是那些负责推进保护区治理的人，在行使赋予他们的权力时需要公平，特别是在权力分配、参与者待遇、对不同价值观的承认、对当代和后代的考虑等方面，以及制定机制去分担决策和行动的成本、收益和责任。

　　笔者在这里重点关注的是授权机构正在建立的机制，以分担建立保护区的成本和收益。

　　马达加斯加新的国际自然保护联盟第5类和第6类多用途保护区中的缓冲区允许进行可持续开采，这些区域构成了大部分保护区，并且通常通过基于社区的自然资源管理机制进行管理。这就确保了将地方用途纳入保护区管理，因此也是为今世后代公平提供自然资源的一个关键因素。在本文的两个案例研究中，森林提供了一系列有助于维持生计和家庭收入的资源，包括食物（水果、蜂蜜、灌木丛肉和野生块茎，如 ovy（薯蓣属植物），这些在干旱年份或正常年份的旱季末，当家庭粮食储备不足时尤其重要（Cheban et al.，2009；Scales，2012）；木柴供应；建筑材料；旱季瘤牛的牧场和庇护所（Kaufmann & Tsirahamba，2006）；以及传统药物。在安科迪达，基于社区的自然资源管理区有专门的区域用于当地资源开采，以及木炭和木板（来自 *Alluaudia procera*，龙树科）的商业生产，这些木炭和木板在附近的城镇市场［南安博萨里（Amboasary Sud）］开采和销售。①同样，在拉诺贝 PK32，新的分区将确保 86.5% 的保护区允许可持续开采，即除了5个严格的保护区以外的所有地表面（图9.5）。这与马达加斯加第一代国家管理的保护区形成对比，那里保护分区构成了保护区的最大部分。

　　此外，保护区系统管理局还为保护区治理制定了强有力的法律框架，包括为每个保护区制定社会保障政策。保障政策旨在确保通过直接生计项目或以货币形式补偿保护区建设在准入限制方面的成本，尽管由于这项任务在方法上和组织管理方面的复杂性，在受影响的个体家庭层面计算限制措施的财务成本尚未完成。然而，社会保障政策是一个很好的框架，有助于授权人了解不同家庭类型受保护区建立带来的限制的影响程度，并确定可能直接缓解限制影响的项目（例如，提供改良的家禽种类，以补偿对丛林兽肉获取的限制）。然而，授权人很少能支持所有已确定的项目，也不能补偿保护区内所有家庭因限制遭受的收入损失（以货币形式或通过发展支持），因为实际成本可能高达数百万美元。不幸的是，新保护区的授权者很少能得到这种规模的资金，尤其是由于综合性保护和发展项目的方法已经过时，尽管我们认为设计更好的综合性保护和发展项目对这些保护区至关重要。然而，值得注意的是，世界自然基金会在马达加斯加的基金中有 40% 专门用于生计计划，鉴于议题和景观区域的规模，这些投资仍然不足（WWF，2010）。直接的保护费也提供了潜在的解决方案，以补偿当地社区失去的准入机会，尽管在政治不稳定的马达加斯加使用这些费用可能会有问题，而且伴随着严

240

241

211

重的腐败。此外，从巴西亚马孙河流域吸取的经验教训表明，将保护费与机会成本紧密结合起来的计划在结果上并不一定更加公平，因为那些传统上认为造成高森林砍伐率的人（例如富有的传统土地所有者）从保护费中获得最大的利益（Börnor et al.，2010）。

马达加斯加发生的大规模森林砍伐（Harper et al.，2007）很少使农村社区摆脱贫困；尽管数百年来一直在清除森林，但马达加斯加仍然是地球上最贫穷的国家之一。大规模森林砍伐的利润往往流向了马达加斯加本地和外国的精英阶层（见第4篇文章）。在许多情况下，例如在拉诺贝PK32的森林边界，富有的传统土地主支持和资助森林砍伐（Virah-Sawmy & Vincke，in review）。然而，从长期来看，景观区内自然资源和生态系统服务枯竭，使剩余的农村人口失去以自然资源为代表的关键安全保障，导致他们进一步陷入贫困或被迫迁移到别地，在其他相对未受干扰的地区的森林景观区中再造类似的情景。因此，这个问题只是在时空上被转移，却从未被解决。为打破这一循环，多用途保护区旨在提供连续不断的、可持续的资源开采安全保障，同时通过提供财政和技术支持，以最适合的方式促进农业从粗放型烧垦式向更集约的、更多产的形式过渡。

9.2.5 问责制和透明度

问责制和透明度关系到决策的方式。具体而言，问责制关系到一个管理机构就那些决策在多大程度上对其选区负责，同时也对上级主管部门负责（Lockwood，2010）。在问责制方面，分配和接受决策和行动的责任至关重要，并需要适合于所处理的问题和价值在规模上最匹配的体制层面，尤其是在共同管理结构内（Lockwood，2010）。透明度是指决策过程的可视程度、决策背后的论证被传达的清晰程度以及获得管理机构业绩相关信息的容易程度（Lockwood，2010）。

在新的保护区，存在一些通过报告、指导委员会、访问和评估等方式向上级提出问责和要求保持透明度的机制。例如授权合同每两年续签一次，但必须根据授权人遵守新的国家法规的情况进行评估。然而，在现实中，根据社会、生态和经济标准，从授权人的管理和治理是否到位来评估他们在保护区建设中的工作表现是极其复杂，也很少进行。在这方面，为每个保护区设立的指导委员会可以帮助授权者实现更好的治理成果。例如，安科迪达的指导委员会包括利巴诺纳（Libanona）生态中心、地区管理部门和国家机构。

并行问责制对于共享治理也很重要，它涉及授权者、政府和正在建立的地方治理结构之间的权力和责任共享（Berkes，2004）。例如授权人如何确保自己"在维护自身逻辑和利益的同时不干扰当地法规"（Bérard，2011，p110；另见第7篇文章），独立专家参加指导委员会为改进实践提供了强有力的方法。

通过既定的治理结构对农村家庭实行问责或许是最关键的问题，但迄今为止范围有限，即使在安科迪达的社区保护区也是如此。基于社区的自然资源管理协会有向下的问责权，这是根据既定规则制定的。林业局每 3 年或 10 年对这些规则进行一次评估，并要求这些协会每年召开成员会议，讨论和解决冲突与不满。此外，他们还必须每年举行一次管理委员会选举，尽管众所周知，这些协会并不完全民主，要实现这一目标还需要监督和支持。还可以通过改善基于社区的自然资源管理协会内部的民主程序，以及确保其他用户群体（例如牧民）的民选成员在治理结构内小型景观单位网络中的代表性，来促进更有效的向下问责制。这些选举将不是基于谁掌权或谁会写（对基于社区的自然资源管理的一种常见批评），而是基于谁最能代表小景观单位用户群体的观点。这一战略将是新颖的，目前正在拉诺贝 PK32 试行，它要求授权人不仅仅代表基于社区的自然资源管理行为体或地方政府去看待保护区治理，尽管两者仍然是重要的行为体。

243

9.2.6　指导性和有效性

保护区在实现保护目标和社会目标两方面的有效性是全球激烈讨论的一个话题。这主要是因为衡量保护区有效性在方法上很复杂，鉴于保护区通常位于边缘地带，森林砍伐压力低于非保护区，所以评估需要控制由生物物理因素和社会经济因素引起的固有偏见（Andam et al.，2008，2010）；因此，直接比较保护区和非保护区是错误的，有结果表明，保护区的森林砍伐率低于人口稠密地区。在世界范围内，环保生物学家关注保护区在保持森林覆盖方面的有效性，越来越多的证据（即使在固有偏见得到控制的情况下）表明保护区确实减少了森林砍伐和火灾的发生［见安达姆等人（Andam et al.，2008）对哥斯达黎加的研究，以及纳尔逊和乔姆尼茨（Nelson & Chomnitz，2011）对拉丁美洲、非洲和亚洲的研究］。在马达加斯加，没有研究控制了这种偏见。现有证据表明，由于各种因素的综合作用，例如边缘效应（在公园所在的森林区块中心，森林砍伐率较低，而不是村庄所在的周边地区），森林砍伐转移到非管理区域以及公园管理人员在该地区出现等，保护区的森林砍伐率低于其邻近的缓冲区和邻近地区（见怀特赫斯特等人（Whitehurst et al.，2009）对柯林迪米迪亚（Kirindy Mitea）国家公园的研究；奥尔纳特等人（Allnutt Whitehurst et al.，2013）对马苏阿拉国家公园中反例的研究）。

在两个案例研究中，随着时间的推移，对森林覆盖率的评估也表明，随着管理干预措施的建立，包括实施和应用与保护区有关的健全规则和控制机制，森林砍伐有所减少（Virah-Sawmy & Vincke，in review）。这些数据依据这两个保护区内 2009—2012 年清理的单个农田的地图，也表明仅使用毁林率评估保护区的有效性是有缺陷的。更重要的是了解有多少农民参与了森林清理工作，以及他们如何清理森林。研究表明，农民清理了安科迪达缓冲区内的非常小的土地，通常都在圣林之外（2009—2012 年的中间值为 0.38 ～ 0.12 公顷），加上他们采用了更多样化的种植方式，确保了土壤肥力能够维持更长的时间（Virah-Sawmy & Vincke，in review）。相比之下，在拉诺贝 PK32 森林边界清理的农田相对较大（2009—2012 年的中间值为 6.27 ～ 1.58 公顷），由玉米单一作物构成，这通常使土壤更加贫瘠。基于这些理由，我们可以在一定程度上说，这些新的保护区是有效的，特别是在安科迪达，那里传统治理与烧垦负责制并存。

自然资源保护主义者倾向于关注管理的有效性，即管理在多大程度上保护价值观和实现目标与任务。世界自然基金会、国际自然保护联盟和世界银行已经开发了一种全球工具，称为管理有效性跟踪工具（METT），并在马达加斯加用于帮助测量保护区长期管理有效性的变化。"管理有效性"一词反映了保护区管理中的三个主要"主题"：与个体场地和保护区系统有关的设计问题；管理系统和过程的充分性和适当性；以及保护区目标的实现（Hocking et al.，2000）。世界自然基金会与当地利益相关者合作，每两年使用管理有效性跟踪工具对安科迪达和拉诺贝 PK32 进行一次自动评估。然而，这些新保护区的管理目标仍然是技术性的（例如目标物种的生存能力、可持续的资金、控制的实施），对人与自然互动的微妙之处几乎未涉及。相反，定义目标和价值的另一种方法是从不同资源用户组的角度出发。我们认为，这项工作做得不够充分，从从业者的经验中汲取教训对建立最佳做法至关重要。

另一方面，人类学家和其他社会科学家分析了保护区的社会和政治影响，但没有试图在其总体成就方面平衡这些影响。例如马达加斯加新保护区的社会影响，特别是生计和发展项目对扶贫的影响，在很大程度上仍是未知的（Gardner et al.，2013）。根据上述三个有效性标准（在保护生物多样性、管理的有效性和减少社会影响方面）以及我们在本文中对治理原则所作的评估制定联合反思行动，有助于环保工作者应对最终挑战，即在人类参与的景观中塑造人与自然的互动（Brockkington et al.，2006）。这一点仍然至关重要，但目前尚缺乏。

9.3 结论

诺贝尔奖获得者埃莉诺·奥斯特罗姆（Elinor Ostrom）曾在其知名著作中强调，地方治理的成功取决于权力下放机构的性质（Ostrom et al.，1999）。同样，在马达加斯加，德班愿景的成功在很大程度上取决于地方机构的性质以及在共同治理方面更广泛的体制安排。与 2003 年前由国家管理、禁止邻近社区开采利用自然资源的保护区网络相比，德班愿景在将当地社区利益纳入保护区治理和管理方面显然取得了长足进展。主要变化包括：① 保护区管理类别从严格保护第 1a 类、第 2 类和第 4 类转变为多用途保护的第 3、第 5 和第 6 类。在这些类别中，人与环境的相互作用被明确认定是保护区管理的一个组成部分（尽管我们认为，新保护区地方用途仍要继续扩大，正如世界自然基金会在拉诺贝 PK32 的重新分区中所做的那样）。② 保护区治理类型从国家治理（"政府治理"）向社区治理或非政府组织和社区共享治理的转变。例如安科迪达的保护区治理建立在传统规则和机构的基础上，那里采用责任制的做法证明了该方法的正确性和有效性。随着安科迪达联盟管理能力的增强，区域当局和保护区代表将逐步撤出，尽管后者将需要为农业发展提供财政和技术支持，例如帮助农民减少对烧垦农业的依赖。然而，根据我们在马达加斯加南部建立新保护区的经验，仍有很大的改进余地，以使德班愿景在让当地行为体的声音被听取、被讨论和被代表的方式方面发生转变。

使用根据格雷厄姆等（2003）和洛克伍德（2010）改编的综合框架，并将五项善治原则融入其中，有助于更好地了解保护区治理的一些优势和劣势。笔者鼓励实践者和学者在评估整个保护区时也使用这些原则，而不是只关注原则的某一方面。笔者认为，德班愿景最薄弱的方面是其他资源使用者的合法性问题，如牧民、传统土地主、其他基于社区的自然资源管理或国家的行为体。例如牧民在确保马达加斯加南部多刺森林生态系统的森林管理方面发挥了非常重要的作用，因为森林对于放牧和藏牛以防小偷很重要（Kaufman & Tsirahamba，2006）。但是，由于目前主要由基于社区的自然资源管理行为体在保护区治理中发挥核心作用，德班愿景内的保护区治理越来越有可能在《本地安全管理》政策失败之后，仅仅成为授权管理的代名词，而非基于保护区治理是为了确保以合法、公平和包容的方式作出决定这一理解。因此，德班愿景社区需要反思如何在现有的合法机构上建立最佳的调解机构，以调解农村地区的决策，并以在这些机构内争取更民主的进程和成为其他资源使用者的代表为目标。理想的情况是，在传统管理与习惯管理相结合的基础上进行构建，其中包括当地知名人士和长老，他们调解与每个保护区相关的特定群体（牧民、传统土地主等）的不同选举代表之间的冲突，且最好将合法性、公平性、包容性和问责制等方面结合起来，以调解与保护区的建立和管理有关的各种冲突。赞比亚（Gibson & Marks，1995）和布基纳法索（Ribot，2002）已经开始在基于社区的自然资源管理（一个被称为民主分权的进程）中使用民选代表。被提议的机构类型，结合习惯性管理具有代表性这一优势，正由安科迪达的联合会发起，尽管在这种情况下，联合会参与调解基于社区的自然资源管理不同协会之间的冲突，而不是调解其他用户团体当选代表之间的冲突。这种独立的地方调解需要很长时间才能建立起保护区治理，需要当地社区和保护区代表之间有良好的互信，也需要从一开始就充分了解保护区的情况。

最后，虽然德班愿景的实施在地方社区参与保护区治理方面取得了巨大进展，但对于缺乏详细指导方针或学术文献为其决策提供证据基础的保护区代表来说，这是一个以做促学的过程。这点可以从 6 年来拉诺贝 PK32 的管理在分区和治理结构方面的变化中得到说明，这些变化部分是由于决策过程中给予当地社区

246

更大的发言权。许多弱点和权力的不平衡依然存在，真正的参与仍然难以实现。在这方面，德班愿景社区需要与社会科学家进行更大的建设性合作，并学习系统地利用他们的方法和工具实现善治成果。不幸的是，就笔者所知，在马达加斯加几乎没有社会科学领域的学者直接帮助当地机构通过反思性做法或行动研究方法取得更好的成果。虽然独立的议程对社会科学家来说很重要，但经验表明，出版对实际执行几乎没有什么改变。相反，希望为改进做法作出贡献的专家和学者应积极利用指导委员会以及联合行动研究项目等平台。同时，德班愿景社区应欢迎这些投入，以确保多用途保护区提供长时间的、可持续的资源开采安全网，同时通过提供财政和技术支持，促进从广泛的烧垦农业向更密集、更多产的农业形式过渡。如果要实现马达加斯加新保护区的善治，这种合作至关重要。

247

注释

①在马达加斯加，大多数多用途保护区已将人们对森林资源的使用与家庭用途相结合。国外及马达加斯加的经验确实都表明，对保护区来说最安全的方法是与地方社区合作，保护和确保以传统方式获得的资源不受市场和移民无限制的侵入，即使这些资源只为当地社区带来非经济利益。更危险的是为保护区的保障提供经济刺激的策略，尤其是如果这些经济刺激来自国际市场，因为所寻求的高价值资源扭曲了地方市场，就会给那些在区域或国家经济中已被边缘化的社区造成更多的冲突和不平等（Angelson，2010）。例如，在马达加斯加，在社区森林整合高价值木材开发失败了，因为高价值木材有利可图的性质导致了各层面有组织的贩运和腐败。相反，社区森林将低价值产品（如木炭）在地方和区域市场上实现商业化的效果相对较好（Montagne et al.，2010）。

参考文献

Adams, W. M., Aveling, R., Brockington, D., Dickson, B., Elliott, J., Hutton, J., Roe, D., Vira, B. and Wolmer, W. (2004) 'Biodiversity conservation and the eradication of poverty', *Science*, vol 306, pp1146 – 1149.

Allnutt, T. F., Asner, G. P., Golden, C. D. and Powell, G. V. N. (2013) 'Mapping recent deforestation and forest disturbance in northeastern Madagascar', *Tropical Conservation Science*, vol 6, pp1 – 15.

Andam, K. S., Ferraro, P. J., Pfaff, A., Sanchez-Azofeifa, G. A. and Robalino, J. A. (2008) 'Measuring the effectiveness of protected area networks in reducing deforestation', *Proceedings of the National Academy of Sciences of the United States of America*, vol 105, pp16089 – 16094.

Andam, K. S., Ferraro, P. J., Sims, K. R. E., Healy, A. and Holland, M. B. (2010) 'Protected areas reduced poverty in Costa Rica and Thailand', *Proceedings of the National Academy of Sciences of the United States of America*, vol 107, pp9996 – 10001.

Angelsen, A. (2010) 'Policies for reduced deforestation and their impact on agricultural production', *Proceedings of the National Academy of Sciences of the United States of America*, vol 107, pp19639 – 19644.

Bérard，M. H. (2011)'Légitimité des normes environnementales dans la gestion locale de la forêt à Madagascar'，*Canadian Journal of Law and Society*，vol 26，no 1，pp89 – 111.　　*248*

Berkes，F. (2004)'Community-based conservation in a globalized world'，*Proceedings of the National Academy of Sciences of the United States of America*，vol 104，pp15188 – 15193.

Bernstein，S. (2005)'Legitimacy in global environmental governance'，*Journal of International Law and International Relations*，vol 1，pp139 – 166.

Borner，J.，Wunder，S.，Wertz-Kanounnikoff，S.，Tito，M. S.，Pereira，L. and Nascimento，N. (2010)'Direct conservation payments in the Brazilian Amazon：scope and equity implications'，*Ecological Economics*，vol 69，pp1272 – 1282.

Borrini-Feyerabend，G. (2004)'Governance of protected areas，participation and equity'，in *Biodiversity Issues for Consideration in the Planning*，*Establishment and Management of Protected Areas Sites and Networks*，*Secretariat of the Convention on Biological Diversity*，Montreal.

Borrini-Feyerabend，G. (2007)'The "IUCN protected area matrix"：a tool towards effective protected area systems'，*IUCN World Commission on Protected Areas Task Force：IUCN Protected Area Categories*，paper presented at summit on the IUCN categories in Andalusia，Spain，7 – 11 May 2007.

Brockington，D.，Igoe，J. and Schmidt-Soltau，K. (2006)'Conservation，human rights，and poverty reduction'，*Conservation Biology*，vol 20，pp250 – 252.

Casse，T.，Milhoj，A.，Ranaivoson，S. and Randriamanarivo，J. R. (2004)'Causes of deforestation in southwestern Madagascar：what do we know?'，*Forest Policy and Economics*，vol 6，pp33 – 48.

Cheban，S. A.，Rejo-Fienana，F. and Tostain，S. (2009)'Etude ethnobotanique des ignames (Dioscorea spp.) dans la forêt Mikea et le couloir d'Antseva (sud-ouest de Madagascar)'，*Malagasy Nature*，vol 2，pp111 – 126.

Commission SAPM (2006) *Procédure de Création des Aires Protégées du Système d'Aires Protégées de Madagascar (SAPM)*，Commission SAPM，Draft 8 June，Antananarivo.

Dudley，N. (2008) *Guidelines for Applying Protected Area Management Categories*，IUCN，Gland，Switzerland.

Duffy，R. (2006)'Non-governmental organizations and governance states：the impact of transnational environmental management networks in Madagascar'，*Environmental Politics*，vol 15，pp731 – 749.

Durbin，J. C. and Ralambo，J. A. (1994)'The role of local people in the successful maintenance of protected areas in Madagascar'，*Environmental Conservation*，vol 21，pp115 – 120.

Fenn，M. and Rebara，F. (2003)'Present migration tendencies and their impacts in Madagascar's spiny forest ecoregion'，*Nomadic Peoples*，vol 7，pp123 – 137.

Freudenberger，K. (2010) *Paradise lost? Lessons Learnt from 25 Years of USAID Environment Programs in Madagascar*，a United States Agency for International Development (USAID) Commissioned Report，Washington，DC.

Fritz-Vietta, N. V. M., Ferguson, H. B., Stoll-Kleemann, S. and Ganzhorn, J. U. (2011) 'Conservation in a biodiversity hotspot: insights from cultural and community perspectives in Madagascar', *Biodiversity Hotspots*, vol 3, pp209 – 233.

Gardner, C. J. (2011) 'IUCN management categories fail to represent new, multiple-use protected areas in Madagascar', *Oryx*, vol 45, pp336 – 346.

Gardner, C. J., Ferguson, B., Rebara, F. and Ratsifandrihamanana, A. N. (2008) 'Integrating traditional values and management regimes into Madagascar's expanded protected area system: the case of Ankodida', in J. M. Mallarach (ed.) *Protected Landscapes and Cultural and Spiritual Values*, IUCN, GTZ and Obra Social de Caixa Catalunya. Kasparek Verlag, Heidelberg.

Gardner, C. J., Nicoll, M. E., Mbohoahy, T., Olesen, K. L. L., Ratsifandrihamanana, A. N., Ratsirarson, J., Réne de Roland, L. – A., Virah-Sawmy, M., Zafindrasilivononona, B. and Davies, Z. G. (2013) 'Protected areas for conservation and poverty alleviation: experiences from Madagascar', *Journal of Applied Ecology*, vol 50, pp1289 – 1294.

Ghimire, K. B. and Pimbert, M. P. (1997) *Social Change and Conservation: Environmental Politics and Impacts of National Parks and Protected Areas*, Earthscan, London.

Gibson C. C. and Marks, S. A. (1995) 'Transforming rural hunters into conservationists: an assessment of community-based wildlife management programmes in Africa', *World Development*, vol 23, pp941 – 956.

Graham, J., Amos, B. and Plumptre, T. (2003) *Governance Principles for Protected Areas in the 21st Century*, prepared for the 5th IUCN World Parks Congress held in Durban, South Africa.

Harper, G. J., Steininger, M. K., Tucker, C. J., Juhn, D. and Hawkins, F. (2007) 'Fifty years of deforestation and forest fragmentation in Madagascar', *Environmental Conservation*, vol 34, pp325 – 333.

Hocking, M., Stolton, S. and Dudley, N. (2000) *Evaluating Effectiveness: A Framework for Assessing the Management of Protected Areas*, IUCN, Gland, Switzerland.

Horning, N. R. (2003) 'How rules affect conservation outcomes', in S. M. Goodman and J. P. Benstead (eds) *The Natural History of Madagascar*, University of Chicago Press, Chicago.

IUCN (2003a) *The Durban Action Plan*. One of the outputs to the 2003, 5th IUCN World Parks Congress held in Durban, South Africa.

IUCN (2003b) *The Durban Accord*. One of the outputs to the 2003, 5th IUCN World Parks Congress held in Durban, South Africa.

Kaufmann, J. C. and Tsirahamba, S. (2006) 'Forests and thorns: conditions of change affecting Mahafale pastoralists in southwestern Madagascar', *Conservation and Society*, vol 4, pp231 – 261.

Kremen, C., Cameron, A., Moilanen, A., Phillips, S. J., Thomas, C. D., Beentje, H., Dransfield, J., Fisher B. L., Glaw, F., Good, T. C., Harper, G. J., Hijmans, R. J., Lees, D. C., Louis, E. Jr., Nussbaum, R. A., Raxworthy, C. J., Razafimpahanana, A., Schatz, G. E., Vences, M., Vieites, D. R., Wright, P. C. and Zjhra, M. L. (2008) 'Aligning conservation priorities across taxa in Madagascar with high-resolution planning tools', *Science*, vol 320, pp222 – 226.

Kull, C. A. (2003) 'Deforestation, erosion, and fire: degradation myths in the environmental history of Madagascar', *Environment and History*, vol 6, pp423 – 450.

Lockwood, M. (2010) 'Good governance for terrestrial protected areas: a framework, principles and performance outcome', *Journal of Environmental Management*, vol 91, pp754 – 766.

Montagne, P., Razafimahatratra, S., Rasamindisa, A. and Crehay, R. (2010) *ARINA, le Charbon de Bois à Madagascar: Entre Demande Urbaine et Gestion Durable*, Edition CITE, Antananarivo.

Muttenzer, F. (2006) 'Déforestation et droit coutumier à Madagascar: l'historicité d'une politique foncière', PhD thesis, Université de Genève, Geneva.

Nelson, A. and Chomitz, K. M. (2011) 'Effectiveness of strict vs multiple use protected areas in reducing tropical forest fires: a global analysis using matching methods', *PLOS ONE*, vol 6 (8), e22722.

Nicoll, M. E. and Langrand, O. (1989) *Madagascar: Revue de la Conservation et des Aires Protégées*, World Wide Fund for Nature, Gland, Switzerland.

Olson, D. and Dinerstein, E. (1998) 'The Global 200: a representation approach to conserving the world's most biologically valuable ecoregions', *Conservation Biology*, vol 12, pp502 – 515.

Ostrom, E., Burger, J., Field, C. B., Norgaard, R. B. and Policansky, D. (1999) 'Revisiting the commons: local lessons, global challenges', *Science*, vol 284 (5412), pp278 – 282.

Phillips, A. (2003) 'A modern paradigm', *World Conservation Bulletin*, vol 2, pp6 – 7.

Pimbert, M. P. and Pretty, J. N. (1997) 'Parks, people and professionals: putting "participation" into protected area management', in K. B. Ghimire and M. P. Pimbert (eds) *Social Change and Conservation: Environmental Politics and Impacts of National Parks and Protected Areas*, Earthscan, London.

Raik, D. (2007) 'Forest management in Madagascar: an historical overview', *Madagascar Conservation & Development*, vol 2, pp5 – 10.

Randrianandianina, B. N., Andriamahaly, L. R., Harisoa, F. M. and Nicoll, M. E. (2003) 'The role of the protected areas in the management of the island's biodiversity', in S. M. Goodman and J. P. Benstead (eds) *The Natural History of Madagascar*, University of Chicago Press, Chicago.

Rasoavahiny, L., Andrianarisata, M., Razafimpahanana, A. and Ratsifandrihamanana, A. N. (2008) 'Conducting an ecological gap analysis for the new Madagascar protected area system', *Parks*, vol 17, pp12 – 21.

Ribot, J. C. (2002) *Democratic Decentralisation of Natural Resources: Institutionalizing Popular Participation*, World Resources Institute, Washington, DC.

Roe, D. (2008) 'The origins and evolution of the conservation-poverty debate: a review of key literature, events and policy processes', *Oryx*, vol 42, pp491 – 503.

Scales, I. R. (2012) 'Lost in translation: conflicting views of deforestation, land use and identity in western Madagascar', *The Geographical Journal*, vol 178, pp67 – 79.

Virah-Sawmy, M. (2009) 'Ecosystem management in Madagascar during global change',

250

Conservation Letters, vol 2, pp163 – 177.

Virah-Sawmy, M. and Vincke, X. (in review) 'Reducing deforestation using innovative aerial photography to nudge farmers' behaviours in Madagascar', *Conservation Biology*.

West, P., Igoe, J. and Brockington, D. (2006) 'Parks and peoples: the social impact of protected areas', *Annual Review of Anthropology*, vol 35, pp251 – 277.

Whitehurst, A. S., Sexton, J. O. and Dollar, L. (2009) 'Land cover change in western Madagascar's dry deciduous forests: a comparison of forest changes in and around Kirindy Mite National Park', *Oryx*, vol 43, pp275 – 283.

WWF (2010) 'Africa poverty and conservation policy: the MWIOPO diagnostic, Antananarivo', World Wide Fund for Nature, Antananarivo.

251

第 4 部分

让自然保护来买单？
关于激励型保护、自然环境
的商品化及景观与自然的矛
盾观

旅游业是马达加斯加保护与发展的灵丹妙药?

伊万·R. 斯凯尔斯 (Ivan R. Scales)

本文借鉴了伊万·R. 斯凯尔斯 (出版中) 所著的《树木、游客与权衡:马达加斯加雨林旅游的政治生态、森林砍伐和生物多样性保护》一文,它收录在由 B. 普里多 (B. Prideaux) 编辑,由伦敦地球瞭望 (Earthscan) 出版社出版的《雨林旅游、保护和管理:可持续发展的挑战》一书中。

10.1 引言

马达加斯加向研究人员和政策制定者们提出了一个典型的保护难题:如何在实现经济增长和创造出对生态系统和生物多样性产生较小压力的替代生计的同时,保护生物多样性。自 20 世纪 80 年代以来,马达加斯加一直是保护活动的策源地。为保护马达加斯加的动植物所做的努力主要集中在对保护区的划定。然而,政策制定者们越来越认识到有必要超越"堡垒式保护"的简单战略。保护区不仅常常不能阻止诸如伐木和森林清除等影响,而且保护区的建立往往会使农村家庭由于失去获得自然资源的机会而成本大增 (Ferraro,2002)。

为了改善保护区的成效,减少与农村家庭的冲突,保护组织和政府各部门广泛试行了一系列计划,使公园周围的社区参与进来或为他们创造利益。在过去的 10 年间,政策已经越来越多地转向自然旅游,以试图解决生物多样性保护和扶贫面临的挑战。本文将讨论马达加斯加大多数形式的自然旅游对综合性保护和发展影响有限的原因。首先,简要介绍马达加斯加的旅游业。在介绍完背景之后,将用政治生态学的方法来论证旅游业迄今为止不成功的两个因素:① 不同利益相关者之间的认识和优先事项互相矛盾;② 旅游业中自然管理的成本和收益分配不均。因此,那些指望旅游业会提供"双赢"解决方案的想法往往急于求成了。在自然旅游业有助于加强"自上而下的"森林管理政治的同时,还有一些关于权力关系的重要问题。笔者认为,在自然资源管理方面,政策制定者必须要更乐于去应对其他的观念和优先事项，而不是寻求包治百病的解决办法，而且如果自然旅游业作为马达加斯加保护和发展的工具要发挥更有效的作用，就应该准备好接受取舍和妥协。

10.2　马达加斯加旅游概况

游客来马达加斯加大多出于一个原因——野生生物（图 10.1）。2000 年的一项调查发现，超过半数的游客来岛上进行自然旅游（Christie & Crompton，2003）。撒哈拉以南的非洲旅游业准确数据很难获得，马达加斯加也不例外。因此，下列统计数字必须谨慎对待。可以肯定的是，与其他非洲目的地相比，马达加斯加的旅游业规模较小。据马达加斯加旅游部统计，2011 年来马达加斯加的外国游客共计 22 505 人（Ministère du Tourisme，2012）。游客人数在 2008 年达到顶峰，为 375 010 人，但在 2009 年政治危机后有所下降。①要把这点置于相关背景下，就要看看附近那些也拥有重要自然旅游资源的非洲国家的游客数量。在 2007 年，肯尼亚接待游客约 1 644 000 人，旅游收入超过 15 亿美元；坦桑尼亚接待游客 692 000 人，旅游收入超过 10 亿美元；毛里求斯小岛接待游客 906 971 人，旅游收入超过 16 亿美元（Twinning-Ward，2009）。与此同时，马达加斯加在同年接待了 344 348 名

图 10.1　马达加斯加最大的旅游胜地之一贝朗蒂自然保护区的环尾狐猴（Lemur catta）
图片来源：海伦·斯凯尔斯（Helen Scales）拍摄。

游客，旅游收入约 5.06 亿美元，相当于国内生产总值（GDP）的 3% 左右（Christie & Crompton，2003；Twinning-Ward，2009）。

到马达加斯加旅游的大多是欧洲人。法国游客最多（60%），其次是意大利人（12%）、美国人（4.2%）、瑞士人（2.9%）、德国人（2.8%）和英国人（2.2%）（Christie & Crompton，2003）。法国游客众多主要源于马达加斯加的历史——该岛在 1896 年到 1960 年曾是法国殖民地，法语仍然是其官方语言（关于该岛殖民历史的更多信息，参见第 5 篇文章）。此外，欧洲大部分直飞航班都在巴黎，这使法国以外的游客来此旅游更加复杂和昂贵。

马达加斯加的游客数量少与一系列因素有关。首先，前往该岛的定期航班很少，因此费用昂贵（Christie & Crompton，2003；Mercer et al.，1995）。在马达加斯加也很难四处长途旅行，通常住宿简陋，道路条件差，国内航班既昂贵又不可

靠（Christie & Crompton，2003；Durbin & Ratrimoarisaona，1996；Mercer et al.，1995）。基础设施差、成本高意味着马达加斯加无法满足豪华型或经济型旅行者的需求，只能作为更具冒险精神的自然爱好者的小众目的地。

10.3　马达加斯加旅游的政治生态学

马达加斯加的生态系统涉及一大批不同的利益相关方，从农村家庭到政府各部门和国际保护组织。基于自然的旅游业让持有各自观点和优先事项的旅游公司和旅游者参与其中，加剧了环境管理政治的复杂性。因此，资源管理和生物多样性保护的政治态势紧张也不足为怪。在政治生态学旗帜下进行的研究，对自然资源冲突的原因以及限制以自然为基础的旅游业作为综合保护和发展工具取得成功的多种因素提供了有益见解。

政治生态学旨在了解环境变化的政治和经济驱动因素以及自然资源方面发生的冲突。它的研究前提是自然资源被多个利益相关者利用和争夺，这些利益相关者以不同的方式理解自然，并经常具有迥异的和互相冲突的优先事项（Stott & Sullivan，2000）。不仅如此，资源使用的成本和收益分配不均，参与者对资源的获取和控制权也各不相同。因此，政治生态学可以被定义为"基于研究的探索，以解释不同的社会环境系统在其条件和变化方面的联系，并明确把权力关系考虑在内"（Robbins，2004，p12）。

10.4　矛盾的自然观

马达加斯加的生物多样性独特而富有魅力，因此把自然旅游与保护和扶贫相结合似乎是显而易见的解决办法。这个想法当然吸引了保护主义者和政府部长们。世界银行曾经资助过关于该岛旅游业的一项颇有影响的研究，并得出如下结论："在马达加斯加，农村贫困现象普遍存在，穷人对自然资源基础施加着压力，旅游业会产生积极的外部效应"（Christie & Crompton，2003，p1）。诺里斯（Noris，2006，p264）认为"归根结底，基于自然的旅游业作为生物多样性保护的可持续动力可能会带来最大的希望"，而马达加斯加国际保护协会前负责人弗兰克·霍金斯（Frank Hawkins）曾说过："如果能用旅游业来取代烧垦耕作（tavy），狐猴就不用担心什么了"（McGrath，2005）。与此同时，政府的马达加斯加行动计划（MAP）曾大胆宣称：

我们将再次成为一块"绿岛"……世界期待我们以明智和负责任的方式管理我们的生物多样性——我们一定会的。在大胆的国家政策指导下，地方社区将成为环境保护的积极参与者……我们将围绕环境，例如生态旅游，来发展产业。

（MAP，2007，p97）

目前，自然旅游业依赖的国家公园网络大部分是在 20 世纪 90 年代根据国家环境行动计划形成的（详见第 6 篇文章）。从早期开始，旅游业在保护政策方面就发挥着核心作用。在 1990 年，该国的第一个环境宪章就将旅游业确定为创收的一个关键机制，为国家公园提供资金，并帮助整合保护与发展（MEP，1990）。国家环境行动计划的第一阶段（1991—1996 年）包含建立一个管理该岛保护区的国家协会——国家保护区管理协会（ANGAP，现称为马达加斯加国家公园）②，负责管理该岛的保护区，并特别强调旅游业作为财政收入的潜在来源。已经认识到的好处就是高度限制人类探访的严格的自然保护区被重新归类为"国家公园"，以便允许游客参观（详见第 9 篇文章）。

正如第 4 和第 6 篇文章所强调的，推动旅游业被关注的逻辑是清楚的。"问题"就在于马达加斯加的生态系统（以及因此而特有的动植物）受到农村家庭习惯性做法的威胁，尤其是烧垦耕种，但也受到草地焚烧和过度采集某些动植物物种的威胁。造成这些习惯性做法的"原因"是贫困和缺乏其他谋生手段。因此，"解决办法"也同样清晰。如果能为这些家庭提供其他收入来源，即依赖于维持生态系统功能和资源储备的收入来源，他们便会积极地去保护野生动物。这样也难怪旅游业看起来如此吸引人了。它提供了一个来自该岛生态系统的非消耗性收入来源的前景，游客"只拍拍照"并"留下些脚印"，但更重要的是留下了钱。

然而，这种公认的观点是有问题的，原因有很多（关于下列因素的深入讨论，详见第 4 篇文章）。第一，越来越多的研究指出，这种观点忽视了其他土地的用途在环境退化中的作用，特别是大规模经济作物的生产。第二，这种观点对推动农村家庭资源使用决策的因素了解不足。例如在森林清除方面，它忽视了富裕精英们发挥的作用，他们利用对土地使用权的控制并且雇佣额外劳动力清除大片森林以种植可出口的经济作物，通过这些方式他们大量参与了森林清除（Minten & Meral，2006；Scales，2011）。正如研究表明，人口增长、贫困和自然资源使用之间的关系并不简单（Geist & Lambin，2001；Reardon & Vosti，1995；Steneck，2009）。这意味着通过自然旅游提高农村贫困家庭收入有可能只能缓解众多环境退化驱动因素中的一个，而不能被视为灵丹妙药，它必须是一套更广泛的解决方案中的一部分。

259

马达加斯加这个关于自然旅游和保护的公认观点的核心还存在一个更深层次的问题，它可以归结为不同利益相关者对自然资源合理使用的概念有截然不同的理解。国际环保相关的非政府组织和政府部门倾向于从全球保护的角度来看该岛的生态系统，其中优先考虑的是通过建立保护区来维持最大限度的生物多样性。此外，环境话语和政策倾向于"原始自然""荒野"和"全球遗产"的观点（Kull，1996；Scales，2012；详见第 6 篇文章）。该岛是世界上"最热门的生物多样性热点"③的缩影（Ganzhorn et al.，2001）。因此，只有游客和科学家才能进入国家公园，其他所有自然资源都被禁止使用。在过去的 20 年中，政策已经从基于消耗性用途(例如试图提高木材采伐的可持续性)的计划转变为野生生物和景观的非消耗性用途(Scales,2012;详见第6篇文章)。

从这些角度看,诸如烧垦农业这样的做法被认为是带破坏性、非理性和矛盾的:"矛盾的是,大量依赖天然林的人也是破坏最严重的人"(Favre,1996,p39)。这个假设的问题在于,它基于对农村社区的民族生态学(土著环境知识)的根本误解。森林等资源没有被视为需要保护起来免于人类使用,而是被视为 *tany fivelomana*(可以创造生计的土地),而烧垦农业等做法则被认为是使土地能够多产的方式(Keller,2008;Scales,2012)。根据这个观点,森林清除的逻辑是砍伐和燃烧植被为农作物提供更多的光和富有营养的灰烬,而烧垦农业是一个规避风险、低劳动力和低资本的体系,可以使原本营养匮乏的土壤多产(Scales,2012;详见第4篇文章)。

奥姆斯比和曼尼(Ormsby & Mannie,2006,p283)建议,基于自然旅游的保护计划可能"通过向当地居民解释保护的目的,起到调解冲突的作用"。然而,不同行动者之间的看法存在差异意味着这种方案往往会加剧紧张局势,而非调解冲突。他们不仅在准许外国游客进入公园的同时限制自然资源的获取,而且还试图对什么是对自然的有效利用强加一种截然不同的看法。它们将全球保护和非消耗性自然旅游的利益置于当地生计和自然资源消耗性使用之上。

马达加斯加西部就有这样一个有力例证,在靠近穆龙达瓦的标志性景点"猴面包树巷"(图10.2)最近使得环保组织和农村家庭之间的关系相当紧张。它是该地区最大的旅游景点之一。一排排的猴面包树(*Adansonia grandidieri*)确实引人注目。然而,就生物多样性保护而言,该景点颇奇特罕见(Marie et al.,2009)。此地被人类占领和改造的历史很长,直到最近才被保护组织确定为具有重要的生物价值。虽然猴面包树被国际自然保护联盟列为濒危物种,但"猴面包树巷"距离这些猴面包树通常生长的干燥落叶林很远(Baum,1996)。这些树很可能是一个多世纪以来被清除掉的森林原植被覆

260

图10.2 猴面包树巷:穆龙达瓦附近的数排猴面包树。是旅游奇观还是环保标志?

图片来源:伊万·斯凯尔斯拍摄。

261

盖物最后仅存的部分（Baum，1996；Scales，2011）。正是由于它们在翠绿的稻田间形成的这道分隔，使这里风景如画，对游客颇具吸引力。因此，看待"猴面包树巷"的另一种方式，正是此地背后的人类历史使它如此具有魅力。如果游客只是想看猴面包树，他们完全可以去附近的村庄或干燥落叶林。

然而，同样创造了这个景点的人类活动，现在已经引起了极大的保护关注。有人认为，由于农业原因，树木周围的土壤经常被洪水淹没，导致猴面包树根部腐烂，死亡率增加（Baum，1996；Marie et al.，2009）。[④]继宣告德班愿景（详见第8和第9篇文章）之后，马达加斯加非政府组织范南比提议在梅纳贝中部地区建立新保护区，此举扩大了该地区现有保护区的地理范围（Fanamby，2002，2005；Raharinjanahary，2004；详见第9篇文章）。该景点现已成为梅纳贝·安蒂梅纳保护区（Aire Protégée Menabe-Antimena），对之前非保护区内区域的资源使用实施限制，例如禁止某些农业耕种方法，其中就包括"猴面包树巷"。2007年，该地区被列为国际自然保护联盟类别中第3类的"自然纪念遗迹"（关于国际自然保护联盟不同类别的详细信息，详见第9篇文章）。

不出所料，这一进程受到强烈质疑。一方面，保护组织和政府部门将该地点视为地方和国家经济的重要组成部分，并将其作为吸引游客以及为保护与发展提供资金的潜在来源。另一方面，当地人认为外国游客的利益超过了他们自己的。不仅如此，他们从过往的游客那里几乎得不到好处（Marie et al.，2009）。对他们而言，猴面包树似乎不是一种祝福，而是一种诅咒：

他们（环保组织）希望我们种植猴面包树。但是，既然这里现有的猴面包树给我们带来了这么多问题，为什么我们还要种更多呢？不允许我们清理土地，也不允许种植水稻。我们该怎么办？[⑤]

这个例子表明，自然旅游作为一种重新定义人们对景观的感知方式和重新配置被认为具有保护重要性的事物的力量是何等重要。例如在距离"猴面包树巷"数千米的公路上，坐落着10 000公顷的"柯林迪森林"，这是1978年在瑞士援助（Coopération Suisse）的资金和专家帮助下建立的一个保护区，旨在进行林业技术改进研究，并将这些新技术传授给当地伐木者（Tonganiriko et al.，2002）。然而，该保护区现拥有一个游客营地，在20世纪80年代砍伐出的林间小径已经成为游客穿越森林观赏狐猴的完美路径。这一变化反映了一个事实，即该地区的保护政策越来越多地从改善伐木和农业的计划转向基于非消耗性的项目，如自然旅游（Scales，2012）。同样，在马达加斯加东部的拉诺马法纳国家公园的大部分地区，几十年来都有大量的伐木活动（Bohlen，1993）。然而，在1991年，新的立法禁止所有森林开发，只允许开展科学研究和旅游业（Peters，1999）。这并不是说支撑环境管理的理念不能改变，或者保护区不能随着时间的推移而发展，而是要强调以牺牲其他可能的用途为代价而狭隘地关注自然旅游业，反映了特定的外部价值观和优先事项。

10.5　旅游业不平衡的成本、效益和政治因素

除了处理利益相关者对自然资源的不同看法外，政治生态学还关注自然资源使用的成本和收益如何分配，以及谁有权控制这一过程。

有大量文献指出，因建立保护区涉及驱逐社区和限制其边界内自然资源的使用，保护项目的成本和效益非常不平衡。（Brockkington & Igoe，2006；West et al.，2006）。游客在马达加斯加参观的国家公园也不例外，它们导致成千上万的农村家庭流离失所，对自然资源的使用也受到严格限制（Ghimire，1994；Pollini，2011）。因此，马达加斯加的国家公园导致了家庭经济、财产体系、传统技能和文化价值观的破坏（Peters，1999）。一项研究估计，由于无法获得自然资源，在拉诺马法纳国家公园周围社区生活的居民每家每年被强加的费用为 39 美元，相当于家庭收入的 25%（Ferraro，2002）。

决策者提出的论点是旅游业可能有助于补偿这些损失。但目前旅游业集中在少数地理区域和少数保护区。1992—2000 年，4 个国家公园（安达西贝 - 曼塔迪亚、伊萨鲁、拉诺马法纳、琥珀山国家公园和一个特别保护区安卡拉纳）吸引了 88% 以上的游客（Christie & Crompton，2003）。到这些公园相对容易，住宿和公园设施方面也能很好地满足需求。似乎游客愿意参观的只是这些保护区，热情的自然爱好者想来看的只是这些野生生物。在海洋区域也存在这种情况：

> 生态旅游远非应对马达加斯加沿海挑战的灵丹妙药——鉴于这个大陆岛屿的巨大规模，根本没有足够的游客带来可持续的收入用于管理该国 5500 千米海岸线的 30%。除了少数拥有足够的通信基础设施、旅游服务和可靠的游客数量的示范点外，从旅游业中得到可持续的海洋保护资金对马达加斯加来说是不现实的期望。

（Harris，2011，pp11 - 12）

虽然旅游业显然不是一个管理马达加斯加所有森林或沿海环境的解决方案，但对于游客经常光顾的国家公园来说，它或许会取得成功？不幸的是，即使是受游客喜爱的公园，也存在着严重制约旅游业作为激励自然保护手段有效性的多种因素。自然旅游业作为保护和发展的工具，必须能够为农村家庭创收，且与保护区的存在产生的费用和无法获取资源带来的损失相同。从理论上讲，旅游业可以创造门票收入、就业机会（例如公园或酒店的保安和导游），以及通过旅游消费为地方经济带来的更广泛的好处。

首先来看一般的经济利益，旅游业作为激励自然保护的一个手段，其影响因该行业在马达加斯加规模小而受到限制。由于缺乏旅游消费和旅游价值链的相关数据，无法确定旅游消费存留在公园周边地方经济中的最大量和最小量，但有可能存在大量的"渗漏"（游客的消费未能留在目的地经济体系中）。首先，马达

加斯加缺乏国际连锁酒店，旅游业主要涉及小型旅游公司，但该行业主要由外国运营商和马达加斯加富人主导（Christie & Crompton，2003；Peters，1998）；其次，由于机票费用占马达加斯加到访游客度假花费的一半以上，削减了游客可在该国支出的剩余花费（Christie & Crompton，2003），这使"渗漏"问题更加严重。

与其他生计活动相比，旅游业的收益不仅小，而且在保护区周围的社区之间以及内部也分布不均（Chaboud et al.，2004）。彼得斯（Peters，1998）在一项对拉诺马法纳国家公园周边社区的研究中发现，旅游业直接雇佣的人数只有100多（其中不到一半来自当地），间接受益者不到100人，并且在公园周边的160个村庄中，只有不到12个村庄的基础设施得到了改善。

实际情况是，迄今为止，马达加斯加的旅游业几乎没有创造就业机会。就算有，也往往青睐受教育程度更高的人，且要具备必要的语言技能与游客打交道（Durbin & Ratrimoarisaona，1996；Walsh，2005）。例如对马苏阿拉国家公园旅游相关效益的研究发现，旅游业"特别有利于拥有酒店或咖啡馆……或受雇为公园导游的居民"（Ormsby & Manine，2006，p281）。同样，由于少数酒店业主和员工（大多数来自该地区以外）获得了经济利益，米卡（Mikea）森林的旅游业在很大程度上未能创造保护的激励措施（Seddon et al.，2000）。沃尔什（Walsh）提醒我们，大多数生活在马达加斯加保护区周边的人们不具备从自然旅游中获利所需要的技能、意愿或关系。

关于公园收入的份额，存在另一种不同的问题。尽管这些收益可能更均匀地分配给公园周边的社区，但它们并没有在公园的存续和农村生计之间建立直接的联系。常规的模式是将入园费的一部分交给一个管理委员会，用于诸如医疗和教育设施等发展项目（Durbin & Ratrimoarisaona，1996）。因此，收益在社区一级有所增加。例如在马苏阿拉国家公园，游客的消费已用于道路改善、水井建造和卫生项目（Ormsby & Manine，2006）。虽然这些措施受到欢迎，但它们并没有创造出可替代的收入来源，因此也没有减少对森林的依赖。根据德宾和拉特里莫里萨纳（Durbin & Ratrimoarisaona，1996，p351）的说法，"很难看出这些社区一级的收益将如何改变个体家庭的生计行为，他们的生计主要依赖开发园区内的资源来维持"。归根结底，马达加斯加自然旅游业面临的根本经济挑战是，它目前无法产出足够的收益去抵消由保护区造成的无法获得自然资源而产生的成本。

鉴于成本和收益之间的巨大差距，国家公园和旅游业与农村家庭出现大量的对立和冲突就不足为奇了（Keller，2008；Peters，1999；Walsh，2005）。许多居住在国家公园周边的马达加斯加人将政府部门、保护组织和旅游者比作前殖民统治者，因为他们声称岛上的自然资源属国家财产，并留出大片森林用于商业开发和为外来者谋利（Keller，2008；Walsh，2005；详见第4篇文章）。

最后，在权衡利弊时，还需要注意的是旅游业本身可能会对环境产生重大影

响。例如斯蒂芬森（Stephenson，1993）发现，在东部雨林中的阿纳拉马佐特拉 *265*
特别保护区里，游客经常离开建好的小路以便更好地观赏狐猴，但这样做破坏了
植被，还可能造成草本植物，特别是外来花卉物种的增加，并制造出不适合当地
特有的小型哺乳动物的微型栖居地，但这些栖息地对引进的物种，如黑鼠
（*Rattus rattus*）有利。贝拉等（Belle et al.，2009，p32）致力于研究马达加斯加
西南部的海洋保护区管理，他们发现：

与许多地方一样，旅游业在图利亚拉（Toliara）地区既是一种资产，也是一
个威胁。由旅游业直接或间接引发的压力包括：因缺乏合适的停泊缆绳而造成的
损毁性锚地、对珊瑚礁的触摸、酒店对海鲜的需求、酒店因缺乏污水处理设施造
成的污染，以及包括采集和向游客出售贝壳和海星等海洋生物的珍品贸易。

塞登等（Seddon et al.，2000）认为，在米卡森林（位于马达加斯加西南
部），旅游业对社会和环境产生的负面影响大于正面影响——沿海灌木丛地已被
收购和清理以建造酒店；酒店和餐馆的增长导致了对木炭和建筑材料需求的增
加，同时也给有限的水资源带来了更大的压力；而且由于利益分配不均，文化旅
游加剧了米卡森林当地族群之间的不和。

10.6 结论

面对保护生物多样性和减少农村家庭贫困的双重挑战，马达加斯加的保护组
织和政府部门越来越多地转向自然旅游业。它提供了一种诱人的可能性，即以非
消耗性自然利用来支付保护费用、创造替代生计和减少贫困。难怪它往往被视为
将保护和发展结合在一起的灵丹妙药。

然而，目前几乎没有证据表明马达加斯加的自然旅游业能够为生活在马达加
斯加保护区周边的大多数家庭提供真正可行的替代方法。迄今为止，收益很小，
而且分配不均。除了这些社会经济现状，还有一个更深层次的问题，也是政治生
态学鼓励我们关注的，即权力问题。尽管已经加大了让社区参与决策的力度，但
显然马达加斯加的保护政策依然是典型的"自上而下"（Dressler et al.，2010；
Duffy，2008；Pollini，2011）。尽管马达加斯加的森林和海洋资源在地球上一些
最贫穷的人的生活中发挥着核心作用，但它们越来越受到全球生物多样性和全球 *266*
自然遗产的影响（详见第6篇文章）。自然旅游将岛上许多生态系统的管理与国
外游客带来的收益挂钩，只会加剧这一进程。这些外来者被允许参观农村住户被
禁止入内的大片地区。因此，自然旅游并没有弥合保护与发展之间的裂痕，反而
常常导致消耗性使用和非消耗性使用之间的紧张关系加剧，以及全球保护优先事
项与当地自然资源使用的必要性之间的紧张关系。只要情况不变，许多农村家庭
会继续将生物多样性保护和自然旅游视为如同殖民时期的新的统治形式，外部行
为体的看法和优先对象再次胜过村民自己的想法。

　　与政策制定者和保护主义者表现出的热情洋溢相反，笔者认为不能寄望自然旅游本身去解决马达加斯加的环境问题。研究表明，为了取得更好的效果，旅游业需要努力提高地方参与，既在政治意义上也在经济意义上。政策制定者不应该瞄准不可能实现的"双赢"，而是要必须愿意接受妥协和取舍，与当地的观念和优先事项协调**合作**，而不是与之**对抗**。

注释

①2009 年，总统马克·拉瓦卢马纳纳被塔那那利佛少校安德里·拉乔利纳（Andry Rajoelina）领导的政治运动违宪地驱逐。在撰写本文时，拉乔利纳仍掌管"高级过渡政府"，新总统选举的时间表尚未确定。政治不稳定以及犯罪和社会动荡的增加对游客人数造成了影响。

②2006 年，当马达加斯加的保护区网络在德班愿景下扩大时，国家保护区管理协会被马达加斯加保护区系统取代，现在称为马达加斯加国家公园。关于马达加斯加环境机构演变的详细信息，参见第 6 篇文章。

③生物多样性热点被定义为"特有物种异常聚集和栖息地异常丧失的地区"（Myers et al., 2000）。

④必须指出对猴面包树巷的猴面包树当前的情况作出的这种解释一直存在争议（Marie et al., 2009）。

⑤笔者于 2006 年 7 月 14 日在贝科纳兹（Bekonazy）村进行的访谈。

参考文献

Baum, D. A. (1996) 'The ecology and conservation of the Baobabs of Madagascar', in J. U. Ganzhorn and J. P. Sorg (eds) *Primate Report 46 – 1 : Ecology and Economy of a Tropical Dry Forest in Madagascar*, Deutsches Primatenzentrum, Gottingen.

Belle, E. M. S., Stewart, G. W., De Ridder, B., Komeno, R. J. L., Ramahatratra, F., Remy-Zephir, B. and Stein-Rostaing, R. D. (2009) 'Establishment of a community managed marine reserve in the Bay of Ranobe, southwest Madagascar', *Madagascar Conservation and Development*, vol 4, pp31 – 37.

Bohlen, J. T. (1993) *For the Wild Places : Profiles in Conservation*, Island Press, Washington, DC.

Brockington, D. and Igoe, J. (2006) 'Eviction for conservation: a global overview', *Conservation and Society*, vol 4, pp424 – 470.

Chaboud, C., Méral, P. and Andrianambinimina, D. (2004) 'Le modele verteux de l'écotourisme : mythe ou realité? L'exemple d'Anakao et Ifaty-Mangily à Madagascar', *Mondes en Developpment*, vol 32, pp11 – 32.

Christie, I. T. and Crompton, D. E. (2003) *Africa Region Working Paper Series No. 63 : Republic of Madagascar : Tourism sector study*, World Bank, Washington, DC.

Dressler, W., Buscher, B., Schoon, M., Brockington, D., Hayes, T., Kull, C. A., McCarthy, J. and Shrestha, K. (2010) 'From hope to crisis and back again? A critical history of the global CBNRM narrative', *Environmental Conservation*, vol 37, pp5 – 15.

Duffy, R. (2008) 'Neoliberalising nature: global networks and ecotourism development in Madagascar', *Journal of Sustainable Tourism*, vol 16, pp327 – 344.

Durbin, J. and Ratrimoarisaona, S. (1996) 'Can tourism make a major contribution to the conservation of protected areas in Madagascar', *Biodiversity and Conservation*, vol 5, pp345 – 353.

Fanamby (2002) *Proposition de Zonage pour les Forêts du Menabe Central*, Fanamby, Morondava.

Fanamby (2005) *Projet Fanamby Menabe Central, Plan de Travail Annuel 2005*. Fanamby, Morondava.

Favre, J. -C. (1996) 'Traditional utilization of the forest', in J. U. Ganzhorn and J. P. Sorg (eds) *Primate Report 46 – 1: Ecology and Economy of a Tropical Dry Forest in Madagascar*, Deutsches Primatenzentrum, Gottingen.

Ferraro, P. J. (2002) 'The local costs of establishing protected areas in low-income nations: Ranomafana National Park, Madagascar', *Ecological Economics*, vol 43, pp261 – 275.

Ganzhorn, J. U., Lowry II, P. P., Shatz, G. E. and Sommer, S. (2001) 'The biodiversity of Madagascar: one of the world's hottest hotspots on its way out', *Oryx*, vol 35, pp346 – 348.

Geist, H. J. and Lambin, E. F. (2001) *What Drives Tropical Deforestation? A Meta-analysis of Proximate and Underlying Causes of Deforestation Based on Subnational Case Study Evidence*, LUCC Report Series No. 4, Land-Use and Land-Cover Change Project, Louvain-la-Neuve.

Ghimire, K. B. (1994) 'Parks and people: livelihood issues in National Parks Management in Thailand and Madagascar', *Development and Change*, vol 25, pp195 – 229.

Harris, A. R. (2011) 'Out of sight but no longer out of mind: a climate of change for marine conservation in Madagascar', *Madagascar Conservation and Development*, vol 6, pp7 – 14.

Keller, E. (2008) 'The banana and the moon: conservation and the Malagasy ethos of life in Masoala, Madagascar', *American Ethnologist*, vol 35, pp650 – 664.

Kull, C. A. (1996) 'The evolution of conservation efforts in Madagascar', *International Environmental Affairs*, vol 8, pp50 – 86.

MAP (2007) *Madagascar Action Plan 2007—2012: A Bold and Exciting Plan for Rapid Development*, Government of Madagascar, Antananarivo.

Marie, C. M., Sibelet, N., Dulcire, M., Rafalimaro, M., Danthu, P. and Carriere, S. M. (2009) 'Taking into account local practices and indigenous knowledge in an emergency conservation context in Madagascar', *Biodiversity and Conservation*, vol 18, pp2759 – 2777.

McGrath, M. (2005) 'Falling from the tree', *The Guardian*, London, 22 October.

MEP (1990) *Chartre de L'Environnement*, Ministère de l'Economie et du Plan, Antananarivo.

Mercer, E., Kramer, R. and Sharma, N. (1995) 'Rainforest tourism: estimating the benefits of tourism development in a new national park in Madagascar', *Journal of Forest Economics*, vol 1, pp239 – 269.

Ministère du Tourisme (2012) www. mtoura. gov. mg, accessed 30 December 2012.

Minten, B. and Méral, P. (2006) *International Trade and Environmental Degradation: A Case Study on the Loss of Spiny Forest in Madagascar*, World Wild Fund For Nature, Antananarivo.

Myers, N., Mittermeier, R. A., Mittermeier, C. G., da Fonseca, G. A. B. and Kent, J. (2000) 'Biodiversity hotspots for conservation priorities', *Nature*, vol 403, pp853 – 858.

268

Norris, S. (2006) 'Madagascar defiant', *BioScience*, vol 56, pp960 – 965.

Ormsby, A. and Mannie, K. (2006) 'Ecotourism benefits and the role of local guides at Masoala National Park, Madagascar', *Journal of Sustainable Tourism*, vol 14, pp271 – 287.

Peters, J. (1998) 'Transforming the integrated conservation and development project (ICDP) approach: observations from the Ranomafana National Park Project, Madagascar', *Journal of Agricultural and Environmental Ethics*, vol 11, pp17 – 47.

Peters, J. (1999) 'Understanding conflicts between people and parks at Ranomafana, Madagascar', *Agriculture and Human Values*, vol 16, pp65 – 74.

Pollini, J. (2011) 'The difficult reconciliation of conservation and development objectives: the case of the Malagasy Environmental Action Plan', *Human Organization*, vol 70, pp74 – 87.

Raharinjanahary, L. (2004) *Etude Socio-culturelle et Economique dans le Cadre du Processus de Mise en Place du Site de Conservation du Menabe Central*, Comité Régional du Développement Menabe, Morondava.

Reardon, T. and Vosti, S. A. (1995) 'Links between rural poverty and the environment in developing countries: asset categories and investment poverty', *World Development*, vol 31, pp1933 – 1946.

Robbins, P. (2004) *Political Ecology: A Critical Introduction*, Blackwell Publishing, Malden.

Scales, I. R. (2011) 'Farming at the forest frontier: land use and landscape change in western Madagascar, 1896 to 2005', *Environment and History*, vol 17, pp499 – 524.

Scales, I. R. (2012) 'Lost in translation: conflicting views of deforestation, land use and identity in western Madagascar', *The Geographical Journal*, vol 178, pp67 – 79.

Seddon, N., Tobias, J., Yount, J. W., Ramanampamonjy, J. R., Butchart, S. and Randrianizahana, H. (2000) 'Conservation issues and priorities in the Mikea Forest of south-west Madagascar', *Oryx*, vol 34, pp287 – 304.

Steneck, R. S. (2009) 'Marine conservation: moving beyond Malthus', *Current Biology*, vol 19, R117 – R119.

Stephenson, P. J. (1993) 'The impacts of tourism on nature-reserves in Madagascar: Perinet, a case-study', *Environmental Conservation*, vol 20, pp262 – 265.

269 Stott, P. and Sullivan, S. (2000) *Political Ecology: Science, Myth and Power*, Arnold, London.

Tonganiriko, B. K., Rakotoarison, B. and Rivoarijaona, A. (2002) *Stratégie de Redressement du CFPF*, Centre de Formation Professionnelle Forestière, Morondava.

Twinning-Ward, L. (2009) *Sub-Saharan Africa Tourism Industry Research*, World Bank, Washington, DC.

Walsh, A. (2005) 'The obvious aspects of ecological underprivilege in Ankarana, Northern Madagascar', *American Anthropologist*, vol 107, pp654 – 665.

270 West, P., Igoe, J. and Brockington, D. (2006) 'Parks and peoples: the social impact of protected areas', *Annual Review of Anthropology*, vol 35, pp251 – 277.

生物多样性热点区域的生物勘探

本杰明·D. 尼马克（Benjamin D. Neimark）
劳拉·M. 蒂尔曼（Laura M. Tilghman）

11.1 引言

作为国际生物多样性合作组织（ICBG）马达加斯加生物勘探项目的成员，我们虽然现在还没能拿出一种药物来证明工作做得很好，但我确实自我感觉良好。可能迄今为止最大的收获就是建立了法兰西山保护区。除了前期资助的经济发展项目，我们还进行了许多培训活动，以及基础设施的改进……[①]

——国际生物多样性合作组织的马达加斯加项目首席调查员

如果他们（国际生物多样性合作组织马达加斯加项目的成员）能告诉我们从植物中获得了新药物，不对我们隐瞒，那么村民就有可能从中获益。但我们仍然不明白，他们为什么要深入森林，我们也不清楚他们到底有没有相应的许可证。[②]

——居住在植物采集点附近的村民

20世纪90年代初，保护组织人士非常乐观地认为，仅仅凭借从大自然中发现药物（即生物勘探），就能实现里约热内卢地球峰会上预设的目标。[③]这些目标最主要的任务之一就是在生物多样性丰富的热带地区，实现社区共同参与生态保护和创收（Abelson，1990）。当时成立了几个大规模的生物勘探项目，其中最引人注目的是1991年哥斯达黎加国家生物多样性研究所（INBio）与制药巨头默克（Merck）公司（Reid et al.，1993）签订的双边协议，以及美国联邦资助的国际生物多样性合作组织计划（Rosenthal，1999），这些备受瞩目的项目让人们无比兴奋，生物勘探也因此成为可持续发展的当代模式。

长期以来，马达加斯加都是生物勘探的重要地点。欧洲的探险家和博物学家在早期往来于马达加斯加时游历过其广袤的土地，见识过其庞大的生态系统，并收集了当地丰富的植物和药物样本。从北部露出地面的石灰岩到东南部极度干燥的旱林，再到东部湿润的森林走廊，马达加斯加拥有1.2万～1.4万种开花植物，当地特有的哺乳动物也占比最高，因此被誉为世界"第八大洲"（Tyson，

2000）。正是由于植物的丰富与动物的多样性，马达加斯加为当代生物勘探者提供了种类繁多、可供检测并制成新药的独特样本。

马达加斯加之所以成为生物勘探的理想地点，还有一个原因是马达加斯加长期对自然保护和发展干预的资金投入。当地为期15年的国家环境行动计划是非洲第一批环境保护行动计划之一，同时还有许多双边捐助者和多边捐助者的大量资金支持，为大型环保非政府组织的发展创造了条件（参见第6篇文章）。例如，保护国际协会的热点战略将马达加斯加划定为生物多样性保护中"最受关注的热点区域"之一，也可能是保护经费最值得投入的地方（Myers et al., 2000, p853）。④这些为环境保护项目筹集的资金促成了非洲大陆上最频繁的保护和发展干预活动，包括迄今为止最大型的药物研发项目之———国际生物多样性合作组织马达加斯加项目。

但是马达加斯加岛上的生物勘探情况是不是真的好得令人难以置信？本文旨在调查马达加斯加快速发展的生物勘探领域中的赢家和输家，阐述对其未来可持续发展的启示；并在政治生态学视角下，审视有关生物勘探的言论，质疑、探讨这种做法是否真的有利于可持续发展（Hayden, 2003；Neimark, 2012）。首先，回顾自然药物研发的实践活动简史，进而列举了从一开始就阻碍了生物勘探发展的法律和伦理上的困境；其次，给出了马达加斯加生物勘探的方案框架，并讨论了如何解决各方利益相关者之间关于不同规模生物遗传资源获取的分歧；再次，提供了一个国际生物多样性合作组织马达加斯加项目的案例研究，并指出生物勘探的利与弊，以及补偿机制中不同级别的规定范围；最后，将在环境司法框架下讨论生物勘探的可持续性，并解决它能否作为一种保护工具的问题。

11.2　天然产物发现史

尽管人们普遍认为生物勘探是一种现代实践活动，但事实上人类几千年来一直将自然资源用于医疗和其他领域，记载这些用途的出处很多。例如，公元前125年，中国的《本草纲目》是一部具有里程碑意义的医学著作，它记载了许多药用植物处方和古代王朝使用的1000多种药物（Cragg & Newman, 2005；Sneader, 2005）。印度的《阿闼婆吠陀》可追溯到公元前1000年，这部经典之作被认为是《吠陀》或《印度教婆罗门教宪法》的最后一部，其中记载了很多将药用植物用于身体和精神治疗的准备工作和参考方法（Sneader, 2005）。5—12世纪，阿拉伯地区成为药用植物使用的知识中心。那个时期的医生，包括阿布·巴卡尔·拉齐（Abu Bakr al-Razi）、阿布·卡西姆·扎赫拉维（Abu Al-Qasim Al-Zahrawi）和波斯哲学家阿维森纳（Avicenna），均发表过利用当时已知草药进行治疗的医学实践，对社会影响深远（Sneader, 2005）。

欧洲在新大陆的探索对于扩大药用植物使用的种类和范围非常重要。据资料记载，耶稣教会传教士发现了治疗间歇性疾病的药物，因为他们在秘鲁基多观察印第安人时发现添加金鸡纳树皮的汤剂能减少寒战。科学家随后从这种药物疗法中分离出金鸡纳霜来治疗疟疾。另一个从新大陆传到欧洲的重要发现是，用吐根来治疗阿米巴痢疾，这种化合物至今仍用作治疗呼吸道感染的催吐剂（Sneader，2005）。

20世纪40年代二战期间，由于美国使用抗生素治疗受伤士兵，对天然产物制药的需求大增。政府与辉瑞公司签订了合同，大量生产青霉素（一种从青霉菌中提取的抗生素），促进了药物研发科学的快速发展。美国国家癌症研究所（NCI）的天然产物部门带头行动，开始从大自然中获取药物，这是一场全球范围内大规模收集生物资源的活动（Cragg & Newman，2005）。国家癌症研究所的第一项植物筛选计划（1955—1982年）包括了源于60个国家的14 000种天然制品（植物、海洋生物、微生物）。1986年，随着人们发现太平洋紫杉（短叶红豆杉）树皮中含有抗癌药物紫杉醇（Taxol），国家癌症研究所的天然产物项目开始了第二阶段的研究（Aylward，1995）。

20世纪90年代，主要得益于药物筛选和信息技术的新进展，天然产物的药物研发科学发生了巨大的变化（Miller，2007）。虽然生物勘探仍然依靠从植物、海洋生物和微生物中收集生物遗传资源，但科学创新也使得其化合物和遗传物质的分离工作更容易进行，分析问题也更高效。

然而20世纪90年代以后，生物勘探过程中发生的许多变化也可归因于人们逐渐意识到当地传统文化和自然资源可以进行商业开发的潜力。在地球峰会上讨论的许多伦理问题促成了1993年《生物多样性公约》（CBD）的签署。《生物多样性公约》重点关注生物多样性保护、研究人员的知识产权保护，以及对经济和社会发展的推动作用。最值得关注的是生物多样性和民族植物学之间知识交流和相互利用产生的利益的公平分配（Schweitzer et al.，1991；Rosenthal，1999；Brown，2003）。⑤

为此，签署《生物多样性公约》后又制定了生物勘探项目，如哥斯达黎加国家生物多样性研究所和国际生物多样性合作组织（下文详细介绍）。基于这样一个逻辑：天然产物的发掘应在一个预先确定的补偿协议基础上给予相应的金钱回报，该协议被称为"获取和利益共享（ABS）"协议（Eisner，1992；Barrett & Lybertt，2000）。这对于许多参与者是一个"双赢"机制，它为热带生态系统的保护工作提供了资金支持。在该生态系统中，生物多样性和传统的药用知识都是获得最多资金投入的（Balick，1990）。对于当时的美国科学界，生物勘探创造了一个在全球范围内得到认可、融资和获取自然资源的机会，其规模也是前所未有的。

1991年9月，美国制药巨头默克公司和哥斯达黎加国家生物多样性研究所签署了一项协议，双方须在同一个平台上分享研究成果。基于此协议，首批生物勘

273

探项目须满足《生物多样性公约》的多个目标和规定。根据该协议条款，默克公司支付了 113.5 万美元，用于为期两年的研究和采样项目，还用于将采集到的植物、昆虫和其他生物样本制作成商业化产品（Reid et al.，1993）。作为回报，哥斯达黎加国家生物多样性研究所将 10% 的预算和 50% 的产品版权费用于国内生物多样性保护工作（Reid et al.，1993）。这项生物勘探协议的有效期为 1992 年到 1997 年，并被誉为实现《生物多样性公约》许多核心原则的范例（Reid et al.，1993）。此外，它还标志着发达国家和发展中国家之间公私合作方式的重大转变，为随后类似的生物勘探项目开辟了道路（Aylward，1995）。

签署《生物多样性公约》后，国际生物多样性合作组织，是一个在时间和地理范围上有着更深远影响的生物勘探项目，它由美国国家卫生研究院、国家科学基金会和美国国际开发署共同资助。[⑥]自成立以来，国际生物多样性合作组织已发展为美国政府有史以来最具野心的生物勘探项目之一，其中包括在 12 个国家开展研究的 8 个合作小组（Rosenthal & Katz，2004）。截至 1999 年，国际生物多样性合作组织已上报了 11 000 份样本，这些样本是从大约 5800 种植物和 500 多种昆虫和真菌中采集来的，并且已进行了多达 20 万种不同类型的治疗药物筛选（Rosenthal & Katz，2004），定位了 260 种活性化合物，其中至少 60 种是新发现的（Rosenthal et al.，1999）。

20 世纪中叶的国家癌症研究所与 20 世纪 90 年代以来的哥斯达黎加国家生物多样性研究所和国际生物多样性合作组织之间的主要区别在于项目体制结构的复杂度。后两者是私人和公共研究实验室、企业合作伙伴以及各种民间社会组织和个人的集合，每一方都在生物勘探过程中发挥着特殊的作用。但讽刺的是，正如我们将在下文中看到的，这些组织的角色虽然都是根据《生物多样性公约》制定的道德准则演变而来的，但却构建了层层监管壁垒，降低了透明度。由于传统知识商业化和对当地参与者进行公平补偿而产生的上述问题及其他伦理问题，针对生物勘探的批评也随之出现，并最终掀起了重新评估的巨大浪潮。

11.3 "生物剽窃"及其他行为：关于生物勘探的道德和法律辩论

生物勘探下的药物研发是一个步骤繁多的艰难过程，它从天然产物中提取选定的化合物及其结构，并用随机的疾病靶标（如艾滋病、癌症等）对其进行筛选（Aylward，1995）。一旦发现生物活性物质，研究人员会通过多次分馏和提纯，对天然产物进行分离。这项技术需要有机化学和无机化学方面的先进知识和高级训练，并结合已知化合物的数据库（Weiss & Eisner，1998）。20 世纪 90 年代，药物研发科学和基因组学的进步，以及新的筛选技术的出现，大大加快了这一漫长而艰巨的过程，也为研究人员提取数千种生物资源的实验铺平了道路。其发展速度对大型私人实验室和制药公司极具商业吸引力（Miller，2007）。随着私营部门参与度的增加，人们也越发担忧，为促成药物研发提供资源和知识产权后，该如何获得公平补偿。这些担心源于殖民地自然资源不公平开采的遗留问题，如在刚果的橡胶和木材采伐，在南非和南部非洲开展的珍贵矿物、钻石和宝石开采；以及在发展中国家进行的商业开发。而科学家们也越发担忧物种灭绝等环境问题，这两种忧虑不谋而合（Dorsey，2003）。

21 世纪初，人们认为生物勘探是解决疾病、环境破坏和贫困三大问题的灵丹妙药，并为此感到欣喜若狂，然而这种狂喜已遭到了质疑和告诫。这很自然，因为缓慢的制药发展已满足不了人们的高期待（Macilwain，1998），当然也因为学者和民间社会团体所做的研究越来越多，而这些研究文献对生物勘探持强烈的批评态度。加拿大的激进组织国际农村进步基金会（RAFI）创造了"生物剽窃"一词（Svastad，2005），随后，印度学者和活动家范达娜·席娃（Vandana Shiva）在同名的书中对其进行了详细阐述（Shiva，1997）。这些批评传达的主要信息是，生物勘探是一种由工业化国家的公司和科学家改造后重振的殖民主义形式，是对发展中国家自然资源和传统知识实施的盗窃行为。20 世纪 90 年代中期，逐渐壮大的抗议活动迫使一个由国际生物多样性合作组织于墨西哥南部的资助项目在还未开展植物采集工作之前就提前终止了，人们对生物勘探的不断抵制已达到了一个新的阶段（Dalton，2001；Rosenthal，2006），这也表明了当时对生物勘探的批评有多么强烈。

尽管某些从事生物勘探的人员似乎对反对声音和善用媒体的批评家（如Berlin & Berlin，2004）感到非常意外，但通过考察 20 世纪后期的政治经济形势，许多线索表明，如果生物勘探批评无法避免，其存在也至少不足为奇。20 世纪 90 年代和 21 世纪初的"生物剽窃"战争中出现了许多与 20 世纪七八十年代"种子战争"相同的言论，那时活动家和学者们在讨论农业种质收集、私有化和转基因的优点。两者面临着相似的批评——都将它们比喻为跨国公司和工业化国家对发展中国家资源和传统知识的窃取。只不过"受害者"从小规模农民培育的农作物品种转变成了由当地治疗师守护的热带植物基因，但其传达的主要信息相同，且实际上都由一些类似的激进团体提出（Hamilton，2006）。

此外，值得注意的是，现代生物勘探出现在发展中国家日益加强对原住民权利和主权保护的时候（Hodgson，2002），发展中国家也担忧原住民的传统环境知识受到威胁（Bird & Sattaur，1991；Plotkin，1993）。因此，生物勘探这个话题通常在墨西哥、秘鲁等拥有活跃原住民权利组织的国家中最具争议，这一点并不奇怪（Brown，2003；Greene，2004）。

生物剽窃研究和激进主义的背后，是对自然商品化更深层的担忧（见第12 篇文章），特别是所谓的"生命专利权"，或在市场主导的保护项目下对自然的拥有权，以及在生物多样性和农作物贸易方面混乱的国际"南北关系"。因此，围绕生物剽窃的激进主义是反对全球化和新自由主义的更大型社会运动

275

的一部分。关于生物剽窃的部分说法是基于对生物勘探研究和产品开发过程的过度简化甚至错误描述，正如图 11.1 玫瑰色长春花的案例（ Moran et al.，2001；Svarstad，2005）。然而，汉密尔顿（2006）指出，我们忽视生物剽窃是危险的，这点令人信服。这些主张引发了我们对知识产权和利益共享的重要关注，我们必须解决这些问题，而不仅仅只满足于简单改变现状。

框 11.1　马达加斯加的玫瑰色长春花：辩论的素材

马达加斯加在生物勘探辩论中扮演了有趣的角色，即同时充当了支持者和批评人士双方用以支撑观点的证据，然而人们争论的并不是当前的生物勘探活动，而是 20 世纪 50 年代的一项研究。研究人员从马达加斯加玫瑰色长春花（图 11.1）中分离出了生物碱，这些生物碱产生出了治疗儿童白血病和霍奇金病的抗癌药物，这一发现轰动一时。生物勘探的支持者们用生物碱作证据，证明热带环境确实可以治愈重大疾病（Swerdlow & Johnson，2000）；但批评家们也指出，尽管开发这些药物为美国礼来制药公司带来数百万美元的利润，但马达加斯加却没有得到任何回报（Kadidal，1993）。

图 11.1　玫瑰色长春花：神奇药用植物还是"生物剽窃"的全球案例？

进一步的研究表明支持者和批评者都歪曲了长春花的故事（Tilghman，2004；Harper，2005；Neimark，2009）。虽然长春花确实起源于马达加斯加，但它已经在世界各地传播了几个世纪。这也不是濒危生态系统的经典治疗案例，因为这种植物是生长在干旱环境中可次生生长的亚灌木。虽然长春花的确被用于马达加斯加的传统医学中，但礼来制药公司的研究人员最初是被加勒比和菲律宾社区将其用作草药的报道所吸引而注意到这种植物的。此外，虽然马达加斯加没有从礼来公司销售的抗癌药物中获得专利费，但它确实出口了大量的植物资源，采集者和运输者也从中获得了经济利益。

如何确保各方了解并共享商业化带来的利益，业界对此表示为难，也不知道该如何正确推进天然产物研究（ten Kate & Laird，1999，2000）。这些问题使得制药产业中许多人去探索其他研发药物的方法，例如利用计算机生成和人工合成化合物替代自然资源。这些新的努力尝试被认为是"理性的""科学的"，且优点

是避免了"自然"带来的所有政治纠葛（Parry，2004）。

11.3.1 知识产权

知识产权（IPRs）指通过版权、专利、商标、工业设计、商业秘密和域名等各种方式保护智力劳动成果。这种有效的保护机制使"持有人"有权保留对产品的独家控制（Walden，1995）。知识产权的经济原理认为，个人或公司可以拥有垄断权，以达到为发明者提供"动力"和"报酬"并抵御竞争对手的预期效果（Walden，1995，p182）。生物勘探者也利用知识产权限制其他人发现化合物或了解其提取过程以充分利用投资，从而使自己成为市场上该产品或服务的唯一供应商。

国际层面上，世界贸易组织的《与贸易有关的知识产权协定》（TRIPs）是知识产权争论背后的主要推动力量。该协议强调，这种私有财产权，特别是知识产权，为公司和个人提供了一个途径，让其可以轻松通过科学或传统知识获得的自然发现申请专利。

知识产权面临的最具争议性的问题之一是关于生物遗传资源和传统知识的"新奇性"言论。[⑦]批评人士声称在生物技术和生物勘探的指导下，生物的生命专利违背道德界限，也为企业控制生命形式提供一个具有负面影响的先例。对于一些批判性学者和活动家而言（如范达娜·席娃），"传统"知识从未在《与贸易有关的知识产权协定》中得到正式解释。这意味着尽管许多传统社区进行传统的"反复实验"，在药用植物和农业作物筛选工作上辛勤劳作、努力创新，还付出大量时间，但这些努力既不会受到保护，也不会得到补偿（Shiva，1997）。问题之二，《与贸易有关的知识产权协定》使专利权框架下的知识私有化变得更容易，这可能导致当地社区无法像现在这样自由地将作物和植物进行药用，进而侵犯某公司的知识产权。其三，许多个人和社区并不认为自身是生物多样性和相关知识的所有者，而认为自己只是"维护者"。因此，他们认为商讨协议并将其商业化是错误的做法（McAfee，1999；Grain，2004）。

《与贸易有关的知识产权协定》并不是唯一与知识产权有关的国际框架，还有数项协议试图去认可传统的获取权和"文化"知识。例如 1988 年巴西贝伦国际会议和 1991 年在中国昆明编纂的第二部《国际民族植物学协会道德守则》（Soejarto et al.，2005）。这些协议首次正式承认，传统知识不仅关乎"智力"，更关乎"创新力"，因此应受到所有正式专利权的保护（Soejarto et al.，2005，p16，Posey & Dutfield，1996）。1992 年，这两项协议已编入《生物多样性公约》。该公约再次证实了生物勘探者为获取和利用传统医学知识所必须克服的种种监管障碍，包括告知参与交流的各方并取得同意，与提供知识的一方利益共

278

享。目前，强调知识私有化和企业需求的《与贸易有关的知识产权协定》与强调传统知识重要性和民族、国家、社区需求的《生物多样性公约》之间的紧张关系仍未得到有效的缓解。

知识产权也成为生物剽窃行为的试金石，典型案例包括美国的某些机构或个人已获得植物专利的授权，可以使用那些当地居民和农民长期使用的植物，例如印度的印楝树（Burns，1995）和亚马孙流域的死藤（Dorsey，2003）。反对生物剽窃的活动家和学者们认为国际知识产权制度对工业化国家有利，但剥夺了没有资源去申请或对某些专利提出异议的当地社区和土著居民的权利。此外，生活在生物多样性地区的人们进行了数个世纪的实验和观察，获得了植物药用的相关知识，但由于不属于新的知识，因此不能受到国际知识产权制度的保护。批评人士指出，那些声称"发现"新天然化合物的生物勘探者实际上受益于宁愿牺牲自身利益也要保护资源的当地人，更糟糕的是，他们有时利用自身知识收集和分析植物，但却没有得到任何感谢。

11.3.2 获取和利益共享

生物勘探受到批评人士极大关注的第二个方面是获取和利益共享协议，其目标是保证自然资源的使用得到了充分的知情和同意，且自然资源商业化所带来的
279 利益应由所有必要的利益相关者共享。

在生物勘探项目可能产生的各种效益中，**专利使用费**和**阶段性权利金**是被分析得最多但实现得最少的（ten Kate & Laird，1999）。在生物勘探项目中，"阶段性"权利金通常是在研究过程的连续阶段中有重大发现时产生的，而"专利费"则是在某一天然产物完全商业化之后才产生的（ten Kate & Laird，1999；Miller，2007）。只有在少数几个报告的案例中，参与到生物勘探项目中的当地居民以专利费形式拿到了现金（Barrett & Lybbert，2000；Laird，2002；Lybbert et al.，2002）。除阶段性权利金和专利费外，经济效益还包括能为该国的保护及开发项目或专门针对生物勘探采集点提供资助。生物勘探项目可能产生非货币利益，包括技术转让和加强发展中国家自身开展科学研究能力的建设，也包括某些协议，这些协议规定生物勘探者着重研究生物遗传资源提供国高度重视的疾病。

《生物多样性公约》在第 8 条中对获取和利益共享作出了明确要求，但生物勘探的批评人士担心，国际权力的动态变化使发展中国家及其当地社区在与工业化国家的生物勘探者谈判协议时处于不利地位。正如一位反对生物剽窃的著名活动家所说："在当前社会经济环境中，互惠互利的契约可能性非常小或者基本为零"（Mooney，2000，p37）。换言之，富裕的工业化国家和跨国公司在谈判桌上拥有明显的优势地位，因为他们权力大，在制定国际条约和规定时有更大的影响

力。其次，起草一份互惠互利的契约需要花费数千美元的法律费用，以及需投入大量的时间和知识到法律程序中，但小社区几乎不可能获取到这些资源。因此，在没有外部团体大力支持的情况下，参与这些程序性协议对小社区来说算不上是可供考虑的选择。⑧

11.4　生物遗传资源的获取渠道

生物勘探者寻求获取生物遗传资源的渠道，这样他们才能进行分析，寻找具有潜在商业用途的有效化合物。一些生物勘探者也对传统环境知识感兴趣，这种知识指治疗师、农夫、村民如何利用生物遗传资源的专业知识。除了已设定一般规则的国际协定（如《生物多样性公约》和《与贸易有关的知识产权协定》）以外，生物勘探者还必须就各种规则和不同规模的利益团体进行谈判，以协调获取生物和文化资源。本节将讨论影响马达加斯加生物勘探的主要介入因素，以及生物勘探者如何规避这些监管。

11.4.1　获取马达加斯加的土地和植物

马达加斯加的土地使用权（特别是在生物勘探者感兴趣的农村地区），结合了从法国引入的西方财产权和马达加斯加的传统法律。马达加斯加的传统法律强调，个人通过宗族或世袭继承分散的小块土地，而更大的公共使用区域应由当地政府管理（Healy & Ratsimbarison，1998）。迄今为止，在马达加斯加工作的生物勘探者似乎避开了在混杂的土地使用权制度中进行谈判的复杂性，他们直接与国家政府谈判，并在至少名义上是由国家管理的区域里收集资源。

保护区行为规范⑨并没有在国家管理保护区内对生物勘探作出法律限制，也没有对可能进行生物勘探的地方作出具体的空间限制。但根据保护区体系内一位主要管理人员的说法，国家公园和其他保护区本应禁止生物勘探者进入（Quansah，2003）。然而，过去一些以商业产出为明确目标的科学研究活动（亦即生物勘探）已经在国家公园等保护区内开展（Quansah，2003）；此外，在马达加斯加新的保护区规划下，保护区的范围扩大到由社区管理的保护区域（见第7篇文章），但这些保护区还开放给公司或私人进行生物勘探。事实上，一些保护区（例如马达加斯加北部的法兰西山）正面临着资源过度开采的危险，这也引起了最高级别的国家办公室的持续关注（Neimark & Schroeder，2009）。

11.4.2　获取马达加斯加的药用植物知识

马达加斯加的传统环境知识⑩，特别是关于药用植物的知识，对于该岛来说非常重要，其商业化成果也很突出。蓬勃发展的国内植物原料贸易（Dauphiné，

2002）和许多马达加斯加公司为国内市场生产由药用植物加工而成的药品证明了这一点（Rasoanaivo，1990）。马达加斯加的药用植物知识一般可分为以下两类（Tilghman，2004）：

281 （1）专业/精神性植物知识：属于传统治疗师和占卜师（一般称为精神疾病治疗者）的领域。

（2）非专业/世俗药用植物知识。此类知识为普通百姓所用，且通过家庭和社交了解得知。该药物用于治疗由卫生、体育活动和饮食问题引起的非精神疾病。这类知识是公共知识领域的一部分，其使用取决于个人喜好以及社交的深度和广度（关于当地环境的知识可参考第 13 篇文章）。

生物勘探者试图挖掘马达加斯传统环境知识财富时，面临以下几个难题。首先，与那些拥有较多植物专业知识的传统治疗师协商是一个复杂的过程，因为他们把自己视为传递（或保护）祖先知识的载体，而不是本身知识渊博的个体。此外，专业植物知识与马达加斯加治疗体系的其他方面密不可分，治疗手段包括占卜术、占星术和灵魂控制等（Sharp，1993；Harper，2002），但通常生物勘探者对此并不感兴趣。虽然与普通百姓协商似乎可以避免一些问题，但生物勘探者可能会遗憾地发现，马达加斯加的许多民间偏方依靠的是靠近居民区、受人为干扰的植物，而不是更独特（且可申请专利）的原始森林植物（Lyon & Hardesty，2005）。

11.4.3　躲避或削弱监管

马达加斯加尚未开发出一个全面的、可直接在全国范围内监管生物勘探的系统。但由于国家研究实验室和马达加斯加独立组织曾共同开展生物勘探活动，研究人员必须遵守一个获取药物研发资源的框架。值得一提的是，此框架允许区域和地方政府制订获取基因资源的政策，以及如昆沙（Quansah，2003）所指出的允许大型非政府组织积极促进社区层面获取遗传资源为基础的活动。

一旦生物勘探者获得了土地和/或知识，基本上就可以创建他们自己的关于生物勘探过程中获取和利益共享、知识产权和其他伦理方面的协议。然而，人们认为马达加斯加政府机构没有足够的能力去理解这些框架并向全国和地方利益相关方传播信息并有效执行各项协定以及相关的国家法律或法规。

11.5　案例研究：国际生物多样性合作组织的马达加斯加项目

自 1998 年以来，国际生物多样性合作组织马达加斯加项目一直在对马达加斯

282 加独特的动植物进行研究。该项目的第一阶段（1998—2003 年）在位于图阿马西纳市西北部阿那拉兰基罗富区东部森林中的扎哈美纳国家公园地区收集植物。该项目的第二阶段（2003—2008 年，延长至 2013 年）收集了安齐拉纳纳市南部戴安娜地区森林中的植物，以及该国北部沿海地区诺西贝附近的海洋标本（图 11.2）。

图 11.2　国际生物多样性合作组织马达加斯加项目的植物采集地点

284

　　随着国际生物多样性合作组织马达加斯加项目从第一阶段发展到第二阶段以及业务范围的扩张，该项目不得不作出许多调整。第一阶段在东部山地雨林相对较小的区域采集植物材料，第二阶段在较大的区域采集植物材料，地理范围从干燥的异养性森林到潮湿、高海拔山地森林[①]。第一阶段在其中一个伙伴组织（国际保护协会）已经工作了 10 多年的地区开展业务，因此该项目在很大程度上与该组织在地方当局和社区的社会关系融为一体。第二阶段转移到国际生物多样性合作组织核心成员以前没有工作过的区域。如果可能的话，还需要与其他组织发展新的伙伴关系，并重新建立社区关系。随着地理焦点不断扩展和新的工作关系不断出现，项目动态也发生了变化。首先，第二阶段项目需要雇用许多不同的团体，这些团体不一定住在森林采集地点附近的村庄，因此他们可能并不了解项目的目标或任务。在第二阶段，当地开发项目作为项目中获取和利益共享机制的一部分已分散在更大的区域上，而不仅仅是毗邻的植物采集点，本质上是通过社区开发分离了生物遗传资源的提取和利益共享。其次，第二阶段的大规模收集带来了许多后勤方面的挑战，包括到达植物所在地的距离以及植物材料在开始分解前返回实验室所需的时间。最终这意味着在更大区域内与一些更小团队的合作，项目也因此牺牲了在第一阶段中所注重的长期关系。

11.5.1　国际生物多样性合作组织马达加斯加项目的财务结构[⑫]

据国际生物多样性合作组织网站记载[⑬]，2000 年以来美国机构投资总额超过930 万美元。国际生物多样性合作组织马达加斯加项目的首席研究员大卫·金士顿（David Kingston）表示，该项目每年的总运营成本约为 70 万美元，但用来评估生物勘探项目公平性的并不是这个总金额，而是这笔钱的使用者，以及帮助了解资金去向的透明度和协作机制（表 11.1）。

283

表 11.1　美国和马达加斯加的资助机构与研究组织在
ICGB 马达加斯加项目中的作用和职能

	机构/组织名称	首字母缩写	作用和职能
ICGB 的美国资助机构和研究机构	福格蒂研究所和其他国家健康研究院	NIH	ICGB 全球项目的管理机构和主要资助者
	国家科学基金会	NSF	主要资助机构
	美国农业部	USDA	主要资助机构
	弗吉尼亚理工学院暨州立大学	VPISU	领导美国药物发现研究（实验室分析及样本测试）
	美国陶氏益农公司	DAS	资助农业化学品的预先补偿/私人研究
	卫材制药公司	EISAI	为药品的预先补偿/研究提供资金
	密苏里植物园	MBG	首席植物代理（植物收集）
	国际保护协会	CI	管理保护项目

	机构/组织名称	首字母缩写	作用和职能
ICGB 的马达加斯加资助机构和研究机构	国家药物研究应用中心	CNARP	在马达加斯加发现药物的主要研究机构（包括对所有样本进行植物加工、分析和实验室测试）
	国家环境研究中心	CNRE	领导海洋物种研究
	国家海洋研究中心	CNRO	进行海洋物种的研究和收集
	国家环境办公室	ONE	马达加斯加自然资源保护信托基金行政主管
	东部森林和扎哈美纳保护区马达加斯加技术人员聚集地	MATEZA	本地自然资源保护及开发项目（第一期）
	环境管理支援服务	SAGE	本地自然资源保护及开发项目（第二期）

285

　　虽然国际生物多样性合作组织马达加斯加项目是多边的，但资金并不是由所有伙伴平均分配控制，该项目的运营预算集中在弗吉尼亚理工学院暨州立大学，其他组织充当分包商。作为参与生物收集和研究的马达加斯加合作伙伴，国家环境研究中心和国家药物研究应用中心将运营成本资金存放在一个"临时"账户上，并根据各自的活动和参与情况分发给合作伙伴。不同的是国家药物研究应用中心的资金由美国密苏里植物园管理；而国家环境研究中心的资金则直接分配给合作伙伴。虽然最初让密苏里植物园管理资金的决定是与国家药物研究应用中心前任主管共同做出的，但目前引起了该项目现任领导人的焦虑。批评人士认为这种方式既使马达加斯加失去自主权，又使资源被国际生物多样性合作组织廉价出售。许多总部位于美国的私人合作伙伴，如密苏里植物园和国际保护组织，都开着越野车参加国际生物多样性合作组织的会议，并能为自己不断筹集到研究资金。而国家药物研究应用中心只能勉强维持其管理成本。与之相比，国家环境研究中心虽然也是一个马达加斯加机构，但由于其研究对象更广泛，能获得大量的政府和私人资金，该机构在设备和材料方面都比国家药物研究应用中心先进。

　　福格蒂研究所和其他国家健康研究院领导下的国际生物多样性合作组织为该项目的运营提供资金，而获取和利益共享机制的资金则直接由私营商业合作伙伴（卫材制药公司和陶氏益农公司）提供，每年约为5万美元。这笔钱直接进入由密苏里植物园管理的基金，并每年向马达加斯加国家环境办公室拨发一次，由马达加斯加的两个合作机构国家药物研究应用中心和国家环境研究中心的负责人们共同签署接收。这笔资金一半用于支持小型农村发展项目（称为"预先补偿"），另一半用于生物多样性"信托基金"，以支持正在进行的环境保护活动。目前尚不清楚这笔资金（假设存在）将何时或如何实现该项目的两个目标：一方面资金将拨回马达加斯加的研究实验室以支持他们的研究工作；另一方面将拨给收集区附近的目标社区得以建立起居民的生物多样性保护伦理。无论实现哪个目标，马达加斯加专门负责组织环境项目的国家机构都能获得发展和保护活动的补贴，并可以按照自己的意愿组织活动，赋予特定参与者更大的权力管理和控制农村地区的活动。

286

11.5.2 当地的利益和对国际生物多样性合作组织马达加斯加项目的看法

国际生物多样性合作组织马达加斯加项目通过其私营商业伙伴卫材制药公司和陶氏益农公司资助了一些发展项目，作为其获取和利益共享机制的一部分，这些项目将共享当地的收益。这种向植物采集地附近的居民提供预先补偿的策略目前在国际生物多样性合作组织项目和其他地方得到了广泛应用，因为它能确保发展中国家和当地社区的利益不完全依赖于危险而漫长的药物开发过程。

在第一阶段，预先补偿以项目的形式建设了两个大型粮仓、一个社区中心、一座桥梁和一所小学。在这些项目完成和启用两年后，对该区域的考察表明，它们取得了不同的成功，但两座粮仓几乎没有投入使用，桥梁也在一场旋风中被摧毁。国际生物多样性合作组织二期工程中的一些预先补偿项目包括两口井、一个水槽、一个小水坝、多达 20 个园艺花园和两个新的鸡舍。与第一阶段的努力相比，这些项目作为可持续的获取和利益共享机制的进展如何，时间将会给出答案。

国际生物多样性合作组织马达加斯加项目的利益分享机制充其量也只是喜忧参半，并且由所有利益相关者知情同意的获取方式也不确定。在 2003 年的采访中就有大量的马达加斯加术语被用来描述第一阶段的预先补偿发展项目（见表 11.2）。

表 11.2　用于描述预先补偿开发活动的马达加斯加术语（第一阶段）

马达加斯加术语	翻译	价值（积极/消极/中性）
Tombon-tsoa	效益；获得或收到的东西	积极
Valisoa	奖励做得好的事情	积极
Tamby	工资；补偿	中性
Takalony	换取同等价值的东西	中性
Fanasoavana	礼品；慷慨的行为	积极
Asasoa	从字面上看，"好工作"通常指的是慈善或发展活动	积极
Tamberim-bidy	给予金钱补偿已经获取的某些东西的价值	中性

287　　资料来源：2005 年笔者在扎哈美纳保护区外围村庄进行的采访。

诸如特殊的奖励、平等的交换和报酬，这类词汇表明当地人对这些项目的不同看法。此外，采访反馈显示，很少有人理解国际生物多样性合作组织的这些项目是为了补偿从附近森林收集到的用于商业研究的植物。尽管有人意识到这些开发项目和植物收集之间存在一定联系，但这并不是国际生物多样性合作组织的本意。例如，粮仓有时被认为是研究人员储存植物或举行会议的地方，而不是加强扎哈美纳保护区内粮食安全性和减少刀耕火种的发展项目。这些不同看法反映了国际生物多样性合作组织马达加斯加项目未能向当地公民充分科普该项目的知识，因此也让人怀疑当地社区是否完全知情同意。事实上，缺乏重要项目信息的传播是马达加斯加环境领域普遍存在的非政府组织与当地社区交流之问题所在（请参阅第 7 和第 8 篇文章）。

11.5.3　讨论：国际生物多样性合作组织马达加斯加项目中的公平与正义

到目前为止，生物勘探相关政策主要围绕的话题是：环境不公应主要以分配的形式来衡量（即向群体中的个人提供补偿，以回报他们的参与）。然而最近学者们开始在更程序化或民主化的决策框架下，看待环境公平问题。按照雷克（Lake，1996，p165）的观点，程序公平意味着"充分的民主参与，不仅包括对分配结果的决定权，还应扩大到对成本和生产过程分配的先前决定"。按照雷克的观点，我们认为平衡生物勘探中发现的环境不公现象，需要从分配机制和程序机制角度更全面地定义公平。为了阐明这一概念，我们考察了两个主要的生物勘探活动，一个是资源收集和社区参与，另一个是分析和产品开发，并讨论了伦理问题和改善不公可能带来的结果。

在农村地区进行的生物勘探资源收集阶段，附近社区的马达加斯加居民对项目知之甚少，也不知道在项目两个阶段中发现药物会为他们带来什么好处。考虑到新药品发现可能带来的意外财富，这种无知可能是生物勘探者故意隐瞒信息（如药物发现的目的）造成的。也因此，本地参与者即使在感觉没有得到公平补偿的情况下，也不会限制生物勘探者进入森林，并且继续付出体力劳动[⑭]。由于缺乏生物勘探方面的知识，马达加斯加参与药物发现和保护的决策过程也存在问题。第二阶段的国际生物多样性合作组织马达加斯加项目，促使位于安齐拉纳纳市东部的法兰西山建立新保护区。尽管附近的马达加斯加农村一向乐意保护当地资源，但他们对很多事宜都很困惑，比如如何理解"保护"，建立新的保护区是否会限制他们某些生计活动。在某些情况下，当地居民还会质疑他们自己是否有能力限制外国人进入当地收集生物遗传资源。

288

如果要以生物勘探项目的某种形式保护大量森林地区，就必须正面处理在生物勘探收集区内正在形成的许多访问动态。为了做到这一点，生物勘探者必须找到创造性的方法，使农村居民了解项目的目标和活动可能带来的好处，并设计方案使农村居民能够参与生物勘探和有关保护活动的决策过程。此外，保护项目必须在一个更加民主的背景下进行，由可能受项目本身影响最大的居民提供意见。这一进程必须包括合法拥有森林采集地的马达加斯加政府的参与。允许生物勘探者进入这些地点的国家相关机构，除非通过民主议程通知马达加斯加农村地区并使其参与决策进程，否则必须扣留收集许可证。

在生物勘探的分析和产品开发阶段，合作实验室之间不平衡的伙伴关系使权力向外国科学家和实验室转移。这种不平衡的权力关系使得马达加斯加熟练的科学家们只可以从事一些卑微的工作，比如把现成的提取物出口到美国的高科技实验室，由美国科学家在那里进行药物发现。首先，作为对马达加斯加提供原始材料的回报，美国应向马达加斯加实验室提供现有的药物发现设备和材料，以便他们能够利用自己的科学知识和技能进行药物发现研究。其次，对马达加斯加科学家的补偿需要基于他们发现新化合物的能力，而不是发现新药的能力，这可能需要 10 ～ 15 年的时间。最后，天然产物制药链上的参与者需要得到公平的价格，不仅因为他们的劳动，还因为他们在东道国进行类似研究的能力。此外，生物勘探的补偿也可以以保健的形式提供，包括技术能力（对医生、护士或医疗技术人员进行培训），或将药品送回马达加斯加。这一观点已被一些生物勘探者讨论过；然而，到目前为止，许多商业和研究伙伴仍然认为这在经济上或政治上不可行[15]。

11.6　结论：生物勘探与自然资源保护

许多生物勘探的批评普遍集中在其社会影响上，特别是知识产权与获取和利益共享再分配的公平问题。令人惊讶的是，即使其三个主要目标之一是帮助阻止环境破坏，却很少有人关注生物勘探是否是一种有效的保护机制。本文所关注的问题正是如何在理论上将生物勘探发展为一种基于市场的保护机制。生物勘探的支持者认为，这种做法会从以下两个方面对环境产生积极影响。

第一，生物勘探是一种取代诸如伐木和采矿等对环境更具破坏性活动的可行性选择。这一论点背后的逻辑是经济需要造成热带地区的环境破坏。英国《独立报》的一篇新闻报道，"马达加斯加是世界上大约 5% 的物种的唯一家园，它在生物学上相当于一个阿拉伯石油酋长国；但是由于无法从巨大的生物财富中获得收入，马达加斯加靠砍伐大部分森林来养活自己的人民"（引自 Boyle，1996 年，p128）。生物勘探是一种可持续的选择，它将提供至少与破坏环境活动同样多的收入。生物勘探对环境的影响很小，因为研究只需要收集相对较少的生物材料。生物工程和化学合成等现代技术几乎不会让药物或其他产品的生产对森林产生额外的负担。此外，遵循《生物多样性公约》准则的公平生物勘探合同将为研发之外的二次活动提供及时的财政资源以保护环境，这些活动的范围从建立保护区到为农村个人提供可持续的创收活动，以取代刀耕火种的农业。

第二，生物勘探将改变生活在热带国家中的政府官员和农民的思想。一旦证明生物勘探是一个可持续的、有利可图的、破坏性活动的替代品，他们会看到完整森林的投资价值：未来可持续性活动（例如生物勘探、生态旅游等）的收入不断带来财富，治愈困扰发展中国家的疾病（疟疾、艾滋病等），并带来更多的新产品和服务。因此，我们希望生物勘探对保护自然资源的影响能够更广泛且持久，并改变人们对环境自身价值的看法。

290

但是生物勘探作为一种保护机制的实际表现如何？一言难尽。参与生物勘探事业的个人或团体发表的研究倾向于从各个方面进行积极描述，包括它在生物多样性保护中的作用（如：eKingston et al.，1999；Rosenthal et al.，1999；Soejarto et al.，2006；Kursar，2007）。分析性学术主要关注实践的社会维度，尤其是知识产权与获取和利益共享相关的问题（Moran et al.，2001）。少数几项真正尝试以实证评估生物勘探对环境影响的研究给出了以下喜忧参半或消极的评价。

首先，研究和产品开发本身对环境有影响。与伐木或采矿相比，生物勘探可以是良性的，但其本身并不是可持续的。进行生物勘探研究实际上需要采集大量植物，会对环境产生负面影响。研究世界各地生物勘探活动的学者们发现很少有人基于环境保护原则实施植物采集政策，比如改变稀有植物的采集程序（Dhillion et al.，2002）。虽然哥斯达黎加国家生物多样性研究所的项目通常被认为是生物探勘方法的标杆，但研究人员发现该项目本身并不是生态可持续的。因为它并没有真正关注本土或稀有物种，选择标本的过程并不规范，对野生种群影响的研究也只局限在某个品种，很少大面积研究或监测整个生物探勘活动（Dhillion et al.，2002）。

再者，一旦开发出一种商业产品，生物勘探可能会对环境持续产生不利影响，尤其当这种天然产物的基础是野生资源，而人工栽培或化学合成又无法替代时。如果市场对该产品的需求很高，可能会出现不可持续的野生资源采集，导致物种减少并影响目标物种所在的次生态圈。这在南非就得到过清晰证明，那里的仙人掌因为可用于降低食欲和减肥的草药治疗被采集到不可持续的水平（Wynberg & Laird，2007）。虽然监管在某种程度上有助于抑制野生植物采集的负面影响，但在生物勘探者感兴趣的热带发展中国家，政策执行力度太小。马达加斯加的非洲樱桃树树皮（非洲臀果木）可用于药物治疗泌尿系统疾病、良性前列腺肿大（良性前列腺增生）；尽管这种植物被列入《濒危野生动植物种国际贸易公约》（Neimark，2010），但对它们大量的需求还是导致了对此野生种群不可持续的采集。即使这种野生植物能够被人工培育，但管理不善，仍然会对环境产生消极影响。多尔西（Dorsey，2003，p148）曾记录因为一家生物勘探公司需要厄瓜多尔龙血树植物（龙血巴豆），所以亚马孙雨林被大型"农林种植园"取代的事件。

291

尽管生物勘探研究和生产对环境的确产生了负面影响，但与伐木和采矿对景观的大规模破坏相比，生物勘探研究和生产对环境的实际影响还是微不足道的。此外，生物勘探的支持者认为，它为二级保护活动提供了资金和激励，包括环境教育、保护区创建，并为贫困农村居民提供其他创收活动。然而，迄今为止很少有人实证研究过这些二级活动对环境的影响，因此很难判断这些活动能否有效减轻自然资源的压力。另外，必须要注意的是，与生物勘探有关的保护资金通常只存在于诸如国际生物多样性合作组织项目这样的多边生物勘探项目中；在完全由市场驱动的企业进行的生物勘探中，这些资金是非常匮乏的。温伯格和莱尔德对此做出以下结论：

> 尽管早期的理论基础是生物勘探将使生物多样性保护"物有所值"，但现实情况是，**从事这一领域的高科技公司往往对支持生物多样性以确保其研究利益的这种方式不感兴趣**。对许多人来说，天然产物和遗传资源只是复杂研究战略的一部分，必须与需要更少资源和在法律上更透明的方法竞争。另一些公司则关注大量的外来材料来源，例如私人收藏和种子银行，甚至越来越多的公司后院。有一些精心设计的生物勘探伙伴关系可以付款给保护基金或公园用来支持生物多样性研究，但**这些行业从未有过将投资保护纳入其商业盈利模式的动机**。
>
> （Wynberg & Laird，2007，p29－30，黑体部分重点强调。）

生物勘探对环境保护的非物质影响是什么？是改变那些深刻影响热带资源的利益相关者的心灵和思想？分析再次表明，其影响充其量是好坏参半且难以衡量。苏里南（Suriname）在参与国际生物多样性合作组织后建立了一个 400 万英亩的保护区，这被支持者认为是生物勘探改变了当地科学家和政府官员的典型例子（Kingston et al.，1999；Rosenthal et al.，1999），但这种例子太少。本文作者在马达加斯加的研究发现虽然说服马达加斯加人民了解自然资源价值是国际生物多样性合作组织参与者的既定目标，但将此目标转化为实际成果很困难。我们发现，在第一阶段（由蒂尔曼负责）和第二阶段（尼奈马克负责），从国际生物多样性合作组织马达加斯加项目中受益的当地社区居民对该项目知之甚少，因此不太可能将从开发项目中得到的任何个人利益与植物采集和自然资源项目联系起来。为了进一步了解国际生物多样性合作组织马达加斯加项目改变环境价值的难度，我们采访了植物采集场附近的农村居民，发现当地人甚至怀疑植物采集者在偷偷挖掘黄金或蓝宝石。虽然国际生物多样性合作组织马达加斯加项目曾希望让人们相信树木比宝石更有价值，但现在这个理念尚未深入人心。

在结论中，我们应该注意到促进生物勘探成为一种保护工具在很大程度上依赖于本书其他文章中已经讨论过的对环境变化原因的简化解释（特别是第 4 篇文章）。贫穷和不理性常常被视为热带国家迄今忽视森林在开发新药、化妆品和工业产品方面潜在价值的原因，他们更倾向于从伐木和采矿特许权中获得即时利润，或从刀耕火种的农业中立即获得生计。当我们揭开这一普遍说法背后的一系列假设时，我们必须反过来质疑生物勘探作为一种可持续发展选择背后的逻辑。

注释

①匿名采访（2005 年 2 月 11 日）。

②匿名采访（2006 年 3 月 5 日）。

③当代生物勘探一般被定义为寻找生物遗传资源并将其开发成商业产品。而我们的重点是调查能作为新药物的植物及其组成的化合物，因为这是绝大多数生物勘探发生在马达加斯加以及世界各地的原因。也要注意的是，很多项目在研究其他生命形式如真菌、细菌和海洋生物，并从中开发出保健品、农业、化妆品领域的天然产物。

④此战略"优先考虑地方性资源丰富的地区"，在这些地区全球资源保护资金将得到最好的利用。

⑤关于公平和公平地分享遗传资源利益的条款第 15 条规定了获得遗传资源的表述。其他涉及生物勘探的条款包括传统知识（第 8（j）条）；技术转让（第 16 条）；信息交流（第 17 条）；科学合作（第 18 条）。《生物多样性公约》第 10 次缔约方会议（名古屋议定书）（《生物多样性公约》，2012）通过了获取和利益共享协议。

⑥美国国际开发署已被美国农业部的外国农业服务处取代。

⑦这一先例始于 1980 年最高法院的裁决，该裁决支持美国联邦法院判决生命形式具有专利的决定，原告 Amanda Charkrabarty 在通用电气工作期间试图为她开发的一种能够在工作时分解石油结构成分的细菌申请专利。Charkrabarty 起诉 Diamond 案具有里程碑意义，为生命形式的专利申请开辟了道路（Shiva，1997）。

⑧有关这方面和达成公平协议实际想法的更多信息，参见 Laird（2002）。

⑨如《被保护人守则》或保护区域代码 – Loi 第 2001/05 号所示。马达加斯加的保护区系统是由马达加斯加国家公园管理的，它的前身是国家保护区管理协会。

⑩我们讨论传统环境知识是因为一些生物勘探项目利用药用植物知识，通过收集当地社区中具有传统用途的生物来指导研究工作。然而，我们应该注意到国际生物多样性合作组织马达加斯加项目并不是基于传统环境知识运作的研究，而是使用"随机"植物收集模型。

⑪除了陆地活动，国际生物多样性合作组织马达加斯加项目第二阶段也包括海洋生物收集。

⑫本节大部分内容是基于直接参与国际生物多样性合作组织马达加斯加项目的个人提供的资料撰写的，包括主要调查人员和其他选择匿名的人员。这些访谈和问卷由笔者在 2005 年和 2007 年完成。

⑬国际生物多样性合作组织自 2000 年以来的年度财务数据参见：http://projectreporter. nih. gov/project_info_description. cfm？aid = 7538540&icde = 6660918（访问日期：2012 年 8 月 15 日）。

⑭在墨西哥和秘鲁的当代生物勘探现场观察到当地有组织地抵抗、拒绝生物勘探人员进入采集现场（见 Hayden，2003；Berlin & Berlin 2004；Greene，2004）。

⑮Gordon Cragg，私人交流，2005 年。

参考文献

Abelson，P. H.（1990）'Medicine from plants'，*Science*，vol 247（4942），p513.

Aylward, B. (1995) 'The role of plant screening and plant supply in plant conservation, drug development and health care', in T. Swanson (ed.) *Intellectual Property Rights and Biodiversity Conservation: A Multidisciplinary Analysis of the Values of Medicinal Plants*, Cambridge University Press, Cambridge.

Balick, M. J. (1990) *Ethnobotany and the Identification of Therapeutic Agents from the Rainforest*, John Wiley & Sons, New York.

Barrett, C. B. and Lybbert, T. J. (2000) 'Is bioprospecting a viable strategy for conserving tropical ecosystems?', *Ecological Economics*, vol 34, no 3, pp293 – 300.

Berlin, B. and Berlin, E. A. (2004) 'Community autonomy and the Maya ICBG project in Chiapas, Mexico: how a bioprospecting project that should have succeeded failed', *Human Organization*, vol 63, no 4, pp472 – 486.

Bird, C. and Sattaur, O. (1991) 'Medicines from the rainforest', *New Scientist*, vol 131 (August 17), p34.

Boyle, J. (1996) *Shamans, Software, and Spleens: Law and the Construction of the Information Society*, Harvard University Press, Cambridge, MA.

Brown, M. F. (2003) *Who Owns Native Culture*, Harvard University Press, Cambridge, MA.

Burns, J. F. (1995) 'Tradition in India vs. a patent in the U. S. ', *The New York Times*, September 15, 1995.

CBD (2012) 'ABS provisions in the convention: the adoption of the Nagoya Protocol', www. cbd. int/abs/background, accessed January 30, 2012.

Cragg, G. M. and Newman, D. J. (2005) 'International collaboration in drug discovery and development from natural sources', *Pure and Applied Chemistry*, vol 77, no 11, p1923.

Dalton, R. (2001) 'The curtain falls', *Nature*, vol 414, p685.

Dauphiné, N. (2002) *Medicinal Plant Trade, Use, and Habitat in the Highlands of Madagascar*, Master's Thesis, Ithaca, Cornell University.

Dhillion, S. S., Svarstad, H., Amundsen, C. and Bugge, H. (2002) 'Bioprospecting: effects on environment and development', *AMBIO*, vol 31, no 6, pp491 – 493.

Dorsey, M. K. (2003) 'The political ecology of bioprospecting in Amazonian Ecuador: history, political economy, and knowledge', in S. R. Brechin, P. R. Wilshusen, C. L. Fortwangler and P. C. West (eds) *Contested Nature: Promoting International Biodiversity Conservation with Social Justice in the Twenty-first Century*, State University of New York Press, Albany, NY.

Eisner, T. (1992) 'Chemical prospecting: a proposal for action', in F. H. Bormann and S. R. Kellert (eds) *Ecology, Economics, and Ethics: The Broken Circle*, Yale University Press, New Haven, CT.

GRAIN (2004) 'Community or commodity: what future for traditional knowledge', Seedling, July 29, 2004, www. grain. org/article/archive/categories/37-seedling-july-2004, accessed April 1, 2008.

Greene, S. (2004) 'Indigenous people incorporated?', *Current Anthropology*, vol 45, no 2, pp211 – 237.

Hamilton, C. (2006) 'Biodiversity, biopiracy and benefits: what allegations of biopiracy tell us about intellectual property', *Developing World Bioethics*, vol 6, no 3, pp158 – 173.

Harper, J. (2002) *Endangered Species: Health, Illness and Death among Madagascar's People of the Forest*, Carolina Academic Press, Durham, NC.

Harper, J. (2005) 'The not-so rosy Periwinkle: political dimensions of medicinal plant research', *Ethnobotany Research & Applications*, vol 3, pp295 – 308.

Hayden, C. (2003) *When Nature Goes Public: The Making and Unmaking of Bioprospecting in Mexico*, Princeton University Press, Princeton, NJ.

Healy, T. and Ratsimbarison, R. (1998) *Historical Influences and the Role of Traditional Land Rights in Madagascar: Legality versus Legitimity*, Proceedings of the International Conference on Land Tenure in the Developing World, Cape Town, South Africa.

Hodgson, D. L. (2002) 'Introduction: comparative perspectives on the indigenous rights movement in Africa and the Americas', *American Anthropologist*, vol 104, no 4, pp1037 – 1049.

Kadidal, S. (1993) 'Plants, poverty, and pharmaceutical patents', *Yale Law Journal*, vol 103, no 1, pp223 – 258.

Kingston, D. G. I., Abdel-Kader, M. and Zhou, B. -N. (1999) 'The Suriname International Cooperative Biodiversity Group program: lessons from the first five years', *Pharmaceutical Biology*, vol 37, pp22 – 34.

Kursar, T. A. (2007) 'Linking bioprospecting with sustainable development and conservation: the Panama case', *Biodiversity and Conservation*, vol 16 no 10, pp2789 – 2800.

Laird, S. A. (2002) *Biodiversity and Traditional Knowledge*, Earthscan, London.

Lake, R. W. (1996) 'Volunteers, NIMBYs, and environmental justice: dilemmas of democratic practice', *Antipode*, vol 28, no 2, pp160 – 174.

Lybbert, T. J., Barrett, C. B. and Narjisse, H. (2002) 'Market-based conservation and local benefits: the case of argan oil in Morocco', *Ecological Economics*, vol 41, no 1, pp125 – 144.

Lyon, L. M., and Hardesty, L. H. (2005) 'Traditional healing in the contemporary life of the Antanosy people of Madagascar', *Ethnobotany Research & Applications*, vol 3, pp287 – 294.

McAfee, K. (1999) Selling nature to save it? Biodiversity and green gevelopmentalism', *Environment and Planning D: Society and Space*, vol 17, no 2, pp133 – 154.

Macilwain, C. (1998) 'When rhetoric hits reality in debate on bioprospecting', *Nature*, vol 392, no 6676, pp535 – 540.

Miller, J. S. (2007) 'Impact of the convention on biological diversity: the lessons of ten years of experience with models for equitable sharing of benefits', in C. McManis (ed.) *Biodiversity and the Law: Intellectual Property*, Biotechnology and Traditional Knowledge, Earthscan, London.

Mooney, P. R. (2000) 'Why we call it biopiracy', in H. Svarstad and S. S. Dhillion (eds) *Responding to Bioprospecting: From Biodiversity in the South to Medicines in the North*, Spartacus Forlag AS, Oslo.

Moran, K., King, S. R. and Carlson, T. J. (2001) 'Biodiversity prospecting: lessons and prospects', *Annual Review of Anthropology*, vol 30, pp505 – 526.

Myers, N., Mittermeier, R. A., Mittermeier, C. G., da Fonseca, G. A. B. and Kent, J. (2000) 'Biodiversity hotspots for conservation priorities', *Nature*, vol 403, pp853 – 858.

295

Neimark, B. (2009) *Industrial Heartlands of Nature: the political economy of biological prospecting in Madagascar*, PhD thesis, Rutgers University, New Brunswick, NJ.

Neimark, B. (2010) 'Subverting regulatory protection of "natural commodities": the Prunus Africana in Madagascar', *Development and Change*, vol 41, no 5, pp929 – 954.

Ncimark, B. (2012) 'Industrializing nature, knowledge, and labour: the political economy of bioprospecting in Madagascar', *Geoforum*, vol 43, no 5, pp580 – 590.

Neimark, B. and Schroeder, R. (2009) 'Hotspot discourse in Africa: making space for bioprospecting in Madagascar', *African Geographical Review*, vol 28, pp43 – 70.

Parry, B. (2004) *Trading the Genome*, Columbia University Press, New York.

Plotkin, M. J. (1993) *Tales of a Shaman's Apprentice: An Ethnobotanist Searches For New Medicines in the Amazon Rain Forest*, University of California Press, Berkeley, CA.

Posey, D. A. and Dutfield, G. (1996) *Beyond Intellectual Property: Toward Traditional Resource Rights for Indigenous Peoples and Local Communities*, International Development Research Center, Ottawa.

Quansah, N. (2003) 'Access to genetic resources in Madagascar', in K. Nnadozie, R. Lettington, C. Bruch, S. Bass and S. King (eds) *African Perspectives on Genetic Resources: A Handbook on Laws, Policies, and Institutions Governing Access and Benefit Sharing*, Environmental Law Institute, Washington, DC.

Rasoanaivo, P. (1990) 'Rain forests of Madagascar: sources of industrial and medicinal plants', *Ambio*, vol 19, no 8, pp421 – 424.

Reid, W., Laird, S. A., Mayer, C. A., Gamez, R., Sittenfeld, A., Janzen, D., Gollin, M. and Juma, C. (1993) *Biodiversity Prospecting: Using Genetic Resources for Sustainable Development*, World Resources Institute, Washington, DC.

Rosenthal, J. P. (1999) 'Combining high risk science with ambitious social and economic goals', *Pharmaceutical Biology*, vol 37, pp6 – 21.

Rosenthal, J. P. (2006) 'Politics, culture, and governance in the development of prior informed consent in indigenous communities', *Current Anthropology*, vol 47, no 1, pp119 – 142.

Rosenthal, J. P. and Katz, F. N. (2004) 'Natural products research partnerships with multiple objectives in global biodiversity hot spots: nine years of the international cooperative biodiversity groups program', in A. T. Bull (ed.) *Microbial Diversity and Bioprospecting*, ASM Press, Bull Washington, DC.

Schweitzer, J. H. F., Edwards, J., Harris, W. F., Grever, M. R., Schepartz, S. A., Cragg, G., Snader, K. and Bhat, A. (1991) 'Summary of the workshop on drug development, biological diversity and economic growth', *Journal of the National Cancer Institute*, vol 83, no 18, pp1294 – 1298.

Sharp, L. A. (1993) *The Possessed and the Dispossessed: Spirits, Identity, and Power in a Madagascar Migrant Town*, University of California Press, Berkeley, CA.

Shiva, V. (1997) *Biopiracy: The Plunder of Nature and Knowledge*, South End Press, Boston, MA.

Sneader, W. (2005) *Drug Discovery: A History*, Wiley, New York.

Soejarto, D. D., Fong, H. H., Tan, G. T., Zhang, H. J., Ma, C. Y., Franzblau, S. G.,

296

Gyllenhaal, C., Riley, M. C., Kadushin, M. R. and Pezzuto, J. M. (2005) 'Ethnobotany/ethnopharmacology and mass bioprospecting: issues on intellectual property and benefit-sharing,' *Journal of Ethnopharmacology*, vol 100, nos 1 – 2, pp15 – 22.

Soejarto, D. D., Gyllenhaal, C., Regalado, J. C., et al. 'Studies on biodiversity of Vietnam and Laos, 1998 – 2005: examining the impact,' *Journal of Natural Products*, vol 69, no 3, pp473 – 481.

Svarstad, H. (2005) 'A global political ecology of bioprospecting', in S. Paulson and L. L. Gezon (eds) *Political Ecology Across Spaces, Scales, and Social Groups*, Rutgers University Press, New Brunswick, NJ.

Swerdlow, J. L. and Johnson, L. (2000) 'Nature's Rx: growing importance of plant-based pharmaceuticals,' *National Geographic*, vol 197, no 4, p98.

ten Kate, K. and Laird, S. A. (1999) *The Commercial Use of Biodiversity: Access to Genetic Resources and Benefit-sharing*, Earthscan, London.

ten Kate, K. and Laird, S. A. (2000) 'Biodiversity and business: coming to terms with the grand bargain', *International Affairs*, vol 76, no 2, pp241 – 264.

Tilghman, L. M. (2004) 'Bioprospecting: perspectives from Madagascar,' B. A. thesis, University of Vermont at Burlington, VT.

Tyson, P. (2000) *The Eighth Continent: Life, Death, and Discovery in the Lost World of Madagascar*, Perennial, New York.

Walden, I. (1995) 'Preserving biodiversity: the role of property rights', in T. Swanson (ed.) *Intellectual Property Rights and Biodiversity Conservation: An Interdisciplinary Analysis of the Values of Medicinal Plants*, Cambridge University Press, Cambridge.

Weiss, C. and Eisner, T. (1998) 'Partnerships for value-added through bioprospecting', *Technology in Society*, vol 20, pp481 – 498.

Wynberg, R. and Laird, S. A. (2007) 'Bioprospecting: tracking the policy debate', *Environment*, vol 49, no 10, pp20 – 32.

297

298

森林保护激励机制：为环境服务和减少毁林造成的碳排放支付费用

劳拉·布里蒙特（Laura Brimont）

塞西尔·比多（Cécile Bidaud）

12.1　引言

　　人们普遍认为如果不考虑当地居民的支持和他们的生计问题，保护森林的战略就无法成功（Adams et al.，2004；Sunderland et al.，2008）。马达加斯加自然资源保护所面临的最大挑战之一就是为依赖森林为生的家庭找到创造其他收入来源的方法。最近出现了一些有前景的、提高生态系统金融价值的新机制。这些"经济的"或"基于激励的"机制[①]是对生态系统所执行的功能进行定价，并让从中受益的人为其付费。其理念是为提供了关键服务的生态系统维护提供财政激励。

　　与国家强制执行的机制相反，基于激励的机制取决于个人的经济选择。这些被誉为"双赢"的机制为生活在关键生态系统中及其周围的人们提供了替代生计，从而减少贫困（Landell-Mills & Porras，2002；Pagiola et al.，2002；Grieg-Gran et al.，2005）。此外，这些机制为森林保护提供了新的资金来源，可能比政府和国际捐助者所提供的传统资金更多（Ferraro，2011）。

　　虽然基于激励的机制看似有前景，但我们缺乏对这些机制在不同地方和不同生态系统中如何运作的研究，也缺乏对其可能造成的环境和社会影响的了解（Ferraro & Pattanayak，2006；Pattanayak et al.，2010）。本文将回顾马达加斯加在过去 10 年中激励方法的发展，尤其是生态系统服务付费（PES）是如何发展的。第一节探讨了这些激励机制的基本原则及其评述。接下来我们讨论了一些关键的马达加斯加案例，着重关注激励机制面临的主要挑战。我们认为激励机制在保护和减贫一体化工作中取得的成功有限，而且在许多情况下加剧了当地社区经济的不平等。

299

12.2 经济和环境

在过去 30 年间，全球环境政策发生了显著的变化——从以国家公园为基础的"堡垒式保护"转变为增大保护区周围社区的参与度（参阅第 6 和第 7 篇文章）。在低收入国家，以社区为基础的保护方法面临的挑战是要为那些影响生态系统（例如热带森林）的农村家庭创造可行的生计替代方案。

然而旨在实现自然资源保护和当地生计协同发展的第一代机制未能达到预期，它们主要基于各种形式的旅游业，并试图对非木材类的森林产品进行估值，但常以失败告终（参见第 10 和第 11 篇文章）。许多作者都描述了实现保护和发展目标一体化的困难（Wells & McShane，2004；Hockley & Andriamarovololona，2007；Blom et al.，2010），其中包括保护项目规模和时间的不足，项目所涉及的复杂政治和经济现实，规划过程缺乏本土参与，当地社区协会缺乏代表性，以及保护组织过于野心勃勃的目标和未兑现的承诺。

针对这些失败，经济学家提出了一种新的保护机制，它通常被称为激励机制，是 20 世纪经济理论发展的产物。在 20 世纪 60—70 年代，当工业污染成为一个主要问题时，经济学家开始对环境问题产生兴趣（Meadows et al.，1972；Daly，1977）。截至目前，标准经济理论认为经济和环境是两个独立的实体，从而忽略了自然的经济价值。

在经济学中，当自然没有价格时，环境被视为一种"外部事物"，即成本或收益不通过价格传递给市场。由于污染的代价不由污染者承担，所以他们不仅没有减少污染的动力，也没有把这种代价反映在商品和服务的成本上，因此商品的生产和消费往往会对环境造成破坏。然而，环境经济学家指出污染造成了一系列的成本，比如一个产业在无管制条件下污染了河流，影响了河流其他使用者，这个产业"外化"了污染的成本，殃及他人。

阿尔弗雷德·皮构（Alfred Pigou）普及了这样一种观点，即污染可以被视为一种负外部效应，这是由于市场没有能力考虑污染的社会成本，只能转嫁给全社会（Pigou，1932）。他的解决办法是对污染活动征收政府税，"内化"污染的社会成本。通过使污染成为一项昂贵的项目并让污染者买单，生产者将会受到激励减少污染。

相比较，罗纳德·科思（Ronald Coase，1960）并不认为国家的强制监管是必要的，负外部效应可以通过个体行为者之间的谈判而内化。在这个模式下，那些进行负面影响活动的人与利益受到影响的人协商一定程度的补偿，其金额应高于或等于被放弃项目的机会成本，并低于或等于先前由他人所承担的费用。

环境经济学是经济学的一个新分支，它将成本效益分析的范围扩大到自然资

300

源的使用，目的是在经济决策中内化环境的影响。一个"生态系统服务"的新概念出现了，它基于自然实用框架并强调了社会对生态系统的依赖。生态系统服务被定义为从满足人类需求的自然中获得利益（MEA，2005）。该术语最初用作比喻，强调人类对生态系统功能的依赖，并提高公众对生物多样性保护的兴趣（Ehrlich & Ehrlich，1981），然后成为可持续性发展文献的主流（Daily，1997）。千年生态系统评估（MEA，2005）定义了以下四类生态系统服务：①供应服务（例如食品、水和木材）；②调节服务（会影响气候、洪水、疾病、废物和水质）；③文化服务（娱乐、美学和精神益处）；④配套服务（例如土壤形成、光合作用和养分循环）。

将自然纳入经济体系的下一步是推广基于激励的机制。21世纪初，学术界和政治界都出现了直接支付激励性保护实践的现象（Gomez-Baggethun et al.，2010）。第一代机制是将发展和保护（例如生态旅游）联系起来的，这种基于市场的机制与第一代机制有以下两点不同。

（1）直接性。综合保护和发展项目促进了当地社区开采活动的转移，费拉罗和辛普森（Ferraro & Simpson，2002）将其命名为"分散保护"。使用基于市场的机制使支付与行为的变化直接相关，从而产生环保结果。

（2）基于绩效。虽然综合保护和发展项目的效益与实现环保结果无关，但基于市场的机制对这些结果进行有条件的支付。

301

在基于市场的机制中，生态系统服务付费在学术界和政治界都受到了最广泛的关注。旺德（Wunder，2005）将生态系统服务付费定义为：①自愿交易；②涉及明确的生态系统服务（或可能确保该服务的土地使用）；③由（至少一个）买方购买；④来自（至少一个）提供方；⑤提供方必须确保提供生态系统服务（即存在条件）。

自从1996年哥斯达黎加第一个开展旨在保护森林覆盖的国家计划实验以来，生态系统服务付费已经在全球传播。一些国家（如哥斯达黎加、墨西哥和秘鲁）已经实施了国家生态系统服务付费计划，但大多数生态系统服务付费项目都是逐案处理的，项目涉及从流域保护到碳储存和景观保护的各种生态系统服务。

在低收入和中等收入国家，生态系统服务付费的普及有以下四个主要因素（Pattanayak et al.，2010）：①弱小的国家机构使得法规的执行变得困难，因此国家主导的强制性方法无效；②生态系统服务付费符合捐助者提出的条件，满足他们使用可衡量的绩效指标考核提升援助效率的要求；③生态系统服务付费使扶贫与生态系统保护产生联系；④生态系统服务付费为保护项目创造了资金。

在森林保护和管理方面，现有最重要的基于激励的机制是联合国的"减少毁林及森林退化造成的碳排放计划"（REDD +）。热带森林通过吸收和封存二氧化碳在气候调节中发挥着重要作用，而森林砍伐是二氧化碳的重要来源（Pan et al., 2011）。REDD + 旨在利用财政激励措施减少森林砍伐和森林退化所造成的温室气体排放。REDD + 的基本原则是产生大量温室气体排放的工业化、高收入国家向热带低收入国家支付费用，从而维持森林的覆盖率、减少森林损失和退化造成的排放。

REDD + 激发了政策制定者和研究人员的浓厚兴趣，这点从投资的巨额资金（2010—2012 年约 50 亿美元）[②]和大量相关文献中可以看出。REDD + 通常被视为一种"双赢"机制："REDD + 有望在短时间内以低成本大幅削减排放，同时有助于减少贫困和可持续发展"（Angelsen，2008，pviii）。这是为低收入国家和热带新兴经济体的森林保护和"绿色"经济发展提供资金的新机会。此外，"REDD + "有望成为缓解全球变暖及气候变化的有效机制，因为和减少化石燃料消耗等其他方案相比，减少森林砍伐被视为减少二氧化碳排放更廉价的方式（Eliasch，2008；Stern，2008；McKinsey & Company，2009）。

REDD + 之类基于激励的机制与可持续发展"双赢"原则的理想相吻合，该原则基于这样一种假设，即在保护生物多样性和维护生态系统功能的同时实现经济增长。但是支持基于激励的机制的经济理论是基于以下一系列特定的假说：①有纯粹和完善的信息可供服务提供商和服务用户做出明智的决策；②有明确定义的产权；③不同形式的资本是可替代的。这些通常与现实相差甚远，尤其是在低收入国家中，基于激励的机制理论和现实实施之间的差异是导致一系列批评的根源（Muradian et al.，2010）。

第一个问题是我们对生态系统的理解仍然受到不确定因素影响，无论是在它们不同组成部分之间的联系方面，还是在它们提供服务的衡量方面。我们很难去定义特定人类活动的变化与流域保护等复杂生态系统服务之间的因果关系。例如在马达加斯加，研究表明，用于流域保护的生态系统服务付费方案没有可衡量的科学依据来证明该保护项目有效地提供了预期的服务（Bidaud et al.，2011）。不同的生态系统服务之间也可能存在竞争，例如虽然利用快速生长的树林造林或再造林提供了碳储存服务，但从生物多样性的角度来看，其效益较小（Kosoy & Corbera，2010；Vatn，2010）。生态系统所执行的各种不同的功能也意味着不同利益相关者可以评估和优先考虑不同的服务（Vatn，2010）。生活在森林中或周围的人们重视供给服务（蜂蜜、捕鱼、狩猎），而西方游客可能优先考虑审美服务，参与 REDD + 的人则优先考虑碳封存服务。

除了这些概念上的挑战外，还有一些技术性问题破坏了这类机制的整体效率。诸如 REDD + 这样的生态系统服务付费计划的变现源于碳项目特有的一个概念——附加性。项目实施后，记录中减少的排放量是项目的直接结果且没有它就不可能实现时，碳项目就是附加的。例如如果在经历大规模农村移民的森林地带实施碳排放生态系统服务付费计划，并且未来因此可能会减少森林砍伐，那么该项目就不是附加的，因为无论如何这都会减少森林损失和二氧化碳排放。

因此，衡量附加性需要预测在没有该项目的情况下碳排放将如何发展，也就有必要建立一个基准，即"照常营业"下本应产生的排放量。建立这种模型有几种解决方案。项目规划者可以利用 REDD + 项目实施所在国家或地区的森林砍伐历史趋势，并假设在没有干预的情况下森林砍伐率将保持不变。在马达加斯加，马基拉 REDD + 项目设想是建立在马基拉森林区森林砍伐的历史趋势基础上的（WCS, 2011）。然而森林砍伐率并非随时间而保持不变（参阅 Scales, 2011），它取决于每个区域和国家特有的一系列复杂因素（例如人口统计学、政治背景、经济增长、对农业部门的支持；更多关于森林砍伐驱动因素的信息，参阅第 4 篇文章）。

为了应对使用历史情景来估计未来排放量的局限性，人们对影响森林砍伐的因素进行建模。在马达加斯加，森林保护整体项目（PHCF）使用了一个基于人口密度和空间因素（如森林海拔、距森林边缘的距离和碎片化）的预测模型（Grinand et al., 2013）来模拟森林砍伐。虽然预测模型比历史模型有更强的科学基础，但它们依旧无法解决森林砍伐的所有不确定性。例如马达加斯加的政治危机通常会导致森林砍伐增加（Allnutt et al., 2013），但预测一场政变的发生是极其困难甚至是不可能的。此外，社会经济数据的缺乏限制了发展中国家森林砍伐的建模。

关于森林碳项目的运作和效率的另一个技术问题是"泄漏"的风险，即排放量转移到另一个不受控制或未纳入测量范围的地点或地带（Murray, 2008）。例如，随着农村移民或商业种植园的转移，一个地区的森林损失减少可能会导致其他地区更多的森林砍伐。这种转移不仅会在国家内部出现，还会在国际范围内发生。为了减少泄漏的可能性，REDD + 最初被设计为国家级机制，即每个国家都单独实施国家 REDD + 方案（Murray, 2008）。在国家层面上进行测量，一个国家内的任何转移都不能算作减少排放量。然而，随着 REDD + 改变为项目级方法（Dahan et al., 2011），国家泄漏风险增加。此外，如果一些森林国家不跟全球一起努力减少森林砍伐，也不参与减少森林砍伐转移活动（例如砍伐雨林用于种植），那么可能会发生国际层面的泄漏。附加性和泄漏问题引发了对森林碳生态系统付费手段的可能性效率的强烈批评。

其他对生态系统服务付费的批评集中在利益分配的不平等上。根据科思（1960）的理论，任何对自然资源拥有明确使用权的个人都可以通过放弃参与破坏性活动来提供环境服务，以换取至少等于其机会成本的补偿。在实践中，信息不对等和对自然资源使用权的不明确往往会引发关于支付分配的难题。这里存在着逆向选择效应的问题——个人越依赖于自然资源的消耗性使用，其机会成本就越高。相比之下，如果一个人的收入不是基于破坏环境的活动，他会收到较低的自然资源保护费用。在第一种情况下，为了说服个人提供环境服务，必须支付很高的费用，并导致高附加值；在第二种情况下，费用更低，附加值也更低。

固定支付计划尤其可能产生逆向选择效应（Alix-Garcia et al.，2008；Wunscher et al.，2008）。例如经济学家发现哥斯达黎加国家计划并不完全是附加的，因为它主要吸引了可以轻易将未使用的土地用作保护区的大地主，而不是直接依赖土地的小地主（Pagiola，2008）。为了避免逆向选择效应，支付方式必须灵活且适应个人机会成本，尽管这样会增加数据采购交易成本。

关于支付分配的第二个问题涉及使用权。在低收入国家，关于自然资源的使用权往往很复杂，它混合了法律和惯用法规，并将同一领土上不同人民和群体的不同权利叠加起来（Roy et al.，1996）。土地通常被视为一种公共资源，不同的人对同一片土地拥有不同的使用权，因此土地使用者不一定享有专有权，这显然给生态系统服务付费计划带来了问题，因为它需要基于明确的所有权才能运作。选择谁从生态系统服务付费中受益可能是一个具有高度政治性的问题（Corbera et al.，2007）。最贫穷的人往往是最直接依赖森林获得生计的人，但他们却拥有最不确定的使用权，在实施生态系统服务付费期间，他们也几乎没有政治权力来主张自己对自然资源的权利（Pagiola et al.，2005；Zbinden & Lee，2005）。

最后一点是，基于激励的机制有可能无法解决退化的驱动因素。在其最有限的形式中，生态系统服务付费可以被看作是一种限制使用的机制——购买者付钱给环境服务供应商，让其放弃一项活动。这种形式的生态系统服务付费一直被批评是为最贫困人口提供年金（即特定时期内的简单固定支付），而不是真正的生计选择来摆脱贫困（Karsenty，2007）。在马达加斯加，对森林的主要威胁之一是烧垦种植（参阅第4篇文章）。通过简单地停止森林清除，生态系统服务付费不会为那些没有资本或技能来投资其他农业实践的农民提供生计替代品（Ducourtieux，2009；Karsenty et al.，2010）。一些生态系统服务付费项目设法提供替代方案，例如投资密集型农业技术，但如果这些投资不符合旨在创造有利经济条件以实现农业转型的国家政策，他们就不会取得成功。

305

综上所述，基于激励的机制源于可持续发展思想，其基本原则是在不破坏生态系统的前提下促进经济增长，这是基于改变退化相较于保护自然资源的相对价格是管理生态系统最佳方式的假设。人们提出了许多批评意见，主要是关于确定基于激励的机制有效性的技术问题和围绕利益分配的政治问题。然而，迄今为止的许多工作都是理论性和概念性的，缺乏经验依据。本文第二部分将通过分析马达加斯加基于激励保护的个案研究来探讨这个问题。

12.3　实践中的激励机制：马达加斯加个案研究

自20世纪80年代以来，马达加斯加一直是国际保护组织相当关注的焦点

（参阅第 6 篇文章）。因此，在过去 10 年中，基于激励的保护机制在马达加斯加的环境讨论中扮演着越来越重要的角色，也就不足为奇了。这一趋势始于 2003 年德班世界公园大会上宣布将该岛的保护区网络扩大两倍（参阅第 8 篇文章）。世界银行的经济学家对现有的保护区网络进行了成本效益分析，试图证明扩大保护区网络的合理性，并寻找除捐助者以外的其他筹资途径（Carret & Loyer，2003）。该分析基于对三个主要环境服务（生物多样性保护、生态旅游和流域保护）的货币评估，并与保护成本（包括管理网络的成本以及依赖森林为生的人的机会成本）进行比较。作者的结论是，从整体效益来看，保护区网络有利于马达加斯加的经济。

世界银行的报告完美地说明了通过赋予自然资源和生态系统功能经济价值能促进自然资源保护日益成长为经济发展手段，然而生态系统服务付费并没有被看成一种为保护自然资源提供资金的机制。作者们没有更广泛地考虑生态系统服务，而只是考虑了流域保护，并得出"下游"城市用水居民太穷，无法向农村居民支付停止森林砍伐和维持流域服务费用这样的结论。

从那时起，尤其是随着 REDD + 出现在国际森林保护讨论中，更广泛的生态系统服务付费机制的潜力有所增加。碳信用现在被认为是森林保护区的主要资金来源（World Bank，2011）。自 2008 年成立的技术委员会制定 REDD + 国家战略以来，马达加斯加政府一直在参与 REDD + 机制。该委员会由各部门、研究机构和大学的代表以及参与制定马达加斯加保护政策的国际环保非政府组织组成。该委员会的成立是为了获得世界银行森林碳伙伴基金的资助，该设施旨在帮助各国制定必要的政策和制度，使 REDD + 成为可能。尽管该委员会提出的文件草案已被世界银行森林碳伙伴基金委员会非正式接受，然而，由于 2009 年的政治危机，这笔资金（360 万美元）尚未发放（Bidaud，2012）。

政府参与联合国 REDD + 项目的尝试失败了的同时，由国际非政府组织领导的四个 REDD + 项目在过去几年中相继出现。这些项目符合德班愿景（参阅第 8 篇文章），同时整合了与碳信用销售相关的新要素，例如减排方案和旨在获得在自愿型市场销售碳所需认证的所有技术流程。

基于激励的保护也可以在其他以不同名称出现的类似生态系统服务付费的方案中看到，例如由杜雷尔野生动物保护基金会（一个英国非政府组织）实施的"参与式生态监测和基于社区的竞争"（Sommerville et al.，2010）、由国际保护协会（一个主要的美国非政府组织）发起的"保护协议"支持，以及法国国际农业研究促进发展合作中心"刀耕火种的替代技术"的实验。然而，类似生态系统服务付费的方案与旺德（2005）对生态系统服务付费的定义都相差甚远。

最后，马达加斯加的保护景观中出现了另一种基于激励的机制，即"生态认证"计划。生态认证的目的是向消费者提供他们购买商品的社会和生态背景的信息。这是更广泛"道德"消费趋势的一部分。生态环保认证的基础是相信个人消费者的决定可能有助于纠正消费的一些负面影响（Brockington & Duffy，2010）。马达加斯加已经为香草和丝绸等产品制定了几个标签方案（Pierre，2011）。

12.3.1 马基拉 REDD + 项目

由国际野生生物保护学会资助的马基拉 REDD + 项目是马达加斯加最先进的 REDD + 项目，也是在德班会议后创立的第一个保护区。马基拉森林坐落在马达加斯加的东北部，是该岛森林最茂密的地方，占地 707 643 公顷，也是马达加斯加最大的保护区，包括一个占地 372 470 公顷的核心保护区和围绕它及其邻近社区的 335 173 公顷的周边保护区地带（WCS，2011）。 *307*

马达加斯加首个有关碳评估的研究于 2001 年在马基拉区域开展（Meyers & Berner，2001）。这些研究由美国国际开发署提供财政支持，旨在通过出售碳信用的方式为马达加斯加热带雨林的保护提供可靠资金（Bidaud，2012）。保护区最早的边界是 2003 年设计的，并告知当地社区该保护公园的创立。2005 年马达加斯加政府颁布了一个对国家公园临时分类（IUCN 第 2 类）的法令，国际野生生物保护学会在 2011 年被指派为新保护区的负责人，最终的法令于 2012 年颁布。因此虽然计划者让这个项目以生态系统服务付费计划的形式呈现，但马基拉 REDD + 项目是基于传统的保护方法由一个被社区管理单元包围的保护区组成的（Holmes et al.，2008）。

国际野生生物保护学会在 2008 年创立了马基拉碳销售公司，在市场上销售马基拉保护工程中的碳减排量。[3]碳信用的销售已达 70 万美元，[4]并用来反哺这项项目（获悉自和 Christopher Holmes 的私人交流）。在撰写本文时，碳融资的过程还没有重大进展。马基拉 REDD + 项目在 2012 年获得认证允许它在第一个 5 年监测期在自愿型市场售卖 83 万认证过的碳单位，但它尚未达成销售协议。销售碳信用的困难似乎来源于自愿型碳市场的冷清，这是由于缓解气候变化的国际谈判停滞不前造成的（获悉自和 Christian Burren 的私人交流）。基于激励的机制如 REDD + 的融资能力在很大程度上依赖塑造碳信用需求的政治决策，如果工业化国家没有表现出明确的减排承诺，那么这个市场经济体系下的 REDD + 机制，无论是自愿型还是管理型都不可能继续。

另一个马基拉"REDD +"项目中的关键问题是利益的分配。当国际野生生物保护学会创建马基拉碳销售公司时与马达加斯加政府达成协议，他们一致同意了以下的收入分配问题（图 12.1）。

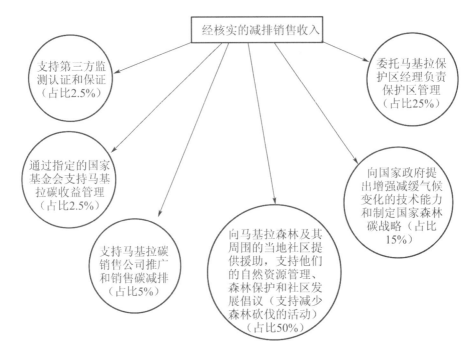

309

图 12.1　来自马基拉 REDD + 项目的碳收入

来源：国际野生生物保护学会，马基拉森林保护区项目设计文件 2011，第 73 页。

碳收入的分配，特别是分配给当地社区，与国家公园门票收入的分成相似，然而现在还没有一个决定碳收入该如何分配给当地社区的恰当机制。[⑤]一个有待考虑的选择是分配给当地社区的份额可归入一个由马达加斯加环境基金会管理的 *308* 环境基金中用于资助当地的开发项目，这些项目由社区管理组织计划实行（了解更多关于社区自然资源管理机构信息，见第 7 篇文章）。资金使用申请人应提出一个服务社区的项目，旨在促进当地发展并同时保护森林生态系统（获悉自和 Monique Andriamananoro 的私人沟通）。这样一个融资方案引发了以下几个问题：

（1）代表性。很多学者陈述过新建的社区组织经常未能充分代表农村社区（参阅第 7 篇和第 13 篇文章）。和很多非洲国家一样，腐败和逐利的精英阶层破坏了马达加斯加的社区资源管理。危机在于由碳收入资助的开发项目仅对当地少部分人有利。

（2）将收益与民生联系起来。森林清除通常是家庭行为而非集体行为，导致土地使用变化的项目必须要渗透到家庭单元。社区层面产生的收益不太可能导致个人或家庭层面行为的改变（参阅第 10 篇文章）。本文的作者之一在马基拉保护区的不同地段做过一个家庭调查，揭示了极少家庭能对停止烧垦索要多少补偿以及可以要求什么水平的投资来提高农业活动和生活条件有具体的想法。[⑥]

（3）资助水平。一个基于保护项目人员之间固定分享收益的优先分配（如政府、负责管理该项目的非政府组织人员、第三方监测机构）不能保证为 REDD +

项目提供充足的资金来创造真正的生计替代方案，从而确保森林损失在中长期情况下的减少。这个资金缺口的可能性非常高，因为自愿型碳市场的问题导致了碳信用的价格几乎跌至零。就马基拉 REDD + 项目而言，2011 年马达加斯加政府和一个潜在购买商的谈判中二氧化碳的价格大约在 3 美元/吨（获悉自和 Christian Burren 的私人交流）。

碳收入和当地为适应土地使用限制的需求之间的平衡性问题使我们重新思考基于激励的机制解决森林砍伐驱动因素的效率问题。环境经济学和资本主义的"绿化"基于这样一个假设：资源退化和资源保护的相对价格变化将引发行为的改变和生态系统保护。然而，基于激励的机制的有效性取决于制度和经济因素如市场使用、非农就业的机会或农业政策。在一个贫穷率相当高，政府干预通常受政治不稳定、治理不善和缺乏财政手段影响的国家，如马达加斯加，基于激励的机制可能会被严重束缚。 *310*

12.3.2 安卡尼黑尼 – 扎哈美纳野生动物走廊的环境保护协议

另一个有趣的、与激励手段有关的案例是国际保护协会尝试在位于马达加斯加东部雨林的安卡尼黑尼 – 扎哈美纳野生动物走廊制定环境保护协议。该协议的总目标是"吸引社区参与支持他们住宅地所在的保护区的管理……社会目标是在经济上提供保护激励机制、造福社区"（CI，2011，p2）。在这个案例中，环境保护协议直接划拨了 5000 美元给社区资源管理组织，用于如下三类开销：

（1）支付监测社区管辖领域巡逻员的酬劳。每天给予巡逻队 5000 阿里亚里（在本文写作时折合约为 2 美元），大约为当地农户日常薪水的两倍。报酬也用于支付一些巡逻设备（帐篷、褥子、望远镜等）。

（2）用于社区组织运作成本的资金，支付当事人参加会议、撰写报告，以及交通和设备的费用。

（3）用于支持社区组织在每年的联合大会上决定的开发活动（例如提高粮食产量、粮食贮藏、养蜂业、家畜业）。

图 12.2 呈现了一个特定的社区组织 2010/2011 年拨款在不同预算项目之间的分配，该组织位于迪迪自治市（阿拉瓦曼戈洛区域安巴通德拉扎卡地区）。

经过几年的实验，这些环境保护协议已努力实现了它们的目标。局部监测成了最大挑战，生态系统服务付费计划需要监

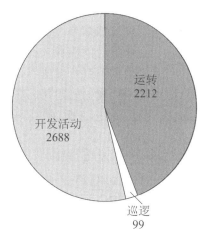

图 12.2 保护协议的美元预算份额

来源：国际保护协会（2011）。

测来评估是否提供了保护服务。当地巡逻队倾向于从 REDD + 项目和生态系统服务付费文献中获得支持，因为这似乎是一种低成本的监测方式（Bottcher et al., 2009；Danielsen et al., 2011）。然而马达加斯加可从事森林监测的办公人员数量太少：2012 年只有 294 名森林办公人员配给 600 万公顷的保护区，大约一个成员要负责 2 万公顷。把监测委托给当地社区似乎不可避免，但遗憾的是，社区巡逻队经常无法提供有效的管理控制。在安卡尼黑尼 - 扎哈美纳环境保护协议的案例中，社区管理组织成员应当每周以 4 ~ 5 人一组来巡逻，然而巡逻让人疲惫（包括 2 ~ 8 小时的步行），并且成员们认为巡逻薪水并不足以支付他们的机会成本。因此他们经常忽视巡逻职责并编造假巡逻报告（信息获取自和国际保护协会迪迪市代表的私人交流）。此外还存在社会压力的问题，在本文作者之一主持的访谈中，许多参与巡逻的人们承认他们因为害怕被报复（例如被施巫术）而不愿意谴责自己社区的成员。本书第 13 篇文章强调了保护方案产生的道德和伦理问题，该保护方案希望社区成员互相揭发侵权行为，这样的计划最后必须面临一个现实——社区团体没有合法的力量逮捕或惩罚那些违法者。

除了监测和执行的问题，保护协议也面临着其他激励机制的共同问题——利益的分配。在迪迪市，传统的森林土地使用权由牧场所有者持有（Charbonnier, 1998）。这些牧场所有者住在森林外面并在 12 月到次年 3 月期间在森林里放牧瘤牛，其他森林居民全年在森林中生活。同牧场主们一样，森林居民们通常同属一个家族；不同的是，森林居民们在森林里寻找生计，因为他们没有耕种稻田必须的资产（瘤牛或土地）。森林居民也有一些是被土地吸引来的移民。这一传统的土地使用权制度在安卡尼黑尼 - 扎哈美纳野生动物走廊保护项目中受到了尊重，因为社区管理是基于森林牧场的地界，而且牧场所有者在管理群中具有代表性。因此，保护协议带来的收益很大程度归因于不用承担森林保护费用的牧场主，因为瘤牛仍被允许圈养在森林中，而且他们的生计也不依赖森林资源的开发。分配问题在马罗塞拉纳纳自治市（安卡尼黑尼 - 扎哈美纳野生动物走廊的另一部分）也存在，在那里最依赖森林资源的人们没有从保护协议中获利，因为他们的移民地位不允许他们拥有森林所属权（Karsenty et al., 2009）。

除了这些分配上的问题，保护协议努力为社区管理组织提供财政自主权，这也被认为是马达加斯加当地社区管理的一个主要制约因素（Hockley & Andriamarovololona, 2007）。保护协议的一个主要目标是通过为未来的经济活动提供启动资金填补资金缺口。迪迪市经过三次资助后，8 个社区组织中只有 1 个成功产生了集体收益，其他 7 个组织的收益完全被一小部分成员独占，几乎没有再投资团体活动。

12.3.3 刀耕火种的替代技术

本文最后要讨论的激励化保护实验是法国农业国际合作研究发展中心的"刀

耕火种的替代技术"。其基本思路是为森林农户提供以森林播种为基础的多种农业实践，鼓励他们生活在永久性的农田上并减少森林砍伐。希望他们能从更广泛的烧垦耕作转变成密集型农业，这样每户占用面积可以从 5～6 公顷土地（和森林清除）减少到 1～2 公顷，同时提升农业产量，从每公顷 0.9～1.3 吨提升到 2.0～2.5 吨（Raharison，2012）。该举措通过出售避免滥伐森林产生的未排碳来提供资金。

刀耕火种的替代技术已经在迪迪市十几个森林农户中进行尝试，但收效甚微。与本文前面讨论的两个案例研究一样，刀耕火种的替代技术凸显了一些激励机制在马达加斯加等国所受的主要限制。首先，这样一个计划无法解决滥伐的结构性动因，比如人口增长或农业政策，刀耕火种的替代技术很难缓解安卡尼黑尼 – 扎哈美纳野生动物走廊地区的巨大人口压力，该地区每年人口增长幅度为 4.2%。新型农业技术的整合漫长且复杂，移民也会对森林有巨大和紧迫的需求。农户的风险管理措施限制了农业集约化，在每年旋风和干旱季节，如果没有保险系统承担他们可能失去收成的风险，农场主无法支付农业投入费用来加强农业生产（见第 4 篇文章对刀耕火种农业风险规避的讨论）。由于马达加斯加农业部门没有私人保险，需要国家干预提供公共保险来支持农业集约化。

刀耕火种的替代技术案例研究展现了为农村家庭创造其他生计选择的挑战。刀耕火种的替代技术项目的成本大约为每户 1573 美元。考虑到所有住在安卡尼黑尼 – 扎哈美纳野生动物走廊森林受影响的家庭（总计 2101 个），为该走廊提供一个五年期的农业支持将花费 3 305 520 美元（Desbureaux，2012）。据预测，2010—2030 年安卡尼黑尼 – 扎哈美纳野生动物走廊地区的滥伐将导致 21 279 632 吨二氧化碳的排放（Ramaroson，2012）。假设保护项目减半了滥伐的进程并且滥伐与时间呈线性关系，5 年内可避免的碳排放将达到 2 659 954 吨。为了使碳信用的资金得以加强农业生产，每吨碳的价格需达到 1.24 美元。然而，这个价格没有考虑 REDD + 项目的其他成本，比如监测和运营成本，这些成本预计会非常高。安卡尼黑尼 – 扎哈美纳野生动物走廊森林因为受非法采矿影响，监测和控制会很复杂且成本昂贵。最终保护马达加斯加森林和减少贫困的成本会高于当下通过碳市场所能产生的资金。

12.4　结论

激励机制是基于环境经济理论为保护热带森林最新发明的，这个理论基于的观点是：生态服务的定价激励个体交换环境产品或服务，是保护自然资源的最好方式。很多人批评基于激励的机制解决森林砍伐驱动因素的能力。本章说明了在马达加斯加使用这些激励所面临的主要挑战，分析得出了以下三个主要教训：

（1）在社区层次实施的基于激励的机制在消费和利益分配方面面临严重问

题，并有可能加剧当地社区的不平等。创建的社区资源管理机构一般无法代表整个社区的共同利益，并受到权力垄断、贪污腐败和不良治理的阻碍。土地所有权的复杂性也有可能创造赢家和输家，一些人利用这个机会使自己富裕，损害其他更依赖自然资源的人的利益。

（2）基于激励的机制不能解决滥伐问题，至少比政府的强制手段更有效。但是由于没有政策、制度和经济上的充分支持，他们现在还不能为农村家庭提供充足的收入和可选择的生计。减少烧垦耕作会将家庭和个体集中在密集型农业或转移到非农业经济部门。基于激励的机制并不是一个解决滥伐问题的神奇方案。考虑到它们的局限性，它们只能被视为一种选择。

（3）基于激励的机制不能被认为是马达加斯加森林保护的充足的资金来源。大家期望基于激励的机制不仅创造可供选择的生存条件，还能积累保护基金。然而，基于激励的机制的融资潜力是由对生态系统服务需求的政治承诺和碳价格等相关因素决定的，而碳价格本身受复杂的政治和经济动态影响。在马达加斯加，减少滥伐和农村贫困的需求远远超出了现今碳市场提供的资助。

注释

①我们更倾向于用"基于激励的机制"而不是"市场机制"这个术语，前者指的是基于相对价格改变的手段，后者指更具体的财产权转让等手段，在激励化机制中不一定发生。更多讨论，请见 Karsenty, A. and Ezzine-de-Blas, D.（2013）'Are PES "market-based instruments" for commodifying nature?', *Ecological Economics*（forthcoming）.

②关于这方面更多的内容，请见 Butler, R. A. 'What is the current status of REDD +?', mongabay. com, 23 March 2011.

③马基拉碳销售公司已被马达加斯加政府允许销售森林碳信用，是马达加斯加森林的合法拥有者，也是保护项目中碳信用的合法拥有者。

④这些不能被称为碳信用，因为他们没有在自愿型市场上出售的认证证明。这些碳交易已涉及一些私人公司，如戴尔和三菱，以及珍珠酱乐队。

⑤这个收入分配计划尚未应用于 2005 和 2008 年第一批碳信用的销售。

⑥Brimont，2012 年 6 月和 9 月在马基拉保护区东部和东北部进行的管理权转移调查。

⑦基于和马达加斯加的环境秘书长在 2012 年 9 月 18 日森林保护整体项目日上的交流。

⑧更多细节请参阅 Raharison（2012）。

参考文献

Adams, W. M., Aveling, R., Brockington, D., Dickson, B., Elliott, J., Hutton, J., Roe, D., Vira, B. and Wolmer, W.（2004）'Biodiversity conservation and the eradication of poverty', *Science*, vol 306, no 5699, pp1146 – 1149.

Alix-Garcia, J., De Janvry, A. and Sadoulet, E.（2008）'The role of deforestation risk and calibrated compensation in designing payments for environmental services', *Environment and Development Economics*, vol 13, pp375 – 394.

Allnutt, T. F., Asner, G. P., Golden, C. D. and Powell, G. V. N. (2013) 'Mapping recent deforestation and forest disturbance in northeastern Madagascar', *Tropical Conservation Science*, vol 6, no 1, pp1 – 15.

Angelsen, A. (2008) *Moving Ahead with REDD: Issues, Options and Implications*, Center for International Forestry Research, Bogor Barat.

Bidaud, C. (2012) *Le Carbone qui Cache la Forêt. La Construction Scientifique et la Mise en Politique du Service de Stockage du Carbone des Forêts Malgaches. Etudes de Développement*, PhD thesis, Institut de Hautes Etudes Internationales et du Développement (IHEID), Geneva.

Bidaud, C., Serpantié, G. and Méral, P. (2011) *Knowledge Mobilization in Water and Carbon PES Projects Implementation in Madagascar*, BIOECON, Geneva.

Blom, B., Sunderland, T. and Murdiyarso, D. (2010) 'Getting REDD to work locally: lessons learned from integrated conservation and development projects', *Environmental Science & Policy*, vol 13, no 2, pp164 – 172.

Böttcher, H., Eisbrenner, K., Fritz, S., Kindermann, G., Kraxner, F., McCallum, I. and Obersteiner, M. (2009) 'An assessment of monitoring requirements and costs of reduced emissions from deforestation and degradation', *Carbon Balance and Management*, vol 4, no 7.

Brockington, D. and Duffy, R. (2010) 'Capitalism and conservation: the production and reproduction of biodiversity conservation', *Antipode*, vol 42, no 3, pp469 – 484.

Carret, J. -C. and Loyer, D. (2003) *Comment Financer Durablement le Réseau d'Aires Protégées Terrestres à Madagascar? Apport de l'Analyse Economique*, World Parks Congress, Durban.

Charbonnier, B. (1998) *Limites et Dynamique Coutumières dans la Forêt Classée d'Ambohilero, à l'Intérieur de la Cuvette de Didy, S. E. d'Ambatondrazaka*, ENGREF, Montpellier.

CI (2011) *Conservation Agreements in Madagascar: An Update from the Conservation Stewards Program*, Conservation International, Washington, DC.

Coase, R. H. (1960) 'The problem of social cost', *Journal of Law and Economics*, vol 3, pp1 – 44.

Corbera, E., Brown, K. and Adger, N. (2007) 'The equity and legitimacy of markets for ecosystem services', *Development and Change*, vol 38, no 4, pp587 – 613.

Dahan, A., Buffet, C. and Viard-Crétat, A. (2011) *Le Compromis de Cancun: Vertu du Pragmatisme ou Masque de l'Immobilisme?*, Koyré Climate Series no 3, Centre Alexandre, Koyré.

Daily, G. C. (1997) *Nature's Services: Societal Dependence on Natural Ecosystems*, Island Press, Washington, DC.

Daly, H. E. (1977) *Steady State Economics*, W. H. Freeman, San Francisco.

Danielsen, F., Skutsch, M., Burgess, N. D., Jensen, P. M., Andrianandrasana, H., Karky, B., Lewis, R., Lovett, J. C., Massao, J., Ngaga, Y., Phartiyal, P., Poulsen, M. K, Singh, S. P., Solis, S., S0rensen, M., Tewari, A., Young, R. and Zahabu, E. (2011) 'At the heart of REDD +: a role for local people in monitoring forests?', *Conservation Letters*, vol 4, pp158 – 167.

Desbureaux, S. (2012) *L'insertion des Instruments Incitatifs dans les Politiques de Préservation des Ressources Naturelles. Etude de Cas: Enjeux de la Mobilisation d'Instruments PSE pour la Gestion de la*

316

Nouvelle Aire Protégée du Corridor Ankeniheny Sahamena à Madagascar, Masters thesis, Université Paris X Nanterre La Défense, Ecole des Mines ParisTech, ESCP EUROPE, Master 2: 102.

Ducourtieux, O. (2009) *Du Riz et des Arbres: L'interdiction de l'Agriculture d'Abattis-brulis, une Constante Politique au Laos*, IRD, Karthala, Paris.

Ehrlich, P. R. and Ehrlich, A. H. (1981) *Extinction: The Causes and Consequences of the Disappearance of Species*, Random House, New York.

Eliasch, J. (2008) *Climate Change: Financing Global Forests: The Eliasch Review*, Routledge, London.

Ferraro, P. J. (2011) 'The future of payments for environmental services', *Conservation Biology*, vol 25, pp1134 – 1138.

Ferraro, P. J. and Pattanayak, S. K. (2006) 'Money for nothing? A call for empirical evaluation of biodiversity conservation investments', *PLoS Biology*, vol 4, e105.

Ferraro, P. J. and Simpson, R. D. (2002) 'The cost-effectiveness of conservation payments', *Land Economics*, vol 78, pp339 – 353.

Gomez-Baggethun, E., De Groot, R., Lomas, P. L. and Montes, C. (2010) 'The history of ecosystem services in economic theory and practice: from early notions to markets and payments schemes', *Ecological Economics*, vol 69, pp1209 – 1218.

Grieg-Gran, M., Porras, I. and Wunder, S. (2005) 'How can market mechanisms for forest environmental services help the poor? Preliminary lessons from Latin America', *World Development*, vol 33, no 9, pp1511 – 1527.

Grinand, C., Vieilledent, G., Rakotomalala, F. and Vaudry, R. (2013) 'Estimating past deforestation from 2000 to 2010 in Madagascar using multi-date Landsat satellite images and the Random Forests classifier', *Remote Sensing for Environment*, vol 139, pp68 – 80.

Hockley, N. J. and Andriamarovololona, M. M. (2007) *The Economics of Community Forest Management in Madagascar: Is There a Free Lunch? An Analysis of Transfert de Gestion*, United States Agency for International Development, Washington, DC.

Holmes, C., Carter Ingram, J., Meyers, D., Crowley, H. and Ray, V. (2008) *Case Study: Forest Carbon Financing for Biodiversity Conservation, Climate Change, Mitigation and Improved Livelihoods: The Makira Forest Protected Area, Madagascar*, Wildlife Conservation Society, New York.

Karsenty, A. (2007) 'Questioning rent for development swaps: new market-based instruments for biodiversity acquisition and the land-use issue in tropical countries', *International Forestry Review*, vol 9, pp503 – 513.

Karsenty, A., Randrianarison, M., Andrianjohaninarivo, T., Ranoarisoa, P. and Randriamavo, L. (2009) *Les Contrats de Conservation à Madagascar: Enquête Socio-économique dans 3 Villages de la Commune de Maroseranana*, CIRAD, Montpellier.

Karsenty, A., Sembres, T. and Randrianarison, M. (2010) 'Paiements pour services environnementaux et biodiversité dans les pays du sud: le salut par la "déforestation évitée"?', *Revue Tiers Monde*, vol 202, pp57 – 74.

Kosoy, N. and Corbera, E. (2010) 'Payments for ecosystem services as commodity fetishism',

Ecological Economics, vol 69, pp1228 – 1236.

Landell-Mills, N. and Porras, I. T. (2002) *Silver Bullet of Fools' Gold? A Global Review of Markets for Forest Environmental Services and Their Impact on the Poor*, International Institute for Environment and Development, London.

McKinsey & Company (2009) *Pathways to a Low-Carbon Economy. Version 2 of the Global Greenhouse Gas Abatement Cost Curve*, McKinsey & Company, London.

MEA (2005) *Ecosystems and Human Well-Being*, Millenium Ecosystem Assessment, United Nations Environment Programme, Nairobi.

Meadows, D. H., Randers, J. and Meadows, D. L. (1972) *The Limits to Growth*, Universe Books, New York.

Meyers, D. and Berner, P. O. (2001) *Carbon Sequestration: Maroantsetra Carbon Project Progress Report*, United States Agency for International Development, Washington, DC.

Muradian, R., Corbera, E., Unai, P., Kosoy, N. and May, P. H. (2010) 'Reconciling theory and practice: an alternative conceptual framework for understanding payments for environmental services', *Ecological Economics*, vol 69, pp1202 – 1208.

Murray, B. C. (2008) *Leakage from an Avoided Deforestation Compensation Policy: Concepts, Empirical Evidence, and Corrective Policy Options*, Nicholas Institute for Environmental Policy Solutions, Duke University, Durham.

Pagiola, S. (2008) 'Payments for environmental services in Costa Rica', *Ecological Economics*, vol 65, pp512 – 524.

Pagiola, S., Arcenas, A. and Platais, G. (2005) 'Can payments for environmental services help reduce poverty? An exploration of the issues and the evidence to date from Latin America', *World Development*, vol 33, no 2, pp237 – 253.

Pagiola, S., Landell-Mills, N. and Bishop, J. (2002). 'Making market-based mechanisms work for forests and people', in S. Pagiola, J. Bishop, and N Landell-Mills (eds) *Selling Forest Environmental Services: Market-based Mechanisms for Conservation and Development*, Earthscan, London.

Pan, Y., Birdsey, R. A., Fang, J., Houghton, R., Kauppi, P. E., Kurz, W. A., Phillips, O. L., Shvidenko, A., Lewis, S. L., Canadell, J. G., Ciais, P., Jackson, R. B., Pacala, S. W., McGuire, A. D., Piao, S., Rautiainen, A., Sitch, S. and Hayes, D. (2011) 'A large and persistent carbon sink in the world's forests', *Science*, vol 333, no 6045, pp988 – 993. *318*

Pattanayak, S., Wunder, S. and Ferraro, P. J. (2010) 'Show me the money: do payments supply environmental services in developing countries?' *Review of Environmental Economics and Policy*, vol 4, no 2, pp254 – 274.

Pierre, R. (2011) 'La prise en compte de la notion de Service Environnemental dans les Labels: L'exemple de Madagascar', *UFR Sciences des Territoires et de la Communication*, 35. Bordeaux: Université Michel de Montaigne Bordeaux 3.

Pigou, A. C. (1932) *The Economics of Welfare*, Macmillan, London.

Raharison, T. (2012) *Rapport de Mission d'Evaluation des Itinéraires Techniques Alternatifs au Tavy*, Volet Paiement pour Services Environnementaux, PSE Tavy, COGESFOR.

Ramaroson, N. (2012) *Analyse Historique de la Déforestation par Télédétection et Modélisation de la Déforestation à Madagascar: Cas du Corridor Ankeniheny-Zahamena*, Télédétection & Risques Naturels, Antananarivo, Master 2: 38.

Roy, E. L., Karsenty, A. and Bertrand, A. (1996) *La Sécurisation Foncière en Afrique: Pour une Gestion Viable des Ressources Renouvelables*, Karthala, Paris.

Scales, I. R. (2011) 'Farming at the forest frontier: land use and landscape change in western Madagascar, 1896 to 2005', *Environment and History*, vol 17, pp499 – 524.

Sommerville, M., Milner-Gulland, E. J., Rahajaharison, M. and Jones, J. P. G. (2010) 'Impact of a community-based payment for environmental services intervention on forest use in Menabe, Madagascar', *Conservation Biology*, vol 24, pp1488 – 1498.

Stern, N. (2008) *Key Elements of a Global Deal on Climate Change*, London School of Economics and Political Science, London.

Sunderland, T. C. H., Ehringhaus, C. and Campbell, P. M. (2008) 'Conservation and development in tropical forest landscapes: a time to face the trade-offs?' *Environmental Conservation*, vol 34, no 4, pp276 – 279.

Vatn, A. (2010) 'An institutional analysis of payments for environmental services', *Ecological Economics*, vol 69, pp1245 – 1252.

WCS (2011) *Makira Forest Protected Area Project Design Document*, Wildlife Conservation Society, New York.

Wells, M. P. and McShane, T. O. (2004) 'Integrating protected area management with local needs and aspirations', *Ambio*, vol 33, no 8, pp513 – 519.

World Bank (2011) *Project Paper on a Proposed Additional IDA Credit in the Amount of SDR26 Million and a Proposed Additional Grant from the Global Environment Facility Trust Fund in the Amount of USMYM10.0 Million to the Republic of Madagascar for the Third Environmental Program Support Project (EP3)*, World Bank, Washington, DC.

Wünscher, T., Engel, S. and Wunder, S. (2008) 'Spatial targeting of payments for environmental services: a tool for boosting conservation benefits', *Ecological Economics*, vol 65, pp822 – 833.

Wunder, S. (2005) 'Payments for environmental services: some nuts and bolts', CIFOR Occasional Paper 42, Center for International Forestry Research, Bogor Barat.

Zbinden, S. and Lee, D. R. (2005) 'Paying for environmental services: an analysis of participation in Costa Rica's PSA program', *World Development*, vol 33, no 2, pp255 – 272.

319

274

自然和景观的对比

杰弗里·C. 考夫曼（Jeffrey C. Kaufmann）

13.1　自然资源保护与文化

自然资源保护主义者已经开始关注"文化"的重要性。他们意识到，当地人共有的信仰、意识和行为中，有一些有助于保护自然。在新西兰，毛利人的"护卫环境"的概念被自然资源保护主义者列入了土著资源管理术语，它构成了1991 年《资源管理法》的基础（Kawharu，2000；参阅 Roberts et al.，1995）。在马来西亚，自然资源保护主义者支持国家地理探险家和民族植物学家韦德·戴维斯（Wade Davis）的呼吁，即通过封锁大型的木材公司，将其作为"全球环保人士的抵抗象征"，宣传槟城人民在其领土内抵制伐木的行为（Davis & Henley，1990）。[①]在马达加斯加，自然资源保护主义者将马达加斯加的禁忌（*fady*）和社区公约（*dina*）这两个概念作为捍卫全球自然保护议程的土著保护伦理机制（Andriamalala & Gardner，2010；Jones et al.，2008）。在这些案例中，自然资源保护主义者已经开始从当地文化观念和制度中探索"拯救自然"的使命，摆脱认为文化破坏自然的"受害者－加害者"的模式。

尽管比起将人类排除在他们所处的环境之外，设法将人类及其文化观念纳入当地保护问题的解决方案中是一种进步（Kaufmann，2006），但自然资源保护主义者终究不是人类学家。事实证明，"护卫环境"不仅仅意味着"资源管理"。它对毛利人有很多意义，而不仅仅是诸如"监护"之类的通用概念。因亲属群体的不同，"监护"的含义既有哲学上的也有实用上的（Kawharu，2000）。"护卫环境"的主要结构理念是社交性的，用于管理时空分层的世界中的人际关系，旨在平衡人类、祖先、精神世界和自然环境之间的互惠伦理中的血统－时间（线性）和亲属－空间（横向）的"系谱分层"（Kawharu，2000；Roberts et al.，1995）。"护卫环境"类似于"系谱"（*whakapapa*），即"按阶层排序"（Roberts et al.，2004，p1）。后一术语是指毛利人的分类，即他们的民间分类学，是精神和物质上许多相关生命层的排序（Roberts et al.，2004）。"资源管理"和"监护"并不涉及"自身与环境之间亲属关系"的多维本质（Kawharu，2000，p366）。这样一来，就把"护卫环境"对毛利人的多层意义扁平化，使之符合自然资源保护主义者的观念，但却不能代表毛利人的文化思维。

读者对这篇介绍毛利人在各种相关生物之间建立多层次联系的文章困惑不解是很正常的，因为如此复杂的知识理论无法用现成的理论去替代，也就是说无法剔除其中不熟悉的概念而用西方读者熟悉的概念取而代之，这比把概念简化到大众熟悉的领域，简化到世界上一半的读者都能轻松阅读的思想范畴，所面临的风险更大。因为语言是一种力量。原文可以转变成别的语言而传达出原文所没有的意义，语言的背后承载了不同的意义。槟城人抵制木材公司破坏热带雨林的想法就是这种情况。

根据槟城的一位人种学家的说法，在已有的知识体系中，有两种观点适用于槟城案例。第一种观点是"客观主义"，这与槟城人对他们的世界、森林、水路以及自然资源的理解有关，这同时也是文化人类学家工作的意义。另一种观点是"环保主义"，这种观点并不是来自对语言的了解，而是借用人种学来"论证和争取认同"，并将文化知识与"神圣"或"精神洞察"等词联系起来，这对于西方读者来说非常具有感染力，从而使槟城人对环境的认识变成一种"智慧"——戴维斯（Davis）和亨利（Henley）拯救文化多样性环保运动的基石（Brosius，1997，pp53 – 55）。在该案例中，保护文化多样性不是问题，问题在于戴维斯和亨利对槟城理念的修饰，将其转化为环保主义者议程上有用的类别，却剔除了槟城的文化背景和现实。例如布罗修斯曾写过"保护"的毛朗（molong）概念，以证明游牧为主的槟城人并非四处游荡的流浪汉，相反，槟城土地使用权制度赋予了槟城人不同的土地使用权（Brosius，1997，p56），但是韦德和亨利将布罗修斯对毛朗的描述"神圣化"——赋予槟城人都没有想到的景观特征以灵魂，将他们保护自己在景观中位置的想法浪漫化，布罗修斯标榜此为"生态空想主义"，这不是槟城人的思想，而是西方对部落智慧的幻想（Brosius 1997，pp58 – 59）。

321　　使文化差异清晰易读、可供保护组织利用的过程被称为"文化泛化"（Errington & Gewertz，2001）。这一过程通常使用"文化适应"的概念，即"将文化特征要么翻译成文化的一般形式，要么翻译成具有文化特色的一般实例"（Errington & Gewertz，2001，p510）。有趣的是，自然资源保护主义者并不是唯一将深奥的文化信息简化为熟悉事物的群体，传教士和殖民者在这方面为自然资源保护者铺平了道路。此外，土著居民也正在将他们的深奥知识翻译为符合自然保护话语的通用形式（Brockington，2001，2005；Brosius，1999；Errington & Gewertz，2001）。他们甚至邀请人类学家用"软化差异的边缘""消除方言""符合强者的模式和意识形态"的方式来翻译他们的文化（West，2005，p633）。人类学家更倾向于抵制这种做法，他们认为，通过把深奥的思想文化转化成能够为有影响力的自然资源保护者所理解的形式，以此来帮助本土文化适应主流文化，这将导致当地人在这个过程中丧失部分文化权利（Errington &

Gewertz，2001）。

在本文中，笔者通过马达加斯加人自己的语言阐述马达加斯加人对待自然和景观的态度，来展示自然资源保护者和马达加斯加人之间的差异。读者可以看到，除了在保护论著中所提出的方式外，还有很多种"在环境中存在的方式"。在接下来的两部分中，将忠于塑造并赋予这些概念重要意义的思维范畴，探讨自然和景观。首先，树木创造的历史是如何影响马达加斯加人对自然观的看法的；其次，马达加斯加人是如何用禁忌和社区公约塑造他们的景观的。马达加斯加的自然资源保护主义者认为这些是"土著保护伦理"的关键，在他们拯救自然的过程中发挥了重要作用。笔者发现，禁忌和社区公约是通过指导人们如何在社会环境中与他人相处从而影响社会行为的文化术语，而不是自然保护的伦理。自然资源保护主义者以社会原则重构环境规则时，按照自己的设计去美化马达加斯加的理念。最后，从 15 世纪法国政治哲学家拉博埃蒂（La Boetie）的视角来分析这种美化，简要地讨论了他的"自愿奴役"概念，比较过去和现在的统治形式。拉博埃蒂阐明了保护力量和殖民力量之间的联系，让人们了解持续存在于马达加斯的殖民制度。在结论中，提出了一些人类学的建议，供自然资源保护主义者思考。

13.2　过去的自然

马达加斯加人用树木创造了历史，这不仅反映了他们对自然的态度，也反映了农村家庭与森林的联系。这里指的不是用树木做成纸张，把过去的故事写进书中。虽然马达加斯加也有一些优秀的学术历史学家，他们为这个岛国写下了令人瞩目的历史（例如 Esoavelomandroso，1979；Rakoto，1997；Rakotoarisoa，1998；Ramarolahy，1972），但大多数马达加斯加人依靠口述历史的方式来传达他们对过去的认识。让笔者感兴趣的是他们的历史主义烙印——通过了解他们的过去来了解自己的独特方式——他们利用树木来定位重要的祖先。

马达加斯加人认为他们的祖先是过去非常重要的一部分。对于大多数马达加斯加人来说，"祖先的观念……包含并表达了所有在社会关系中被认为道德上可取或适当的东西"（Mack，1986，p64）。在马达加斯加人的信仰中，*ny razana* 即祖先和灵魂，待他们的身体湮灭后仍可以在活着的亲人可及范围之内，与他们的后代保持联系，占据着 *ny tanindrazana* 的各种空间和祖先的土地。例如，梅里纳和贝齐寮的家族坟墓在地下墓穴里；巴拉（Bara）在地上的洞穴里；萨卡拉瓦·拉扎诺洛（祖先）有自己的树；马哈法利祖先和许多其他马达加斯加族裔也有自己的树，他们的故土处于"沿海"位置，远离内陆高地。中央高地的大多数梅里纳人会举办 *famadihana* 的仪式，即"转动骨头"：每隔几年，他们就会将裹好的祖先骸骨从坟墓中取出，放置在阳光之下，摊开裹尸布再次进行祭祀裹尸，让一部分骨头化为当世的尘埃，一部分继续封存在过去（Bloch，1971；Graeber，2007b）。

马达加斯加人善于运用仪式来纪念过去的人们，比如 *famadihana*。他们发现通过树木将祖先与后代联系起来有助于创造历史。树木成为有效的媒介有下列几个原因（Feeley-Harnik，1991）：树木唾手可得，其中阔叶木材能持续好几代，这些树笔直向上——在某些人身上也有这样强大的品质。1960 年法国殖民时代结束后，祖籍在西部和西北部的萨卡拉瓦（Sakalava）用树木讲述了在法国殖民之前统治这片土地的皇室王朝历史（Feeley-Harnik，1991；Lambek，2002）。将皇室家族安葬在一起，砍下某些树，剥出树心，架在坟墓周围，这就是架设"树人"——这是一种象征，有点像作为基督代表的"圣诞树"。由此，萨卡拉瓦将某些树木视为皇家祖先。正如菲利·哈尼克，所说：

简而言之，皇家葬礼服务的工作人员像对待皇室成员尸体一样对待树木，他们将在大陆上死去的树木变成柱子，再埋在王陵周围的地上，如同将肉质的尸体变成骨架，包裹在树干里，埋在坟墓里。

（Feeley Harnik，1991，p445）

该岛的最北部的安塔卡拉纳人则以一种名为 *Tsangantsainy* 的升桅仪式来创造历史（Walsh，2001）。工作人员把桅杆放在地上，宗教领袖们就会召唤过去统治过的先人。将不同的性格和特征与这棵树联系起来，桅杆就像第二人称复数"你们"一样可以指代不同的东西，因为它对参与仪式的人各有不同的意味。它标志着安塔卡拉纳政治机构的权威和合法性；它象征着为该机构服务的工人的忠诚；它让观看演出的观众难以忘怀；它创造了一个民族活动，延续安塔卡拉纳邀请贵宾的习俗。马达加斯加可能有很多生活在树上的物种，但是沃尔什（Walsh，2001）证实了树木在安塔卡拉纳语中具有丰富的含义。

安葬逝者时，在墓地周围竖起"树人"柱子，或在当地政府中心竖起"树人"桅杆，这些都是在树木中创造历史的精心设计。还有一种更普遍或更广泛使用的向祖先表达敬意的方式，就是在向祖先祭祀牲畜时使用树木，祈求逝者保佑生者。贝齐米萨拉卡人住在岛上潮湿的东部地区，由于自己饲养的牲畜并不多，他们花了很大一笔钱购买祭祀用的动物（Cole，2001）。在一个为几个年轻人举办的割礼（成人礼）仪式上，一头公牛被供奉在一个祈祷柱（*jiro*）旁——"一棵制成牛角形状的树"（Cole，2001，p178）。祭祀仪式的主持人提到祖先名字时，手里会拿着一根魔杖（因这种植物的生长和功效方面的特点，贝齐米萨拉卡人称其为 *hasina*，意思是"祖先的力量"（Cole，2001，p116），即将成年的男孩爬上这棵受祖先特别喜爱的"傲慢之树"，之后会收到硬币，象征着"祖先的祝福"（Cole，2001，p181）。最后，祭祀餐会放在爬树者手掌上的大叶子里［要了解这种树的历史故事，请参阅 Feeley-Harnik（2001）］。相比之下，南部和西部的人们在祖先的祈祷中会使用落叶罗望子树。

环绕圣地（通常就是墓地）的树林以及个别树林被认为是祖先灵魂活跃的地方。神圣的树林是"干净"和"美好"的地方，据说它们的精神居住者向往这些地方，并且通过禁忌来保护它们（更多关于禁忌的内容将在下一节介绍）。在图利亚拉省贝扎哈马哈法利保护区附近的安那拉葛力（Analakely）村外，笔者陪着一个牧民穿过一片圣林，他要把牛牵到另一边的一个水洼。在进去之前，他先跟笔者说什么事情不能做，连捡起枯死的树枝都不可以。笔者的向导解释说，祖先们小心翼翼地守护着他们的居住地，其中一些地方杂草丛生，是有权势的祖先居住的地方。他们通过旋风或灵魂附身在人体，对象通常是女性。村民们把祖先的灵魂当作活生生的人来认识。在降神会上，灵媒似乎是被神灵附体，表现出不同的个性、品位和需求，讲述有关自己的故事等。人们就是这样了解祖先的。

树木将许多马达加斯加人与他们过去最重要的东西——他们的祖先联系起来。这并不意味着马达加斯加人痴迷于过去，更关心过去而不是现在或未来。[②]相反，马达加斯这个民族有许多历史学家，他们追溯过去，了解自己的历史，树木有助于他们收集这些知识。他们信奉历史决定论，认为历史知识是认识自己的可靠途径。或许乔治·奥威尔（George Orwell）在他的经典著作《1984》中，写下格言"谁控制过去，谁就控制未来；谁控制现在，谁就控制过去"（Orwell，1961）时，脑子里想的就是他们或类似的人。祖先们在每一次祝福的祈祷中，在每一个需要他们参与的情境中，都被修正和更新。

因此，自然可以说是马达加斯加的一种历史方法，一种理解过去的方法。它证明了人类想象力和表达能力。这种看待自然的方式与我们看待自然的方式有所差异，但不能因此就被认为是"奇怪的""迷信的"或"奇异的"。人类学是一种通过认识他人来认识自己的方法，要求人们放下民族中心的优越感，由内而外理解与他人存在差异的原因（并最终认识到相似之处）。

了解人与自然相关行为的两种规律有助于揭示马达加斯加人与自然的互动和景观的构建。这些规律随着村落和宗族的不同而发生变化，从而形成了景观理论。

13.3 景观镶嵌

随着时间的推移而出现的景观和文化习俗构成了马达加斯加（Esoavelomandroso，1988）。这一景观概念为马达加斯加的"热带岛屿"等块状标签提供了细节和细微差别。景观是对土地、自然或建筑空间的不同视角，每一种景观都有自己的故事。景观揭示了一个人想要强调的地方或是对于人类叙述者具有重要意义的空间，通常与这些空间密切相关的是身份、人们如何看待自己和跟他们一样属于某个位置的其他人，以及这个地方如何赋予生命和地球上所有存

325 在的意义。因此，一个地方便被赋予了情绪、情感。让人们谈谈某个地方，描述一个有意义的景观，是人类学家了解另一个人感受的一种方式。

马达加斯加南部森林茂密，主要是旱生乔木，这些树长得不高，但储水性好。马达加斯加部分地区的年降水量只有 30 厘米，这些树能很好地保护这里的水资源。正如人们所预料的那样，生活在树林周围的马达加斯加农民、牧民和渔民对各种树木都有一定的了解。笔者不打算讨论树木的类别和关于树木的文化习俗，相反，笔者希望从一个更广泛的角度，让读者看到竞争的景观、不同的民族生态学认知或了解和感知自然的方式，可能导致诺拉·海恩（Nora Haenn，1999）在墨西哥卡洛梅尔生物圈保护区（Calomel Biosphere Reserve）里政府赞助的保护实践和坎佩奇人（Campeche）的愿望之间的沟通中断。

马哈法利牧民认为树木为他们的牲畜遮阴，起到了保健的作用。他们认为土地是"开阔的或宽敞的"，砍掉树木、改良土壤之后适合耕种。树木还有经济方面的作用，有的被挑去建造房屋，有的用来制作椅子，有的制造长矛，还有一些用来做这些经济活动场所周围的荆棘围栏等。我们已经看到他们如何利用树木与过去联系，通过与自然的互动来创造历史。接下来我们将讨论其他的规定，即禁忌和社区公约，是如何影响他们的景观和他们对自然的看法的。

13.3.1 *fady*：禁止的行为

如果"景观"是不同角度下的自然和土地，那么"禁忌"就是人们在道德观中约束自己的行为。在毛利人的认知中，"毛利宗教"（*tapu*）是"日常生活不可使用"的东西（Kawalu，2000，p357）。人类最普遍的禁忌是乱伦禁忌，即禁止与近亲发生性关系。这种禁忌也为不受禁忌约束的人（任何关系不太密切的人）提供了一个潜在的婚姻伴侣的图表。禁忌通过禁止不合适的行为来告诉人们不应该做什么，在规则之下可以做什么。迈克尔·兰贝克（Micheal Lambek）提醒我们，禁忌有助于开辟构建自我认同的空间（Lambek，1992）。与其他有着不同禁忌和不同身份的人相比，禁忌让人们明确自己是谁。禁忌也让人们明确身份

326 地位，例如马达加斯加皇室的后裔具有奴隶后代没有的明显禁忌。

早期的法国殖民主义者询问居民在本地居民记录簿应使用什么名字时，当地人回答道他们是禁忌之地的人，法国人认为这与梅里纳语的意思相同（岛上的主要方言），梅里纳语中 *faly* 意为"快乐"（Eggert，1981）。外国人错误地称他们为"快乐的人"。即使在今天，旅游指南也犯了同样的错误，没有认识到马哈法利方言将辅音 < d > 转移到 < l >，而近乎无声的结尾元音 < y > 转移到 < e >（众多差异中的一种），从而使用不同的词汇呈现一个单词。

作为一个处于禁忌之地的民族，并不应该被认为可以赋予土地一种特殊的非人类的力量。我的理解是，马哈法利人使用禁忌的习语来命名他们所处的土地，

因为这块土地的核心特征是：一个高度不可预测的环境，每年的降雨量都有所变化，容易发生干旱、偶尔也会发生饥荒的地区，牧民们喜欢在西南部的一些良好的草地上饲养瘤牛。据我所知，马哈法利人并未将降雨变异性解释为因违反禁忌而引起的。

法国殖民地管理者和保护主义非政府组织在种族、身份和文化方面犯了同样的错误：他们将文化（无论是禁忌、社区公约还是民族认同）视为具体的事物（见第 5 篇文章框 5.2）。[③] 他们都试图对文化进行分类和具体化。他们想给不同类型的人贴上标签，并标明他们不同的身份。然而，被殖民政府正式承认的 18 个民族，主要是一个殖民地行政结构。这些人当中有很多清楚自己属于哪个血统和宗族的人，但他们并不知道自己属于一个叫作"马哈法利"的种族群体。一种身份表现力——你的行为决定你的身份——形成了人们的血统结构，来帮助人们决定一些事情，例如，潜在的婚姻伴侣是谁（Astuti，1995；Eggert，1981；Larson，1996；Poyer & Kelly，2000；Rakotondrabe，1993）。尽管各种人群之间存在着界限——例如，他们的家乡、方言和禁忌——试图用种族术语来描述这些，并不总是像传教士、殖民主义者和保护主义者所假设的那样富有成效。所以认为这些"萨卡拉瓦"或那些"坦德罗伊"人是"土著的"，有这样或那样的"传统"习俗的观点是错误的，而且可能具有很大的破坏性。之所以错误，是因为在现实中，所有这些文化观念都是流动的、混乱的、适用于具体语境的。之所以危险，是因为它可能会引发权力斗争，也可能会引发禁忌背后的宗教专家（olobe 和 ombiasy）权力格局变动，他们的职责是维护有影响力的祖先制定的禁忌。

此外，禁忌具有非常强的本地性和特殊性——它们可能适用于所有人，也可能只适用于某些人，可能适用于某些地区，但不是所有地方都适用——正如笔者在遥远的西南地区新安德鲁卡（Androka Vaovao）附近做的实地调查所证实的那样。有一天，房东请我帮一位当地顾问为当地宪兵办公室收集柴火。我们把缰绳拴在牛车上向北驶去，慢慢远离了大海。我们在烈日之下紧赶慢赶一个小时，时而用鞭子赶着牛疾驰而行，时而让它慢跑，时而让它边走边休息，如此反复几次，我们终于到达了目的地。一大片大戟科植物的树林盘踞在一座蜿蜒长山（一座早已光秃秃的沙丘）的底部，沙土上覆盖着棕色的圆形大灌木。我们把这些灌木收集起来，待牧民用大火将这些灌木的荆棘烧掉之后再装进牛车运走。过了一会儿，我摸索进了大戟森林乘凉。我走进一个屠杀场，那里摆放着数百只马达加斯加射纹龟壳。其中一些是刚刚带着壳被煮过不久的，有一些已经在那里存放多年了。

我惊呆了。因为我曾经以为除了环尾狐猴之外，马哈法利人非常敬畏射纹龟，他们的祖先甚至向他们宣布射纹龟为禁忌动物。他们将自己在这个地区悠久的生存历史与对当地特殊的需求以及对动物的敬畏联系起来，传说，这些动物一

327

281

次又一次带领他们的祖先进入水中并摆脱危险。"被指引的道路"（*toro lala*）这个比喻，即学习如何在马哈法利地区（拥有禁忌力量的土地）生存，融入了无数与动物相关的各种禁忌故事（Kaufmann，2003，p113）。人们认为禁忌并不是个人自由的障碍，而是在年复一年变幻莫测的土地上生存下去的指南（Kaufmann，2004，2008）。

房东解释说，射纹龟是马哈法利人的禁忌，但其他民族的人没有这样的禁忌。来自全岛各地的乡村警察（宪兵）有自己的一套禁忌制度。他们每个月会在自己管辖的村庄进行巡查，当中的非马哈法利人会捡起他们看到的乌龟，把它们带到这个被偶然发现的营地。我的联络人认为这种做法丝毫没有冒犯禁忌，因为他们不受任何禁止伤害动物的规定约束。一位忌讳射纹龟的知情人甚至说，如果没有其他食物，她吃乌龟也不会有问题，她会通过向祖先献血来请求宽恕。

我在屠杀场的经历改变了我对禁忌如何在禁忌之地起作用的理解。我意识到，禁忌在某种意义上，是注定要被打破的。它让追随者内心明晰，充满力量，不是迷茫地追随，而是有意识地遵从，也许就像默祷一样，尊重祖先的意愿和因为禁忌与人分离的事物。用安德鲁·沃尔什（Walsh，2002，p466）的话说，禁忌意味着"做其他事情的自由"。打破禁忌创造了与祖先的对话，挑战他们的权威，然后再次纠正它（Walsh，2002，p455）。他们描绘出一幅是非分明的道德图景。

马哈法利人认为资源保护并不是神圣不可侵犯的。将射纹龟和环尾狐猴列为禁忌，的确能间接地保护这些动物（在禁忌之地内都是马哈法利人这样的理想情况下）。马达加斯加的禁忌与自然保护是截然不同的；换句话说，禁忌是追求与他们的祖先建立一种有组织的联系（Lambek，1992）。大卫·格雷伯（David Graeber）告诉我们，禁忌是"展示权威的最基本方式之一"（Graeber，1995，p265）。马达加斯加人忙于关注祖先神圣的领域，试图在平凡的生活中维持生计。自然保护项目是外国人做的事情（*zavatse vazaha*），这不在马哈法利人的社会和文化领域之内。

这并没有阻碍保护组织，特别是那些旨在追求协作保护方法的组织，他们力图利用非正式的（非国家层面的）禁忌制度作为调控资源开采的一种方式。他们的逻辑是，自然资源保护者可以通过向保护中添加一种神圣的元素来使当地居民适应新的文化。文化适应便意味着利用文化间的相似之处来缩小它们之间的距离（Ratsimbazafy & Kaufmann，2008）。自然资源保护者们认为，通过了解当地的禁忌，通过穿越当地圣林，通过研究一个归因于景观的神圣的概念，他们将有望达成合作保护的协议。然而，正如之前展示的那样，其中的背景比他们想象的要错综复杂得多（若想了解类似结果，请参阅 Cinner，2007；Jones et al., 2008）。

如果文化适应不能与当地的神圣信仰融合，它如何与非神圣的非正式机构合作，例如除此之外还可以调节资源开采的社区公约？保护组织是否可能在运用地方法律来保护资源方面取得更大的成功？

13.3.2 *dina*：社区公约

"*dina*" 是帮助调节社会环境的村级社区公约。这些规则由马达加斯加农村社区的基层权力设定，包括家庭、宗族和部族联盟的长者、巫师和礼仪领袖。因为这些规则已经由社区合法化的权力基础审查，并确保它们得到强制执行，所以社区公约在社区成员之中具有合法性。

有多少马达加斯加社区使用法规的手段约束他们的共同生活，就会有多少种社区公约存在。比如说，牧民们通过社区公约解决放牧公共用地、公共水池的使用权和牲畜交换等问题；渔民通过社区公约对章鱼禁捕区进行管制（Langley，2006，p28）；园艺种植者通过社区公约明确森林中的使用权（Henkels，1999，p42）。只有米其亚猎人似乎没有公开编纂他们彼此之间的往来条约（Tucker et al.，2011），[④]在我看来，他们的往来本身就是一种公约——一种由口头流传的社区公约（一些马达加斯加社区会把它们写了下来，并向村长或镇长登记）。拉科托逊和坦纳确定了三种类型的社区公约：

第一种类型的社区公约不需要合法性进行控制，也不需要法律实体的批准。大多数口头传统都是这种情况，通常是不成文的，特别是在偏远的农村社区。这种社区公约可以不经法律程序立即生效，对当地传统社区来说是最有效率的。第二种类型的社区公约需要进行司法审查。这些公约必须得到司法部的批准并进行调研，以确保它们不违反官方法律和宪法。例如，如果一个公约准许死刑，这是不合法的，是禁止的，因为马达加斯加宪法和法律禁止死刑。第三种类型的社区公约本来就是合法的，由法律和官方机构创建。

（Rakotoson & Tanner，2006，p862）

习俗惯例的多样性给自然资源保护主义者提出了一个难题，他们倾向于将习俗正式化为第三类社区公约，使其成为具有法律约束力的社会法典（Berard，2009），而大多数马达加斯加的农村使用的是第一类社区公约（参阅第7篇文章了解第一类社区公约给基于社区的自然资源管理带来的问题）。此外，通过诸如《本地安全管理》和基于社区的自然资源管理等环境保护机构建立的规则和机构也面临着在马达加斯加农村社区是否合法的问题（参阅第7篇文章）。社区公约之所以能被合法化、遵循和强制执行，是因为它们是当地社区权力机构制定的。

土地保有惯例也同样如此。马达加斯加人对所有权的理解与大多数自然资源保护主义者不同。有些土地是可以转让的，但大部分是公共所有的。社区对投入了大量时间和劳动力的耕地具有更强的所有权意识。个人的果树和牲畜属于私人财产。因为保护项目越来越多地将私有、权属和利润作为激励保护的一种方式，

330　所以不同的土地所有制度就显得很重要了（关于这类方案的讨论，见第10、第11、第12篇文章）。这与马达加斯加人的所有权意识不太相符。

　　1996年，马达加斯加政府颁布了第96025号法律，旨在通过将管理自然资源的权力移交给当地社区，将发展和保护结合起来（Rakotoson & Tanner，2006，p860）。大多数村民还没准备好与新的官僚术语打交道。他们需要帮助，这个工作就落到了各种环保相关的非政府组织的头上。口头传统的法律已经过时了，随之而来的是白纸黑字和官僚语言。因此，为了编写新的社区公约，以保护各种自然资源和物种，第96025号法律将环保相关的非政府组织与社区联系在一起。通过这种方式，当地实际存在的规则——虽然不是通过法律机构或官方承认的，但是事实上存在的规则——可以被承认是马达加斯加的法规，是法定机构承认的规则（Andriamalala & Gardner，2010，p450；Rarivoson，2007，p312）。

　　在第96025号法律出台之前，马达加斯加政府已经尝试过在当地社区制定一个保护议程。1991年，水利局和林业部门与马达加斯加中南部的巴拉牧民联手编写了 Dinan'ny Mpanao Hatsaka（Horning，2004，p180）。这个公约针对的是那些通过砍伐森林和种植农作物而侵占牧民土地的农民。这个公约规定："严禁利用森林开拓土地。"如果不遵守公约，违法者将被强制将他们的土地归还国家，庄稼上交给社区，此外还将被罚款（Horning，2004，p180）。该公约还进行了多次修订，提高监管能力，改进处罚方式，以便更好地利用特定的自然资源。世界自然基金会最终接管了社区公约，并将资源管理移交给了8位主要的民族领导人，这从根本上把森林保护的权力格局从社区公约转变为社会精英控制（Horning，2004，p185）。但这加剧了巴拉村民们之间的分歧，并损害了村庄的权威，最终导致其合法性和可信性逐渐丧失。巴拉人认为 Dinan'ny Mpanao Hatsaka 是在听从外来者的命令，没有考虑他们自己的利益（Horning，2004，p186）。换言之，这个公约已经成为"获取和维护权力的机制"，成为占有、支配自然资源和排他的机制（Horning，2004，p241）。

　　马达加斯加社区解决权力和统治问题的能力有限，我们可以把这个问题归结为文化适应问题——缩小文化之间距离的问题。环保主义者们认为文化适应是一件好事，是一种缩小相互联系的文化之间距离的方法，但是人类学家知道
331　这种交流是不公平不合理的：弱势一方的要求注定要屈服于强大一方的要求（Ratsimbazafy & Kaufmann，2008，pp41-42）。

　　马达加斯加人对 zavatse vazaha 即诸如适应文化冲动的外国人的事情的普遍做法是远离他们自认为不属于自己的社区公约。霍宁（2004，p150）指出巴拉人不遵从不是祖传的、不具有正统性的公约，即不是当地制定的公约。巴拉人不惧怕后果，因为是外国人而并非他们的祖先把他们的公约定为一个国家级的规则。

　　服从新的权力动态是对文化适应的另一种回应。这比我上面提到的巴拉人的回避方式有更深的影响。马库斯（2008，pp94-95）认为，随着马达加斯加农村

地区的社区公约被外国制定的社区公约所取代，马达加斯加的社会凝聚力会因此受到系统性的削弱。例如，为了加强对外国人的保护公约的监督和执法而放弃 *titike*（为了尊重传统和共同利益而制定的道德规范）这样的社会契约（Horning，2004，p186，引述 Randriatavy，1994），会导致马达加斯加的村民彼此之间失去信任和承诺。然而，自然保护并不一定要以牺牲当地居民的社会凝聚力和信誉为代价（Ratsimbazafy et al.，2008）。

自然资源保护主义者们提议，要想成功地保护环境就需要取消诸如 *titike* 这样的社会契约，他们认为这种契约虽然可以加强社会凝聚力，但却没有对违反公约的人进行监管。换句话说，他们认为森林重于村民，丧失人性的森林村民不应再砍伐森林。一项关于马达加斯加西部莫伦贝区维洛德里克保护协会的维佐渔民的保护研究指出，社会凝聚力（中部高地方言中的"*fihavanana*"一词或者西部地区方言中的"*filongoa*"一词）不利于保护社区公约的执行，因为在有血缘关系的部族中，"家庭"的重要性（*filongoa*）超越了"背叛"那些破坏公约、不遵守规则的亲朋好友（Andriamalala & Gardner，2010，p247）。有人提议向那些告发亲属违反保护规则的人提供金钱奖励（"以经济利益吸引他们"）（Andriamalala & Gardner，2010，p247）。我们如何沦落到让一个人对他的亲朋好友进行"赏金狩猎"以实现保护目标？

除了上述反对自然资源保护者破坏社会凝聚力以达到管制和监管资源的使用的道德论点外，还有一个现实问题值得关注。[5] 为了达到保护自然的目的，这类破坏集体思想和行动、鼓励个人利益的政策可能会适得其反。基于社区的自然资源管理是建立在这样一个基本前提之上的，即越强大的社区越有利于保护自然，然而这些政策却恰恰相反，使家庭反目成仇。接下来要谈到的拉博埃蒂曾经发出警告，他说："腐化我们个人的正直品格和彼此之间的诚信会导致可怕的结果——即放弃个人自由去为暴君服务。"

332

13.4　自愿奴役

艾蒂安·德·拉博埃蒂撰写了《关于自愿奴役的论述》（*Le Discours sur la Servitude Volontaire*）一书来反驳这种道德上的顺从——丧失自己的自由而自愿屈从于君主的奴役，如果屈从的人数足够多，就会出现暴君。拉博埃蒂的论点陈述如下：

我想知道，怎么可能有这么多的人，这么多的乡村，这么多城市，这么多民族容忍暴君骑在自己头上。如果他们不给这个暴君权力，他本不会有任何权力。只有在他们愿意忍受的条件下，他才能侵犯他们。如果人们意识到与其容忍这种暴虐统治不如起来反抗，那暴君就不可能祸害他们了。真是令人震惊！然而，这种现象却是如此的普遍，看到一百万人被束缚在枷锁之下，在悲惨中服役，我们应该感到悲伤，而不仅仅是惊讶……

(La Boétie & Bonnefon，2007，p112)

拉博埃蒂所言之意并非人们生来就受人主宰，沦为奴隶。他所表明的是，人类有能力将大自然赐予我们的最伟大的礼物——自由赋予外部力量（Abensour，2011）。人类不是注定要成为奴隶的，人类必须要为他们的自由而努力，而不是为了一些不值得的东西（讨统治者的欢心）而放弃我们的正直。自拉博埃蒂时代以来，人类学家就一直在努力研究"馈赠"这一概念，这一概念的关键是："拉博埃蒂分析的共同思路是动词'给予'。正是给予了多种自由才形成了暴君的权力"。（Abensour，2011，p333，引自 J. -M. Rey，1968，p199，p202 – 203）

自愿奴役破坏了大自然最伟大的礼物——友谊，拉博埃蒂认为这正是的社会凝聚力的关键所在。对此他颇有感悟。当年他和年轻的米歇尔·德·蒙田（Michel de Montaigne）结下了深厚的友谊，这位法国思想家以拉博埃蒂为例，以友谊为话题，创作了著名的人类学文本的前身《随笔集》 （Montaigne，1946），⑥自1580年第一次印刷以来，一直就人类如何生活这个问题给予读者启发（Bakewell，2010）。拉博埃蒂强调，友谊反对自愿奴役，像反对派那样揭开暴政的面目。此外，拉博埃蒂还认识到了人类与自然的友谊（Conley，1998，p67）。自愿劳役，会让人放弃大自然的礼物——友谊，这会腐化人类本性的一个关键部分。

拉博埃蒂对暴政的反抗不是使用暴力革命的手段，而是消极抵抗——通过拒绝服从暴君的道德武器。拉博埃蒂认为，是人们赋予暴君过多的权力才造就了暴君。因此，这种让暴君得逞的集体行动，同样可以剥夺他的力量，轻易地消除这种自然的扭曲（La Boétie & Bonnefon，2007，p116）。

对拉博埃蒂来说，统治的关键是以牺牲另一个人为代价而获利，这会败坏了一个人的正直，并像多米诺骨牌效应一样使人们崩溃，从而陷入奴役状态之中。拉博埃蒂认为"专治"源于五六人组成的核心集团，这些人为了利益而出卖自己的自由，雇佣600个人，雇佣6000个人，直到集体支持暴君（La Boétie & Bonnefon，2007，p140）。他指出，造就暴君的人比奴隶更可恶，比那些不情愿被剥夺自由的人更恶劣，因为他们已经放弃了他们的自由成为暴君的共生者。

但是，从保护自然中获利是自然资源保护主义者为解决社会凝聚力的"问题"而提出的。他们设法迎合马达加斯加人的经济利益，试图打破他们对彼此的忠诚。如果这个想法能被广泛接受，这个保护公约就会取得更大的成功。但是这也要考虑到成本。保护组织试图利用传统的手段，比如社区公益，禁忌和宗教信仰，让当地人民打心底里放弃他们的权利和自由，并试图将他们变成心甘情愿的仆人。

马达加斯加广为人知的特点就是崇尚自由，蔑视奴役和奴隶（Graeber，2007a，p272 – 274；Rakoto，1997；Randrianja & Ellis，2009，p226 – 228）。马达

加斯加的民族精神一方面强调自由平等，另一方面也强调在不平等的等级制度下的差异，这种差异与其说是富人和穷人之间的差异，不如说是统治和被统治之间的差异。自由和不平等这两者之间的对立，使这两类人一直存在。因此，难怪马达加斯加农村地区的人不积极参与这种自愿的"新环保主义"，即试图通过利用当地一些习俗作为奴役机制，让当地社区参与生物多样性保护。

要是觉得言过其实，那就有点讽刺了。马达加斯加现在面临着屈服于统治权力从而丧失获得更多自然资源控制权的自由，除此之外别无他选。第 96025 号法律本来旨在给予马达加斯加人更多管理自然资源的自由，但却适得其反。它没有赋予马达加斯加人更多的权利，反而剥夺了他们的权利——如果他们任由趋势发展的话。他们面临着一个失败的局面：如果他们自愿腐化自己的社会制度，那么他们将在管理自然资源方面拥有更多的控制权。他们可能拥有更多的控制权，但会失去更多的选择权。基于社区的自然资源管理按说可以赋予人们更多的资源控制权，但同时也缩小了他们实际使用资源的范围，举个例子，将森林的使用限制在非消耗性用途上。如果我们继续这样做，保护就会变成自愿奴役。到目前为止，没有多少马达加斯加人同意这一点。他们反对与自然资源保护者合作，这在很大程度上与他们的自由观念以及他们对祖先及其所代表的社会制度的尊重有关。

这种对当地信仰的侵占，最糟糕的不是自然资源保护主义者滥用人类学，而是将人类学视为揭示当地文化的中心特征的机制，还美其名曰"保护环境"，而不是作为了解人们、探索人类多样性的一般性科学的方法论。至少，他们将人类学的一些价值视为探索文化相对性的一种方式，试图根据自己的主张而不是与我们的生活方式相联系地去理解其他的生活方式。然而，他们在使用文化相对论的方法时却没有跳出他们的种族中心主义——认为自己的生活方式比其他文化更优越。社会和文化人类学家秉承这样的理念：学习和掌握其他的文化时，要暂时抛弃自己的种族中心主义思想，这就是为什么人类学家需要长时间从事民族志的实地调研工作。这证明了自然资源保护者不是很擅长使用人类学的方法。

这种对马达加斯加环保思想篡夺最严重的并不是来自马达加斯加为各种环保相关非政府组织工作的新"环保精英"（Moreau，2008，p54）。在马达加斯加工作的保护组织最早从美国国际开发署的报告中获得马达加斯加的社区公约制度的信息（Razafindrabe & Thompson，1994）。这为众多的出版物创造了条件，其中许多是与马达加斯加作者一起出版的，这些出版物试图将当地的治理从社区公约的形式转变为一种广泛授权的保护政策（参阅 Andriamalala & Gardner，2010；Henkels，1999；Langley，2006；Pronk & Evers，2007；Rakotondrasoa & Evers，2010；Rakotoson & Tanner，2006；Ralalarimanga，2010；Randrianarison & Karpe，2010；Rarivoson，2007；Razanaka，2000）。

这种占用的真正悲剧在于，环保组织将当地的规则依附于自然，并将它们嫁接到广泛的明确的保护规则中，要求当地人民服从自愿奴役，这是拉博埃蒂所说的暴政的基础。以拉博埃蒂的视角分析，这些环境保护主义者正试图从有着截然不同的意图和社会参照物的文化观念和实践中创造出一种深远的保护伦理。我们可以看到，这个势力强大的团体正企图引诱马达加斯加人加入他们的行列中将自然变成暴君。这种对文化的侵犯与认为保护是一个自我认同的"使命驱动的准则"是一致的（Soulé，1985）。因此，他们对土著文化和制度的看法与传教士和殖民者有许多相似的地方——有些东西值得借鉴，有些最好用"更好的"（在保护的情况下更"合理"）的东西代替，这一点也就不足为奇了。这种殖民思想的持续存在，即通过侵占当地机构并将其纳入殖民机构来控制和支配当地居民的做法，在马达加斯加工作的保护组织中显而易见。

13.5　结论

纵观整个马达加斯加，这些案例研究表明，在将当地社会文化信仰和实践纳入西方保护道德观方面是不够成功的（Scales，2012）。从表面上看，这个吸引当地利益相关者加入自然保护行列的想法，似乎是个好主意，用尊敬的灵长类动物保护主义者艾莉森·朱莉（Alison Jolly，2008，pxii）的话来说，是为了"造福于世界其他地区"。但仔细分析，特别是从人类学的观点来看，让社区与外国保护组织合作是十分困难的挑战。环境保护者利用人类学——假借凤毛麟角的人类学知识掩盖他们根深蒂固的种族中心主义，他们缺乏对不同世界观敏锐的理解——就好像在卖弄与环境相关的不同价值体系来达到目的。他们试图将当地的社会文化价值观与一种重生物多样性而轻马达加斯加居民利益的这种外来的世界观强行融合。

殖民帝国因其压迫性的军事行动被推翻了，自然保护主义是否也会走向同样的命运呢？也许是的。自然保护正日益与市场环境主义结盟（参阅第12篇文章）。如果森林私有化，并以生态系统服务付费的名义封闭起来，马达加斯加农村的人很可能会感到被抢劫了一样。他们可能会以破坏森林的方式来报复市场环境保护主义所固有的陌生感和不平等权利，文化和自然资源保护将因此两败俱伤。

但保护自然不必走殖民主义的道路，还有一条路可以走。布罗修斯（Brosius，1999）指出，如今的自然保护与前10年的自然保护有很大的不同。保护可以从它的使命出发，根除它的殖民遗留问题。将文化实践当成利益机制是行不通的，特别是用在人们眼中根本没有合法性的自然保护的工作中。不要为了目的而不择手段，不要将保护伦理凌驾于文化活力之上。保护自然可以融入当地人，也可以不伤害他们。也许随着自然保护逐渐成熟，并在种种错误和失败中慢慢改变，自然保护可以放弃现有的"使命"和立场，开发出与文化融合得更好的自然保护方式。笔者并不会天真地认为自然资源保护者会成为更好的人类学家，但他们可以减少殖民主义，成为更好的自然资源保护者。

注释

①请参阅由韦德·戴维斯（Wade Davis）主讲的 Ted Talks，和他的书相比，这可能会对更广泛的观众产生影响：《拯救一片原始的荒野后院：韦德·戴维斯 TED2012》（"Saving a Pristine Backyard Wilderness：Wade Davis at TED2012"）（blog. ted. com/2012/02/29/wade-davis-at-ted2012/）；《韦德·戴维斯：来自濒危文化的梦想》（"Wade Davis：Dreams from Endangered Cultures"）（www. ted. com/talks/wade_ davis_ on_ endangered_ cultures. html）；《韦德·戴维斯：信仰与仪式的世界网络》（"Wade Davis：The Worldwide Web of Belief and Ritual"）（www. ted. com/talks/wade_ davis_ on_ the_ worldwide_ web_ of_ belief_ and_ ritual. html）.

②这也不意味着他们拥有比其他人更长或者更深的历史，或与过去有着更好的关系。它只意味着过去的事情，特别是那些赋予他们和缅怀先人的美好故事生命的事物，在生活中与他们是息息相关的。

③在此感谢主编建议笔者在本段中强调许多要点。

④作者接着指出，"在马达加斯加西南部，社区公约专指血汗的支付，即支付给家庭牲畜，以补偿突袭造成的伤害"（Tucker et al.，2011，p301）。笔者在安德罗卡·瓦沃周围没有发现这种独家的设置条件。

⑤在此感谢主编要求笔者在这里详细阐述这一论点。

⑥蒙田在他的《论友谊》一文中对友谊进行了扩展叙述，认为友谊依赖于正直和真诚，他首先在给父亲的信件中进行了叙述，随后在他的文章《论友谊》中出版，这篇文章陪伴着他的朋友拉博埃蒂在病榻上度过了生命的最后一段日子，享年 32 岁（Montaigne，1946，vol 1）。

参考文献

Abensour，M.（2011）'Is there a proper way to use the voluntary servitude hypothesis?'，*Journal of Political Ideologies*，vol 16，pp329 – 348.

Andriamalala，G. and Gardner，C. J.（2010）'L'utilisation du dina comme outil de gouvernance des ressources naturelles：le? ons tirés de Velondriake，sud-ouest de Madagascar，*Tropical Conservation Science*，vol 3，pp447 – 472.

Astuti，R.（1995）' "The Vezo are not a kind of people"：identity，difference and "ethnicity" among a fishing people of western Madagascar'，*American Ethnologist*，vol 22，pp464 – 482.

Bakewell，S.（2010）*How to Live，or，a Life of Montaigne in One Question and Twenty Attempts at an Answer*，Other Press，New York.

Bérard，M. -H.（2009）'des normes environnementales et complexité du droit：l'exemple de l'utilisation des *dina* dans la gestion locale de la forêt à Madagascar'，Docteure en Droit（LL. D.），Faculté de droit，Québec，del'Université Laval.

Bloch，M.（1971）*Placing the Dead：Tombs，Ancestral Villages，and Kinship Organization in*

Madagascar, Seminar Press, London.

Brockington, D. (2001) 'Communal property and degradation narratives: debating the Sukuma
immigration into Rukwa Region, Tanzania', *Les Cahiers d'Afrique de l'Est*, vol 20, pp1 – 22.

Brockington, D. (2005) The politics and ethnography of environmentalisms in Tanzania', *African
Affairs*, vol 105, pp97 – 116.

Brosius, J. P. (1997) 'Endangered forest, endangered people: environmentalist representations of
indigenous knowledge', *Human Ecology*, vol 25, pp47 – 69.

Brosius, J. P. (1999) 'Analysis and Intervention: anthropological engagements with environmentalism',
Current Anthropology, vol 40, pp277 – 309.

Cinner, J. E. (2007) 'The role of taboos in conserving coastal resources in Madagascar', *SPC
Traditional Marine Resource Management and Knowledge Information Bulletin*, vol 22, pp15—23.

Cole, J. (2001) *Forget Colonialism? Sacrifice and the Art of Memory in Madagascar*, University of
California, Berkeley.

Conley, T. (1998) 'Friendship in a local vein: Montaigne's servitude to La Boetie, *South Atlantic
Quarterly*, vol 97, pp65 – 90.

Davis, W. and Henley, T. (1990) *Penan: Voice for the Borneo Rainforest*, Western Canada
Wilderness Committee, Vancouver.

Eggert, K. (1981) 'Who are the Mahafaly? Cultural and social misidentifications in southwestern
Madagascar', *Omaly Sy Anio*, vols 13 – 14, pp149 – 176.

Errington, F. and Gewertz, D. (2001) 'On the generification of culture: from Blow Fish to
Melanesian', *Journal of the Royal Anthropological Institute*, vol 7, pp509 – 525.

Esoavelomandroso, M. (1979) *La Province Maritime Orientale du Royaume de Madagascar à la Fin
du XIXe Siècle*, FTM, Antananarivo.

Esoavelomandroso, M. (1988) 'La destruction de la forêt par l'' homme Malgache: un problème
mal posé, *Recherches pour le Développement*, vol 2, pp183 – 186.

Feeley-Harnik, G. (1991) *A Green Estate: Restoring Independence in Madagascar*, Smithsonian
Institution, Washington, DC.

Feeley-Harnik, G. (2001) 'Ravenala madagascariensis Sonnerat: the historical ecology of a
"Flagship Species" in Madagascar', *Ethnohistory*, vol 48, pp31 – 86.

Graeber, D. (1995) 'Dancing with corpses reconsidered: an interpretation of famadiaha (in
Arivonimamo, Madagascar)', *American Ethnologist*, vol 22, pp258 – 278.

Graeber, D. (2007a) *Lost People: Magic and the Legacy of Slavery in Madagascar*, Indiana
University Press, Bloomington.

Graeber, D. (2007b) *Possibilities: Essays on Hierarchy, Rebellion, and Desire*, AK Press,
Oakland.

Haenn, N. (1999) 'The power of environmental knowledge: ethnoecology and environmental
conflicts in Mexican conservation', *Human Ecology*, vol 27, pp477 – 491.

Henkels, D. M. (1999) 'Une vue de pres du droit de l'environnement Malgache, *African Studies
Quarterly*, vol 3, pp37 – 57.

Horning, N. R. (2004) *The Limits of Rules: When Rules Promote Forest Conservation and When They*

Do Not—Insights from Bara Country, *Madagascar*, PhD thesis, Political Science, Cornell University, Ithaca.

Jolly, A. (2008) 'Foreword', in J. C. Kaufmann (ed.) *Greening the Great Red Island: Madagascar in Nature and Culture*, Africa Institute of South Africa, Pretoria.

Jones, J. P. G., Andriamarovololona, M. M. and Hockley, N. (2008) 'The importance of taboos and social norms to conservation in Madagascar', *Conservation Biology*, vol 22, pp976–986.   *338*

Kaufmann, J. C. (2003) Cactus pastoralism: on its origin and growth in Madagascar', *Michigan Discussions in Anthropology*, vol 14, pp104–126.

Kaufmann, J. C. (2004) Prickly pear cactus and pastoralism in Southwest Madagascar', *Ethnology*, vol 43, pp 345–361.

Kaufmann, J. C. (2006) 'The sad opaqueness of the environmental crisis in Madagascar', *Conservation and Society*, vol 4, pp179–193.

Kaufmann, J. C. (2008) 'The non-modern constitution of famines in Madagascar's spiny forests: "water-food" plants, cattle, and Mahafale landscape praxis', *Environmental Sciences*, vol 5, pp73–89.

Kawharu, M. (2000) 'Kaitiakitanga: a Maori anthropological perspective of the Maori socio-environmental ethic of resource management', *The Journal of the Polynesia Society*, vol 109, pp349–370.

La Boétie, É. de and Bonnefon, P. (2007) *The Politics of Obedience and étienne de La Boétie*, Black Rose, Montréal.

Lambek, M. (1992) 'Taboo as cultural practice among Malagasy speakers', *Man*, vol 27, pp245–266.

Lambek, M. (2002) *The Weight of the Past: Living with History in Mahajanga*, *Madagascar*, Palgrave Macmillan, New York.

Langley, J. M. (2006) *Vezo Knowledge: Traditional Ecological Knowledge in Andavadoaka*, *Southwest Madagascar*, Blue Ventures Conservation Report, London.

Larson, P. M. (1996) 'Desperately seeking "the Merina" (Central Madagascar): reading ethnonyms and their semantic fields in African identity histories', *Journal of Southern African Studies*, vol 22, pp541–560.

Mack, J. (1986) *Madagascar: Island of the Ancestors*, British Museum Publications, London.

Marcus, R. R. (2008) 'Tòkana: the collapse of the rural Malagasy community', *African Studies Review*, vol 51, pp85–104.

Montaigne, M. de (1946) *The Essays of Montaigne in Three Volumes*, The Heritage Press, New York.

Moreau, S. (2008) 'Environmental misunderstandings', in J. C. Kaufmann (ed.) *Greening the Great Red Island: Madagascar in Nature and Culture*, Africa Institute of South Africa, Pretoria.

Orwell, G. (1961) *1984: A Novel*, Signet Classics, New York.

Poyer, L. and Kelly, R. L. (2000) 'Mystification of the Mikea: constructions of foraging identity in Southwest Madagascar', *Journal of Anthropological Research*, vol 56, pp163–185.

Pronk, C. and Evers, S. J. T. M. (2007) 'Complexité de l'acces a la terre dans le sud-est de Madagascar', also published as 'The complexities of land access in southeast Madagascar',

Taloha, vol 18, www. taloha. info/document. php? id = 568.

Rakoto, I. (1997) *L'esclavage à Madagascar: Aspects Historiques et Résurgences Contemporaines*, Institute de Civilisations, Musée d'Art et d'Archéologie, Antananarivo.

Rakotoarisoa, J. A. (1998) *Mille Ans d'Occupation Humaine dans le Sud-Est de Madagascar: Anosy, une Ile au Milieu des Terre*, L'Harmattan, Paris.

Rakotondrabe, T. D. (1993) 'Beyond the ethnic group: ethnic groups, nation state and democaracy in Madagascar', *Transformation*, vol 22, pp15 – 29.

Rakotondrasoa, L. M. and Evers, S. J. T. M. (2010) 'Objectifs du millénaire pour le développement: sécurité, conflits de lois et accès à la terre dans le contexte malgache,' also published as 'Malagasy challenges in achieving the Millennium Development Goals: security, competing jurisdictions, land access and livelihoods', *Taloha*, vol 19, www. taloha. info/document. php? id = 888.

Rakotoson, L. R. and Tanner, K. (2006) 'Community-based governance of coastal zone and marine resources in Madagascar', *Ocean and Coastal Management*, vol 49, pp855 – 872.

Ralalarimanga, H. C. S. (2010) 'De l'oralité à l'écrit: droit et gestion durable des ressources naturelles renouvelables de la forêt de Merikanjaka', *Taloha*, vol 19, www. taloha. info/document. php? id = 789.

Ramarolahy (1972) *Rakitry ny elan'ny Ntaolo Malagasy*, Imprimerie Catholique, Tananarive.

Randrianarison, M. and Karpe, P. (2010) 'Le contrat comme outil de gestion des ressources forestières', Taloha, vol 19, www. taloha. info/document. php? id = 887.

Randrianja, S. and Ellis, S. (2009) *Madagascar: A Short History*, Hurst, London.

Randriatavy (1994) *L'Occupation de éspace et l'Organisation Sociale à Bara Manamboay et à Andranomaitso*, World Wide Fund for Nature, Sakaraha.

Rarivoson, C. (2007) 'The Mandena dina: a potential tool at the local level for sustainable management of renewable natural resources', *SI/MAB Series* 11, pp309 – 315.

Ratsimbazafy, J. and Kaufmann, J. C (2008) 'An experiment in lessening cultural distance', in J. C. Kaufmann (ed.) *Greening the Great Red Island: Madagascar in Nature and Culture*, Africa Institute of South Africa, Pretoria.

Ratsimbazafy, J., Rakotoniaina, L. J. and Durbin, J. (2008) 'Cultural anthropologists and conservationists: can we learn from each other to conserve the diversity of Malagasy species and cultures', in J. C. Kaufmann (ed.) *Greening the Great Red Island: Madagascar in Nature and Culture*, Africa Institute of South Africa, Pretoria.

Razafindrabe, M. and Thompson, J. (1994) *Local Governance in Madagascar*, KEPEM/ USAID, Antananarivo.

Razanaka, S. (2000) 'Le *dina*: un mode de gestion communautaire moderne (Madagascar)', in D. Compagnon and F. Constantin (eds) *Administrer l'Environnement en Arfique*, Karthala, Paris.

Rey, J. -M. (1968) *La Part de l'Autre*, PUF, Paris.

Roberts, M., Normann, W., Minhinnick, N., Wihongi, D. and Kirkwood, C. (1995) 'Kaitiakitangata: Maori perspectives on conservation', *Pacific Conservation Biology*, vol 2, pp7 – 20.

339

Roberts, M., Haami, B., Benton, R., Satterfield, T., Finucane, M. and Henare, M. (2004) 'Whakapapa as a Maori mental construct: some implications for the debate over genetic modification of organisms', *The Contemporary Pacific*, vol 16, pp1 – 28.

Scales, I. R. (2012) 'Lost in translation: conflicting views of deforestation, land use and identity in western Madagascar', *The Geographical Journal*, vol 178, pp67 – 79.

Soulé, M. (1985) 'What is conservation biology?', *BioScience*, vol 35, pp727 – 734.

Tucker, B., Huff, A., Tsiazonera, Tombo, J., Hajasoa, P. and Nagnisaha, C. (2011) 'When the wealthy are poor: poverty explanations and local perspectives in southwestern Madagascar', *American Anthropologist*, vol 113, pp291 – 305.

Walsh, A. (2001) 'When origins matter: the politics of commemoration in northern Madagascar', *Ethnohistory*, vol 48, pp237 – 256.   *340*

Walsh, A. (2002) 'Responsibility, taboos and "the freedom to do otherwise" in Ankarana, northern Madagascar', *Journal of the Royal Anthropological Institute*, vol 8, pp451 – 468.

West, P. (2005) 'Translation, value, and space: theorizing an ethnographic and engaged environmental anthropology', *American Anthropologist*, vol 107, pp632 – 642.   *341*

马达加斯加生物多样性保护与环境管理前景——教训和挑战

伊万·R. 斯凯尔斯（Ivan R. Scales）

本书阐述了马达加斯加生物多样性保护和环境管理的核心挑战：如何在实现经济增长并创造对生态系统压力较小的替代生计的同时保护生物的多样性。本书的所有文章都揭示了这项挑战的艰巨性。毫无疑问，马达加斯加已经经历了严重的栖息地丧失和物种灭绝，这不仅对该岛的生物多样性有严重影响，而且对直接依赖其生态系统生存的人类也有巨大的影响。

除此之外，本书还分析和评论了针对解决生物多样性保护、自然资源管理和扶贫问题的政策，揭示了马达加斯加如何成为政策制定者的实验室，其中最早的一些例子是撒哈拉以南非洲地区的保护区（第4和第9篇文章）、国家环境行动计划（第6篇文章）和社区管理计划（第7篇文章）。正如弗格森和加德纳所说，计划已经取得了进展：

> 在过去20年中，马达加斯加的保护工作取得了一些显著的进展；大规模政策改革和大量实地行动的开展，产生了一系列新的政策框架和机构，许多地区的森林砍伐率有所下降，建立了许多新的保护区，并使当地利益相关者参与了新形式的自然资源治理。

> （Ferguson & Gardner，2010，p75）

然而，对生物多样性的威胁依然很多，并且保护政策对农村家庭造成了巨大的损失。那么，从一个多世纪的环境管理中可以吸取什么教训呢？未来将会怎样呢？

14.1 生物多样性和重点保护对象

14.1.1 旗舰物种、森林和皮毛动物：马达加斯加环境管理的狭隘视野

过去30年来，人们为记录马达加斯加的生物多样性付出了巨大努力，并

且经常发现新的物种。例如在 20 世纪 90 年代早期，只记录了 32 种狐猴种类（Mittermeier et al.，1992）；到了 2008 年，这一数字已经上升到了 97（Mittermeier et al.，2008）；到 2013 年已知狐猴种类已超过 100 种（Rasoloarison et al.，2013）。近几年大量物种的发现得益于研究人员在岛屿偏远地区收集标本时付出的巨大努力，也得益于分类学方法的发展，尤其是利用遗传学分裂现有种群的方法（Thalmann，2006）。

马达加斯加生物多样性吸引了许多生物学家和游客，但研究和保护的对象往往是狐猴。塔尔曼将岛上的这类灵长类动物称为"马达加斯加大使"：

> 作为马达加斯加特有的灵长类动物群，它们构成了世界自然遗产和人类自然历史的独特部分。它们大多栖息在森林，所以可以作为马达加斯加森林和森林野生动植物的大使。保护狐猴等于保护森林……由此为森林保护带来很多帮助，例如减少水土流失，加快干净和可持续利用水资源的扩散——**为人类提供更好的生活**。

> （Thalmann，2006，p6）

许多生活在森林边境的马达加斯加人会对这段引文的最后部分提出质疑。以狐猴为中心的保护措施，往往会给依赖森林生活的家庭带来巨大的成本，会导致居民流离失所，自然资源的使用受到严格限制，家庭经济遭受损失（Ghimire，1994；Peters，1999）。

从保护的角度来看，显然狐猴是符合旗舰物种描述的——魅力物种有助于保护行动获得关注和资助（Walpole & Leader-Williams，2002）。它们也符合伞形物种的描述（Walpole & Leader-Williams，2002）。所以保护狐猴就意味着保护森林生态系统和保护所有有益于生态系统功能的物种。大多数狐猴的生存需要大片相对不受干扰的森林，这一点对于建立保护区起到了关键性作用。例如金竹狐猴的发现引发了美国环保人士和马达加斯加官员之间的讨论，并促成了拉诺马法纳国家公园的建立。根据 1990 年与马达加斯加政府达成的协议，杜克大学生物学家与美国国际开发署就一项综合保护和开发项目进行了 320 万美元的赠款谈判（Peters，1999）。

然而，旗舰物种保护的方法可能会存在缺点。狐猴的集中保护会给特定哺乳动物群体和它们赖以生存的生态系统带来大量关注、资助、研究。马达加斯加的生物多样性保护往往集中在东部热带雨林，但这样的保护会以损害其他生物群落为代价，特别是西部和南部的干燥落叶林和多刺森林（Hannah et al.，1998；Bollen & Donati，2006）。这种以集中保护的方式实施的保护政策助长了马达加斯加森林的"拜物主义"，尤其是热带雨林。这里的"拜物"既包含了它的现代用法（过分关注某事物），也有人类学上的用法，即指非物质物体被赋予魔力的过程。保护政策期望岛上的森林可以贡献更多——不仅为狐猴提供栖息地，还为农村家庭提供广泛的生态系统服务和创造新生计。在 REDD + 计划和其他碳抵消计划中（参阅第12篇文章），森林有望解决生物多样性保护、扶贫以及气候变化的问题，所以对树木的过分崇拜只会逐渐加剧。

笔者不想淡化森林的重要性及其在生物多样性保护和生态系统服务方面的重要作用。然而，对森林的狭隘关注意味着对其他生物群落和景观的了解相对较少。马达加斯加不同地区多样的生态系统各自有着其独有的特征，但人们对于植被变化和人类行为影响的具体情况知之甚少（Kull，2000；参阅第3篇文章）。这种过度关注的弊端在于会忽略其他重要生态系统。例如，最近对岛上草原的研究表明，无论是植物群还是动物群，这里的草原与非洲大陆上任何一个地方同样丰富多彩（Bond et al.，2008，p1753）：

我们建议，生物学家应该重新审视马达加斯加的草原，因为在一个植物具有几乎无与伦比的特有分布的国家，草原生物群却几乎被保护生物计划忽视了。草地生态系统通常被认为是这个独特岛屿之外的而非内在的组成部分。

14.1.2 海洋环境：眼不见，心不烦？

读者可能已经注意到，本书对于海洋案例的研究相对较少，这并不是因为作者有任何的偏见。遗憾的是，我们对马达加斯加海洋领域的了解，特别是在海洋管理方面的了解还很欠缺，"岛上陆地生物多样性所面临的诸多威胁，使海浪之下的环境挑战遭到忽视"（Harris，2011，p8）。虽然海洋生物特有性水平不如陆地生物特有性的水平，但海岸线长达5600千米的马达加斯加，也拥有多种多样的海洋和沿海栖息地（FAO，2008）。

马达加斯加的海洋资源既是国民经济的主要出口商品，也是马达加斯加家庭的主要口粮，因此是非常重要的。从独木舟开始的传统渔业，开发了从鱼类到海洋哺乳动物、海龟、鲨鱼、章鱼、甲壳动物和海参等各种物种（FAO，2008）。它们在马达加斯加西部和西南部尤为重要，那里半干旱和干旱的气候条件使得发展农业尤为困难（Le Manach et al.，2012）。它们不仅为渔民提供了生存的物质基础，而且据估计，鱼和鱼类产品为马达加斯加人的动物蛋白摄入量贡献了20%（FAO，2008）。因此，它们对岛上的粮食安全具有重要意义。除了这些地方、区域和国家层面外，当地渔业还与国际市场相连，特别是在中国和东南亚地区，这些地区对海参、鱼翅等产品的需求日益增长，随之而来的是对此类贸易影响物种的质疑（McVean et al.，2006；Le Manach et al.，2012；Purcell et al.，2013）。

在工业渔业方面，近岸虾业是该岛最大的出口行业之一。主要是工业船队在西部、西北部和东部海岸1～4千米处通过拖网捕鱼作业捕捞海虾（FAO，2008）。这些海虾通常被出口到日本、欧洲、美国、留尼汪岛和毛里求斯。可能是由于过度开发和气候变化的共同作用，捕捞量在过去几年中有所下降（FAO，

2008)。几种金枪鱼（如黄鳍金枪鱼、长鳍金枪鱼）都受到欧洲合法船队和亚洲非法船队的过度捕捞（Le Manach et al.，2012）。研究表明，尽管渔民人数不断增加，但小规模渔业可能在总捕捞量方面达到稳定水平，预计在未来 10 年内开始下降（Le Manach et al.，2012）。此外，商业捕虾船队和渔民之间的关系也日益紧张。

鉴于马达加斯加渔业对于经济增长和粮食安全的重要性，海洋环境管理需要进行更多研究并给予政策上的关注（Harris，2011；Le Manach et al.，2012）。在自然保护方面，尽管之前曾尝试让社区参与资源管理，但保护战略还是主要集中在保护区。在过去的 10 年里，海洋保护区（MPA）的覆盖率增长了 50 多倍。德班愿景见证了从 2002 年的 3 个保护区到 2010 年的 15 个临时或永久性保护区的 *345* 增长过程，但这些保护区倾向于关注珊瑚礁而忽略了其他生态系统，特别是海草床和红树林系统（Harris，2011）。

14.2 环境话语与共识：是时候学习新词汇了

目前政策和研究的焦点集中在一套狭隘的生态系统和物种上，因此需要建立更广泛的环境话语。笔者使用术语"话语"来表示对一系列以关键的思想、规范和价值观为基础的问题的思考和沟通方式。另一种意思是，根据一系列反复出现的主题和一组关键的（通常未经测试的）假设，特定的利益相关者（主要是保护组织和政府部门）对岛上人与环境的相互作用进行思考，形成一种独特的共识。在过去的 30 年里，随着保护组织对环境管理的影响越来越大，这种共识变得越来越普遍，政策已经首先将重点从资源的可持续管理转移到对生物多样性更为狭隘的关注（参阅第 6 篇文章）。

环境话语核心中最强烈的主题是"伊甸园式"的自然。从全岛森林假说中描绘的被人类活动破坏的生物天堂的形象，就可以清晰地看到这一点（参阅第 2和第 3 篇文章）。阅读关于马达加斯加的文章，经常会出现没有被明确定义的词语，诸如"森林""原始""初级"和"未开发地"，并且与"草原""次生"和"退化"二元对立。这种思想对环境管理产生了非常强烈的影响，从法国殖民政策建立的大量外来树种种植园，到禁火的言论和立法，污名化给牧民和烧垦农民的活动定了罪（Kull，2004）。尽管对马达加斯加土地覆盖变化的历史知之甚少，但人们认为是马达加斯加的草原退化，导致了通过植树造林计划和"重建"马达加斯加森林的政策制定（参阅第 2 和第 3 篇文章）。

第二种共识侧重于退化的驱动因素。如果马达加斯加的环境正在迅速退化，人们通常会把责任归咎于农村家庭，认为他们因贫穷落后或无知顽固而不愿意做任何改变（参阅第 4 篇文章）。这种认识明显是新马尔萨斯主义的：

困扰着马达加斯加人民的贫穷可能会破坏这种独特生物的遗留物……普遍的 *346*

贫穷、人口增加以及缺乏提高农业和牧场生产力的资源和技术，导致了大规模的森林砍伐。

(Sussman et al., 1994, p334)

这是一个严峻的马尔萨斯循环，目前，除了马达加斯加最偏远的西部海岸外，所有海岸都有数量空前的渔民在捕鱼，而许多沿海地区的人口快速增长又加剧了这一循环。

(Harris, 2011, p8)

显然，人类在塑造地貌环境方面发挥了重要作用，人类活动同时也导致了许多物种的灭绝（参阅第2篇文章）。人口的快速增长和贫困确实限制了许多农村家庭的生活选择（参阅第4篇文章）。看看岛上的环境问题，就不难理解为什么人们把马达加斯加描绘得这么夸张和惨不忍睹。然而这样的共识是有问题的，原因有二：首先，在很多情况下，这种认识并不准确。例如马达加斯加从未完全被森林覆盖。随着我们对全世界环境变化的理解不断加深（参阅第2篇文章），很明显，由于人类到来而毁坏了岛屿森林的说法是根本不可能的。关于马达加斯加"原始"植被的想法存在很大问题，特别是证据不完整。正如麦康奈尔和库尔所说的那样（参阅第3篇文章），"在不否认原始森林面积总体上正在缩小的情况下，有必要更加谨慎地估计森林面积及其损失"。罗伯特·德瓦尔（参阅第2篇文章）提醒我们，尽管马达加斯加的过去在进化、环境变化和人类影响方面给了我们很多教训，但这段历史并不仅仅是一个道德故事。这也适用于该岛屿的近代史。被认为是"未开发地"的地区受到人类的影响往往比共识所暗示的要大得多，例如拉诺马法纳国家公园（Peters，1999）和梅纳贝·安蒂梅纳（Scales，2011）等部分保护区，在建立之前都有很长的商业伐木历史。

其次，除了土地覆盖变化越来越复杂之外，生计选择和自然资源利用的驱动因素也比单纯的人口增长和贫困更加多样化和微妙。这些常常会涉及外国的政治和经济势力（参阅第4篇文章）。因此，环境话语过分简化了现实。库尔认为（2000，p441），"关于马达加斯加环境历史的共识，包含了很多混淆、误会和曲解"。当然，政策必然会为了理解和管理这一现象而去简化事实，但简化、一概而论和明显虚构之间有着重要的区别。

与共识密切相关的第二个问题是：由于模糊了资源使用的复杂性，它限制了政策并且将其推向某些路线。虽然政策已经涉及了农村的发展，但是大部分的注意力和资金都集中在了生物多样性和人与"荒野"的分离（参阅第6篇文章）。因此，共识以某些方式构成了争论的框架，明确说明哪些选择是可以接受的，哪些选择是不可以接受的，但其依据往往是主观价值而非实际情况。例如当森林被描述为"原始的"并隐藏它的伐木历史，这样就更容易禁止对森林的所有消耗性使用。公开人类使用的历史，就等于打开了一扇门，让我们可以选择更多样化、更动态的管理方式。猴面包树巷（参阅第10篇文章）的例子有力地证明了

347

这一点，尽管它是一个人为景观，但目前却作为一个旅游景点而受到"保护"，从而威胁到居住在该地点附近的人们的生计。在对自然旅游的宣传中也可以看到这一点。自然旅游宣称仅通过游客"拍照""除了脚印不留下其他任何东西"就能从森林和珊瑚礁中创造外汇获得收益（大部分并未兑现，参阅第10篇文章）。支持保护政策的价值观，以及试图避免消耗自然资源的愿望，再一次变得清晰起来。正如克罗农（Cronon，1996，p16）的提醒："未开垦的自然景观的梦想是那些从来没有在这片土地上为生计而劳作过的人们的幻想"。

因此，从正确的依据出发对马达加斯加未来的保护和环境政策至关重要。共识很重要，因为它会影响研究人员提出的问题、看到的证据、讲述的故事以及政策制定者采取的行动（参阅第3篇文章）。真正了解马达加斯加的现状（一个拥有复杂环境历史的岛屿，而不是某种"失乐园"）将是一个良好的开端。保护不应该是保护过去和试图停止人类行为，而是管理变化和谈判影响（Adams，2003）。以马达加斯加为例，我们需要进一步研究火灾对植被的影响，以及在何种情况下，燃烧植被是一种可取的土地管理策略（Bloesch，1999；Kull，2002）。特别是在农业实践方面，对烧垦种植系统的社会生态动态、对社会环境变化的响应及其可持续性仍然知之甚少（Hume，2006；Styger et al.，2007）。现在是时候让政策超越以"堡垒式保护"为主导的做法，更多地考虑自然资源的多种消耗性功能：

多功能森林将在这一方法中发挥关键作用，因为许多生物多样性丰富的地区位于非公园森林中。在温带和热带气候中，成功使用多功能森林维持生物多样性的例子显然不足……但是，为了维持生产和生物多样性，人们将继续管理多功能森林。马达加斯加在如此紧要的关头，必须引领构建能够满足国家需求、造福社区和维持生物多样性的管理系统。

348

（Hannah et al.，1998，p35）

14.3　紧张、冲突和"参与式"环境管理：包容与妥协的必要性

本书反复出现的一个主题，那就是紧张和冲突往往是环境管理问题的核心。例如，尽管外界可能认为烧垦是不合理的耕作方法，具有破坏性，但农民们认为这是一种使土地多产的方式，这可以养活他们的家庭，甚至在丰收年可以带来经济收入（参阅第4篇文章）。同样，当生物学家发现狐猴的新品种，并将这个岛屿描述成自然主义者的天堂时，那些生活在森林边缘的人们不禁要问，保护主义者到底是更关心人类还是更关心狐猴（Peters，1998；Harper，2002）？

生物多样性的保护和自然资源的管理涉及多个利益相关方，往往存在着相互对立和相互冲突的优选项。要解决此问题，第一步是承认这些观点的多样性和环境政治的复杂性。以实现最大限度的生物多样性的森林管理、碳汇、最低限度的

生态系统功能、关键的生态系统服务、自然旅游以及特定自然资源（例如木材、非木材森林资源、烧垦种植、农林复合经营）的政策含义是不同的。决策者需要仔细考虑并明确作出必要的权衡，包括各种保护和环境管理目标之间的权衡，以及保护和其他社会目标之间的权衡，如扶贫和经济增长（Leader-Williams et al.，2010；Hirsch et al.，2011；McShane et al.，2011）。

一旦认识到这些不同的优选项和可选项，第二步就是重新调整环境管理的权力格局。正如本书许多文章所谈到的，马达加斯加的自然资源使用政策极不平衡，国家、国际捐助者和保护组织的目标优先于当地需求。这样做是行不通的，原因有二，一个是道德层面，另一个是现实层面。从道德上讲，让地球上最贫穷的一些家庭承担保护生物多样性的大部分费用让人难以接受。更可怕的是，保护政策要求人们举报社区其他成员，甚至是他们的亲属，因为他们"犯了"很大程度上由外人定义的环境"罪过"（参阅第 13 篇文章），从而削弱了当地的社会凝聚力。

除了反对"自上而下"的环境保护和环境管理的道德伦理外，还有更多现实的理由来反对那些将人们排除在决策和资源使用之外的政策。对于直接依靠生态系统维持生计的贫困家庭，除非政策能够创造真正可行和可接受的替代方案，否则他们将继续进行消耗性使用，必要时甚至非法使用。建立保护激励机制的实验结果喜忧参半，挑战依然存在。例如，自然旅游的影响过度局限于当地（参阅第 10 篇文章）。目前，在减少贫困的同时，拯救马达加斯加森林的成本高于通过碳市场产生的资金（参阅第 12 篇文章）。在财政利益分配和以激励为基础的计划的有效性方面存在着重大障碍。进行生物勘探，起草互惠合同需要数千美元的法律费用、大量的时间和法律程序知识（参阅第 11 篇文章）。同样，森林管理合同要求环境调解人处理国家和社区之间关于资源使用的谈判（参阅第 7 篇文章）。小社区和文盲农村家庭往往无法获得这些资源。

虽然保护政策试图分散资源管理，但在决策过程中有意义和实质性的参与有限。表面上看，让当地利益相关者参与进来，减少"自上而下"的做法无疑是"一件好事"。然而，谁参与以及如何参与资源管理，这是个重要的问题。在尝试扩大社区参与的过程中，自然保护主义者"卖弄人类学"，即试图"让"来自不同文化背景、持有不同观念和信仰的人们参与进来，却对不同的世界观和制度缺乏足够敏感的理解，结果往往是将当地文化价值观和制度与西方保护伦理相融合的尝试以失败告终，弱者不得不屈服于强者（参阅第 13 篇文章）。例如，虽然《本地安全管理》一开始就对当地自然资源管理提出了大胆的设想，但实施上它倾向于遵循人们熟悉的"自上而下"的政治，地方决策权力受到了严重的限制（参阅第 7 篇文章）。

除了"自上而下"的许多尝试更加"自下而上"之外，项目经常发展成地方政治，导致成本和收益分配不均，有时还会增加当地社区的不平等（参阅第 7

和第 13 篇文章）。"社区"很少是同质的，代表了一系列跨越阶级、亲属关系、性别、种族和年龄的不同优先级（Agrawal & Gibson，2001）。除了认识到社区之间和社区内部的差异之外，参与式管理还必须承认现有的制度和权力结构，而不是试图绕过它们，也必须考虑到任何新建立的制度可能具有的合法性和意义（参阅第 7 和第 13 篇文章）。

急于实施德班愿景对社区参与环境管理尤其不利。第 8 篇文章表明，不可能同所有可能受到保护区扩大影响的乡村进行协商，因为了解实际要与多少人协商需要政策制者进行大量的讨论。虽然有些人强调了全面协商的重要性，并呼吁减缓扩大的速度，但有的人认为，迅速实施该计划至关重要，因为国际保护协会尤其希望计划完成（参阅第 8 篇文章）。实际上，"协商"更像是通常发生在做出决定之后的一种旨在说服和教育以及增强意识的活动。

10 多年前，马歇尔·默里夫（Marshall Murphree，2000，p12）认为，在撒哈拉以南非洲地区，"基于社区的保护（CBC）迄今尚未被尝试过，也没有发现哪里存在不足；由于很难也少有人尝试"，马达加斯加保护政策的历史证实了这一观点。虽然社区参与生物多样性保护和自然资源管理变得容易是不可能的事，但政策制定者至少应该在"全盘否决"之前充分地调查分析。最终，进行具有谈判潜力的双向对话，而不是外部思想的单向强加（Richard & Dewar，2001）。这将要求保护组织和政府部门放弃他们的使命，即教育人们保护的重要性，更乐于接受其他观点和优选项（参阅第 8 篇文章）。

自然资源的管理最终必须在全球视野和当地优选项之间、保护主义和功利主义之间，以及生物多样性保护和经济增长之间进行权衡，而不是任由保护政策继续把伊甸园的设想强加给马达加斯加。承认权衡需要"抵制模糊政治现实的诱惑，将价值的多个维度扁平化为一个术语，或忽视边缘化的利益或认知方式"（Hirsch et al.，2011，p263）。

14.4 变幻莫测的世界中的环境保护和管理

马达加斯加的政治和经济历史曾因法国的殖民动荡不安；1960 年摆脱殖民独立；经历社会主义的实践；20 世纪七八十年代的经济危机；剧烈的经济"结构调整"；反复发生的政变对自然资源的使用、立法和政策都产生了巨大的影响（参阅第 5 和第 6 篇文章）。激进的政治和经济变革往往伴随着剧烈的土地使用和土地覆盖变化，马达加斯加的殖民历史为此提供了充分的证据（参阅第 4 和第 5 篇文章）。

自 20 世纪 80 年代的债务危机和国际货币基金组织作为救助条件的结构调整政策以来（参阅第 6 篇文章），该岛经历了快速的贸易自由化（Barrett，1994）。

世界银行一再鼓励马达加斯加采取更多措施吸引外国直接投资，以促进经济增长并减少债务（Sarrasin，2006）。在过去 10 年里，马达加斯加的外国土地收购数量增加，特别是大型农业项目（Neimark，2013）。2011 年世界自然基金会开展的一项调查发现，马达加斯加有 56 个生物燃料项目处于不同的准备或运营阶段（WWF，2011）。

马达加斯加拥有大量廉价土地和劳动力，以及有利于农业发展的气候条件，这对外国投资者来说非常有吸引力。正是这些因素让法国殖民政府认为这个岛屿有利可图，并向外国公司授予了大量特许权（参阅第 5 篇文章）。然而，这些大型项目往往会践踏当地的资源管理制度。大多数马达加斯加农民并没有官方的土地所有权，而是依赖基于亲属关系、血统关系和其他当地制度的传统主张（Healy & Ratsimbarison，1998；McConnell，2002；Neimark，2013；参阅第 13 篇文章）。这些传统主张下的土地权利往往被国家和投资者忽视，将其视为闲置和空置土地，因此许多土地收购实际上是"土地抢夺"（Neimark，2013）。对马达加斯加土地的争夺将危及原本就不稳定的生计，这对生物多样性和减少贫困来说都不是好事。

除了抢夺农业用地之外，马达加斯加的大规模矿产开采也有所增加，尤其是马达加斯加东南部托拉纳罗附近的力拓钛铁矿（Seagle，2012）。[①]采矿作业始于 2005 年，尽管力拓留出 620 公顷作为保护区域，并承诺"恢复"25% 的本地特有物种和实现 75% 非本地桉树造林，但最终将毁掉总共 6000 公顷的珍稀滨海森林（Seagle，2012）。马达加斯加的采矿公司越来越多地参与到这种"生物多样性补偿"中去，以弥补栖息地的丧失，但是尤其在具有很高甚至独特的自然保护和社会价值的情况下，究竟需要补偿多少土地是个重大问题（Virah Sawmy，2009）。

352 这些项目让人们对环境管理的动力结构以及马达加斯加大企业与环境保护之间的关系产生质疑。国际保护协会、国际动植物组织、国际鸟盟和世界自然基金会与力拓集团建立了伙伴关系，不仅就项目的环境方面提供建议，而且还在"可持续发展"的名义下获得资金并使这种大规模的采掘活动合法化（Seagle，2012）。例如，鸟盟网站上说：

2001 年，在全球向可持续发展过渡的背景下，国际鸟盟与力拓集团结成伙伴关系，共同实现生物多样性保护的目标。自成立以来，我们之间的伙伴关系为两个组织带来了可持续和深远的成果，通过合作更有效率地实现了共同的目标。[②]

矿业公司与马达加斯加国家和非政府组织一起，就新保护区的边界和权利进行了谈判，此举有助于减少对快速发展的采矿业的限制，同时有助于限制当地的自然资源使用权（参阅第 8 篇文章）。这些发展有助于加强国际保护组织在马加斯加的高度政治影响力（Duffy，2006；Corson，2010；并参阅第 6 篇文章）。

近来，政治不稳定也对该岛的动植物造成了重大影响，据报道，马索拉等国家公园的非法采伐活动有所增加，紫檀是主要的目标。在国际市场上有组织的非法木材采伐和贸易达到了前所未有的水平，其中当地社区获得的利益少之又少（Schuurman & Lowry Ⅱ，2009）。非法采伐通常伴随着丛林动物的猎杀（Ormsby & Kaplin，2005）。随着移民涌入金矿区，狐猴狩猎也有所增加（Jenkins et al.，2011）。这也提醒我们全球政治和经济力量的重要性。政策不仅需要处理当地的土地使用驱动因素（例如贫困和缺乏生计选择），还需要考虑其他因素，如全球商品链、贸易协定和产品认证。

14.5 气候变化和环境管理

由于气候变化，马达加斯加的环境管理将变得更加困难。该岛的气候反复多变，降雨量在时间上和空间上都不可预测（Dewar & Richard，2007）。据研究，气候变化和旋风等变化多端的极端天气情况会影响狐猴等物种的种群动态（Dunham et al.，2011）。此外，马达加斯加的植被覆盖率随着时间的推移，每年和每个季度都呈现出显著差异，并且与厄尔尼诺 - 南方涛动（ENSO）、旱灾及野火（Ingram & Dawson，2005）都紧密相关。在海上，气候影响包括珊瑚礁白化、海岸侵蚀和日益频繁的气旋（Harris，2011）。

数千年来，马达加斯加的动植物群不断地适应气候变化（参阅第 1 和第 2 篇文章）。然而，随着气候变化的加快，物种迁移和适应能力也出现了重大的问题。马达加斯加和其他地方一样，很难预测未来会发生什么。根据模型，干旱的南部地区气温最可能上升，夏季（1—4 月）的降雨量可能增加，而冬季（7—9 月）东南沿海会更干燥，但其他地方更湿润（Tadross et al.，2008；Hannah et al.，2008）。如果这些预测是正确的，虽然会对一些物种有利，但因此遭罪的物种更多（Hannah et al.，2008）。气旋和其他极端天气情况可能会变得更加频繁（Dunham et al.，2011）。全球气候变化预计将增加厄尔尼诺 - 南方涛动现象的频率，这可能导致干旱和野火的增加以及相应的土地覆盖变化（Ingram & Dawson，2005）。温度、降雨量、干旱频率的变化以及野火的发生将对该岛的动植物产生重大影响。

在过去，森林避难所和走廊在物种适应气候变化方面发挥了关键作用，无论中短期的迁徙还是长期的进化适应。保护区的设置需要考虑这些因素，保持走廊对维持现有保护区之间的基因流动和物种交流的重要作用（Hannah et al.，1998）。尽管马达加斯加保护区的设计往往以历史先例为基础，但也考虑到了各保护区自身情况不同，有着不同的目标。

气候变化在环境管理和自然资源利用方面也有重大影响。温度和降雨量的变化将对农业和畜牧业产生影响。虽然中部高地的温度升高可能会使灌溉水稻产量增加，但降雨量的变化会对农业生产产生负面影响，特别是气温上升最明显的西部和南部半干旱和干旱地区，降雨量也变得更难预测（Hannah et al.，2008；Vololona et al.，2012）。如果没有重要的调节、创新和投资，粮食安全问题可能会加剧。同样，在海洋方面，马达加斯加被列为热带沿海国家中气候变化适应能力最低的国家（Harris，2011），并且已经有迹象表明海水温度的变化正在影响虾类渔业（FAO，2008）。

354

14.6　迎接挑战：为跨科学、跨界限和超越灵丹妙药努力

在这个阶段，成功地兼顾自然保护和减少贫困的挑战既紧迫又艰巨。因此，政策往往依赖于过于简单化的叙述来使现实变得可控。面对如此复杂的社会生态问题，寻求灵丹妙药的解决方案并不意外。然而，环境政策的过往告诉我们，没有可以解决复杂的、多维的、社会生态的问题的"灵丹妙药"（Ostrom et al.，2007）。归根结底，生物多样性保护不仅关乎生态系统或濒危物种，也关乎到人类，没有任何一种视角能够关注到复杂的社会生态问题的方方面面（Mascia et al.，2003；Sanderson，2005；Hirsch et al.，2011）。用比尔·亚当斯（Bill Adams，2003，p209）的话来说："我们没有万全的方法来保护自然，我们只有选择。"

为了更好地选择，马达加斯加的研究和政策迫切需要更多的与生物学家、人类学家、考古学家、经济学家、环境史学家和地理学家之间，研究人员与从业人员之间，以及"专家"和直接依赖岛上自然资源维持生计的个人、家庭和社区之间的对话交流。这样的对话绝非易事，不仅要跨越词汇和语言的障碍，还要跨越相互对立的、甚至相互冲突的世界观。此外，至关重要的是，诸如"跨学科""参与"和"对话"等用意良好的想法不要变成一种仅仅是条条框框式的规定。相反，我们需要的是改变态度：

科学的新面貌将更具公共精神，并以其解决问题的能力为特征。它将利用这些学科，而不是与它们竞争。它将寻求一种不再将人与生物圈的其他部分分离的模式，也不再把不确定性、惊奇和不完整视为失败的迹象，而是对现实世界更进一步的接近。

（Rapport，1997，p289）

14.7　重点研究和政策优先事项总结

以下是马达加斯加研究和政策的主要优先事项。它反映了本书出现的最热门的主题，以及本书较少关注的一些主题：

（1）研究和政策需要更多关注正在研究的物种和生态系统，包括陆地（尤其是草原）和海洋（特别是珊瑚礁、红树林和海草）。 *355*

（2）研究人员和政策制定者应该对描述植被和生态变化的类别采取更明确的态度。像"原始"这样的术语多反映的是先入为主的主观观点，而不是事实。过于简单的叙述和神话（例如伊甸园般的岛屿森林）阻碍了进步并限制了选择。

（3）政策制定者必须关注利益相关者的不同看法和优先事项，并准备在各种环境目标（例如最大限度的生物多样性、生态系统功能、资源储备的维护）之间以及环境和社会目标之间进行权衡。

（4）政策需要跳出灵丹妙药、"双赢"和"万能良药"的预设。环境政策始终是多样的、复杂的，需要取决于当地实际情况而定。

（5）政策必须要能给低收入农村家庭带来经济利益和/或真正可行的生计替代方案。

（6）应该重新调整自然资源管理的权力格局，农村家庭和社区应该更多地参与环境研究、规划和实践。

（7）政策需要考虑气候变化对岛上动植物（特别是保护区设计）和农村生计的影响。

（8）实现上述目标的关键在于超越学科之间、研究与政策之间、"专家"和"非专业人士"之间的传统界限。

注释

①力拓是一家英-澳矿业集团。钛铁矿是二氧化钛的来源之一，二氧化钛是用在油漆、纸张和化妆品（包括牙膏）中的一种白色颜料。QMM 是力拓集团和马达加斯加政府合作的子公司。

②www. birdlife. org/action/business/rio_tinto/index. html，访问日期：2013 年 5 月 3 日。

参考文献

Adams，W. M. （2003）*Future Nature：A Vision for Conservation*，Earthscan，Oxford. Agrawal，A. and Gibson，C. C. (2001) *Communities and the Environment：Ethnicity，Gender，and the State in Community-based Conservation*，Rutgers University Press，New York.

Barrett，C. B. （1994）'Understanding uneven agricultural liberalisation in Madagascar'，*The Journal of Modern African Studies*，vol 32，pp449 – 476.

Bloesch，U. （1999）'Fire as a tool in the management of a savanna/dry forest reserve in Madagascar'，*Applied Vegetation Science*，vol 2，pp117 – 124.

Bollen，A. and Donati，G. （2006）'Conservation status of the littoral forest of south-eastern Madagascar：a review'，*Oryx*，vol 40，pp57 – 66. *356*

Bond，W. J.，Silander，J. A.，Ranaivonasy，J. and Ratsirarson，J. （2008）'The antiquity of Madagascar's grasslands and the rise of C4 grassy biomes'，*Journal of Biogeography*，vol 35，pp1743 – 1758.

Corson, C. (2010) 'Shifting environmental governance in a neoliberal world: USAID for conservation', *Antipode*, vol 42, pp576 – 602.

Cronon, W. (1996) 'The trouble with wilderness or, getting back to the wrong nature', *Environmental History*, vol 1, pp7 – 28.

Dewar, R. E. and Richard, A. F. (2007) 'Evolution in the hypervariable environment of Madagascar', *Proceedings of the National Academy of Sciences*, vol 104, pp13723 – 13727.

Duffy, R. (2006) 'Non-governmental organisations and governance states: the impact of transnational environmental management networks in Madagascar', *Environmental Politics*, vol 15, pp731 – 749.

Dunham, A. E., Erhart, E. M. and Wright, P. C. (2011) 'Global climate cycles and cyclones: consequences for rainfall patterns and lemur reproduction in southeastern Madagascar', *Global Change Biology*, vol 17, pp219 – 227.

FAO (2008) *Fishery Country Profile*, *The Republic of Madagascar*, Food and Agriculture Organisation of the United Nations, Rome.

Ferguson, B. and Gardner, C. J. (2010) 'Looking back and thinking ahead: where next for conservation in *Madagascar?*', *Madagascar Conservation and Development*, vol 5, pp75 – 76.

Ghimire, K. B. (1994) 'Parks and people: livelihood issues in national parks management in Thailand and Madagascar', *Development and Change*, vol 25, pp195 – 229.

Hannah, L., Dave, R., Lowry, P. P., Andelman, S., Andrianarisata, M., Andriamaro, L., Cameron, A., Hijmans, R., Kremen, C., MacKinnon, J., Randrianasolo, H. H., Andriambololonera, S., Razafimpahanana, A., Randriamahazo, H., Randrianarisoa, J., Razafinjatovo, P., Raxworthy, C., Schatz, G. E., Tadross, M. and Wilmee, L. (2008) 'Climate change adaptation for conservation in Madagascar', *Biology Letters*, vol 4, pp590 – 594.

Hannah, L., Rakotosamimanana, B., Ganzhorn, J. U., Mittermeier, R. A., Olivieri, S., Iyer, L., Rajaobelina, S., Hough, J., Andriamialisoa, F., Bowles, I. and Tilkin, G. (1998) 'Participatory planning, scientific priorities, and landscape conservation in Madagascar', *Environmental Conservation*, vol 25, pp30 – 36.

Harper, J. (2002) *Endangered Species: Health, Illness and Death Among Madagascar's People of the Forest*, Carolina Academic Press, Durham.

Harris, A. R. (2011) 'Out of sight but no longer out of mind: a climate of change for marine conservation in Madagascar', *Madagascar Conservation and Development*, vol 6, pp7 – 14.

Healy, T. M. and Ratsimbarison, R. (1998) 'Historical influences and the role of traditional land rights in Madagascar: legality versus legitimity', in M. Barry (ed.) *Proceedings of the International Conference on Land Tenure in the Developing World with a focus on Southern Africa*, University of Cape Town, pp365 – 377.

Hirsch, P. D., Adams, W. M., Brosius, J. P., Zia, A., Bariola, N. and Dammert, J. L. (2011) 'Acknowledging conservation trade-offs and embracing complexity', *Conservation Biology*, vol 25, pp259 – 264.

Hume, D. W. (2006) 'Swidden agriculture and conservation in eastern Madagascar: stakeholder perspectives and cultural belief systems', *Conservation and Society*, vol 4, pp287 – 303.

Ingram, J. C. and Dawson, T. P. (2005) 'Climate change impacts and vegetation response on the island of Madagascar', *Philosophical Transactions of the Royal Society of London Series a-Mathematical Physical and Engineering Sciences*, vol 363, pp55 – 59.

Jenkins, R. K. B., Keane, A., Rakotoarivelo, A. R., Rakotomboavonjy, V., Randrianandrianina, F. H., Razafimanahaka, H. J., Ralaiarimalala, S. R. and Jones, J. P. G. (2011) 'Analysis of patterns of bushmeat consumption reveals extensive exploitation of protected species in eastern Madagascar', *Plos One*, vol 6.

Kull, C. A. (2000) 'Deforestation, erosion, and fire: degradation myths in the environmental history of Madagascar', *Environment and History*, vol 6, pp423 – 450.

Kull, C. A. (2002) 'Madagascar aflame: landscape burning as peasant protest, resistance, or a resource management tool?', *Political Geography*, vol 21, pp927 – 953.

Kull, C. A. (2004) *Isle of Fire: The Political Ecology of Landscape Burning in Madagascar*, University of Chicago Press, Chicago.

Le Manach, F., Gough, C., Harris, A. R., Humber, F., Harper, S. and Zeller, D. (2012) 'Unreported fishing, hungry people and political turmoil: the recipe for a food security crisis in Madagascar', *Marine Policy*, vol 36, pp218 – 225.

Leader-Williams, N., Adams, W. M. and Smith, R. J. (2010) *Trade-offs in Conservation: Deciding What to Save*, Wiley-Blackwell, Oxford.

Mascia, M. B., Brosius, P. J., Dobson, T. A., Forbes, B. C., Horowitz, L., McKean, M. A. and Turner, N. J. (2003) 'Conservation and the social sciences', *Conservation Biology*, vol 17, pp649 – 650.

McConnell, W. J. (2002) 'Misconstrued land use in Vohibazaha: participatory planning in the periphery of Madagascar's Mantadia National Park', *Land Use Policy*, vol 19, pp217 – 230.

McShane, T. O., Hirsch, P. D., Trung, T. C., Songorwa, A. N., Kinzig, A., Monteferri, B., Mutekanga, D., Thang, H. V., Dammert, J. L., Pulgar-Vidal, M., Welch-Devine, M., Brosius, J. P., Coppolillo, P. and O'Connor, S. (2011) 'Hard choices: making trade-offs between biodiversity conservation and human well-being', *Biological Conservation*, vol 144, pp966 – 972.

McVean, A. R., Walker, R. C. J. and Fanning, E. (2006) 'The traditional shark fisheries of southwest Madagascar: a study in the Toliara region', *Fisheries Research*, vol 82, pp280 – 289.

Mittermeier, R., Ganzhorn, J., Konstant, W., Glander, K., Tattersall, I., Groves, C., Rylands, A., Hapke, A., Ratsimbazafy, J., Mayor, M., Louis, E. E., Rumpler, Y., Schwitzer, C. and Rasoloarison, R. (2008) 'Lemur diversity in Madagascar', *International Journal of Primatology*, vol 29, pp1607 – 1656.

Mittermeier, R. A., Konstant, W. R., Nicoll, M. E. and Langrand, O. (1992) *Lemurs of Madagascar: An Action Plan for their Conservation 1993 – 1999*, International Union for Conservation of Nature, Gland.

Murphree, M. (2000) 'Community-based conservation: old ways, new myths and enduring challenges', in R. D. Baldus and L. S. Siege (eds) *Tanzania Wildlife Discussion Paper No. 29*, Deutsche Gesellschaft für Technische Zusammenarbeit, Dar er Salaam.

Neimark, B. D. (2013) *The Land of our Ancestors: Property Rights, Social Resistance, and Alternatives to Land Grabbing in Madagascar*, LDPI Working Paper 26, The Land Deal Politics Initiative., International Institute of Social Studies, The Hague.

Ormsby, A. and Kaplin, B. A. (2005) 'A framework for understanding community resident perceptions of Masoala National Park, Madagascar', *Environmental Conservation*, vol 32, pp156 – 164.

Ostrom, E., Janssen, M. A. and Anderies, J. M. (2007) 'Going beyond panaceas', *Proceedings of the National Academy of Sciences of The United States of America*, vol 104, pp15176 – 15178.

Peters, J. (1998) 'Transforming the integrated conservation and development project (ICDP) approach: observations from the Ranomafana National Park project, Madagascar', *Journal of Agricultural and Environmental Ethics*, vol 11, pp17 – 47.

Peters, J. (1999) 'Understanding conflicts between people and parks at Ranomafana, Madagascar', *Agriculture and Human Values*, vol 16, pp65 – 74.

Purcell, S. W., Mercier, A., Conand, C., Hamel, J. F., Toral-Granda, M. V., Lovatelli, A. and Uthicke, S. (2013) 'Sea cucumber fisheries: global analysis of stocks, management measures and drivers of overfishing', *Fish and Fisheries*, vol 14, pp34 – 59.

Rapport, D. J. (1997) 'Transdisciplinarity: transcending the disciplines', *Trends in Ecology and Evolution*, vol 12, p289.

Rasoloarison, R., Weisrock, D. W., Yoder, A. D., Rakotondravony, D. and Kappeler, P. (2013) 'Two new species of mouse lemurs (Cheirogaleidae: Microcebus) from eastern Madagascar', *International Journal of Primatology*, vol 34, pp455 – 469.

Richard, A. F. and Dewar, R. E. (2001) 'Politics, negotiation and conservation: a view from Madagascar', in W. Weber, L. J. T. White, A. Vedder and L. Naughton-Treves (eds) *African Rain Forest Ecology and Conservation: An Interdisciplinary Perspective*, Yale University Press, New Haven.

Sanderson, S. (2005) 'Poverty and conservation: the new century's "peasant question"?', *World Development*, vol 33, pp323 – 332.

Sarrasin, B. (2006) 'The mining industry and the regulatory framework in Madagascar: some developmental and environmental issues', *Journal of Cleaner Production*, vol 14, pp388 – 396.

Scales, I. R. (2011) 'Farming at the forest frontier: land use and landscape change in western Madagascar, 1896 to 2005', *Environment and History*, vol 17, pp499 – 524.

Schuurman, D. and Lowry II, P. P. (2009) 'The Madagascar rosewood massacre', *Madagascar Conservation and Development*, vol 4, pp98 – 102.

Seagle, C. (2012) 'Inverting the impacts: mining, conservation and sustainability claims near the Rio Tinto/QMM ilmenite mine in southeast Madagascar', *Journal of Peasant Studies*, vol 39, pp447 – 477.

Styger, E., Rakotondramasy, H. M., Pfeffer, M. J., Fernandes, E. C. M. and Bates, D. M. (2007) 'Influence of slash-and-burn farming practices on fallow succession and land degradation in the rainforest region of Madagascar', *Agriculture, Ecosystems and Environment*, vol 119, pp257 – 269.

Sussman, R. W., Green, G. M. and Sussman, L. K. (1994) 'Satellite imagery, human ecology, anthropology, and deforestation in Madagascar', *Human Ecology*, vol 22, pp333 – 354.

Tadross, M., Randriamarolaza, L., Rabefitia, Z. and Zheng, K. Y. (2008) *Climate Change in Madagascar: Recent Past and Future*, World Bank, Washington, DC.

Thalmann, U. (2006) 'Lemurs: ambassadors for Madagascar', *Madagascar Conservation and Development*, vol 1, pp4 – 8.

359

Virah-Sawmy, M. (2009) 'Ecosystem management in Madagascar during global change', *Conservation Letters*, vol 2, pp163 – 170.

Vololona, M., Kyotalimye, M., Thomas, T. S. and Waithaka, M. (2012) *East African Agriculture and Climate Change: A Comprehensive Analysis-Madagascar*, International Food Policy Research Institute, Washington, DC.

Walpole, M. J. and Leader-Williams, N. (2002) 'Tourism and flagship species in conservation', *Biodiversity and Conservation*, vol 11, pp543 – 547.

WWF (2011) *Première Phase de l'Etude Stratégique du Développement du Secteur Agrocarburant à Madagascar: Etat des Lieux de la Situation Actuelle du Secteur*, World Wide Fund for Nature, Antananarivo.

360

缩略语

ABS　获取和利益共享

ANAE　国家环境行动协会

ANGAP　国家保护区管理协会

ASB　刀耕火种的替代技术

AVHRR　高级甚高分辨率辐射计

CBD　生物多样性公约

CBNRM　基于社区的自然资源管理

CI　国际保护协会

CIRAD　法国农业国际合作研究发展中心

CNARP　国家药物研究应用中心

CNRE　国家环境研究中心

COAP　《保护区法令》

COBA　基本社区

DGEF　水务和林业总局

DSAP　保护区系统管理局

DWCT　杜雷尔野生动物保护基金会

FAO　联合国粮食及农业组织

FCPF　森林碳伙伴基金

GCF　《森林合同化管理》

GELOSE　《本地安全管理》

GIS　地理信息系统

ICBG　国际生物多样性合作组织

ICDP　综合性保护与发展项目

IEFN　国家森林生态总览

IMF　国际货币基金组织

INBio　哥斯达黎加国家生物多样性研究所

IPR　知识产权

IUCN　国际自然保护联盟

LAC　区域面覆盖

MBG　密苏里植物园

MEF　水务及林业部

METT　管理有效性跟踪工具

MinEnvEF　环境、水务及林业部

MNP　马达加斯加国家公园

MPA　海洋保护区

MSS　多光谱扫描仪

NCI　国家癌症研究所

NEAP　国家环境行动计划

NGO　非政府组织

NSF　国家科学基金会

ONE　国家环境办公室

PES　生态系统服务付费

PHCF　森林保护整体项目

POSEI　偏远地区和岛屿的选择方案

QMM　力拓集团马达加斯加矿业公司

REDD +　减少毁林及森林退化造成的碳排放计划

SAPM　马达加斯加保护区系统

TRIPs　与贸易有关的知识产权协定

UNCED　联合国环境与发展会议

UNDP　联合国开发计划署

UNEP　联合国环境规划署

UNESCO　联合国教科文组织

USAID　美国国际开发署

WCS　国际野生生物保护学会

WWF　世界自然基金会（原世界野生动物基金会）

索 引

（本索引所标页码为原著页码，参见中译本边码）

作者简介

塞西尔·比多（Cécile Bidaud）　在日内瓦国际与发展研究所获博士学位，其博士论文研究马达加斯加森林碳储存的科学和政治。她目前正在法国发展研究所工作，并接受塔那那利佛大学马达加斯加经济、环境和股权发展中心（C3EDM）的资助，对生态系统服务在环境项目及SERENA研究项目中的使用进行分析，还研究矿业公司补偿的科学基础和治理及其对国家政策的影响。

劳拉·布里蒙特（Laura Brimont）　法国蒙彼利埃的国际农业研究促进发展合作中心经济学专业在读博士。其博士论文主题为评估减少毁林及森林退化造成的碳排放计划的影响及马达加斯加热带森林保护的各种奖励工具。她采用经济学、政治学和管理学相结合的多学科方法，以及定性和定量结合的方法进行研究。她拥有巴黎政治学院国际关系经济学硕士学位，曾在喀麦隆工作。

凯瑟琳·科尔森（Catherine Corson）　马萨诸塞州蒙特霍利约克学院环境研究的助理教授。作为一名政治生态学家，她目前在研究利用民族志来探索环境治理中的权力、知识和正义等问题，研究的案例从农村延伸到国际政策领域。她在津巴布韦、澳大利亚、马达加斯加和美国进行了关于农村妇女微型企业和地方和土著人民获得保护区资源的民族志实地研究。她对利用民族志研究全球环境政策制定过程的学术兴趣来自她过去10年在国际环境和发展政策、研究和咨询方面的专业经验。她在加州大学伯克利分校获博士学位，且拥有康奈尔大学和伦敦大学学院的硕士学位。

罗伯特·E. 德瓦尔（Robert E. Dewar）　主要研究方向是史前定居模式，特别是人们如何改变他们所居住和开发的地方的地貌。这些方向促成了他对康涅狄格共和国和前哥伦布时代墨西哥中部人口趋势的研究。然而，最广为人知的是他对马达加斯加史前和古生态学的深入研究，从1976年到2013年去世，他一直在那里工作。他在布朗大学主修人类学，并在耶鲁大学获得了人类学博士学位。他曾在康涅狄格大学的人类学担任教授多年，他后成为剑桥大学麦克唐纳考古研究所的研究员。去世前，他是耶鲁大学的一名高级研究科学家。

乔格·U. 甘兹合恩（Jörg U. Ganzhorn）　汉堡大学动物生态与保护系的动物学教授。他从1984年开始在马达加斯加工作，主要研究森林生态系统生态学、狐猴和哺乳动物。他对找出使马达加斯加本土生态系统的保护和生存与该国的经济发展相协调的方法有着浓厚的兴趣。

查理·J. 加德纳（Charlie J. Gardner） 肯特大学杜雷尔保护与生态研究所在读博士生。他的研究重点是协调马达加斯加迅速扩大的保护区系统的保护和发展。他曾在肯尼亚、毛里求斯和英国从事保护工作。2006 年以来，他一直生活在托利亚拉，2010 年以来一直担任世界自然基金会 Ala Maiky 项目的科学顾问。他拥有利兹大学的动物学学士学位和肯特大学的保护生物学硕士学位。

尼尔·霍克利（Neil Hockley） 班戈大学环境、自然资源和地理学院经济学与政策研究讲师。2001 年，他第一次在马达加斯加生活和工作，为他的博士课题研究进行野外考察，研究保护区的福利影响，并担任美国国际开发署和国际保护协会的顾问。他的研究领域包括个人、社区和国家在环境管理中的作用；经济证据在决策中的使用和滥用；衡量环境政策对福利的影响。他拥有剑桥大学、爱丁堡大学和威尔士大学的自然科学和经济学学位。

杰弗里·C. 考夫曼（Jeffrey C. Kaufmann） 南密西西比大学人类学和社会学系的人类学教授。他拥有威斯康星大学麦迪逊分校的人类学博士学位，主要研究文化人类学和非洲研究。他还在亚利桑那州立大学攻读了哲学研究生。他在蒙大拿州立大学获得社会学学士学位和哲学学士学位。他著有《绿化大红岛：马达加斯加的自然与文化》（*Greening the Great Red Island：Madagascar in Nature and Culture*）（Africa Institute of South Africa，2008），担任了《保护与社会》（*Conservation & Society*）杂志"马达加斯加保护与社会的新视角"特邀编辑和《民族历史学》（*Ethnohistory*）杂志"马达加斯加的新兴历史"分册的特邀编辑。他获得了美国民族历史学会颁发的"民族历史学方法"最佳论文奖——黑泽尔奖，以及密西西比州人文学科教师奖和南密西西比大学的社区服务奖。

克里斯蒂安·A. 库尔（Christian A. Kull） 地理学家，他对人文因素在环境变化中的作用颇感兴趣。他在政治和社会层面研究资源管理问题，如大火、入侵物种、小规模农业、森林砍伐、植树和保护区保护，尤其关注发展中国家的这些问题。他对人类引起的土地使用变化和植物迁移的历史也很感兴趣。他对马达加斯加的研究已有 20 年，著有《火之岛：马达加斯加烧林辟地的政治生态》（*Isle of Fire：The Political Ecology of Landscape Burning in Madagascar*）（芝加哥大学出版社，2004）一书。他在美国求学，是达特茅斯大学文学学士、科罗拉多大学文学硕士、耶鲁大学理学硕士、伯克利大学博士。他曾在加拿大麦吉尔大学任教，现为澳大利亚墨尔本莫纳什大学副教授。

威廉·J. 麦康奈尔（William J. McConnell） 系统集成和可持续性中心的副主任，也是密歇根州立大学渔业和野生动物系副教授。他拥有加州大学伯克利分校自然资源政治经济学学士学位、国际发展与社会变革硕士学位，克拉克大学地理学博士学位。他在印第安纳大学人类学培训中心完成博士后工作后，担任土地利用和覆被变化（LUCC）项目的科学官员。自 1983 年以来他一直在西非和东非工作，自 1994 年开始在马达加斯加工作，在那里他参与了农业发展和生物多样性保护工作。他的主要专长是土地变化科学，尤其是土地利用规划。

让－卢克·默西埃（Jean-Luc Mercier）　1972 年获博士学位，1976 年获科学博士学位，斯特拉斯堡大学名誉教授，讲授动态地貌学课程。他主要研究风化和土壤、地貌过程、流域的热质传递、测量和建模。

弗兰克·D. 穆腾泽（Frank D. Muttenzer）　多伦多大学的人类学博士后，自 2010 年开始在卢塞恩大学攻读人类文化学。他目前的人类文化学实地调查关于生计和生态在马达加斯加渔民仪式中的表现。他自 2003 年以来一直在马达加斯加工作，从事森林政策、土地使用管理和法律多元化的实地研究，同时与国际与发展研究所、环境和社会系统分析森林研究所合作，三方共同开展研究工作，研究成果收录在《马达加斯加的森林砍伐与习惯法》（*Déforestation et droit coutumier à Madagascar*）（Karthala，2010）一书中。他在巴塞尔大学获得法学学士学位，随后在布鲁塞尔天主教大学获得法理硕士学位，在日内瓦大学获得发展研究硕士学位及博士学位。

本杰明·D. 尼马克（Benjamin D. Neimark）　英国兰开斯特大学兰开斯特环境中心讲师。自 1999 年以来，他一直在马达加斯加工作。他于 2001 年在康奈尔大学获得了理学硕士学位，研究了利用创新农林复合经营方法改善小规模农业的策略。在与康奈尔国际粮食农业与发展研究所的合作中，他开发了改善濒危的马达加斯加森林和水果物种的驯化方向和速度的技术，以增强粮食安全和提高收入。他目前的研究集中在生物勘探和农业燃料生产的政治经济学。他的研究得到了富布赖特研究所、《国家地理》杂志和亨氏基金会的资助，并发表在《地理论坛》（*Geoforum*）《农民研究杂志》（*Journal of Peasant Studies*）和《发展与变化》（*Development and Change*）上。

雅克·波利尼（Jacques Pollini）　拥有生态学和农学硕士学位及自然资源博士学位。他在东南亚和非洲从事国际发展和保护项目已有 10 多年，目前正在进行伊利诺伊大学厄巴纳香槟分校响应性森林治理倡议的研究。他的主要研究领域是烧垦种植和森林边界的土地利用变化。其研究涉及农民社会的恢复力、自然资源管理的分散化和 REDD＋，重点关注马达加斯加和刚果盆地。

布鲁诺·S. 拉马蒙吉索亚（Bruno S. Ramamonjisoa）　塔那那利佛大学农学院森林系的负责人。他在马达加斯加和南茜（法国）接受森林经济和政策方面的培训，1988 年起在马达加斯加从事森林管理（特别是森林砍伐）的社会方面的工作。2000—2006 年，他指导了图利亚拉（Toliara）地区和诺西贝岛（Nosy Be）森林和海洋资源社区管理的研究。

阿尼特里·N. 拉齐曼德里哈马纳纳（Anitry N. Ratsifandrihamanana）　担任总部位于马达加斯加的世界自然基金会（WWF）的设计与影响顾问。在过去的 22 年中，她一直致力于保护该岛南部和西南部的多刺森林。作为前世界自然基金会马达加斯加保护主任，她积极参与了德班愿景的设计和实施，并在新马达加斯加保护区委员会的早期阶段共同领导该委员会。她拥有塔那那利佛大学和康奈尔大学的教育学硕士学位。

伊万·R. 斯凯尔斯（Ivan R. Scales） 剑桥大学圣凯瑟琳学院的麦格拉思讲师和人文地理学研究室主任。他从 2002 年开始在马达加斯加工作，先是作为热带生物学协会的项目官员在马达加斯加西部的热带干旱森林中教授实地研究课程，随后开展了关于森林砍伐、农村生计、环境价值和生物多样性保护的研究。他在杜伦大学获得了第一个生态学学位，在伦敦帝国大学获得了人类学硕士学位，在剑桥大学获得了地理学博士学位。他还在喀麦隆、法属圭亚那、冈比亚和塞内加尔进行了实地考察。

劳拉·M. 蒂尔曼（Laura M. Tilghman） 佐治亚大学人类学系博士生。她在佛蒙特大学获环境生物学学士学位和环境研究学士学位。除了研究生物勘探的政治生态外，她在马达加斯加的研究项目还涉及包括昆虫学、小型蓝宝石采矿以及最近的移徙和城乡联系等一系列主题。

马利卡·维拉 – 索米（Malika Virah-Sawmy） 南非和澳大利亚多所大学的独立研究员，主要研究可持续农业、负责任采矿和保护管理，她也是世界自然基金会的一名助理研究员。自 2004 年以来，她一直在马达加斯加与当地社区、企业、非政府组织和政府合作，寻找在多个区域依靠自然资源的生产实践建立社会生态可持续的共同解决方案。通过利用生态系统对过去气候变化的适应能力来预测其面对大规模采矿和未来气候变化的适应能力，她在解决马达加斯加受到严重威胁的沿海森林采矿和保护二者冲突方面作出了突出贡献，使她获得了牛津大学自然资源管理博士学位。从 2009 年到 2012 年，她负责世界自然基金会在马达加斯加的陆地保护项目，为改善社区参与实践和可持续生计作出了杰出贡献。

卢西恩·威尔默（Lucienne Wilmé） 密苏里植物园马达加斯加研究与保护项目的研究员，也是同行评审期刊《马达加斯加保护与发展》（www. journalmcd. com）的主编。她积极参与马达加斯加的各种研究和保护工作已有 25 余年，她在马达加斯加森林田野进行大范围的实地考察，研究鸟群群落，编写该岛丰富的脊椎动物群数据库，还用地理信息系统技术处理过生物地理学数据。她自学成才，并于 2012 年获得斯特拉斯堡大学地理博士学位。